北京高等教育精品教材

21 世纪高等教育建筑环境与能源应用工程系列规划教材

制 冷 技 术

主　编　解国珍　姜守忠　罗　勇

参　编　姜　坪　于　丹　张桂荣

主　审　孙嗣莹

U0192637

机 械 工 业 出 版 社

本书是高等院校建筑环境与能源应用工程专业教材，主要内容为制冷原理和设备、制冷用压缩机、制冷剂特性、吸收式制冷、热泵技术、制冷系统控制和制冷技术在空调工程中的应用。

本教材的思路是从基本概念、基本原理到实际工程应用；浓缩了制冷技术精华内容，增添了最新技术；写作力求深入浅出，概念准确；内容文图并茂。

另外，为了适应当前国内在建筑领域施行的注册公用设备工程师（暖通空调）执业资格考试的需要，本教材增添了普通制冷知识内容。因此，本教材也可作为从事暖通空调工作的设计师和工程师进行全国注册工程师资格考试的参考书籍。

本教材还介绍了部分制冷新技术，供从事制冷工程和暖通空调领域的技术人员扩充制冷知识所用。

本教材配有电子课件，免费提供给授课教师，请需要者根据书末的"信息反馈表"进行索取。

本教材被评为 2011 年北京高等教育精品教材

图书在版编目（CIP）数据

制冷技术/解国珍，姜守忠，罗勇主编. —北京：机械工业出版社，2008.6（2021.1 重印）
ISBN 978-7-111-23723-5

Ⅰ. 制… Ⅱ. ①解…②姜…③罗… Ⅲ. 制冷技术 Ⅳ. TB66

中国版本图书馆 CIP 数据核字（2008）第 033971 号

机械工业出版社（北京市百万庄大街 22 号　邮政编码 100037）
责任编辑：刘　涛　版式设计：霍永明　责任校对：陈延翔
封面设计：王伟光　责任印制：常天培
北京虎彩文化传播有限公司印刷
2021 年 1 月第 1 版第 6 次印刷
169mm×239mm · 29.25 印张 · 565 千字
标准书号：ISBN 978-7-111-23723-5
定价：49.80 元

电话服务　　　　　　　网络服务
客服电话：010-88361066　机　工　官　网：www.cmpbook.com
　　　　　010-88379833　机　工　官　博：weibo.com/cmp1952
　　　　　010-68326294　金　书　网：www.golden-book.com
封底无防伪标均为盗版　机工教育服务网：www.cmpedu.com

序

建筑环境与设备工程（2012 年更名为建筑环境与能源应用工程）专业是教育部在 1998 年颁布的全国普通高等学校本科专业目录中将原"供热通风与空调工程"专业和"城市燃气供应"专业进行调整、拓宽而组建的新专业。专业的调整不是简单的名称的变化，而是学科科研与技术发展的需要，以及随着经济的发展和人民生活水平的提高，赋予了这个专业新的内涵和新的元素，创造健康、舒适、安全、方便的人居环境是 21 世纪本专业的重要任务。同时，节约能源、保护环境是这个专业及相关产业可持续发展的基本条件。它们和建筑环境与设备工程（建筑环境与能源应用工程）专业的学科科研与技术发展总是密切相关，不可忽视。

新专业的组建及其内涵的定位，首先是由社会需求决定的，也是和社会经济状况及科学技术的发展水平相关的。我国的经济持续高速发展和大规模建设需要大批高素质的本专业人才，专业的发展和重新定位必然导致培养目标的调整和整个课程体系的改革。培养"厚基础、宽口径、富有创新能力"符合注册公用设备工程师执业资格要求，并能与国际接轨的多规格的专业人才是本专业教学改革的目的。

机械工业出版社本着为教学服务，为国家建设事业培养专业技术人才，特别是为培养工程应用型和技术管理型人才做贡献的愿望，积极探索本专业调整和过渡期的教材建设，组织有关院校具有丰富教学经验的教师编写了这套建筑环境与设备工程（建筑环境与能源应用工程）专业系列教材。

这套系列教材的编写以"概念准确、基础扎实、突出应用、淡化过程"为基本原则，突出特点是既照顾学科体系的完整，保证学生有坚实的数理科学基础，又重视工程教育，加强工程实践的训练环节，培养学生正确判断和解决工程实际问题的能力，同时注重加强学生综合能力和素质的培养，以满足 21 世纪我国建设事业对专业人才的要求。

我深信，这套系列教材的出版，将对我国建筑环境与设备工程（建筑环境与能源应用工程）专业人才的培养产生积极的作用，为我国建设事业的发展做出一定的贡献。

陈在康

前　言

　　本书是为普通高等院校建筑环境与设备工程（2012年更名为建筑环境与能源应用工程）专业配合"制冷技术"课程而编写的专业教材。主要内容有制冷原理和设备、制冷用压缩机、制冷剂特性、吸收式制冷、热泵技术、空调用蓄冷技术、制冷系统控制和制冷技术工程应用等。各章节后附有思考题，供读者复习和巩固所学知识而用。本书也可供从事暖通空调工作的设计师和工程师进行全国注册工程师资格考试的参考书籍。本书还增补了部分制冷新技术、新方法和新知识，供从事制冷工程和暖通空调领域的技术人员扩充制冷知识所用。

　　本书思路是从基本概念、基本原理到实际工程应用。浓缩和涵盖制冷技术精华内容，增添最新技术；写作力求深入浅出，语言通俗易懂，概念准确；内容文图并茂，详略得当。

　　本书由解国珍、姜守忠和罗勇主编，全书共13章。第1、5章由北京建筑大学解国珍教授编写；第7、10、12章由石家庄铁道大学罗勇教授编写；第4、6、9章由浙江理工大学姜守忠副教授编写；第11章由浙江理工大学姜坪副教授编写；第3、13章由北京建筑大学于丹编写；第2、8章由石家庄铁道大学张桂荣编写。全书由解国珍教授统稿。本书由北京工业大学孙嗣莹教授担任主审。孙嗣莹教授对本书的编写大纲和书稿的内容、结构、语言和插图提出许多宝贵的建设性意见，在此表示衷心的感谢。

　　由于编者水平有限，且本书涉及的内容比较广泛，有不妥和错误之处，恳请读者予以批评指正。

编　者

目　　录

第1章

绪　　论

1.1　概述

制冷技术是研究和处理低温工程问题，满足人们对低于环境温度的空间或低温条件的需要而产生和发展起来的一门学科。

人类生活在地球上，从事各种社会的和科学的活动，利用大自然的资源，对赖以生存的环境进行开发、改进和完善。在长期的日常生活、科学研究和生产实践中，人们所从事的各种活动和现象均与温度密切相关。

日常生活中，人在冬天感到寒冷而需要加热环境空气，在炎热的夏天需要把室内空气温度降低而使人凉爽，对于潮湿的空间人们需要将水分除掉，对干燥的环境又需要加湿。这种用于调节空气温度和湿度的技术，称为空调制冷技术。

在挖掘矿井、隧道、建筑江河堤坝时，或者在泥沼、沙水中掘进时，采用冻土法将工作面冻结，避免坍塌和保证施工安全；制作大型独柱混凝土构件拌合混凝土时，用冰代替水，利用冰的熔解热抵消水泥的固化反应热，有效地避免大型构件因散热不充分而产生热内应力和裂缝等缺陷，需要普通制冷技术。

对于食品和饮食，为了保持食品长时间新鲜度，需要低温环境来抑制食品中醇、霉菌的增殖，延缓食品的新鲜度，需要冷藏冷冻技术。

医学界为了保持血浆的质量；生物科学中保持各类疫苗的特性；机械、电子和材料领域，研究机械材料、塑料、橡胶等的冷脆特性；在探讨金属的导电性与温度关系时，当温度降到某一确定值时某些元素或化合物出现超导性（电阻变为零）；掌握各种电子元器件在低温环境中的特点和可靠性。上述活动必须创造低温条件，需要低温制冷技术。

化工中利用物质状态与温度的关系，通过降温发生态变化，使气体液化（如天然气液化，空气液化和分离，氢及氩气还原，氧气、氮气、氖气和氢气液化）而便于贮运；在低温状态下将低沸点稀有气体和珍贵气体分离开来；在航天实验室模拟太空中各种可能遇到的自然环境条件，其中低温环境模拟是重要的一部分。这一切均应用超低温制冷技术。

综上所述，为了满足人们生产、科研和生活的各种需求，需要通过制冷技术提供不同低温条件。当前，随着我国国民经济的飞速发展，科学技术大踏步地跃进，人民生活水平的不断提高，高新技术层出不穷，制冷技术这一学科在工业、农业、国防、建筑、航天、医学、科学等国民经济各个部门中的作用和地位将日益重要。

当前，在制冷和空调领域面临的主要问题：

1）如何实现 CFCs 和 HCFG 的完备替代，以免大气臭氧层继续遭受破坏和温室效应的蔓延，在提高人们生活质量、改善居住条件的舒适性和不断改进食品保存环境的同时，和谐地、友好地与自然环境相处，可持续性地利用天然资源，保护生态平衡。

2）进一步提高和改善制冷和空调设备以及制冷循环系统的效率，以减少能源消耗，达到节约能源的目的，同时开发和利用可再生能源的制冷和空调设备。

3）高新技术在制冷和空调系统中的应用。设计高性能、多功能、有利环保的制冷产品，使研究高新制冷技术的要求迫在眉睫。其结果，制冷空调设备的制造工艺、可靠性、舒适性和噪声控制等方面将得到相应提高。

1.2 制冷技术内容

1.2.1 制冷定义

制冷（refrigeration）是指用人工的方法在一定时间和一定空间内将某物体或流体降温，使其温度降到环境温度以下，并保持这个低温。

制冷定义中包括以下几个问题：

制冷是把被冷却物体温度降低到环境温度以下的过程。将一块灼热发红的铁放在空气中，通过辐射和对流向环境散热，逐渐冷却到环境温度，这种将高于环境温度的物体降低到环境温度的过程是自发降温，属于自然冷却，不是制冷。

制冷过程是热量转移过程。制冷是通过某种装置或设备，从被冷却空间或流体中吸取热量，并将该热量排放到环境介质中去，使该空间或流体的温度低于环境。

制冷过程是消耗能量的过程。不消耗外界能量的物体降温是自然降温过程，根据热力学定律，制冷过程中，所选用的制冷装置或设备必须消耗能量才能完成将热量从低温向高温的传递功能。所消耗能量的形式有机械能、电能、热能、太阳能或其他形式的能量。

制冷过程通过制冷机械来实现。制冷过程中所需机器和设备的总和称为制冷机。制冷机中使用的工作介质称为制冷剂（refrigerant）。制冷机工作时，制冷剂在制冷机中进行状态变化和循环流动，同时不断地从低温热源吸取热量，向高温热源排放热量，完成热量转移，达到制冷效果。制冷剂一系列状态变化的综合称为制冷循环。图 1-1 为制冷过程能量消耗和热量传递示意图。

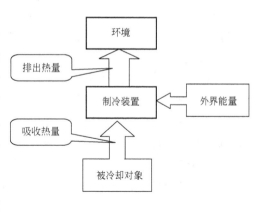

图 1-1 制冷过程示意图

1.2.2 制冷技术重点

1. 各种制冷方法及其循环特点

制冷的方法是多样化的。有机械式制冷、热电式制冷、磁制冷式及热化学式制冷等，将热量从低于环境温度的对象传递到环境的方式和机理各不相同。了解和掌握各自的内部规律，详细分析每一种制冷循环的结构和能效转换特点，为进一步提高制冷机的循环效率奠定基础。

2. 制冷循环热力学分析和计算方法

从事制冷空调专业的工程技术人员，熟悉各种制冷方法和原理，掌握热力学方法分析制冷循环，熟练地运用 $\log P\text{-}h$ 图，利用状态点参数准确地计算制冷循环的各种热力学性能参数，是建筑环境与设备、制冷工程技术人员的基本技能，有利于空调工程设计中有效地选择制冷设备、在设计高效率的制冷设备产品时做出最佳性能预测方案。

3. 制冷剂性质

制冷循环是通过制冷剂的热力状态变化得以实现制冷效果，制冷剂性质优劣对制冷机的效率和可靠性至关重要。掌握制冷剂的热力性质是进行制冷循环分析和计算的基础；掌握制冷剂的热物理性质是进行制冷循环的机械设备传质传热分析和流体动力计算的前提；熟悉制冷剂的物理化学特性（例如：ODP 和 GWP 指标）是评价制冷剂的环境指标优劣的依据，为制冷机提供环保指标和热力性能好、传热效果佳、动力特性强的工作介质。

4. 制冷机械设备性能

熟悉制冷设备的工作原理、性能分析、结构特点，以及制冷装置的系统流程和系统辅助设计，是完成制冷循环设计，将设计图样付诸于制冷空调设备的制造以及将该设备应用于制冷空调工程中的重要环节。在熟悉这一环节时，建立制冷空调工程应用概念，了解各个部件的原理、结构和功能，以及制冷装置的加工工艺流程等。同时，了解制冷空调装置或设备性能测试评价的国家标准及其使用运行工况的行业规范。

5. 制冷装置自动化和智能化技术

随着机械加工、自动控制和计算机技术的飞速发展，在制冷空调装置和设备中应用自动控制的水平越来越高，部分设备甚至达到智能型控制。例如：PCL 控制、微处理机控制和数码控制技术等，在当前的制冷空调设备中得到普遍应用。因此，掌握机电一体化和计算机知识，对制冷装置和设备的优化匹配、实现最佳运行效果、提高装置的效率、节约能源、增强装置和设备的可靠性及安全性非常重要。

1.2.3   制冷区域定位

制冷的温度范围通常在环境温度与绝对零度之间。按照制冷技术所得到的温度范围，制冷温度区域定位如下：

普通制冷：制冷温度在 120K 以上；深度制冷：制冷温度在 120 ~ 20K；低温制冷：制冷温度在 20 ~ 0.3K；超低温制冷：制冷温度在 0.3K 以下。

制冷温度范围分为以上几个阶段，一则使科研工作者和工程技术人员根据制冷技术学科的温度特点去探索和应用；二则表明制冷温度范围不同，所采取的制冷方式、制冷原理和制冷装置所使用的制冷工质和设备都有很大差别。

1.3   各种制冷方法简介

制冷技术的主要功能是将热量从低温向高温的传递和转移。可以完成这一功能的制冷方法有多种。机械式通过制冷剂循环的制冷方法有：蒸气压缩循环式、吸收式、吸附式、蒸气喷射式和空气膨胀式制冷；通过流体分子能量相互作用的制冷方法有：脉管式和涡流管式制冷；通过电效应、磁效应和声效应等制冷方法有：热电制冷、磁制冷、热声制冷和磁流体循环制冷等。下面简要介绍几种。

1.3.1   蒸气压缩式制冷

顾名思义，这种制冷方式是以压缩蒸气来实现制冷效益的。这里包含两个内容：一是利用制冷剂来转移热量；二是机械式压缩制冷剂而完成相变制冷。

1. 蒸气压缩式制冷原理

蒸气压缩式制冷系统是由制冷机械设备和制冷剂相互结合而成。一方面，制冷剂在低压换热器中由液体汽化变为蒸气，汽化时吸收的汽化热（潜热）来自被冷却对象，使被冷却对象（低温热源）的温度降低到环境温度以下，产生制冷效果。

同时，环境（高温热源）向被冷却对象不断地传递热量。要维持被冷却对象在某一低温，制冷剂必须连续地循环，系统需要连续制冷。另一方面，利用气体升压设备，将从低温热源吸收热量而汽化的制冷剂压力提高，在环境介质（空气或冷却水）的冷却下，在换热器中，由气体液化成为液体，释放液化热（潜热），达到向高温热源放热的目的。因此，蒸气压缩式制冷循环是由制冷剂液体低压下汽化、蒸气被压缩升压、高压制冷剂气体液化和高压液体降压四个基本过程组成。制冷效应是制冷剂由液体变为气体，再由气体变为液体的相变过程转移热量来达到。

2. 蒸气压缩式制冷系统

如图 1-2 所示，蒸气压缩式制冷系统由压缩机、冷凝器、节流装置、蒸发器组成，用管道将其连成一个封闭的系统。节流装置将由冷凝器来的高压液体制冷剂节流，压力降低；低压制冷剂在蒸发器内与被冷却对象（低温热源）发生热量交换，吸收被冷却对象的热量 Q_0 而汽化（蒸发）；汽化产生的低压制冷剂蒸气被压缩机吸入，经压缩后以高压排出；压缩机排出的高温高压气态制冷剂在冷凝器内与环境介质（高温热源）进行热交换，释放出热量 Q_k 被液化（凝结）；高压制冷剂液体再次流经节流装置而降压。如此周而复始，产生连续制冷效应。制冷剂被压缩过程必须消耗由原动机输入的能量 W。

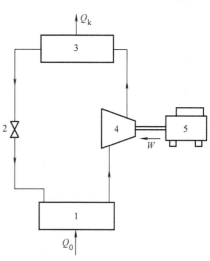

图 1-2　蒸气压缩式制冷系统
1—蒸发器　2—节流装置　3—冷凝器
4—压缩机　5—原动机

蒸气压缩式制冷的机械设备与制冷剂的相互结合工作过程见图 1-3。图中方框表示制冷剂的状态，粗实线上名称表示制冷剂状态变化所需要的制冷机械，箭头表示制冷剂循环方向。

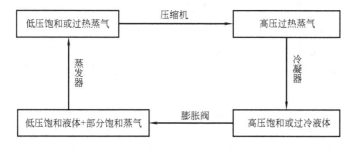

图 1-3　蒸气压缩式制冷循环机械设备与制冷剂结合示意图

蒸气压缩式制冷循环在制冷空调装置中应用比较普遍。其特点是系统结构简单，使用方便，循环系统热力性能较高，能量调节灵活，制冷温度调节范围广，机电一体化程度较高，各种压缩机适应性能好。但系统使用机械动力或电力等二次能源，单级制冷循环的制冷温度过低时效率较低，压缩机的运动部件导致系统可靠性下降。

1.3.2 蒸气喷射式制冷

蒸气喷射式制冷也属于蒸气压缩式制冷的一种。它是利用液体汽化吸收汽化热来传递热量达到制冷效果。该系统的压缩部件不是压缩机而是喷射式扩压器。

蒸气喷射式制冷循环机械结构如图1-4所示，它由喷射器、冷凝器、蒸发器、节流装置、泵、锅炉和空调末端系统等部件组成。喷射器有喷嘴、扩压器和吸入室构成。

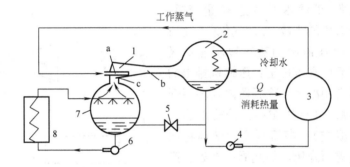

图1-4 蒸气喷射式制冷循环示意图

1—喷射器(a—喷嘴 b—扩压器 c—吸入室) 2—冷凝器 3—压力锅炉

4—制冷剂泵 5—节流装置 6—冷媒水泵 7—蒸发器 8—空调用户末端系统

蒸气喷射式制冷循环工作原理：如图1-4所示，压力锅炉3消耗外界热量将其内水加热汽化产生高温高压工作蒸气。工作蒸气进入喷射器1的喷嘴进行膨胀。膨胀后的蒸气以高速流动，由管内流体的伯努利能量方程可知，渐缩喷管的喉部面积最小，蒸气流速最大，动能最大而压力能最小，在喷射器内形成低压力区。蒸发器7与喷射器1相连通而处于低压区。蒸发器7内部分水蒸发，从未汽化的水中吸收汽化热(低温热源)而降低未汽化水的温度，产生制冷效果。被降温的水通过冷媒水泵6送入空调用户末端吸收空调房间热量而升温，重新返回蒸发器内汽化和冷却，周而复始，连续制冷。蒸发器中产生的制冷剂蒸气经过吸入室与流动的工作蒸气在喷嘴出口处混合后经过扩压器而流入冷凝器2。在扩压器中蒸气流速降低而压力升高，被环境介质(高温热源)冷却而凝结为液态水。液态水由冷凝器2引出，分为两路：一路经过节流装置5降压后送回蒸发器，继续蒸发制冷；另一路由制冷剂泵提高压力送回压力锅炉3，重新加热产生工作蒸气。

图1-4所示为一个封闭喷射式制冷循环系统，制冷剂、冷媒介质和工作蒸气均利用同一系统内的水。实际喷射式制冷循环系统可以是开启式，冷凝的水不进入锅炉和蒸发器而排入冷却水池，作为循环冷却水的补充水。蒸发器和锅炉内的补给水则另设水源提供。

蒸气喷射式制冷机除了水作为工作介质外，也可采用其他制冷剂作为工作介质。各种制冷剂的标准蒸发温度不同，可以得到不同的制冷温度，以满足民用和工业工艺的各种温度需求。比如，低沸点的氟利昂制冷剂，可获得零度以下的温度。

蒸气喷射式制冷循环结构简单，加工方便，没有运动部件，可靠性高，能利用一次能源。不足之处是所需工作蒸气的压力高，喷射器流动损失大而效率低。该循环中喷射器的增压效果被用来与蒸气压缩式制冷循环相结合使用，即：喷射器作为压缩机入口前的增压器，可以提高单级压缩制冷循环在低温制冷时的效率，弥补蒸气压缩式制冷循环的不足。

1.3.3 吸收式制冷

吸收式制冷循环是利用一种吸收剂将汽化的制冷剂蒸气吸收，制冷剂汽化带走汽化热而产生制冷效应。吸收了制冷剂蒸气的吸收剂在发生器中消耗热能而释放出制冷剂蒸气，重新恢复吸收能力。释放的制冷剂蒸气冷却液化后经过节流降压，再一次汽化。周而复始，连续制冷。由此可见，吸收式制冷循环是完成溶液热力学过程来取得制冷效应的。

蒸气吸收式制冷系统如图1-5所示。制冷循环系统的主要部件有：发生器、冷凝器、制冷剂节流装置、蒸发器、吸收器、溶液节流装置和溶液泵。为了充分利用能源，提高制冷循环效率，系统中通常增加溶液换热器，回收热量。

如图1-6所示，吸收式制冷系统主要包括两个循环回路：一个是制冷剂循环回路，由部件1、2、3、4、5、6、1构成；另一个是吸收剂循环回路，由部件1、2、7、6、1构成。部件6、1

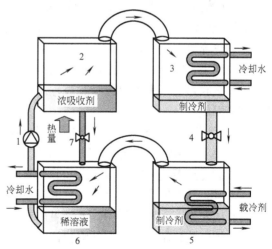

图1-5 吸收式制冷循环图
1—溶液泵 2—发生器 3—冷凝器 4—制冷剂节流装置
5—蒸发器 6—吸收器 7—吸收剂节流装置

和2是两个循环回路的公共部分，体现吸收式制冷循环中制冷剂和吸收剂的相互作用，吸收剂对低压制冷剂蒸气吸收（在吸收器6）以及消耗热能加热后释放出高压制冷剂蒸气（在发生器2）的特点。

比较图1-2和图1-6，两个制冷循环图的共同点是均具有蒸发器、冷凝器和节流装置，不同点是前者的压缩机部件被后者吸收剂循环回路所替代，把吸收器比作压缩机吸入侧，发生器比作压缩机排出侧，发生器接受外界热能对其内稀溶液加热，提高制冷剂蒸气压力。

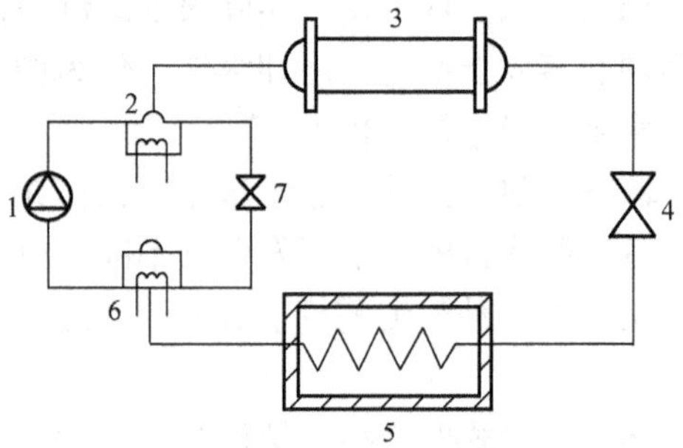

图1-6 吸收式制冷系统示意图

1—液体泵 2—发生器 3—冷凝器 4—制冷剂节流阀
5—蒸发器 6—吸收器 7—吸收剂节流装置

吸收式制冷系统的工作过程：①制冷剂循环回路由冷凝器3、制冷剂节流阀4、蒸发器5、吸收器6、液体泵1和发生器2组成。制冷机工作时，外界热量给发生器2内稀溶液加热，稀溶液沸腾后产生高压制冷剂蒸气进入冷凝器3，被环境介质（高温热源）冷却后冷凝为液体，高压制冷剂液体经制冷剂节流装置4降压后到蒸发器5内从载冷剂（低温热源）获得汽化热而蒸发，产生制冷效应。蒸发的低压制冷剂蒸气进入吸收器6内由浓吸收剂吸收。②吸收剂循环回路由发生器2、吸收剂节流装置7、吸收器6、液体泵1和溶液换热器（图中未表示）组成。工作时，发生器2内稀溶液被加热沸腾释放出高压制冷剂蒸气后变为浓吸收剂（浓溶液），吸收剂经过节流装置7降压后进入吸收器6内吸收从蒸发器5来的低压制冷剂蒸气而变成为稀溶液，稀溶液由液体泵1提高压力后送入发生器2加热释放制冷剂蒸气重新变为浓溶液，周而复始，持续循环。

需要指出，吸收式制冷循环系统工作中，吸收剂吸收制冷剂蒸气的过程伴随着释放出吸收热量，为了保证吸收过程的持续进行，必须冷却吸收剂，将吸收热量排至高温热源。

吸收式制冷系统中工作介质是制冷剂和吸收剂，被称为吸收对。吸收剂通常是液体，要求它对制冷剂蒸气有强的吸收能力，与制冷剂组成非挥发性二元溶液。要求制冷剂蒸气较容易被所选吸收剂吸收，汽化热大，粘度小。吸收对的种类有许多种，除了要求它们具有良好的溶液热力性能以外，还应对制冷设备无腐蚀，对环境和生态无破坏作用。人们可以根据需要的制冷温度来选择吸收对。比如：溴化锂吸收式制冷循环中的溴化锂和水作为吸收对，溴化锂是吸收剂，水是制冷剂，可以用来制取空调系统使用的冷媒水。氨和水也是一双吸收对，水是吸收剂，氨是制冷剂，该吸收对可以得到零度以下的制冷温度，用以冷藏冷冻。

吸收式制冷循环有如下特点：以一次能源热能为驱动能源，可以利用高、低品位热能(例如:余热、废气热、废水热);节约电耗;运转部件少,噪声低;机组在真空状态下运行,无高压危险,安全可靠;采用冷热电联产的运行模式时,可以有效地提高能源利用效率。

1.3.4 吸附式制冷

吸附式制冷与吸收式制冷的机理相类似,但又不尽相同。相同点:二者均是利用制冷剂的相变(蒸发和冷凝交替进行)制冷,均利用工质对相互作用而达到制冷效果。区别点:前者是利用固体多孔介质作为吸附剂来吸附制冷剂蒸气,当吸附剂吸附制冷剂蒸气达到饱和状态后需要脱附而恢复吸附能力;而后者是利用液体作为吸收剂来吸收制冷剂蒸气,当吸收制冷剂蒸气达到某一浓度后需要发生出气体来恢复吸收能力。

吸附式制冷系统如图1-7所示。系统主要部件有:吸附床3、冷凝器2和蒸发器1。另外,还有截止阀、换热器、加热流体、冷却流体、载冷剂和液体泵等。吸附床由固体并带有微孔结构的颗粒状吸附剂或已烧结成型的吸附剂填充成为一个大容器。蒸发器1和吸附床3之间用管道连接形成一个密闭系统。

吸附式制冷系统工作原理:众所周知,固体微孔材料具有吸附气体的特性,某一种固体吸附剂对某种制冷剂气体具有吸附作用,吸附能力随吸附剂温度而变化。如图1-7所示,由蒸发器1、连接管道、冷凝器2和吸附床3组成的密闭装置是吸附式制冷的基本吸附单元。吸附单元内排出空气等不凝结气体,吸附床内填充吸附剂,并充灌制冷剂。

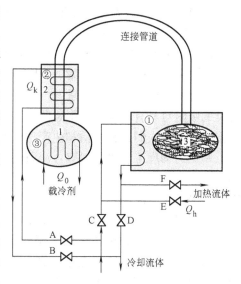

图1-7 吸附式制冷系统示意图
1—蒸发器 2—冷凝器 3—吸附床

吸附式制冷分为两个过程:吸附过程和脱附过程。吸附过程是基本吸附单元中吸附床吸附制冷剂蒸气,蒸发器内制冷剂蒸发,从载冷剂(低温热源)中吸收热量 Q_0,相当于蒸气压缩式制冷中制冷剂节流降压和蒸发吸热的制冷过程;脱附过程是外界加热热量 Q_h 于吸附床,使被吸附气体脱离吸附剂,通过冷凝器凝结向冷却流体(高温热源)释放热量 Q_k,相当于蒸气压缩式制冷中制冷剂蒸气由"压缩机"升压后经过冷凝器的放热过程。因此,吸附式制冷是吸附过程和脱附过程交替进行的间歇性制冷过程。如图1-7所示,当吸附制冷系统处于吸附状态时,阀门 A、B、E、F 关闭,阀门 C、D 打开。冷却流体通过换热器①，冷却降低吸附床内吸附剂的温度，增强了吸附能力，降低了吸附材料内制冷剂气体的压力。同时，处于低压状态的蒸发器 1 内的液体制冷剂汽化蒸发，通过换热器③从载冷剂中吸收汽化热 Q_0 达到制冷效果，这是制冷剂由蒸发器向吸附床转移的过程。随着吸附过程的进行，吸附床吸附蒸气的能力逐渐减弱，直至吸附剂吸附制冷剂蒸气的能力趋于零。欲使制冷效果得以进行，必须进行脱附处理。当系统处于脱附状态时，阀门 A、B、E、F 打开，阀门 C、D 关闭。加热流体将热量 Q_h 通过换热器①加入吸附床，提高吸附剂的温度使被吸附制冷剂蒸气压力升高并脱离吸附床。与此同时，冷却流体与换热器①断开与换热器②接通。来自吸附床的高压制冷剂蒸气通过冷凝器 2 被冷却流体降温并凝结，向冷却流体释放液化热 Q_k，流回蒸发器 1，这是将制冷剂由吸附床向蒸发器转移的过程。随着脱附过程的进行，吸附剂中制冷剂蒸气的脱附量逐渐减小，直至达到加热流体温度下的平衡状态，脱附能力为零，吸附床恢复到最大的吸附能力。重复上述吸附和脱附交替过程可以达到交替制冷。由此可见，制冷效果仅发生在吸附过程中。为了达到连续制冷效果，采用两个吸附器。美国学者乔纳斯（Jones）提出用三个或四个吸附器进行系统循环，不仅实现连续制冷，还可以利用一个吸附床的排热去加热另一个吸附床，使热能得到回收利用。

基本吸附单元是吸附式制冷的关键部件，单元体内充装的吸附对是制冷效果优劣的重要因素。吸附对种类很多。按照吸附机理划分，有物理吸附与化学吸附之别。对吸附剂的要求是吸附、脱附能力强，物理吸附材料无化学反应，价格低廉，无环境污染。制冷剂要求其汽化热大，具有适当的蒸发温度，无污染。不同种类的吸附对具有不同的吸附、脱附能力，需要不同的热源温度，得到不同的蒸发温度来满足人们日常生活和生产工艺的制冷要求。

常见的物理工质吸附对有：沸石—水、硅胶—水、活性炭—甲醇、金属氢化物—氢、氯化锶—氨。化学吸工质吸附对有氯化钙—氨。各吸附对的吸附动力学特性是吸附式制冷的重要基础研究内容。

吸附式制冷循环系统利用热源驱动，具有适应高、低品位热量特点，特别是可利用余热、废热和可再生的太阳能源；系统简单，无运动部件，运行可靠性高；对环境污染小；但系统是间歇性制冷；制冷效率不高；吸附、脱附过程均发生在吸附床同一部件，传热传质特性决定了间歇周期和吸附、脱附的彻底性和制冷效率。

1.3.5 空气膨胀制冷

由工程热力学中理想气体特性，两个状态点间压力和温度有如下关系

$$T_{低} = T_{高} \left(\frac{p_{低}}{p_{高}} \right)^{\frac{k-1}{k}} \tag{1-1}$$

式中 $T_高$、$T_低$——两个状态点温度（K）；

$p_高$、$p_低$——两个状态点压力（MPa）。

空气可以作为理想气体处理。由式（1-1）可知，当压缩气体的高低压力比值不变时，将高压高温空气冷却，其温度下降值越大，膨胀后的温度越低。根据这一原理，设计出利用空气膨胀降温的制冷循环系统。该制冷系统是利用气体压力降低过程中分子能量变化引起温度下降的机理来制冷，是不发生制冷剂相变的制冷方式。采用的制冷剂是空气。要想得到膨胀后的更低温度，可以选择其他沸点更低的理想气体。比如：氦气、氮气、氧气等。

图1-8所示为定压压缩空气膨胀制冷循环系统示意图。系统由空气压缩机1，空气冷却器7，膨胀机6，截止阀2、4、5和被冷却空间3等组成。

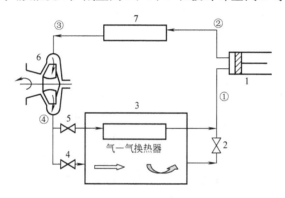

图1-8　等压循环空气膨胀制冷循环示意图

1—空气压缩机　2、4、5—截止阀　3—被冷却空间　6—膨胀机　7—空气冷却器

空气绝热膨胀制冷循环工作原理：如图1-8和图1-9所示，处于状态点①压力为$p_低$的低压空气经过空气压缩机1绝热压缩后达到$p_高$高压高温状态点②，然后进入空气冷却器7内进行等压冷却降温后处于状态点③，经过膨胀机6绝热膨胀后压力降为$p_低$的状态点④。气体膨胀时膨胀机可以回收膨胀功。由膨胀机出来的低压低温空气输送到被冷却空间有两种方式：一种是以闭式循环的方式对空间进行冷却，即：截止阀2和4关闭，阀5开启。状态点④的低温膨胀空气流经阀5进入气—气换热器从被冷却空间3中吸取热量取得制冷效应，同时等压升温达到状态点①完成循环。周而复始，连续制冷。另一种是以开式循环的方式对空间进行冷却，即：截止阀2和4开启，阀5关闭。状态点④的低温

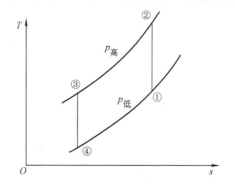

图1-9　等压循环空气膨胀制冷循环温熵图

膨胀空气直接送入被冷却空间达到制冷效果。而压缩机输入状态点①则为大气压力。

除了上述定压循环空气膨胀制冷方式以外，还有等容循环和带回热的等压循环制冷方式。有兴趣者可参看相关书籍。

空气膨胀制冷循环中制冷剂是空气(以理想气体处理)，循环中气体的压缩功、膨胀功、制冷量和空气冷却器的热负荷可利用工程热力学方法计算得到。

空气膨胀制冷循环可以运用到低温冷藏冷冻装置和空气调节系统。用于空调时系统可采用开式循环或者闭式循环，特别是开式循环，既可节省换热器，又采用冷热气体直接混合，减小温差传热，提高循环效率；制冷系统以空气作为制冷剂，对大气没有任何污染。不足之处是空气比热容小，制冷效率低；气—气热交换效果欠佳。

1.3.6 热电制冷

顾名思义，热电制冷是指电和热的关系，也是电和冷的关系。它是基于热电效应(即:帕尔帖效应)之上的一种制冷方法。1834 年，法国物理学家帕尔帖在铜丝的两头各接一根铋丝，再将两根铋丝分别接到直流电源的正、负极上，通电后，发现一个接头变热；另一个接头变冷。这表明:电流流过两种不同导体的界面时，将从外界吸收热量(冷端)，或者向外界放出热量(热端)，这就是帕尔帖(Peltire)效应。其作用机理:当导体与电源连接时，电荷在导体中形成电流，由于电荷在不同的材料中所处的能级不同，当它从高能级向低能级流动时，在材料的交界面会放出能量(放热)；当它从低能级向高能级流动时，在材料的交界面会吸取能量(吸热)。电荷在不同能级的材料中流动就产生热电效应。某种材料的能量、电流和帕尔帖系数的关系如下

$$\theta = \frac{\mathrm{d}Q_{p1}}{\mathrm{d}I} \tag{1-2}$$

式中　θ——材料的帕尔帖系数(W/A)；

　　　Q_{p1}——电荷在材料中流动时的热流率(W)；

　　　I——材料中的电流(A)。

根据帕尔帖效应，对于同一种材料，帕尔帖系数非常小。将两种不同材料连接在一起，接通电源后由于电子能级的变化产生冷热效应，帕尔帖系数较大。考虑材料中电荷的特点，人们用半导体材料作为热电制冷的电偶对。将 P 型半导体(空穴型)和 N 型半导体(电子型)两种材料用金属材料连接，形成热电制冷的基本电偶。它们叠加的帕尔帖系数如下

$$\theta_{to} = \theta_p - \theta_N \tag{1-3}$$

　　如图1-10所示，基本半导体热电制冷系统由金属板节点1、3、5，电偶的电臂之一N型材料2、电偶电臂之二P型材料6和直流电源4组成一个封闭的电路。

　　半导体热电制冷的工作原理：在图1-10中，当直流电源接通时，电路产生电流I。当电子沿着导线和金属板节点5流向P型半导体材料时，电子与该材料内部的空穴产生复合效应而放出热量Q_{k1}，当电子离开P型材料进入金属板节点1时电子和空穴产生离解效应而吸收热量Q_{01}；当电子由金属板节点1流向富集电子的N型材料时，需要吸收热量Q_{02}以提高能级。同理，当电子离开N型材料流向金属板节点3回到直流电源时，需放出热量Q_{k2}。结果在金属板节点1的

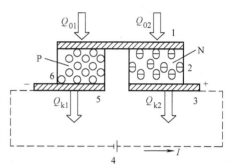

图1-10　半导体热电制冷示意图
1、3、5—金属板节点　2—电臂之一（N型材料）
4—直流电源　6—电臂之二（P型材料）

端部被吸收热量为$Q_0 = Q_{01} + Q_{02}$，得到制冷量，形成冷端；在金属板节点5和3的端部被放出热量$Q_k = Q_{k1} + Q_{k2}$，形成热端。至此完成热电循环，达到制冷效果。如果改变电流方向，在图中结点处形成的冷端和热端互易。

　　每对电偶只需零点几伏电源电压，产生的冷量很小，通常需要将许多热电偶串、并联成热电堆后方可产生较大的制冷量。单级电偶的冷热端所形成的温差比较小，欲形成大的热电制冷温差，获得更低的制冷温度通常采用多级热电制冷。它由单级电热堆联结而成，即：前一级（较高温度级）的冷端是后一级的热端，依次多级叠加。因为在各级热端的散热量大于冷端的吸热量，所以叠加的多级热点制冷器的电热堆呈金字塔形状。

　　热电制冷的机理是由材料电子的能级变化产生吸热和放热效果，不需要制冷剂的相变来实现能量的转移；热电制冷装置没有机械运动部件，可靠性能好；噪声低；对环境无污染；灵活性强、使用方便，非常适合于微型制冷领域或有特殊要求的用冷场合，例如：宇宙空间探测器和微型电子仪器冷却，小型医疗器械的冷头，核潜艇中的空调设备，小型电冰箱和冷饮器具等。不足之处是受热电材料特性限制，热电制冷的效率较低；热电材料价格昂贵；使用二次能源，而且是直流电源，整流设备往往增加体积和成本，限制其使用规模。另外，除半导体材料具有较高的帕尔帖系数外，其他材料也可以进行热电制冷。随着热电制冷材料特性的研究和深入，热电制冷将会得到更广泛地应用。

1.4　热泵技术简介

热泵，顾名思义就是泵热的设备，是为了满足人们日常生活和生产工艺中高温条件要求，人工地将热量从低温环境传送到被加热的对象中去，并维持加热对象温度不变。热泵工作过程也叫制热过程。

热泵循环和制冷循环在热力学上是相同的，能量传递的过程如图 1-1 所示。同一个制冷循环系统可以兼顾热泵系统。二者的区别点在于：

1）使用目的不同。对于同一个制冷循环系统，目的是在消耗外界能量后将被冷却对象的热量转移到大气环境中，保持冷却对象的温度低于大气环境温度，该循环系统是制冷机。目的是在消耗能量后从大气环境中获得热量，并转移到温度高于大气环境温度的被加热对象中，并保持这个高温条件，该循环系统的功能就是热泵。二者的热力循环如图 1-11 所示。

2）工作温度区间不同。图 1-11 中，制冷循环为 1—2—3—4—1；热泵循环为①—②—③—④—①，分别由两个等温过程和两个等熵过程组成。制冷循环将大气环境作为高温热源而放热，其工作温度范围在大气环境和被冷却对象温度（低温热源）之间。热泵循环把大气环境作为低温热源而

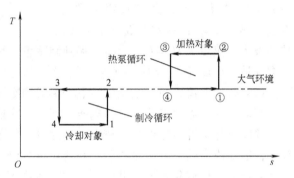

图 1-11　制冷机和热泵热力循环比较

吸取热量，其工作温度范围在大气环境和被加热对象温度（高温热源）之间。如果一个制冷循环的低温热源被用作冷却低于环境温度的对象而吸取热量，而它的高温热源被用作加热高于环境温度的对象而排出热量，这个循环即担负着制冷和制热两种功能，该装置是制冷机和热泵的综合。

实际应用中的空调装置是具有制热（热泵）和制冷（制冷机）双功能。夏天作为制冷机提供冷量，冬天用作热泵来供给热量。图 1-12 所示为空气热源热泵工作流程。蒸气压缩式空气热源热泵系统由空气侧换热器 6、压缩机 5、四通换向阀 3、板式换热器 2、止回阀 1、回热型气液分离器 4、单向膨胀阀 12、干燥过滤器 9、截止阀 8、储液器 7、视液镜 11、电磁阀 10 等部件组成。该机组进行制冷循环和热泵循环工作时，制冷剂的流动方向如图中的实线箭头和虚线箭头所示。

机组中四通换向阀 3 的作用是在制冷或制热循环时保持压缩机吸气口与低压端连通，排气口与高压端相连。如图 1-12 所示，制冷循环时，换向阀①、②端

口，③、④端口接通，而①、④端口，②、③端口断开；制热循环时，①、②端口，③、④端口断开，而①、④端口，②、③端口连通。

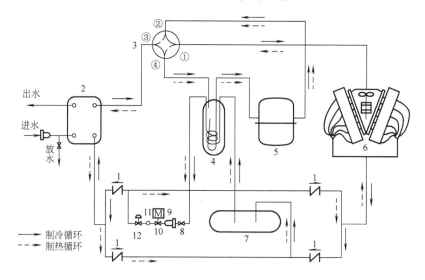

图 1-12　蒸气压缩式空气源热泵机组流程图

1—止回阀　2—板式换热器　3—四通换向阀　4—回热型气液分离器　5—压缩机
6—空气侧换热器　7—储液器　8—截止阀　9—干燥过滤器　10—电磁阀
11—视液镜　12—单向膨胀阀

机组的储液器 7 是存放制冷循环时从空气侧换热器 6 和制热循环时从板式换热器 2 冷凝的液体制冷剂。此外，还存放制热过程融霜期间空气侧换热器 6 内凝结的制冷剂。系统中回热型气液分离器 4，一则将吸入压缩机前的低压制冷剂蒸气进行加热气液分离，避免气体带液压缩而产生液击现象；二则将由储液器 7 来的高温高压制冷剂降温过冷，提高系统循环效率。

除上述介绍的蒸气压缩式热泵循环系统外，还有吸收式热泵系统和热电式热泵系统。有兴趣者可参看相关书籍。

1.5　热力学在制冷中的应用

热力学在制冷中的应用集中在能量转换的方式及其效率方面。图 1-13 所示是可逆循环在热力循环(正向循环)和制冷循环(逆向循环)中能量分析的应用。

1.5.1　热机循环效率

图 1-13a 中 $a—b—c—d—a$ 是可逆的正向卡诺热机循环。由热力学分析，热机循环能量转换效率如下。在图 1-13a 中循环，假定 T_g 和 T_a 是两个恒定热源，

向低温热源排出的废热量为 Q_W，热机输出功率是 P，从高温热源吸热量为 Q_g。

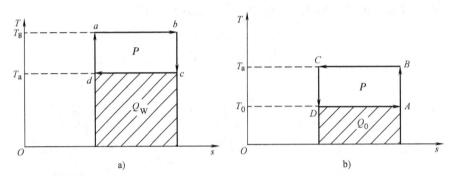

图 1-13 可逆卡诺循环在热力循环和制冷循环中应用比较

a）热机循环 b）制冷循环

由热力学第一定律消耗的总能量为

$$Q_g = P + Q_W \tag{1-4}$$

热力循环效率 η_H 定义为单位消耗热量所得到的输出功

$$\eta_H = \frac{P}{Q_g} \tag{1-5}$$

由热力学第二定律，在两个恒温热源之间工作的可逆循环，完成一个循环的熵增为零

$$\frac{Q_g}{T_g} = \frac{Q_W}{T_a} \tag{1-6}$$

将式（1-6）代入式（1-4），再根据式（1-5）得

$$\eta_H = \frac{P}{Q_g} = 1 - \frac{T_a}{T_g} \tag{1-7}$$

由热力学循环知，可逆正向卡诺循环的热机循环效率是最高的，输出功率是最大的。

1.5.2 制冷循环性能系数

在制冷循环中，用制冷性能系数 COP（Coefficient of Performance）来评价各种循环的经济性，定义为

$$制冷性能系数（COP） = \frac{所获效益}{所耗能量}$$

对于消耗电能或机械能等二次能源的制冷循环，比如：蒸气压缩式、热电式和空气膨胀式等制冷循环的性能系数叫制冷系数

$$\varepsilon_c = \frac{Q_0}{P} \tag{1-8}$$

对于消耗热能的制冷循环，比如：吸收式、吸附式和蒸气喷射式等制冷循环

的性能系数叫热力系数

$$\xi = \frac{Q_0}{Q_g} \tag{1-9}$$

式(1-8)和式(1-9)中 Q_0——制冷循环的制冷量(kW);

P——制冷循环的输入功(kW);

Q_g——驱动热源输入制冷循环的热量(kW)。

对于消耗二次能源的可逆制冷循环(逆卡诺循环),如图1-13b 中 A—B—C—D—A 所示,制冷循环消耗功 P,从低温热源(被冷却对象) T_0 吸收热量 Q_0(制冷量),向高温热原(大气环境) T_a 放出热量 Q_k。假定两个热源是恒定热源。类似于热机循环:

由热力学第一定律

$$Q_k = P + Q_0 \tag{1-10}$$

由热力学定二定律,在两个恒温热源之间工作的可逆循环,完成一个循环的熵增为零

$$\frac{Q_k}{T_a} = \frac{Q_0}{T_0} \tag{1-11}$$

将式(1-11)代入式(1-10),再根据式(1-8)得

$$\varepsilon = \frac{Q_0}{P} = \frac{1}{\dfrac{T_a}{T_0} - 1} \tag{1-12}$$

式(1-12)是从逆卡诺循环推导而来。实际上对任何可逆的制冷循环而言式(1-12)均适宜。由式(1-12)分析:

1) 工作在两个恒温热源间的可逆制冷循环,仅与热源温度有关,与系统所用的制冷剂性质无关。

2) 制冷系数值与两个热源高、低温度的比值相关。高温热源温度越低,低温热源温度越高,制冷系数越高,说明系统循环效率高;反之亦然。

3) 求得的制冷系数值最大,表明输入单位功得到的制冷量最多。

对于以热量驱动可逆制冷循环,制冷循环从驱动热源 T_d 吸收热量 Q_d,实现从低温热源(被冷却对象) T_0 吸收热量 Q_0(制冷量),向高温热原(环境) T_a 放出热量 Q_k。假定两个热源是恒定热源,制冷循环的性能系数:

由热力学第一定律

$$Q_k = Q_d + Q_0 \tag{1-13}$$

由热力学定二定律,完成一个可逆循环的熵增为零

$$\frac{Q_k}{T_a} = \frac{Q_0}{T_0} + \frac{Q_d}{T_d} \tag{1-14}$$

将式(1-14)代入式(1-13)，再根据式(1-9)得热力系数

$$\xi = \frac{Q_0}{Q_d} = \frac{1}{\frac{T_a}{T_0} - 1} \cdot \left(1 - \frac{T_a}{T_d}\right) = \varepsilon \eta_H \qquad (1-15)$$

由式(1-15)可知：

1）$\varepsilon = \dfrac{\xi}{\eta_H} = \dfrac{Q_0}{Q_d \eta_H}$ 表明热力系数和制冷系数的关系是后者乘以热机效率等于前者。即：以热量驱动的可逆制冷循环等价于将驱动源的高温热量经过一个热机转换为机械能，再用机械能带动该制冷循环。

2）要提高以热量驱动可逆制冷循环的热力系数，除了降低高温热源温度 T_a、提高低温热源温度 T_0、提高制冷系数外，还要提高驱动热源的温度 T_d 以升高热能转换为机械能的效率；反之亦然。

3）热力系数与 T_0、T_a、T_d 等温度值有关，与制冷剂和可逆循环方式无关。

4）求得的热力系数值最大，表明输入单位热量得到最多的制冷量。

1.5.3 制冷循环热力完善度

式(1-12)和式(1-15)表述了在给定热源条件下制冷循环性能系数的最佳值。前提是可逆循环。在实际制冷机的制冷循环中，存在许多不可逆因素的影响，例如：温差传热、不同的制冷剂特性、系统管道流动阻力损失以及非等熵压缩和膨胀过程等。这些实际因素造成制冷循环的性能系数 COP 值下降。为了评价相同热源条件下实际制冷循环与可逆制冷循环的接近程度，引入制冷循环热力完善度也称为制冷循环效率概念。定义为

$$\text{热力完善度 } \theta = \frac{\text{实际循环性能系数}}{\text{可逆循环性能系数}}$$

对于使用二次能源驱动的制冷循环

$$\theta = \frac{\varepsilon_r}{\varepsilon} \qquad (1-16)$$

对于利用一次能源驱动的制冷循环

$$\theta = \frac{\xi_r}{\xi} \qquad (1-17)$$

式(1-16)和式(1-17)中 ε_r、ξ_r——实际制冷循环性能系数和热力系数；

ε、ξ——可逆制冷循环性能系数和热力系数。

1.5.4 制冷循环经济性评价指标分析

分析制冷机械的性能优劣和评价制冷循环的能量转换效率时，应用热力学基本原理定义的制冷性能系数 COP 和热力完善度 θ。二者具有如下特点：

1）相同点：制冷性能系数和热力完善度均可反映制冷循环的经济性。

2）不同点：制冷性能系数与循环中传热温差、制冷剂特性、各部件效率以及系统损失有关，是衡量制冷机械自身经济性的一个绝对值。分析比较某一制冷机械的性能系数时，需要针对同一机型（比如：GMVL-R80W/A 型室外空调机组）、相同热源条件和测试标准（比如：国家标准 GB/T 17758—1999）来进行，否则，不具备可比性。热力完善度是度量某一个实际制冷循环与可逆制冷循环的比值，是表示某一类制冷机械实际循环效率与可逆循环的理想值的差异程度，是一个相对值。在任意热源工作条件、任一机型之间均具有可比性。例如：某一蒸气压缩式制冷循环 $\theta_s = 0.44$，某热电制冷循环 $\theta_e = 0.12$。根据二者数值可评价两种制冷方式的经济性、市场竞争能力和将来拟改进的热力循环潜力。根据设计水平、制造工艺、选用材料等技术措施不同，制冷机械的性能系数 COP 值可以大于 1、小于 1 或等于 1，而其热力完善度 θ 的值永远小于 1。

制冷机械和热泵同属于一个热力循环，只是所选取的热源温度范围和使用目的不同而已。根据性能系数的定义：

制冷系数

$$\varepsilon_c = \frac{Q_0}{P} \tag{1-18}$$

制热系数

$$\varepsilon_h = \frac{Q_k}{P} = \frac{P + Q_0}{P} = 1 + \varepsilon_c \tag{1-19}$$

比较式（1-18）和式（1-19）可知：制冷机械的制冷系数值可以大于 1、小于 1 或等于 1，而制热系数值恒大于 1。

思 考 题

1. 什么是制冷？其包含的内容有哪些？

2. 制冷技术所要掌握的内容是什么？

3. 制冷技术研究的温度范畴是如何划分的？叙述制冷技术在每个范畴的应用特点。

4. 制冷技术中基本的热力学基础是什么？

5. 评价某一个制冷循环特性的经济性指标有哪些？各有什么特点？

6. 简述本章中介绍的各种制冷方式的基本原理、工作过程、性能特点等。从能源利用、制冷装置服务功能和和谐环境的角度，论述每一种制冷方式在暖通空调、普通制冷，甚至深度制冷中的应用特点。

第 2 章

制 冷 工 质

制冷工质是制冷机中的工作流体，它在制冷机系统中循环流动，通过自身热力状态的循环变化不断与外界发生能量交换，达到制冷的目的。习惯上称制冷工质为制冷剂或简称工质。

制冷剂必须具备一定的特性，包括热力性质（即：蒸发、冷凝、临界值、能量转换、循环效率）、环境影响指标（臭氧衰减指数 ODP、全球温室效应指数 GWP）、物理化学性质［电绝缘性、热导率（导热系数）、腐蚀性、溶水性、溶油性］和安全性（毒性、燃烧性和爆炸性）等。通常所说的制冷剂，实际上指液体汽化式制冷剂，制冷剂在要求的低温下汽化，从被冷却对象中吸取热量；然后在较高的温度下液化，向外界排放热量。所以只有在工作温度范围能够汽化和凝结的物质才有可能作为制冷剂使用。多数制冷剂在常温和常压下呈气态。

2.1　制冷剂的种类、性质与命名

2.1.1　制冷剂种类及命名

常用的制冷剂按照组成区分，有单一制冷剂和混合制冷剂。按化学类别区分，有两大类：有机制冷剂（包括氟利昂和碳氢化合物）和无机制冷剂。

为了书写和表达方便，国际上统一规定了制冷剂的简化代号。制冷剂命名符号由字母"R"和它后面的一组数字或字母组成。字母"R"表示制冷剂（Refrigerant），后面的字母数字是根据制冷剂的化学组成按一定规则编写的。编写规则如下。

1. 氟利昂及其烷烃

对制冷剂的编号，最早是从氟利昂开始的。氟利昂是烷烃的卤族元素衍生物，即用氟、氯、溴等元素，部分或全部地取代烷烃中的氢而生成的化合物，故也称卤代烃或氟氯烷。氟利昂的编号是根据化合物的结构确定的。烷烃化合物的

分子通式为 C_mH_{2m+2}；氟利昂的分子通式为 $C_mH_nF_xCl_yBr_z(n+x+y+z=2m+2)$。它们的简写符号为 $R_{(m-1)(n+1)(x)}B_{(z)}$，当 $m-1=0$ 时不写出，当 $z=0$ 时字母 B 省略，如表2-1所示。

表2-1　氟利昂及其烷烃的命名

化合物名称	分子式	m、n、x、z 的值	符号表示
二氟二氯甲烷	CF_2Cl_2	$m=1$　$n=0$　$x=2$	R12
二氟一氯甲烷	CHF_2Cl_1	$m=1$　$n=1$　$x=2$	R22
三氟一溴甲烷	CF_3Br	$m=1$　$n=0$　$x=3$　$z=1$	R13B1
四氟乙烷	$C_2H_2F_4$	$m=2$　$n=2$　$x=4$	R134
甲烷	CH_4	$m=1$　$n=4$　$x=0$	R50
乙烷	C_2H_6	$m=2$　$n=6$　$x=0$	R170
丙烷	C_3H_8	$m=3$　$n=8$　$x=0$	R290

根据上述规定，乙烷系的同分异构体，都具有相同的编号，为区别起见，规定对最对称的一种数字后不带任何符号，而随着不对称性的增加，在符号后加 a、b、…，以示区别。如：

二氟乙烷 CH_3CHF_2——R152a　　　氯二氟乙烷 CH_3CClF_2——R142b

当丙烷系列有异构体时，每一种异构体都有相同的编号，异构体由两个附加的小写字母来区分。第1个附加字母表示中间碳原子(C2)的取代基(对于环丙烷卤素衍生物，附着相对原子质量总数最大的碳原子作为中间碳原子，这些化合物的第一个附加字母被省略)：—CCl_2—为 a、—$CClF$—为 b、—CF_2—为 c、—$CClH$—为 d、—CFH—为 e、—CH_2—为 f；第2个字母表示两端碳原子(C1 和 C3)取代基的相对对称度。最对称的异构体具有第2个附加字母 a，随着异构体不对称性增加，指定连续的字母。为确定对称性，首先分别计算结合在 C1 和 C3 碳原子上的卤素和氢原子的总质量，用一个总质量减去另一个总质量，其差的绝对值越小，异构体就越对称。当不可能有异构体时，附加字母省略，只用编号明确表示分子结构，如 $CF_3CF_2CF_3$ 被命名为 R218 而不是 R218ca。

对丁烷则不按上述规定，而是记为 R600，如：

丁烷 $CH_3CH_2CH_2CH_3$——R600　　　异丁烷 $CH(CH_3)_3$——R600a

环烷烃及环烷烃的卤代物，首字母用"RC"，例如：八氟环丁烷 C_4F_8——RC318。

2. 烯烃及其卤族元素衍生物

烯烃属不饱和的碳氢化合物，其分子通式为 C_mH_{2m}，烯烃及其卤族元素衍生物的编号为在 R 后先写数字，再写按氟利昂编写规则的数字，例如：

乙烯 $CH_2=CH_2$——R1150　　二氯乙烯 $CHCl=CHCl$——R1130

四氟乙烯 $CF_2=CF_2$——R1114　　丙烯 $CH_3CH=CH_2$——R1270

3. 混合制冷剂

对共沸混合物，符号为 R5( )( )。括号中的数字为该混合物命名及应用先后的序号，从 00 开始。例如，最早命名的共沸混合制冷剂符号为 R500，以后命名的按先后次序符号依次为 R501，R502，…。对非共沸混合物，则依应用先后，以 R4( )( )进行编号。

4. 其他有机化合物

其他有机化合物规定按 R6( )( )编号，每种化合物的编号则是任选的，例如：

乙醚 $C_2H_5OC_2H_5$——R610　　甲胺 CH_3NH_2——R630

5. 无机化合物

无机化合物的编号为 R7( )( )。括号内填入的数字是该无机物的相对分子质量（取整数部分），如表 2-2 所示。

表 2-2　无机化合物的命名

制 冷 剂	NH_3	H_2O	N_2O	CO_2	SO_2
相对分子质量的整数部分	17	18	44	44	64
符号表示	R717	R718	R744a	R744	R764

表 2-2 中，因为 CO_2 和 N_2O 相对分子质量的整数部分相同，为区分起见，规定用 R744 表示 CO_2，用 R744a 表示 N_2O。

目前，对上述第 1、2 种制冷剂还采用另一种更直观的符号表示法：即将上述符号中的首字母“R”换成物质分子中的组成元素符号。例如：

CFC 类：R11、R12、…又可表示为 CFC11、CFC12、…，即分子中含氯、氟、碳的完全卤代物；

HCFC 类：R21、R22、…又可表示为 HCFC21、HCFC22、…，即分子中含氢、氯、氟、碳的不完全卤代物；

HFC 类：R134a、R152a、…又可表示为 HFC134a、HFC152a、…，即分子中含氢、氟、碳的氢氟烃；

哈龙类：为全卤化的碳氢化合物，它除了包括氟和氯外，还包括溴，如 CF_2ClBr(Halon 1211)，$CF_2Br—CF_2Br$(Halon 2402)，CF_3Br(Halon 1301)，该类物质主要用于灭火，有时也作制冷剂；

FIC 类：这是一种新的化学物质，含氟、碘和碳，包括 CFC_3I，C_2F_5I，C_3F_7I 等。

附表 1 为美国供暖制冷空调工程师协会（ASHRAE）颁布的制冷剂的标准

符号。

2.1.2 制冷剂的热力学性质

制冷剂的热力学性质是指热力参数及其之间的相互关系，这些热力学性质是物质固有的，一般由实验和热力学微分方程求得，然后绘制成热力性质图表（见附表 2~7 及附图 1~11）。制冷剂的热力学性质是它在特定情况下被选用的主要依据：在蒸发温度和冷凝温度已确定的情况下，制冷机的工作压力（蒸发压力和冷凝压力）和排气温度，取决于制冷剂的热力学性质；制冷机的尺寸和运行经济性，在一定程度上也与制冷剂的热力学性质有关。对制冷机起重要影响的热力学性质有：

1. 标准沸点和凝固点

标准沸点是指制冷剂液体在标准大气压（101.325kPa）下的饱和温度，也称标准蒸发温度 T_s。制冷剂的标准沸点大体上可以反映用它制冷能够达到的低温范围。人们希望所选择的制冷剂在所需要的制冷温度状态下对应的饱和压力与大气压力接近，可避免向制冷系统内外相互泄漏。T_s 越低的制冷剂，能够达到的制冷温度越低。它是决定制冷剂适用场合的主要依据。所以，习惯上往往依据 T_s 的高低，将制冷剂分为高温、中温、低温制冷剂。表 2-3 给出部分按标准沸点分类的传统制冷剂。

表 2-3　制冷剂按标准沸点 T_s 分类

类　　别	T_s/℃	30℃的冷凝压力/kPa	制冷剂举例	应用场合举例
高温制冷剂（低压制冷剂）	>0	约 <300	R11*，R21*，R113*，R114*	空调、热泵、工艺低温水
中温制冷剂（中压制冷剂）	-60~100	约 300~2000	R12*，R22*，R717，R500，R502，R290，R1270	空调、热泵、工艺低温水、制冰、冷藏、工业生产过程
低温制冷剂（高压制冷剂）	< -60	约 >2000	R13*，R503，R170，R1150	工业生产及实验用低温设备

注：表中带 * 的制冷剂由于其环境特性已受禁，详见环境影响特性和替代制冷剂。

凝固点是指制冷剂在标准大气压下，凝成固体时的温度。选用制冷剂时，其凝固温度应远低于制冷机工作时的最低温度，以防制冷剂在系统中凝固。

2. 饱和蒸气压力

纯质的饱和蒸气压力是温度的单值函数，用饱和蒸气压力曲线可以描述这种关系。图 2-1 给出了主要制冷剂的饱和压力-温度关系曲线。由图 2-1 可以看出，各种物质的饱和蒸气压力曲线的形状大体相似。所以，标准蒸发温度高的制冷剂

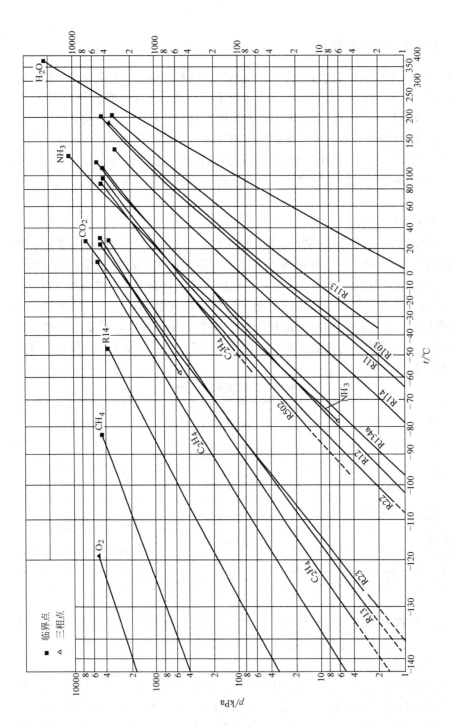

图 2-1 制冷剂饱和压力-温度关系曲线图

的饱和蒸气压力低；标准蒸发温度低的制冷剂的压力高，即高温工质又属于低压工质；低温工质又属于高压工质。

饱和蒸气压力可以用来比较在蒸发温度和冷凝温度给定的条件下，选用不同制冷剂时蒸发压力和冷凝压力的高低。通常，希望蒸发压力高于大气压力，以避免空气及其中的水蒸气漏入制冷系统；希望冷凝压力不要太高，以便可以使用轻型的制冷设备和管道，并降低制冷剂向外渗漏的可能性。

3. 临界温度 T_C 和临界压力 p_C

临界温度和临界压力是物质在临界点状态时的温度和压力。临界温度是制冷剂不可能加压液化的最低温度，即在该温度以上，即使再怎样提高压力，制冷剂也不可能由气体变成液体。

各种制冷剂的临界点参数互不相同，其中临界温度差别较大。在选用制冷剂时，要考虑使制冷机的工作压力和温度远低于所使用制冷剂的临界压力和温度。为了避免过低的蒸发压力、过高的冷凝压力和过高的排气温度，同时使制冷循环具有较高的热力学完善度，制冷剂的工作温度和压力应在如下范围内选择

$$\frac{T}{T_C} = 0.5 \sim 0.85 \quad \frac{p}{p_C} < 0.4$$

4. 压缩终温 T_2

相同吸气温度下，制冷剂等熵压缩的终了温度 T_2 与其等熵指数 κ 和压力比 π 有关。

压缩终温 T_2 是实际制冷机中必须考虑的一个安全性指标。若制冷剂的 T_2 过高，有可能引起它自身在高温下分解、变质；并造成机器润滑条件恶化、润滑油结焦，甚至出现拉缸故障。T_2 与制冷剂气体的比热容有关。重分子的 T_2 低；轻分子的 T_2 高。在氟利昂制冷剂中，乙烷的衍生物 T_2 比甲烷的衍生物低。常用的中温制冷剂 R717 和 R22，其排气温度较高，需要在压缩过程中采取冷却措施，以降低 T_2；而 R502，R134a 和 R152a 的 T_2 较低，它们在全封闭式压缩机中使用，要比用 R22 好得多。

另外，制冷剂的粘性、导热性和比热容等性质对制冷剂辅机(特别是热交换设备)的设计有重要影响，使用时应正确选择。

2.1.3 制冷剂的应用性质

在选择制冷剂以及管理和操作制冷设备时，还要了解与制冷剂的物理化学性质密切相关的应用性质。

1. 制冷剂的热稳定性

制冷剂在制冷系统中不断循环，所以要求其化学稳定性良好。尤其是在压缩后，较高的温度下有较好的热稳定性，不产生分解作用。在制冷温度范围内，制

冷剂的分解温度都高于工作温度，故在正常使用和保管条件下是不会分解的。

氟利昂遇明火（800℃以上）会产生卤烃气体和微量的光气（$COCl_2$）及一氧化碳。通常，氟利昂在单独存在时，即使温度高达500℃，仍然稳定。但有金属催化剂存在时，或与油、水、空气等接触时，其分解温度就要降低200～300℃。丙烷有氧存在时460℃分解。乙烯有聚合倾向，在有催化剂时，100℃也能很快分解。氨在250℃上时会分解成氮气和氢气，而氢具有很强的爆炸性。

2. 制冷剂的毒性

制冷剂的毒性是用豚鼠做实验，按它在制冷剂蒸气中造成重伤或死亡的时间来划分等级的。根据美国保险商实验室的规定，将其分为6个等级，从1～6级毒性逐次降低，每相邻两级之间用a、b、c作更细的划分。表2-4给出传统制冷剂的毒性等级。目前，始于1988年的国际性研究项目PAFA（替代物氟利昂毒性研究）尚在对新制冷剂进行长期毒性研究。

需要说明，有些制冷剂虽然无毒，但在空气中的浓度高到一定程度，会由于缺氧窒息造成对人体的伤害。另外，含Cl的氟利昂物质，遇到明火会分解出剧毒光气。这些都必须在使用中注意防范。

表2-4 制冷剂毒性等级

毒性等级	制冷剂气体在空气中的体积分数（%）	停留时间/min	危害程度	制冷剂举例
1	0.5～7	5	致死或重伤	SO_2
2	0.5～1	30	致死或重伤	NH_3
3	2～2.5	60	致死或重伤	R20
4	2～2.5	120	致死或重伤	R40，R21，R113
5	20	120	有一定危害	CO_2，R11，R22，R502，R290，R600
6	20	120	不产生危害	R12，R13，R13B1，R114，R503

为了防止制冷剂泄漏时对人体的毒害，应该使机房内空气中制冷剂的含量不超过允许的限度，如：氨：$0.02g/m^3$；碳氢化合物：$30～40g/m^3$；各种氟利昂：$100～700g/m^3$（按其毒性级别而定）。

3. 燃烧性和爆炸性

一些制冷剂的蒸气温度升高到一定值并与明火接触时，蒸气与空气混合物产生闪火现象，并且继续燃烧，这时的温度叫燃点。当制冷剂蒸气在空气中的含量达到一定比例时，就与空气构成爆炸性混合气体。这种混合气体遇到明火时就能闪火发生爆炸。制冷剂在空气中构成爆炸性混合气体时，在空气中所占的比例是有一定范围的。这个范围叫爆炸极限。在这个范围以外，即使有明火时也不发生爆炸。但在此上限以上的混合气体，遇火源时可以燃烧，在燃烧过程中，也可能会突然爆炸，这是因为这些气体燃烧时在空气中所占的体积分数达到爆炸极限。表2-5示出可燃性制冷剂的燃点和爆炸极限。

表2-5 制冷剂的燃点和爆炸极限

制冷剂	燃点/℃	爆炸极限		爆炸时的最高压力/kPa	达到最高压力的时间/s
		体积分数(%)	质量浓度/(g/m³)		
R717	1171	15 ~ 27	107 ~ 200	442	0.175
R50	645	5 ~ 15	33.4 ~ 100	—	0.018
R170	530	3.28 ~ 12.45	39.2 ~ 156.5	843	—
R1150	540	3.05 ~ 28.6	35.5 ~ 334	—	—
R290	510	2.37 ~ 9.5	43.6 ~ 175	813	0.02
R1270	455	2.0 ~ 11.1	35 ~ 194.5	—	—
R600	490	1.86 ~ 8.41	45 ~ 203.5	—	0.024
R600a	—	1.8 ~ 8.44	43.5 ~ 204	—	—
R40	632	8.1 ~ 18.6	170 ~ 390	572	0.11

4. 制冷剂的溶水性

氟利昂和烃类物质都很难溶于水，氨易溶于水。对于难溶于水的制冷剂，若系统中的含水量超过制冷剂中水的溶解度，则系统中存在游离态的水。当制冷温度到达0℃以下时，游离态的水便会结冰，堵塞节流装置或其他狭窄通道，这种冰堵现象将使制冷剂无法正常工作。

对于溶水性强的制冷剂，尽管不会出现上述冰堵问题，但制冷剂溶水后发生水解作用，生成的物质对金属材料会有腐蚀危害。所以，制冷系统中必须严格控制含水量，使其不超过规定的限制值。

5. 制冷剂与润滑油的相互溶解性

压缩式制冷机中，除了离心式制冷机外，制冷剂都要与压缩机润滑油相接触。两者的溶解性是个很重要的问题。这个问题对系统中机器设备的工作特性及系统的流程设计都有影响。

制冷剂不同，其与润滑油的相互溶解性也不同，并与温度、压力、润滑油的成分有关。氟利昂制冷剂在润滑油中的溶解程度是随着氯原子数和溴原子数减少而增加的。在制冷剂的工作温度范围内，按溶解度的大小，可将制冷剂分为三类。

第一类是微溶或难溶的制冷剂，包括 NH_3、CO_2、R134a 等。用这类制冷剂时，压缩机内的润滑油不会因溶解有制冷剂而变稀，因而对润滑无明显影响；润滑油进入制冷系统后，不会影响制冷剂的蒸发温度，但会在各个换热器传热表面上形成油膜而影响传热。进入制冷系统的润滑油主要积存在高压储液器、中间冷却器、汽液分离器及蒸发器中，而且同制冷剂液体分层存在，所以很容易从这些设备中通过集油器排放出来。

第二类是可以完全相互溶解的制冷剂，包括 R11、R12、R113 及烷烃类制冷剂等。应用这类制冷剂时，压缩机内的润滑油会因制冷剂的溶入（溶入的量取决于油的温度及其上方的压力）而变稀，使粘度下降，影响润滑；而且随着制冷剂的溶入和析出，油面位置会发生变化。润滑油进入制冷系统后，不会在冷凝器等的传热面上形成影响传热的油膜，但会在蒸发器中逐渐积存起来，使蒸发温度提高、恶化传热。进入制冷系统的润滑油，无论在储液器中或是在蒸发器中，总是同制冷剂互溶在一起，不能用简单的方法分离排放。对于这类制冷剂，除在系统中设置油分离器外，还需使用能自动回油的蒸发器和中间冷却器。

第三类是可以部分同润滑油互溶的制冷剂，包括 R22、R500 等。这类制冷剂在常温下与润滑油完全互溶，而在较低温度下分离为两层，一层为贫油层（即制冷剂中溶有一定的润滑油）；一层为富油层（即润滑油中溶有一定的制冷剂）。应用这类制冷剂时，对制冷系统带来的影响与第二类制冷剂相同，而且进入制冷系统中的润滑油，在冷凝器和高压储液器中同制冷剂液体完全互溶，无法分离排放，在满液式蒸发器中，分为贫油和富油两层，也难以分离排放。所以对于这类制冷剂，也需使用能自动回油的蒸发器。

6. 制冷剂对系统材料的作用

（1）对金属材料的作用　制冷剂对金属材料的作用有两种情况，一种是制冷剂本身对某些金属材料有腐蚀作用；另一种是制冷剂本身对金属材料无腐蚀作用，但和水或润滑油混合后产生腐蚀作用。

氨对钢铁无腐蚀作用，对黄铜或类似的合金有轻微的腐蚀作用。但当氨中含有水分时，对铜、锌及除磷青铜外的其他铜合金有强烈的腐蚀作用。

氟利昂在通常使用条件下，对所使用的金属几乎都无腐蚀作用，只对镁和含镁2%以上的铝合金、锌合金是例外。但当制冷系统中有水分和空气存在时，氟利昂会水解而产生酸性物质（氯化氢、氟化氢）而引起金属腐蚀。氟利昂与润滑油的混合物能够溶解铜，被溶解的铜离子与钢或铸铁件接触时会析出并沉积在其表面，产生"镀铜现象"，对制冷机的运行极为不利。

（2）对非金属材料的作用　氟利昂是一种有机制冷剂，能溶解多种有机物质，如天然橡胶、树脂等，氟利昂对合成橡胶、塑料等高分子化合物几乎没有溶解作用，但却会起"膨润"作用，即使之变软、膨胀和起泡而失去作用。一般来说，氟利昂分子中氯原子数越多，则膨润作用越强。在选择制冷系统的密封材料和密封式压缩机的电器绝缘材料时，必须注意不可使用天然橡胶和树脂化合物，而应该采用耐氟材料，如：氯丁乙烯、氯丁橡胶、尼龙或其他耐氟的塑料制品。

氯化物制冷剂还会吸收木材、纤维及一些电器绝缘物中的水分，使这些材料收缩；在低温下，被氯化物溶解和抽取的物质又会析出并沉淀，并可能在系统的狭窄流道处造成堵塞，或者在蒸发器表面形成附着层，影响蒸发器的传热效果。

（3）电绝缘性 在全封闭和半封闭式压缩机中，电动机的绕组与制冷剂和润滑油直接接触。因此要求制冷剂和润滑油有较好的电绝缘性。通常制冷剂和润滑油的电绝缘性都能满足要求。不过需要注意：微量杂质和水分的存在，均会造成制冷剂和润滑油电绝缘性的降低。氟利昂的电绝缘性能较好，但氨则不适用于封闭式制冷压缩机。

7. 环境影响特性

20 世纪 70 年代，人们发现氟利昂会产生改变自然界臭氧生长和消亡平衡的氯，从而使臭氧层减薄甚至形成空洞，并产生温室效应。因此臭氧层的破坏和室温效应成为当今全球面临的两大主要环境问题。在开发制冷剂时还需考虑其环境特性。哈龙和 CFC 对臭氧层的破坏能力最强，HCFC 次之，HFC 因不含氯而无破坏作用，但它们的化学性质稳定，而且释放后可以聚集，最终可能加速导致全球变暖。通常用 ODP 值和 GWP 值来衡量制冷剂的环境特性。

ODP（Ozone Depletion Potential）值即臭氧衰减指数，它是一个相对指数，用来表示某种化学物质对臭氧层的破坏程度，以 R11 对臭氧的破坏可能性作为参考标准 1，则哈龙类 1211 的 ODP 值为 4.96，表明在同样质量和时间的情况下，1211 破坏臭氧分子的数目是 R11 破坏臭氧分子数目的 4.96 倍。

GWP（Global warming Potential）值即全球温室效应指数，用来表示某种物质造成温室效应的相对危害程度，通常以 CO_2 作为参考制冷剂，也可以 R11 作为参考气体，GWP 值的大小取决于气体从被排放到被清除的时间以及该气体对红外线能量的吸收特性。

评价温室效应的另一个指标是 TEWI（Total Equivalent Warming Impact）值，即总当量温室效应指数，它考虑了设备在操作中所消耗的能量，比如家用冰箱，计算 TEWI 值时不仅要考虑所充注的制冷剂对温室效应的作用，还需考虑发泡剂的数量和类型，以及在冰箱预期使用寿命中所消耗的能量。TEWI 值的概念有利于新替代技术的应用及节能设备的开发。

臭氧层的可能破坏已成为全球性环境问题，引起了世界各国的关注。1987

年以来，联合国环境署（UNEP）召开了一系列国际会议，采用措施保护大气臭氧层，并制定了发达国家和发展中国家缔约国对 ODS（Ozone Depleting Substances，即消耗臭氧层物质）的控制进程。主要的文件有《保护臭氧层的维也纳公约》、《关于消耗臭氧层物质的蒙特利尔议定书》、《赫尔辛基宣言》，《关于消耗臭氧层物质的蒙特利尔议定书》的伦敦修正案、哥本哈根修正案、蒙特利尔修正案与北京修正案等。

被蒙特利尔议定书和哥本哈根修正案禁用的制冷剂有：

CFC 类：如 R11、R12、R13、R113、R114、R115，要求 1996 年 1 月 1 日减少 100%；

哈龙类：如 Halon 1301、Halon 1211、Halon2402，要求 1994 年 1 月 1 日减少 100%；

HCFC 类：如 R21，R22，R123，R142b，R124，要求 2030 年 1 月 1 日减少 100%；

甲基溴化物：如 CH_3Br，要求 1996 年 1 月 1 日减少 100%。

中国积极参与了国际控制 ODS 的行动，加入了《关于消耗臭氧层物质的蒙特利尔议定书》的伦敦修正案，并于 1992 年编制了《中国消耗臭氧层物质逐步淘汰国家方案》，1997 年形成了《国家方案修正案》，1999 年 11 月正式实施。我国将于 2010 年淘汰全部 CFC，2040 年以前淘汰 HCFC。

2.2 制冷剂及其应用

2.2.1 传统制冷剂

1. 氨（R717）

氨有较好的热力性质和热物理性质。氨的标准蒸发温度为 −33.3℃，凝固温度为 −77.7℃。它在常温和普通低温范围内压力比较适中，工作范围比 R22 大20%。单位容积制冷量大，粘性小，流动阻力小，密度小，传热性能好。此外，氨的价格低廉，又易于获得，所以它在 19 世纪 60 年代就开始被作为制冷剂应用。虽然它在半个世纪以前曾被 CFC 代替，但由于其 ODP 值和 GWP 值均为 0，现在重新成为良好的 CFCs 替代制冷剂。氨的压缩系统主要用于低温领域，而且已经发展得非常完善，所以适合在工业领域中应用。因为有足够的技术和便利措施来处理泄漏，所以国内大中型冷库用氨作制冷剂的比较多。

氨的主要缺点是毒性大，易燃、易爆。氨液飞溅到人的皮肤上会引起肿胀甚至冻伤。氨蒸气无色，有强烈的刺激性气味。在空气中氨蒸气的体积分数达到0.5%～0.6%时，人停留半小时就会引起中毒；体积分数到 11%～14%时可点燃

(黄色火焰);体积分数为15%~27%时,会引起爆炸。氨蒸气对食品有污染和使之变味的不良作用,因此在氨冷库中,机房和库房应隔开一定距离。若制冷系统内部含有空气,高温下氨中会分解出游离态的氢,逐渐在压缩机中积存到一定浓度时,遇到空气具有很强的爆炸性,可能引起恶性事故。所以氨制冷系统中必须设空气分离器,及时排除系统内的空气或其他不凝性气体。

氨的压缩终温较高,所以压缩机气缸要采取冷却措施。

氨与水能够以任意比例互溶,形成氨水溶液。在普通低温下,水分不会析出造成冰堵。所以氨系统可以不设干燥器。但氨系统内含水量不得超过0.2%,这是因为水分的存在使氨制冷剂变得不纯,在形成氨水溶液的过程中要放出大量的热;氨水溶液比纯氨的蒸发温度提高;更重要的危害是,对金属材料有很强的腐蚀性。

氨非常难溶于润滑油(溶解度不超过1%)。氨制冷机的管道和换热器内部的传热表面上会积有油膜,影响传热效果。另外,润滑油还会积存在冷凝、储液器以及蒸发器的下部,对这些部位应定期放油。

纯氨不腐蚀钢铁,但含水分时腐蚀锌、铜、青铜及其他铜合金,只有磷青铜除外。因此,氨制冷机系统不允许使用铜或铜合金;不过对某些易磨损构件(如活塞销、轴瓦、密封环等),则允许使用高锡磷青铜材料。

氨的检漏方法:从刺激性气味很容易发现系统漏氨。寻找漏氨部位可以在接头、焊缝中涂肥皂水,若有气泡,则说明受检部位有泄漏。也可以用石芯试纸或酚酞试纸化学检漏,若有漏氨,石芯,试纸由红变蓝,酚酞试纸变成玫瑰红色。

2. 氟利昂

氟利昂是无色、无味、基本无毒、化学性能稳定、不易燃和爆炸的制冷剂。不同化学组成和结构的氟利昂热力性质相差很大,可分别用于高温、中温、低温制冷机,以适应不同的制冷温度。但是,各种氟利昂又具有以下共性:

等熵指数小,排气温度比较低;传热性能较差、相对分子质量较大、密度大、流动性差。故在系统中循环时流动阻力损失大。

遇明火时,氟利昂中会分解出对人体有毒害的氟化氢、氯化氢或光气等。故其生产和使用场所应严禁明火。

溶水性极差,系统中需严格控制含水量,否则易造成低温系统的"冰堵"现象,堵塞节流阀和管道,或者因水解产生酸性物质而发生"镀铜"腐蚀。另外,由于氟利昂对天然橡胶、树脂、塑料等非金属材料有腐蚀(膨润)作用,系统中的密封圈或垫片必须采用耐氟材料,如丁腈橡胶。

渗透性强。所以在系统中使用时极易泄漏,而且泄漏不易被觉察。由于氟利昂在有明火时,会放出卤族元素,它能与灼热的铜反应生成卤化铜,并在火焰下呈特殊的颜色,所以可用卤素喷灯进行检漏。它是通过酒精的燃烧加热一个纯铜块，并用吸气管将被检气体吸入喷灯，当被检气体中含有氟利昂时，燃烧的火焰变为黄绿色(含量较小时)或紫色(含量较大时)。也可用电子卤素检漏仪检漏，它的灵敏度较高，可以检出微漏。

氟利昂在其他物理及化学性质上也具有一定的规律性：含 H 原子多的，可燃性强；含 Cl 原子多的，有毒性；含 F 原子多的，化学稳定性好；完全卤代烃在大气中具有长寿命。上述性质方面的规律可以用三角形图形象描述，如图 2-2 所示。对臭氧破坏作用大的是氟利昂中的氯原子和溴原子，而且在大气中存在寿命长的物质，CFC 和哈龙类是典型物质。

制冷、空调装置中过去广为使用的传统氟利昂制冷剂是 R11、R12 等。

(1) R12   R12 是除水以外最安全的制冷剂，其标准蒸发温度为 −29.8℃，凝固温度为 −158℃，属中温制冷剂。R12 主要用在小型冷冻装置中，配备全封闭或半封闭容积式压缩机，例如，家用冰箱、冷柜、小型商用冷冻陈列柜、空调以及水、陆冷藏运输的制冷装置等。也用在中型空调装置以及汽车空调装置中，配备半封闭或开启式容积式压缩机。

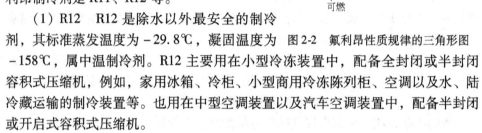

图 2-2 氟利昂性质规律的三角形图

R12 对人体的生理危害小。它在空气中含量达到 20% 时，人才开始有感觉，所以有泄漏时不易被发觉；体积分数超过 30% 时，会使人窒息；它遇明火或温度达到 400℃ 以上时会分解出剧毒的光气。R12 制冷系统必须密封严密。

R12 对水的含量要求很严，规定的控制值为 25×10^{-6}(25ppm)，以防止系统中含水量超标而引起冰堵和"镀铜"腐蚀；使用时应采取相应措施避免水分进入系统；R12 与矿物油的溶解性好，其溶解度随温度、压力的升高而增大，为保证压缩机的润滑，多采用粘度较高的润滑油。对 R12 制冷系统要有专门的回油措施；R12 对有机物的膨润作用较强，其制冷系统使用丁晴橡胶或氯醇橡胶为密封材料；全封闭压缩机中绕组导线需涂敷聚乙烯醇缩甲醛树脂绝缘漆。

(2) R22   R22 也是比较安全的制冷剂，R22 的标准蒸发温度为 −40.8℃，凝固温度为 −160℃，它的饱和压力特性与氨相近，单位体积制冷量也与氨差不多，比 R12 约大 60%，但使用中比氨可靠。R22 应用广泛，特别是在各种家用空调器(配备全封闭容积式压缩机)中，也用于中型冷水机组(半封闭容积式压缩机)和工业制冷(开启式压缩机)中。

R22 液体中水的溶解度大于 R12，但仍属难溶于水的物质，规定 R22 产品的含水量限制在 25×10^{-6}(25ppm)以下；R22 能够与润滑油有限溶解，但对于低温系统仍然有可能产生"冰堵"和集油，所以在系统中必须安装过滤-干燥器和油分离器,对已进入系统的水分和润滑油及时清除。

R22 是极性分子,对有机物的膨润作用很强。系统的密封件应采用耐氟材料如氯乙醇橡胶或 CH·1-30 橡胶、聚四氟乙烯;封闭式压缩机的电动机绕组则采用 QF 改性缩醛漆包线、QZY 聚脂亚胺漆包线等。

(3) R11 R11 的标准沸点为 23.7℃,凝固温度为 −111℃,属高温制冷剂,常用于空气调节及某些生产工艺用的冷水机组,也可用于热泵装置。R11 作为制冷剂时,工作压力很低,蒸发压力常为负压;同时它的相对分子质量大、单位体积制冷量很小,一般使用离心式压缩机。R11 分子中含 3 个 Cl 原子,故毒性大,稳定性也不如 R12,在高温或明火作用下更容易分解出光气,使用维修中应特别注意。

(4) R114 R114 的标准沸点为 3.6℃,介于 R11 和 R12 之间。作为制冷剂,其冷凝压力低,冷凝温度高,适合于高温环境的风冷空调和降温用制冷系统,主要用于小型制冷机,如炼钢车间的降温设备。R142b 具有与 R114 相似的性质。

(5) R13、R14 和 R23 R13、R14 的标准沸点分别为 −81.4℃ 和 −128℃,属低温制冷剂,一般用于低温化学工业和低温研究,作为复迭式压缩机的低温部分(常与 R22 配套使用)。

R13 和 R14 的分子中含较多氟原子,不含氢原子。所以它们的化学性质稳定、无毒、不可燃。二者都微溶于水,不溶于油。常温下超临界,压力很高,单位体积制冷量大。

R13 的 ODP 值为 1.0,对臭氧层的破坏非常严重,不过它的用量不大,可用 R23 作为过渡期替代物。R23 的标准沸点为 −82.1℃,它的制冷温度与 R13 很接近,但比 R13 对臭氧层的危害小。R13 与 R23 组成的混合制冷剂 R503 已有很好的应用。

3. 混合制冷剂

混合制冷剂是由两种或两种以上纯制冷剂组成的混合物。由于纯制冷剂在品种和性质上的局限性,采用混合物做制冷剂为调制制冷剂的性质和扩大制冷剂的选择方面(尤其是在作 CFC 替代物的纯制冷剂有限的情况下)提供了更大的自由度。

混合物按其定压下相变时的热力学特征有共沸混合物、近共沸混合物和非共沸混合物之分。

(1) 共沸混合物 共沸混合制冷剂同纯制冷剂一样,在定压下蒸发,蒸发温度恒定不变,而且气相与液相的组成始终相同。商业上已有应用的共沸混合制冷剂有:R500、R502 和 R503。

R500 是在 R12 中加入组分 R152a 所得到的性能改进产物,R12 与 R152a 的质量比为 73.8:26.2。当初开发 R500 是为了填补 R12 与 R22 之间的一个容量档次之空缺。R500 的蒸气压力比 R12 高，制冷能力比 R12 高 20% 左右。

R502 是 R22 与 R115 以质量成分 48.8:51.2 组成的共沸混合物。用于超级市场冷冻食品陈列柜的制冷系统及低温冷藏库中。原来使用的是 R22，但由于单级压力比大，排气温度太高，使压缩机故障频繁。采用 R502 取代后，使排气温度下降了 22~33℃；低蒸发温度时的压力提高了；回热特性好；制冷量和能效比都有改善；对橡胶和塑料的腐蚀性也小了，因此制冷性能和机器可靠性都提高了。采用 R502 单级制冷，蒸发温度可以低达 -50℃ 左右，扩大了使用温度范围。由于以上优良特性，R502 被认为是理想的混合制冷剂。

R502 不溶于水。它与石蜡族和环烷族润滑油的互溶性较差，采用烷基苯润滑油有很好的溶解性。低温下（直到 -40℃）回油不成问题。

R503 是 R13 与 R23 组成的共沸混合物，二者的质量成分比为 59.9:40.1。R503 的标准蒸发温度为 -88℃，比两个组分的标准蒸发温度低 6℃，与乙烷的标准蒸发温度相同，但却无燃烧性。R503 用于复迭式制冷系统的低温部分。

以上三种混合物中有一个组分是 CFC 类物质，其臭氧破坏指数和温室效应指数都比较高，所以也属于受禁使用的物质。

（2）近共沸混合物　近共沸点混合物不具备共沸特征，但其混合成分有着相近的沸点，故定压相变时的温度滑变不大，可视作近似等温。近共沸混合物有极大的发展潜力，但在泄漏的情况下有可能改变组成，对于 CFC 是理想的灌注式替代物。近共沸点混合物的应用扩展了除了单制冷剂和共沸混合物之外的制冷剂范围，它的目标是适合那些原本为单制冷剂而设计的制冷设备，如在 R502 中加入丙烷，可以提高其在环烷润滑油中的溶解度，其热传导效率也有相应提高。

（3）非共沸混合物　非共沸混合物在定压下沸腾时，露点线与泡点线呈鱼形曲线，在蒸发和冷凝过程中温度和组分相差很大。

非共沸混合制冷剂是继共沸混合制冷剂之后而发展起来的，它们在改善能效比和负荷调节方面有推广应用的潜力。尤其是对于全年负荷变化很大的小型热泵等系统，它们的负荷是温度的函数，用户通常希望该系统在冬季制热工况下有很高的容积制热率，而在夏季制冷工况下有较高的 COP 值。由于非共沸制冷剂在相变过程中的组成是可变的，应用合理有可能达到以上要求。另外，非共沸混合制冷剂的滑移温度特点可以收到系统节能的效果。但由于它们需要对硬件设计做相应变化，所以一般只在新系统中使用。

2.2.2　替代制冷剂

表 2-6 列出了短期和长期的混合制冷剂替代物。

表 2-6 短期和长期的混合制冷剂替代物

混合物组分	质量配比(%)	标准沸点/℃	被替代工质	ODP	GWP	混合物名称
125/143a/134a	42/52/4	−46.45	R502	0	0.97	R404a
32/125/143a	10/45/45	−48.20		0	0.89	
125/143a	50/50	−47.20		0	0.98	
32/125/134a	20/40/40	−45.80		0	0.49	R407a
32/125/134a	10/70/20	−43.00		0	0.70	R407b
143a/22	45/55	−44.50		0.03	0.82	—
125/290/22	60/2/38	−49.19		0.02	0.63	R402a
125/290/22	38/2/60	−47.35		0.03	0.52	R402b
218/290/22	20/6/74	−48.00		0.03	3.0	R403a
218/290/22	39/6/54	−50.20		0.04	1.20	R403b
22/152a/124	53/13/34	−32.97	R12	0.03	0.22	R401a
22/152a/124	61/11/28	−34.67		0.035	0.24	R401b
22/152a/124	33/15/52	−28.7	R12 (汽车空调)	0.03	0.17	R401c
32/125/134a	30/10/60	−43.40		0	0.33	R407c
32/125	60/40	−52.5	R22	0	0.42	
32/125/134a	30/10/60	−43.40		0	0.30	R407c
125/143a/134a/32	33/36/21/10	−47		0	<0.7	—

1. R12 的替代物

R12 是最早发现、使用量大、性能优良的制冷剂,但现在为环境所不接受,它对臭氧层的破坏非常严重,GWP 值也很大,是禁用的"CFC"主要制冷剂之一。R12 的替代物质有 R22、R134a、R152a,还有一些混合物,见表 2-6。

(1) R22 对于发展中国家,新替代制冷剂的研究起步较晚,不可能突然取代传统的制冷剂,而 R22 的使用技术已成熟,并且 R22 对臭氧层的破坏能力仅相当于 R12 的 5%,所以可以作为 R12 的近期替代制冷剂。

在使用 R22 时应考虑的问题是:排气温度偏高;压力较高;较大的体积制冷量;冷凝器与蒸发器之间的温差较大。相应采取的措施是:低温下采用多级压缩;增加对压缩机的冷却;改善对制冷剂流量的控制;限制压缩机吸气过热。

(2) R134a R134a(HFC-134a,$C_2H_2F_4$) 的 ODP 值几乎为 0,GWP 值低于 R12,是比较理想的 R12 的替代制冷剂,但价格较高。

R134a 的标准蒸发温度为 −26.5℃;凝固点为 −101.0℃。它的制冷循环特性与 R12 接近,但不如 R12(体积制冷量和 COP 都小于 R12),其排气温度一般更低些。R134a 相对分子质量大，流动阻力损失比 R12 大。传热性能比 R12 好。

R134a 与 R12 的主要差别在溶油性方面。R134a 的分子极性大，在非极性油中的溶解度很小。R134a 主要用酯润滑，在某些场合也用极性链烯润滑（如，在欧美国家,汽车空调行业中 R134a 已完全替代了 R12）。由于 R134a 完全不溶解于 R12 所用的常规矿物油，即使微量也不行，因此，在系统改造过程中，必须对润滑油系统进行彻底清洗；同时，系统中应该设置高度的抽真空和脱水设备及干燥设备以清除水分。

由于 R134a 分子中不含 Cl，自身不具备润滑性。机器中的运动部件在供油不足时，会加剧磨损甚至产生烧结。为此，在合成油中需要增加添加剂以提高润滑性。另外，还应该改善运动部件材料的表面特征，并改善供油机构性能。

R134a 对非金属材料的膨润作用比 R12 略强，可以使用氢化丁腈橡胶和氯化橡胶作为密封材料。

由于 R134a 的分子直径比 R12 小，更容易泄漏。而稳定性高又使它对电子卤素检漏仪的作用不够强。所以传统的 CFC 电子检漏仪对 R134a 的反应不敏感。检漏时应该注意采用灵敏度更高的新型检漏仪。

（3）R152a   R152a(HFC-152a,$C_2H_4F_2$) 的 ODP 为 0，GWP 值 100 年为 140，因而在环境特性方面比 R134a 更好。R152a 的热力学特性也与 R12 相近，标准蒸发温度为 -24.7℃，在制冷循环特性上优于 R12，是 R12 的较好替代物。

R152a 的燃烧性很强。R152a 在空气中体积分数达 4.5% ~ 21.8% 时，就会着火。所以使用 R152a 时应有很好的安全措施，一般认为在家用冰箱中使用可燃性制冷剂不会导致安全方面的大问题。R152a 是极性化合物，在与润滑油相溶性方面的情况与 R134a 类似。

（4）混合物 R152a/R134a   具有近共沸特征。能耗指标随混合物中 R152a 含量的增加而减少。该两组分性质方面的互补，使熔油性改善，燃烧性下降。

（5）混合物 R22/R142a 和混合物 R22/R152a   为非共沸混合制冷剂。起到体积制冷量调制的作用，使 SCD（单位制冷量所需压缩机吸气体积）值与 R12 接近。家用冰箱中的实验表明：它们有同样好的效果，COP 值优于 R12。

（6）三元混合物 R401   由 R152a/R22/R124 三种工质按各不同质量比例混合而成，具有近共沸特征。可抑制可燃性，实验证明在家用冰箱中替代 R12，能耗有所下降。

2. R22 的替代物

由于对 HCFC 类物质限用期的临近，R22 的替代物研究也正在进行。目前，R22 的替代方向主要有三个：R407c、R410a、R134a。

（1）R407c   是相变滑移温度为 7℃ 的非共沸混合物，由 R32/R125/R134a

三种工质按23%/25%/52%的质量比例混合而成,它的泡、露点压力曲线与R22相当,是R22理想的灌注式替代物。实验表明:在相同的负荷条件下,R407c的COP值相当于R22的96%~100%,若系统采用逆流式换热器,则制冷量可提高2%~5%,COP值提高5%~6%。

(2) R410a 为近共沸混合物,由R32/R125两种工质按各50%的质量比例混合而成,其蒸发压力比R22高50%,理论COP值低于R22,但经过系统优化,有可能减小能耗、提高COP值和压缩效率,是R22较理想的替代物。采用R410a的新系统必须重新设计压缩机,优化系统结构。由于R410a的体积流量小,新系统可以采用管径较小的换热器,减小冷重比。

(3) R134a 主要在离心式或螺杆式机组中替代R22。由于R134a的体积制冷量较小,新压缩机的排量要比R22大50%以上;并且应采用管径较大的换热器以减小压降损失。

另外,还有一些混合替代工质,见表2-6。因为R22的单工质替代物还没有被完全确定,含有R22的混合工质在短期内被建议替代现有系统中的R12和R502,以R22为基础的混合物可望在发展中国家发挥重大作用。

3. R11 的替代物

R11的ODP值为1.0,GWP100年值为3500,由于对环境影响的不可接受性,R11被列为重点受禁物质。

(1) R123(HFC-123,$C_2HF_3Cl_2$) R123是R11的主要替代制冷剂,它的热力性质与R11很接近,但由于ODP值不为0,只能作为过渡替代制冷剂。R123的相对分子质量为152.92,标准蒸发温度27.8℃。在大气中的寿命仅为1~4年。它不燃烧,使用安全性好,但有一定毒性。

(2) R245ca(HFC-245ca,$CF_3CF_2CH_3$)和R245fa(HFC-245fa,$CF_3CH_2CHF_2$)对于这两种制冷剂,目前的研究主要是对于冷凝温度小于60℃的制冷空调装置。R245ca被认为是一种具有前景的替代物,它具有与R11相近的饱和压力,呈现出好的稳定性及低的毒性,并且对漆包线的侵蚀也比R123有所减轻,适宜用作已有设备的灌注式替代制冷剂。虽然R245ca在干空气中不燃,但在湿空气中能形成弱的可燃性混合物,目前已经开始研究含有其阻燃工质的混合制冷剂。另外,还尚需进行很多工作以确认机组效率。R245fa的GWP值为790,其循环性能和体积制热量都优于R11,因具有较高的冷凝压力,因而将改变换热器的设计,适宜用在新设备中。

日本国家材料与化学研究所的 A. Sekiya 等人提出以 $CH_3OCF_2CF_3$、$CH_3OCF_2CF_2CF_3$、$CH_2OCF(CF_3)_2$ 这3种氟化醚(fluorinated ether)分别作为R11等的长期替代物。它们的溶解度比R11略差,但具有短大气寿命、低GWP、热稳定、不燃、低毒性等优点,目前正在试验研究中。

4. R114 的替代物

R114 的替代物主要有：R124、R142b、R600、R600a、R227ea、R236ea、R236fa 等。

R124(HCFC-124,CHFClCF$_3$)和 R227ea(HFC-227ea,CF$_3$CHFCF$_3$)不可燃，但其冷凝温度一般小于 90℃，循环性能也不如 R114，只可作为过渡性替代制冷剂。R142b 的标准蒸发温度为 −9.5℃，循环性能较好，但可燃，它在空气中的体积分数达 10.6%~15.1% 时，会引起爆炸，使用中要注意防爆措施。R142b 属于过渡制冷剂，也可作为混合制冷剂的一个组分，起到性质调配的作用。R600、R600a 的可燃性太强，不适宜作循环制冷剂。

对 R236ea(HFC236ea,CF$_3$CFHCHF$_2$)和 R236fa(HFC236fa,CF$_3$CH$_2$CF$_3$)的研究主要是对于冷凝温度小于 60℃ 的制冷空调装置。两种制冷剂均不可燃，溶油性和毒性都可接受，R236ea 适宜用作已有设备的灌注式制冷剂；R236fa 适宜用在新设备中。

替代 R114 的推荐工质还有 R134 和 R143，两者的性能系数均优于 R114，但对其可燃性正进一步研究。

5. R502 的替代物

R502 在发达国家已被禁用，其替代物有过渡替代物 R22 和 R125。R125 的许多性质和 R502 相近，可以使用酯类润滑油，其制冷能力和 COP 值也没有太大差异，但 R125 的 GWP 值偏高，通常被作为混合物的一个组分使用。另外，长期的混合制冷剂替代物有 R404a、R407a、R407b 及 R507。

2.2.3 天然制冷剂

1. 水

水，也是一种常用的制冷剂，它的代号是 R718。水作为制冷剂具有很多优点，如无毒、无味、不燃、不爆、来源广，高温下的热稳定性和化学稳定性，高 COP，热导率大，易获得，是安全而便宜的制冷剂。

水的标准沸点为 100℃，冰点为 0℃，因此用水作制冷剂所能达到的低温仅限于 0℃ 以上。水蒸气的比容很大，水的正常蒸发温度较高，蒸发压力又很低，使系统处于高真空状态(例如,35℃ 时,饱和水蒸气的比体积为 25m^3/kg,压力为 5.63kPa;5℃ 时,饱和水蒸气的比体积大到 147m^3/kg,压力仅为 0.87kPa)，即需要在亚大气压下运行，压缩机的气缸体积必须很大。由于这两个特点，水不宜在压缩式制冷机中使用，只适合在吸收式和蒸发喷射式冷水机组中作制冷剂。另外，还须解决润滑问题。

2. 空气

空气在很久以前就被用以飞机上的制冷。尽管 COP 很低，但由于特殊的运行情况和严格的规范使它仍然有使用价值。由于空气在普通的制冷运行工况下不会发生相变，它作为制冷剂的技术完全不同于其他工质，由于 COP 低，能量消耗中的 TEWI 比例会很高，所以能否忍受它的高 TEWI，有待进一步研究。

3. 二氧化碳

二氧化碳作为制冷剂可以追溯到 20 世纪初。CO_2 无毒，比较安全，所以曾在船用冷藏装置中也延续应用了 50 年之久，直到 1955 年才被氟利昂制冷剂所取代。现在由于 CO_2 对环境无害，它作为制冷剂可以减少其在大气中的排放量，会对环境产生积极影响；而且它是许多能量转换的副产品，可以很便宜地获得，所以它也重新成为可选的替代制冷剂。目前，二氧化碳-碳氢化合物的混合物被推荐为可能的制冷剂。其中 CO_2 有助于降低碳氢化合物的可燃性。

常温下 CO_2 是一种无色、无味的气体，其相对分子质量为 44.01，临界压力为 7.372MPa，临界温度为 31.1℃，临界比体积为 0.00214m^3/kg，比热容为 0.833kJ/(kg·K)，三相温度为 -56.57℃，三相点压力为 416kPa。CO_2 的热物性可详见国际理论与应用化学专业委员会(IUPAC)所属的物理化学分会于 1976 年出版的关于 CO_2 物性计算的专著。

目前，车用空调普遍使用的制冷剂为 R134a，而二氧化碳是其最佳的替代品，德国宝马、奥迪和日本丰田公司均准备将二氧化碳作为新一代制冷剂。试验表明，二氧化碳空调工作效率与 R134a 没有任何区别，而且空调可以做得更紧凑。但 CO_2 在使用温度下的压力比较高(常温下冷凝压力高达 8MPa)，为此，系统需要增加一台压缩机；还须增加一台换热器，否则室外气温高于 30℃ 时便无法正常工作，这会使机器设备极为笨重。

4. 碳氢化合物

碳氢化合物制冷剂的共同特点是：凝固点低，与水不起反应，不腐蚀金属，溶油性好。由于它们是石油化工流程中的产物，故易于获得、价格便宜。共同的缺点是燃爆性很强。因此，它们主要用作石油化工制冷装置中的制冷剂。石油化工生产中具有严格的防火防爆安全措施，制冷剂又是取自流程本身的产物，其相宜性是显而易见的。用碳氢化合物作制冷剂的制冷系统，低压侧必须保持正压，否则一旦有空气渗入，便有爆炸的危险。

目前，常用的有烷烃类和烯烃类制冷剂。前者的化学性质很不活泼；后者的化学性质活泼。它们都不溶于水，但易溶于有机溶剂中。如乙烷易溶于醚、醇类有机物；乙烯、丙烯易溶于酒精和其他有机溶剂中。

丙烯的制冷温度范围与 R22 相当。它可以用于两级压缩制冷装置，也可以在复迭式制冷装置中作高温部分的制冷剂。

乙烷、乙烯的制冷温度范围与 R13 相当，只在复迭式制冷系统的低温部分使用。

甲烷可以与乙烯、氨（或丙烷）组成三元复迭式制冷系统，获得－150℃左右的低温，用于天然气液化装置。

正丁烷、异丁烷或正丁烷与异丁烷的混合物可以用在家用冰箱中。早在1940—1950年间，就有过这样的应用，现在由于家用冰箱中的制冷剂R12被禁用，又重新提出。

2.3　载冷剂及其应用

载冷剂（通常称为间接冷媒），是冷却系统中间接传递热量的物质。在蒸气压缩式或者吸收式制冷系统中，蒸发器是冷量输出设备。使用中可以将蒸发器安装在用冷场所，直接冷却被冷却对象。但如果被冷却对象离蒸发器较远，或者在用冷场所不便于安装蒸发器，就可以用载冷剂来传递冷量。载冷剂在蒸发器中被制冷剂冷却后送到冷却设备中吸收被冷却物体的热量，再返回蒸发器，将热量传递给制冷剂，载冷剂重新被冷却，如此循环不止，以达到持续制冷的目的。

采用载冷剂的优点是：可以将制冷剂系统集中在机房或者一个很小的范围内，使制冷系统的连管和接头大大减少，便于密封和系统检漏；制冷剂的充注量也可以大大减少，并且能使有毒的制冷剂不进入冷库或其他不宜的场所，避免污染；在大容量、集中供冷的装置中采用载冷剂便于解决冷量的控制和分配问题；便于机组的运行管理；便于安装，生产厂可以直接将制冷剂系统安装好，用户只需要现场安装载冷剂系统即可。不足之处是制冷系统增加了载冷剂循环系统，增加了成本，在制冷剂和被冷却对象之间增加了一次传热，引起冷量损失，使整个制冷系统的循环效率下降。

2.3.1　对载冷剂性质的要求

为了正确地选择载冷剂，应对载冷剂的特性有所了解和分析，并根据工作温度要求和制冷装置的特点等进行技术经济分析比较来确定。理想的载冷剂应具有以下性质：

1）无毒，无腐蚀性，无燃烧、爆炸的危险。

2）化学稳定性好。在使用条件下不分解，不氧化，不改变其物理、化学性质。

3）凝固温度低（一般低于系统的蒸发温度4～8℃），沸点则应远高于使用温度。要求在使用温度范围内呈液态，在载冷系统中循环时，不结冰、不汽化。

4）比热容和热导率大。比热容大，则制冷量一定时可使载冷剂的循环量减小，以降低输送载冷剂循环泵的功率；热导率大，可减小设备传热面积，降低耗材量。

5) 密度和粘度小。密度小，流动时阻力损失减少；而粘度大时，传热性能变差，所需传热面积要增大。

6) 价格低廉。

2.3.2 常用载冷剂

常用的载冷剂有水、无机盐水溶液或有机物液体。它们适用于不同的载冷温度。各种载冷剂能够载冷的最低温度受其凝固点的限制。

1. 水

水作为载冷剂，载冷量大，选取方便。但水的凝固点是 0℃，所以只适用于载冷温度在 0℃ 以上的使用场合。

对集中式空气调节系统，水是最适宜的载冷剂。冷水机组产生出 7℃ 左右的冷媒水，送到建筑物房间的终端冷却设备，如风机盘管、空调机组中，供房间空调降温使用，12℃ 左右的冷媒水重新回到蒸发器与制冷剂换热。此外，冷媒水还可以直接喷入空气，实现温度和湿度调节。

2. 无机盐水溶液

无机盐水溶液有较低的凝固温度，适用于在中、低温制冷装置中载冷。最广泛使用的是氯化钙($CaCl_2$)、氯化钠($NaCl$)和氯化镁($MgCl_2$)水溶液。

图 2-3 是盐水溶液的相图(T-ξ 图)，横坐标表示水中含盐量，即盐浓度 ξ，纵坐标表示盐水温度 T。图中给出了盐水溶液状态与温度 T 和盐浓度 ξ 的关系示意。曲线 WE 为析冰线，EG 为析盐线，E 点为共晶点。共晶点所对应的温度 T_E 和浓度 ξ_E 分别叫做共晶温度和共晶浓度。溶液温度降低发生相变时的情况与浓度有关。当 $\xi < \xi_E$ 时，溶液降温凝固时首先析出水冰，随着 ξ 增大析冰温度降低，直到 $\xi = \xi_E$ 时，达到最低结冰温度 T_E。当浓度继续增大，

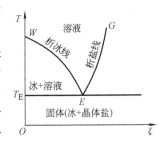

图 2-3 盐水溶液的相图

$\xi > \xi_E$ 时，溶液降温凝固时首先析出盐晶体，析盐温度随浓度的增大而升高。共晶温度是溶液不出现结冰或析盐的最低温度。析冰线和析盐线之间的区域是将盐水作为载冷剂主要选择区，用户可以根据载冷剂温度要求在该区域来确定溶液的浓度。

利用上述相图，配置盐水溶液载冷剂时，浓度不宜超出其共晶浓度。否则，盐水浓度高会使耗盐量增多；溶液密度增大；阻力和泵功耗增大；而且载冷剂的凝固温度反而升高。配置浓度只要满足它所对应的析冰温度比制冷剂的蒸发温度低 5~8℃ 即可。$CaCl_2$、$NaCl$ 和 $MgCl_2$ 水溶液的共晶温度分别为 -55℃、-21℃ 和 -34℃。

必须指出，盐水的密度与温度有关，密度计上的刻度及盐水特性表上所示的密度，都是以15℃为标准的，在测定盐水的密度时应将盐水的温度保持在15℃。例如，在 $-12℃$ 时测得 NaCl 盐水的密度为 $1.17g/cm^3$，误认为其凝固点为 $-20℃$。但将此盐水升温到15℃时测得密度为 $1.16g/cm^3$，从氯化钠盐水的特性表中查得这时的凝固点为 $-18.2℃$，二者相差将近2℃，这应引起操作人员注意。

盐水的密度和比热容都比较大，因此，传递一定的冷量所需盐水溶液的体积循环量较小。盐水在工作过程中，会因吸收空气中的水分而降低浓度，必须定期加盐。

盐水载冷剂具有腐蚀性，尤其是略呈酸性且与空气相接触的稀盐溶液对金属有强烈的腐蚀作用，因此盐水系统应尽量采用闭式循环。另外，为减少腐蚀作用，可在盐水溶液中添加缓蚀剂，常用的缓蚀剂有氢氧化钠(NaOH)和重铬酸钠($Na_2Or_2O_7$)。每立方米的 $CaCl_2$ 盐水应掺入 1.6kg 的重铬酸钠和大约 0.439kg 氢氧化钠；每 $1m^3$ 的 NaCl 盐水中需加入 3.2kg 重铬酸钠和约 0.862kg 氢氧化钠。加入缓蚀剂后的盐水呈弱碱性(pH 值约 8.5)，可通过氢氧化钠的加入量进行调整。

盐水及重铬酸钠能损害人体皮肤，因此在操作、配制时应采取适当的防护措施，并保证工作室有良好的通风换气。

3. 有机溶液载冷剂

一些凝固点低的有机溶液如乙醇(酒精)、乙二醇、丙二醇、丙三醇(甘油)、三氯乙烯等都可作为载冷剂。

(1) 甲醇(CH_3OH)、乙醇(C_2H_6OH)和它们的水溶液　甲醇的凝固点为 $-97℃$，乙醇的凝固点为 $-117℃$。它们的纯液体密度和比热容都比盐水低，故可以在更低温度下载冷。甲醇比乙醇的水溶液粘性稍大一些，它们的流动性都比较好。甲醇和乙醇都有挥发性和可燃性，所以使用中要注意防火，特别是当机器停止运行，系统处于室温时，需格外当心。

(2) 乙二醇、丙二醇和丙三醇水溶液　纯乙二醇溶液无色、无味、无电解性、无燃烧性、化学性质都是稳定的。乙二醇水溶液略有毒性并略有腐蚀性，但不会损害食品。使用时需加缓蚀剂，以减轻其腐蚀作用。

丙二醇与乙二醇相似，也是无色、无味、无电解性、无毒，并且是极稳定的化合物，可与食品直接接触而不引起污染。因此，国外一些接触式冷冻食品装置中常采用丙二醇作载冷剂。丙二醇的价格比乙二醇贵。

丙二醇溶液和乙二醇溶液的共晶温度可达 $-60℃$ 左右(对应的共晶质量分数为 60% 左右)，它们的密度和比热容较大，粘度较高。

丙三醇(甘油)是极稳定的化合物，其水溶液对金属无腐蚀、无毒，可以和食品直接接触，是良好的载冷剂。

（3）纯有机液体　纯有机液体包括二氯甲烷 R30（CH$_2$Cl$_2$）、三氯乙烯R1120（C$_2$HCl$_3$）和其他氟利昂液体。它们的凝固点均很低，在 -100℃ 左右甚至更低，具有密度大、粘性小、比热容小的特点，可以用来得到更低的载冷温度。

二氯甲烷的凝固点为 -96.7℃，无色，略带少许丙酮臭味。纯净的和带有水的（水在二氯甲烷中的溶解度很小）二氯甲烷对铝、钢、锡、铅、铁均不起腐蚀作用，高温下有水分存在时腐蚀铁。二氯甲烷在矿物油中能以任何比例溶解，可用作低温（-90℃ 以上）载冷剂。

几种常用载冷剂的物理性质比较见表 2-7。NaCl 和 CaCl 水溶液的热物理性质见附表8 和附表9。

表 2-7　几种载冷剂的物理性质及选用

使用温度/℃	载冷剂名称	分子式	质量分数(%)	密度/(kg/l)	比热容/[kJ/(kg·K)]	热导率/[W/(m·K)]	粘度/(×10³Pa·s)	凝固点/℃
0	氯化钙	CaCl$_2$	12	1.11	3.46	0.53	2.5	-7.2
	甲醇	CH$_3$OH	15	1.00	4.18	0.49	6.9	-10.5
	己二醇	HO(CH$_2$)$_2$OH	25	1.03	3.83	0.52	3.8	-10.6
-10	氯化钙	CaCl$_2$	20	1.20	3.04	0.50	4.9	-15.0
	甲醇	CH$_3$OH	22	0.97	4.06	0.47	7.7	-17.8
	己二醇	HO(CH$_2$)$_2$OH	35	1.06	3.60	0.48	7.3	-17.8
-20	氯化钙	CaCl$_2$	25	1.26	2.81	0.48	10.6	-29.4
	甲醇	CH$_3$OH	30	0.95	3.81	0.39	10.0	-23.8
	己二醇	HO(CH$_2$)$_2$OH	45	1.08	3.31	0.44	21.0	-26.6
-35	氯化钙	CaCl$_2$	30	1.31	2.64	0.44	27.2	-50
	甲醇	CH$_3$OH	40	0.96	3.50	0.33	12.2	-42
	己二醇	HO(CH$_2$)$_2$OH	55	1.10	2.97	0.37	90.0	-41.6
	R30	CH$_2$Cl$_2$	100	1.42	1.15	0.20	0.80	-96.7
	三氯乙烯	CHCl=CCl$_2$	100	1.55	1.00	0.15	1.13	-87.8
	R11	CFCl$_3$	100	1.61	0.82	0.13	0.88	-111.0
-50	R30	CH$_2$Cl$_2$	100	1.45	1.15	0.19	1.04	-96.7
	三氯乙烯	CHCl=CCl$_2$	100	1.58	0.73	0.17	1.90	-87.8
	R11	CFCl$_3$	100	1.64	0.82	0.14	1.25	-111.0
-70	R30	CH$_2$Cl$_2$	100	1.48	1.15	0.22	1.37	-96.7
	三氯乙烯	CHCl=CCl$_2$	100	1.60	0.46	0.20	3.40	-87.8
	R11	CFCl$_3$	100	1.66	0.84	0.15	2.15	-111.0

2.4　蓄冷剂及其应用

随着经济的发展，我国的电力需求也愈来愈大，其中空调用电量占据了很大份额。为了实现电能的移峰填谷，利用夜晚用电低峰电价低的特点，空调机组制冷并蓄冷，白天用电高峰期释放冷量完成空气调节，蓄冷技术得到发展迅速。因此，选择性能较好的蓄冷剂对制冷系统的性能和经济性有重要的意义。现阶段的空调蓄冷介质主要有以下几种。

2.4.1　水

水是利用显热来蓄冷的蓄冷剂，蓄冷温度为 4～6℃。主要特点是易于利用现有空调用常规冷水机组。蓄冷槽的体积和效率取决于供冷回水与蓄冷槽供水之间的温差，受蓄冷水和回水之间分层程度的影响。为减小并充分利用蓄冷水槽的体积，应该尽可能提高空调回水温度。对于大多数建筑的空调系统来说，供冷回水与蓄冷槽供水之间的温差可为 8～11℃，蓄冷水槽的体积为 0.086～0.118m^3/(kW·h)。

2.4.2　冰

冰属于潜热式蓄冷剂。由于水的凝固点为 0℃，因此蓄冷温度为 -3～-9℃。冷水机组的供水温度大大低于常规空调使用的冷水机组，导致 COP 下降，而且需要换热流体——载冷剂。蓄冷冰槽的体积一般为 0.02～0.025m^3/(kW·h)，只有水槽的 1/6 左右，设备占用体积大大减小。蓄冰装置可以提供较低的冷媒水供空调系统使用，有利于提高空调供回水温差，同时可与低温送风技术相结合，进一步降低空调系统的配管尺寸和输送电耗，同时完成对空气进行降温和除湿的功能。

2.4.3　共晶冰

共晶冰属于潜热式蓄冷剂。当盐水、醇类、烯醇类溶液的温度下降时，其状态变化也都具有如图 2-3 所示的特点。图 2-3 的析冰线 *WE* 代表给定浓度下水冰与溶液的平均温度，析盐线 *EG* 代表了溶质或其水化合物的共晶析出时，溶质与溶液的平衡温度；共晶点是析冰线与析盐线的交点，代表了溶质、冰、共晶浓度的溶液三者共存的平衡状态。共晶浓度的溶液在共晶温度下结冰时，和纯液体一样要放出一定的潜热（固化潜热），这样形成的冰称为共晶冰。同样，共晶冰在熔化时，要吸收热量。共晶冰的熔点较低，在需要制冷温度比一般水冰低的场合，可以用共晶冰来蓄冷。在四周封闭的夹层板中充入共晶物质，把制冷机的蒸发器管通入板的夹层之间，制成所谓的"共晶板（冷板）"。制冷机工作时，由于制冷剂蒸发吸热，使冷板中的共晶物质结冰，以共晶冰的形式储存冷量。当制冷机停止工作时，共晶冰熔化吸热使被冷却物冷却。共晶板在运送冻结食品的冷藏车上使用很适宜。白天车辆行驶时，利用共晶冰熔化为冷藏车提供冷量，由于熔化过程恒温，使车内温度变化不大。夜间冷藏车停止行驶入库时，只要将车底座上的制冷机电源插到供电干线上，制冷机便可以工作。通过一夜的制冷使冷板中重新形成共晶冰，为第二天白天行车时提供冷量储备。

某些共晶物质的共晶点和熔化热（熔化潜热）示于表2-8。

共晶冰的相变潜热一般比冰小，而且融解过程容易出现分层现象，要求封装容器的厚度不能太大。目前，价格和稳定性成为其广泛使用的障碍。

表2-8 共晶物质（水溶液）

溶 质	分子式	溶质的质量分数（%）	共晶温度/℃	共晶冰的熔化热/（kJ/kg）
氨	NH_3	33	-100	175
		57	-87	310
		81	-92	290
氯化钙	$CaCl_2$	32	-55	212
氯化钠	$NaCl$	23	-21	235
硫酸钠	Na_2SO_4	4	-1.2	335

2.4.4 气体水合物

气体水合物属于潜热式蓄冷剂。气体水合物作为新一代蓄冷工质的研究始于20世纪80年代初，发展非常迅速。气体水合物是一种包络状晶体，外来气体分子被水分子结成的晶体网络坚实地包围在中间。由于大多数制冷剂能在 $5 \sim 12℃$ 条件下形成气体水合物，比较适合于空调工况，而且容易融解和生成，在水合结晶时释放出相当于水结冰的相变热，传热效果好，具有很好的化学稳定性，腐蚀性低，安全性好，因而被认为是比冰蓄冷更为有效的一种蓄冷技术。但是气体水合物对蓄冷槽的要求很高，蓄冷槽的结构、密封性、承压能力以及内部不凝性气体含量对蓄冷效果都有影响。

思 考 题

1. 氟利昂类制冷剂符号的表示方法有哪些？ $C_2H_3F_3$ 的符号是什么？R152和R22的分子式各是什么？

2. 对制冷剂的热力学性质和应用性质有哪些要求？

3. 用什么指标来衡量制冷剂的环境特性？为什么选择制冷剂时要考虑其环境特性？

4. 研究制冷剂与润滑油的溶解性有何作用？

5. 传统常用的制冷剂有哪几种？各有何特点，它们相应的替代制冷剂有哪些？

6. 天然制冷剂在使用中有哪些局限性？

7. 对载冷剂有什么要求？空气调节常用载冷剂是什么？其他常用载冷剂的载冷温度的范围是多少？

8. 常用蓄冷剂各有什么特点？气体水合物的发展前景如何？

第 3 章

单级蒸气压缩式制冷循环

3.1 单级蒸气压缩式制冷理论循环

3.1.1 单级蒸气压缩式制冷循环工作原理

蒸气压缩式制冷是当前应用比较广泛的制冷方式，它是利用液体汽化时需要吸收汽化热的原理来实现热量转移传递，达到制冷目的。由于汽化后的低压蒸气是利用压缩机使其升压，故称为蒸气压缩式制冷。

蒸气压缩式制冷循环有单级、双级和复叠式等多种形式。所谓单级蒸气压缩式制冷循环是指制冷剂在一个循环中只经过一次压缩的制冷过程。

单级蒸气压缩式制冷循环系统(图 3-1)通常由压缩机、冷凝器、节流装置和蒸发器四个基本部件组成，并依次用管道连接成封闭的系统。系统内充灌制冷剂，制冷剂在系统中循环流动，发生相变，并通过换热器不断吸收被冷却介质的热量，同时将热量排放到冷却介质中去，从而使被冷却对象的温度降低，以达到制冷的目的。

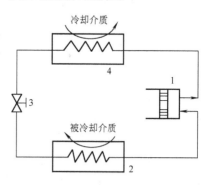

图 3-1　单级蒸气压缩式制冷系统图

1—压缩机　2—蒸发器

3—节流装置　4—冷凝器

单级蒸气压缩式制冷循环工作过程：制冷系统工作时，压缩机不断吸入蒸发器中产生的低压低温制冷剂蒸气，保持蒸发器内的低压状态，创造了蒸发器内制冷剂液体在低温下沸腾的条件；吸入的制冷剂蒸气经过压缩，压力和温度都升高，建立了制冷剂在常温高压下液化的条件；高温高压的制冷剂蒸气送往冷凝器，在冷凝压力下等压冷却和冷凝成液体，同时放出热量给冷却介质(冷却水或空气)；高压制冷剂液体经节流装置后变为低压低温的带有少量干度的制冷剂后进入蒸发器，在蒸发压力下等压蒸发，吸收被冷却介质（载冷剂或空气）的热量，形成低温低压蒸气再一次被压缩机吸走，如此反复循环。

在单级蒸气压缩式制冷循环过程中，压缩机起着压缩和输送制冷剂蒸气的作用，是整个系统的"心脏"；节流阀对制冷剂起节流降压作用，并可根据负荷变化调节进入蒸发器的制冷剂的流量；蒸发器是吸收被冷却介质热量（冷量）的换热设备，制冷剂在蒸发器中汽化，吸收被冷却物体的热量，从而达到制取冷量的目的，因而，蒸发器是制冷循环中真正产生制冷效应的设备；冷凝器是输出热量的换热设备，制冷剂在冷凝器中冷却凝结，并将从蒸发器中吸取的热量连同压缩机消耗的功所转化的热量传给冷却介质。根据热力学第二定律，压缩机所消耗的功（电能或者机械能）起了补偿作用，使制冷剂不断从低温热源（被冷却物体）中吸热，并向高温热源（冷却介质）放热，从而完整个制冷循环。

由此可见，单级蒸气压缩式制冷循环的工作原理是使制冷剂在压缩机、冷凝器、节流装置和蒸发器等热力设备中依次进行压缩、放热、节流、吸热四个过程和相态变化，达到制冷的目的。

在实际真正的单级蒸气压缩式制冷系统中，除了四个基本组成部分外，还需增加许多辅助设备，例如，油分离器、回热器、干燥过滤器等。这些设备是为了提高机组的运行经济性而设置的节能部件，或为了保证系统正常运行和提高可靠性而设置的安全部件，对分析制冷的基本循环和原理没有本质的影响。

3.1.2 制冷剂热力状态图

在单级蒸气压缩式制冷循环中，制冷剂经历了汽化、压缩、冷凝和节流等热力过程，制冷剂的状态也在不断发生变化。为了表示制冷循环中的每个过程、各过程之间的关系，计算、分析和比较制冷循环的性能，必须知道制冷剂的状态参数变化规律。制冷剂的热力状态图可以用来进行上述工作，使分析问题得到简化。

表示制冷剂状态参数的热力状态图有很多，在制冷循环的分析和计算中，通常使用的是制冷剂的温熵图（$T\text{-}s$ 图）和压焓图（$p\text{-}h$ 图）。前者用于分析热力循环过程，而后者用于计算循环的热力特性。

1. 压焓（$p\text{-}h$）图

压焓图的结构如图 3-2 所示。它以绝对压力为纵坐标（为了使低压区域的热力参数表示清楚和避免压比高时由于纵、横坐标比例不当而影响数据查取精度，通常对压力取对数坐标，即 $\lg p$），

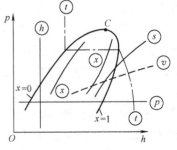

图 3-2 压焓图

单位为 MPa；以焓值为横坐标，单位为 kJ/kg。图上用不同的等值线簇将制冷剂在不同状态下的温度 t、比体积 v、比熵 s、比焓 h、干度 x 等状态参数表示出来。

简单地说，压焓图由一个点、两条线、三个区域、五种状态、六类等参数线组成。

（1）一个点　制冷剂的临界点 C。

（2）两条线　图中临界点 C 左边的粗实线为饱和液体线，线上的任何一点代表一个饱和液体状态，干度 $x = 0$；右边的粗实线为饱和蒸气线，线上任何一点代表一个饱和蒸气状态，干度 $x = 1$。这两条线相交于临界点 C。

（3）三个区域　两条饱和状态线将压焓图分为三个区域。饱和液体线的左边为过冷液体区，过冷液体的温度低于相同压力下饱和液体的温度；饱和蒸气线的右边是过热蒸气区，该区域内的蒸气称为过热蒸气，它的温度高于同一压力下饱和蒸气的温度；两条线之间的区域为两相区，制冷剂在该区域内处于气、液混合状态，又称湿蒸气区，在该区域，干度 $0 < x < 1$。

（4）五种状态　两条线和三个区域可以表示制冷剂的五种状态，即：过冷状态、饱和液态、湿蒸气态、干饱和蒸气态、过热蒸气态。

（5）六类等参数线簇

等压线——水平线；

等焓线——垂直线；

等温线——在液体区几乎为垂直线；在两相区内，制冷剂处于饱和状态，故等温线与等压线重合，是水平线；在过热蒸气区为向右下方弯曲的倾斜线；

等熵线——向右上方倾斜的实线；

等容线——向右上方倾斜的虚线，其斜率比等熵线小；

等干度线——只存在于湿蒸气区域内，曲线形状和方向大致与饱和液体线或饱和蒸气线相近，视干度大小而定。

压焓图一个主要的特点是用线段的长度来表示能量变化值。即：由任意两个状态点作垂直线，两条垂线间距离为该两点的焓差（能量变化）。理论制冷循环中各过程的功与热量的变化在压焓图中均可用制冷剂初终态的焓差来表示，因此压焓图在制冷循环的热力计算中得到更广泛的应用。

2. 温熵（$T\text{-}s$）图

温熵图结构如图 3-3 所示。它以熵为横坐标，温度为纵坐标。一个点、二条线、三个区域、六类等参数线与压焓图相同。

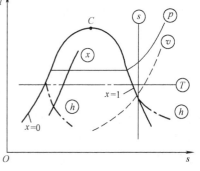

图 3-3　温熵图

图中临界点 C 左边的实线为饱和液体线，$x=0$；临界点 C 右边实线为饱和蒸气线，$x=1$。这两条线把整个温熵图划分为三个区域：饱和液体线的左边为过冷液体区，饱和蒸气线的右边为过热蒸气区，两条线之间为湿蒸气两相区。

温熵图中也有六种等参数线簇：

等温线——水平实线；

等熵线——垂直实线；

等压线——两相区内等压线与等温线重合，是水平线。过热区等压线是向右上方倾斜的实线。过冷区城内等压线密集于 $x=0$ 线附近，可近似用 $x=0$ 线代替；

等容线——用向右上方倾斜的虚线表示，在过热区其曲线斜率大于等压线；

等焓线——过热区及两相区内，等焓线均为向右下方倾斜的实线，但两相区内等焓线的斜率更大，过冷区液体的焓值可近似用同温度下饱和液体的焓值代替；

等干度线——只存在于两相区内，方向与饱和液体线或饱和蒸气线大致相同。

分析蒸气压缩式制冷循环过程时，更多的是使用 T-s 图，因为此图中热力过程线下面的面积即为该过程所交换的热量，很直观，便于各个过程的分析比较。

在温度、压力、比体积、焓、熵、干度等参数中，只要知道其中任意两个状态参数，就可以在压焓图或温熵图中确定过热蒸气及过冷液体的状态点，其他状态参数便可直接从图中读出。对于饱和蒸气及饱和液体，只需知道一个状态参数就能确定其状态。

本书附录中给出了部分制冷剂的饱和液体及饱和蒸气的热力性质表和相应的压焓图。有关制冷剂的饱和热力性质可直接查表。对于过热蒸气，则从相应的图或过热蒸气性质表中查找(限于篇幅，本文附录中并未列出过热蒸气热力性质表)。对于过冷液体的热力性质，由于液体的不可压缩性，可以近似认为它的参数不随压力而变，只是温度的函数。工程计算中常用饱和液体的参数值，近似替代同温度下过冷液体的参数值。

3.1.3 单级蒸气压缩式制冷系统理论循环

1. 蒸气压缩式制冷理想循环

在前面已经介绍过蒸气压缩式制冷的理想循环，理想循环假设制冷循环所有过程均是在可逆过程条件下进行的。比如：低温热源向制冷剂的传热和制冷剂向高温热源的放热均为无温差传热；所有压缩、膨胀、制冷剂的流动等过程均为无摩擦的热交换，内部无涡流或扰动。其目的是可以方便简明地分析制冷循环各个过程的热力特性。

理想制冷循环是逆卡诺制冷循环,反映在 T-s 图上(图 3-4),是由两个等温过程和两个绝热过程组成的。液体的汽化和蒸气的冷凝都是在不同压力条件下进行的等压等温过程,而压缩机和膨胀机实现的是绝热压缩和绝热膨胀过程。

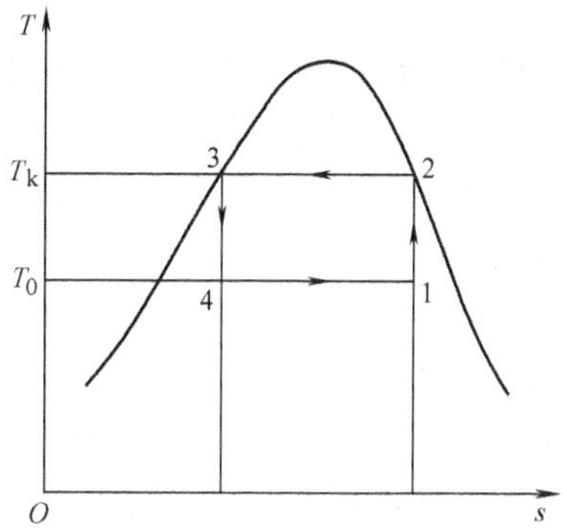

图 3-4　蒸气压缩式制冷的理论循环

2. 蒸气压缩式制冷理论循环

实际上,蒸气压缩式制冷的理想循环是很难实现的,其原因在于:

无温差的传热过程很难实现。因为理论上,无传热温差要求蒸发器和冷凝器具有无限大的传热面积,或介质间具有无限长的传热时间,但实际上是不可能实现的。制冷剂与外界介质在冷凝器和蒸发器的传热过程中都有传热温差,在冷凝器中,制冷剂凝结时的温度高于高温热源(冷却介质)的温度;在蒸发器中,制冷剂汽化时的温度低于低温热源(被冷却介质)的温度。

上述理想制冷循环的实现是在气液两相区内,制冷剂从高压液态变为低压状态的等熵过程发生在膨胀机中,同时可以得到膨胀功,这种做法在理论上是经济的。但是在普通蒸气压缩式制冷的实践中并不合理。因为进入膨胀机的是液态制冷剂,体积变化不大,机件特别小,摩擦阻力大,以致使能获得的膨胀功不足以克服机器本身的摩擦阻力。因此,蒸气压缩制冷装置中通常用节流装置代替膨胀机,以简化制冷装置,同时还可根据系统的负荷变化来调节进入蒸发器的制冷剂流量。当然,那一部分可以回收的膨胀功在节流过程中以热量形式转化给制冷剂而损失掉。

另外,在理论蒸气压缩制冷循环中,为了实现两个等温过程,压缩机吸入的是湿蒸气,这种压缩称为湿压缩。压缩机吸入湿蒸气,低温湿蒸气与热的气缸壁之间发生热交换,液体不断汽化,可以增加压缩机的吸气量,同时又可降低气体的排气温度,这是有利的。但是,过多的液珠进入压缩机气缸后,很难立即全部汽化,这样,既破坏压缩机内部的润滑,又会造成液击,使压缩机遭受破坏和损失。因此,蒸气压缩式制冷装置在实际运行中严禁发生湿压缩现象,要求进入压缩机的制冷剂为干饱和蒸气或过热蒸气,这种压缩过程称为干压缩。这样,就将等熵压缩过程中压缩机的入口状态由两相区向饱和气相区或过热区推进,从图 3-5 上看两个等温和两个等熵过程形成的蒸气压缩式理论制冷循环 1′—2′—3—4′—1′变为由一个等焓过程 3—4、一个等熵过程 1—2、两个等压过程 4—1 和 2—3 组成的单级蒸气压缩式理论制冷循环 1—2—3—4—1。

上述的单级蒸气压缩式制冷理论循环,是建立在以下假设基础上的:

1）无传热温差，即制冷剂在冷凝器中的冷凝温度等于冷却介质的温度，在蒸发器中的蒸发温度等于被冷却物体或介质的温度，且冷凝温度和蒸发温度都是恒定的。

2）制冷剂除了在压缩机和节流装置中发生的压力变化外，在其他设备和管道内流动时，没有流动阻力损失。

3）制冷剂除了在换热器中发生的热量传递外，在其他设备和管道内流动时，没有任何热交换。

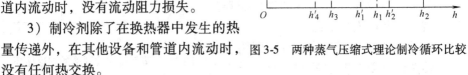

图 3-5　两种蒸气压缩式理论制冷循环比较

4）制冷剂在冷凝器的出口为饱和液体，在蒸发器的出口为饱和蒸气。

5）在压缩过程中不存在任何不可逆损失，即压缩过程为等熵过程。

3.1.4　单级蒸气压缩式理论制冷循环在热力性质图上表示

单级蒸气压缩式理论制冷循环是由两个等压过程，一个绝热压缩过程和一个绝热节流过程组成。图 3-6a 为单级蒸气压缩式制冷系统理论循环在温熵图上的表示，图 3-6b 为理论循环在压焓图上的表示。

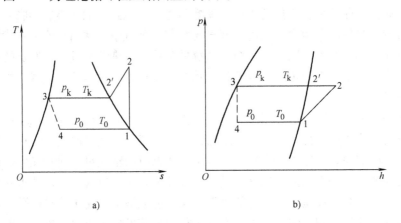

a)　　　　　　　　　　　　　b)

图 3-6　单级蒸气压缩式制冷理论循环热力性质图

a) 理论循环温熵图　b) 理论循环压焓图

图 3-6 中各个过程叙述如下：1—2 为制冷剂在压缩机中的等熵压缩过程，压力由蒸发压力 p_0 升高到冷凝压力 p_k；2—2′—3 为制冷剂在冷凝器中的冷却冷凝过程，制冷剂的压力不变，且等于冷凝温度 T_k 下的饱和压力 p_k，其中冷却过程 2 - 2′为过热蒸气等压冷却到饱和蒸气的过程，温度由 T_2 降到 T_k。冷凝过程

2′—3 中，为制冷剂等温等压下凝结为饱和液体；3—4 为等焓节流过程，与外界无功量传递且忽略热量交换，因此制冷剂节流前后比焓相等，但节流后的压力和温度都降低，且进入两相区；过程线 4—1 表示制冷剂在蒸发器中的汽化过程，由于这一过程是在等温、等压下进行的，液体制冷剂吸取被冷却介质的热量而不断汽化，两相区内制冷剂的状态沿蒸发压力 p_0 的等压线向干度增大的方向变化，直到全部变为饱和蒸气为止。这样，制冷剂的状态又重新回到吸入压缩机前的状态点 1，从而完成一个完整的理论制冷循环。

图 3-6 中各状态点确定如下：点 1 表示制冷剂离开蒸发器进入压缩机的状态，它是对应于蒸发温度 T_0 的饱和蒸气。根据压力与饱和温度的对应关系，该点为蒸发压力 p_0 的等压线与饱和蒸气线（$x=1$）的交点。点 2 表示制冷剂蒸气排出压缩机进入冷凝器的高压过热蒸气状态。过程线 1—2 表示制冷剂蒸气在压缩机中的等熵压缩过程，压力由蒸发压力 p_0 升高到冷凝压力 p_k。因此，点 2 为通过点 1 的等熵线和压力值为冷凝压力 p_k 的等压线的交点来确定。点 3 表示制冷剂出冷凝器进入节流阀时的状态，它是与冷凝温度所对应的饱和液体，过程线 2—2′—3 表示制冷剂在冷凝器内的冷却（2—2′）和冷凝（2′—3）的过程。由于这个过程是在冷凝压力不变的情况下进行的，进入冷凝器的过热蒸气首先将部分热量放给高温热源冷却介质，在等压下冷却成饱和蒸气（点 2′），然后再在等压、等温下继续凝结放出热量，直至最后冷凝成饱和液体（点 3），因此 3 点为冷凝压力 p_k 的等压线和 $x=0$ 的饱和液体线的交点。点 4 表示制冷剂出节流阀进入蒸发器时的状态，过程线 3—4 表示制冷剂在通过节流阀时的节流过程，在这一过程中，制冷剂的压力由冷凝压力 p_k 降到蒸发压力 p_0，温度由冷凝温度 T_k 降到蒸发温度 T_0，并进入两相区，由于节流前后制冷剂的焓值不变，因此由点 3 作等焓线与蒸发压力 p_0 的等压线的交点即为点 4 状态。由于节流过程是一个不可逆过程，所以通常用一虚线表示 3—4 过程。

3.1.5 单级蒸气压缩式制冷理论循环的热力计算

1. 系统设备中功和热量分析

在进行制冷循环的热力计算之前，首先需要了解系统各设备中功和热量的变化状况，然后对循环的性能指标进行分析和计算。

理论制冷循环中，制冷剂的流动过程可认为是稳定流动过程。即：

1）制冷剂流过系统任何断面的质量不随时间变化。

2）系统中任何位置上的制冷剂的状态参数不随时间变化。

3）系统与外界的热量和功量传递不随时间变化。

根据热力学第一定律，如果忽略位能和动能的变化，稳定流动的能量方程可表示为

$$Q + P = q_m(h_{\text{out}} - h_{\text{in}}) \tag{3-1}$$

式中 Q、P——外界施加于系统的热流量和功率(kW),当热流量和功率施向系统时,Q 和 P 取正值;

q_m——流进或流出系统的稳定质量流量(kg/s);

h_{in}、h_{out}——流进和流出系统的制冷剂的比焓(kJ/kg)。

式(3-1)适应于制冷系统中的每个设备。以图 3-6 的制冷循环为分析基准。

(1)压缩机 在制冷循环的压缩过程中,制冷剂蒸气为绝热压缩过程,即 $Q=0$,则由式(3-1)可得理论功率 P_0

$$P_0 = q_m(h_2 - h_1) \tag{3-2}$$

式中 P_0——外界输入压缩机的机械能或电能(kW);

h_1、h_2——吸入和排出压缩机的制冷剂蒸气比焓(kJ/kg)。

(2)冷凝器 在冷凝器中,制冷剂蒸气的冷凝是一个等压放热过程,不对外做功。那么制冷剂在冷凝器中向外界放出热量,由式(3-1)得冷凝器热负荷为

$$Q_k = q_m(h_2 - h_3) \tag{3-3}$$

式中 Q_k——制冷剂在冷凝器中向外界放出的能量(kW);

h_2、h_3——流入和流出冷凝器的制冷剂比焓(kJ/kg)。

(3)节流阀 制冷剂液体通过节流装置时是一个绝热的等焓过程,与外界既没有热量交换,也不对外做功,故式(3-1)变为

$$h_4 = h_3 \tag{3-4}$$

式中 h_3、h_4——节流装置节流前后的比焓(kJ/kg)。

(4)蒸发器 制冷剂在蒸发器中是等压吸热过程,被冷却介质通过蒸发器向制冷剂传递热量 Q_0,与外界无功量交换。故式(3-1)变为

$$Q_0 = q_m(h_1 - h_3) = q_m(h_1 - h_4) \tag{3-5}$$

式中 Q_0——被冷却介质传递给制冷剂的热流量(kW);

h_3、h_1——流进、流出蒸发器的比焓(kJ/kg)。

2. 单级蒸气压缩制冷理论循环的热力性能参数

描述单级蒸气压缩式制冷的理论循环的热力性能参数有:单位质量制冷量、单位容积制冷量、比功、冷凝器单位热负荷、制冷系数及热力完善度等。在图 3-6 的制冷循环中:

(1)单位质量制冷量 表示 1kg 制冷剂在蒸发器内从被冷却介质中吸取的热量,简称单位制冷量。其值以制冷剂进、出蒸发器的焓差表示,即

$$q_0 = h_1 - h_3 = h_1 - h_4 \tag{3-6}$$

$$h_4 = h_1 x_4 + r_e(1 - x_4)$$

式中 q_0——制冷剂单位质量制冷量(kJ/kg);

r_e——制冷剂在蒸发温度 T_0 时的汽化热(kJ/kg);

x_4——制冷剂节流后湿蒸气的干度。

由上式可知，单位制冷量与制冷剂的性质和汽化热有关，与节流后湿蒸气的干度有关。干度除了与制冷剂饱和液相线斜率有关外，还与节流前后压力及节流前温度有关。

（2）单位容积制冷量 表示压缩机每吸入 $1m^3$ 制冷剂蒸气（以压缩机吸气状态计）所制取的制冷量。

$$q_v = \frac{q_0}{v_1} = \frac{h_1 - h_4}{v_1} \tag{3-7}$$

式中 q_v——制冷剂单位容积制冷量（kJ/m^3）；

v_1——压缩机吸气状态下制冷剂蒸气的比体积（m^3/kg）。

v_1 与制冷剂性质有关，且受蒸发压力的影响很大，蒸发温度越低，v_1 值越大，q_v 值越小。

（3）压缩比功 表示压缩机每压缩并输送 $1kg$ 制冷剂蒸气所消耗的理论功，简称为压缩比功。它可用制冷剂蒸气进、出口压缩机的比焓差表示，即

$$w_0 = h_2 - h_1 \tag{3-8}$$

式中 w_0——制冷循环的压缩比功（kJ/kg）。

w_0 的大小不仅与制冷剂的性质有关，也和压缩机的排气压力与吸气压力之比值（p_k/p_0）的大小有关。

（4）单位冷凝热负荷 表示 $1kg$ 制冷剂在冷却和冷凝过程中通过冷凝器放出的热量。它可用制冷剂进出冷凝器时的焓差表示，即

$$q_k = h_2 - h_3 \tag{3-9}$$

式中 q_k——制冷循环的单位冷凝热负荷（kJ/kg）。

（5）制冷系数 制冷循环的单位质量制冷量与单位理论功之比称为制冷系数，在理论循环中，用下式表示

$$\varepsilon_0 = \frac{q_0}{w_0} = \frac{h_1 - h_4}{h_2 - h_1} \tag{3-10}$$

式中 ε_0——理论制冷循环的制冷系数。

（6）制冷剂的质量流量和体积流量 表示单位时间制冷系统中制冷剂的循环量，有质量流量和体积流量之分。通常以单位时间压缩机吸入制冷剂蒸气的质量和体积计

$$q_m = \frac{Q_0}{q_0} \tag{3-11}$$

$$q_v = q_m v_1 \tag{3-12}$$

（7）冷凝器的热负荷 单位时间制冷系统中冷凝器向冷却介质传递的热，与式（3-3）相同，即 $Q_k = q_m(h_2 - h_3)$。

式中 Q_k——理论制冷循环中冷凝器的热负荷(kW)。

(8)压缩机理论功率   制冷系统循环时,由压缩机提高制冷剂蒸气压力而消耗的理论功率,与式(3-2)相同,即 $P_0 = q_m(h_2 - h_1)$。

式中 P_0——理论制冷循环中压缩机压缩蒸气所耗之功率(kW)。

(9)热力完善度   是理论制冷循环的制冷系数 ε_0 与理想的逆卡诺循环制冷系数 ε_c 之比

$$\eta = \frac{\varepsilon_0}{\varepsilon_c} = \frac{h_1 - h_4}{h_2 - h_1} \cdot \frac{T_k - T_0}{T_0} \tag{3-13}$$

【例3-1】   单级蒸气压缩式制冷理论循环,蒸发温度 $t_0 = -10℃$,冷凝温度 $t_k = 35℃$,制冷剂为 R22,循环的制冷量 $Q_0 = 50kW$,试对该理论循环进行热力计算。

【解】   1)列出已知条件及所求的参数。

已知:单级理论制冷循环,制冷剂为 R22,蒸发温度 $t_0 = -10℃$,冷凝温度 $t_k = 35℃$,制冷量 $Q_0 = 50kW$。

2)绘出制冷循环的 $p\text{-}h$ 图(纵坐标采用对数坐标),并在其上标出相应的状态点。理论制冷循环如图3-7所示。

3)查 R22 制冷剂的热力性质图,得到各状态点的热力参数值。

根据 $t_0 = -10℃$,查找到 $p_0 = 0.3543MPa$,作等温等压线与饱和蒸气线相交于 1 点,查得 $h_1 = 401.555kJ/kg$,$v_1 = 0.0653m^3/kg$;根据 $t_k = 35℃$,查找到 $p_k = 1.3548MPa$,作等温等压线与饱和液

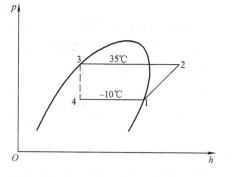

图 3-7   例 3-1 的压焓图

体线相交于 3 点,查得 $h_3 = 243.114kJ/kg$;过 1 点作等熵线与等 p_k 线相交为 2 点,查得 $h_2 = 435.2kJ/kg$,$t_2 = 57℃$;过 3 点作等焓线与等 p_0 线相交为 4 点,查得 $h_4 = h_3 = 243.114kJ/kg$。

4)根据状态点参数值计算制冷循环的热力性质。

① 单位质量制冷量 $q_0 = h_1 - h_4 = (401.555 - 243.114)kJ/kg = 158.441kJ/kg$

② 单位容积制冷量 $q_v = \dfrac{q_0}{v_1} = \dfrac{158.441}{0.0653}kJ/m^3 = 2426kJ/m^3$

③ 压缩比功 $w_0 = h_2 - h_1 = (435.2 - 401.555)kJ/kg = 33.645kJ/kg$

④ 冷凝器单位热负荷 $q_k = h_2 - h_3 = (435.2 - 243.114)kJ/kg = 192.086kJ/kg$

⑤ 制冷系数 $\varepsilon_0 = \dfrac{q_0}{w_0} = \dfrac{h_1 - h_4}{h_2 - h_1} = \dfrac{401.555 - 243.114}{435.2 - 401.555} = 4.71$

⑥ 制冷剂质量流量　$q_m = \dfrac{Q_0}{q_0} = \dfrac{50}{158.441} \mathrm{kg/s} = 0.316 \mathrm{kg/s}$

⑦ 体积流量　$q_V = q_m v_1 = (0.316 \times 0.0653) \mathrm{m^3/s} = 0.0206 \mathrm{m^3/s}$

⑧ 冷凝器热负荷　$Q_k = q_m q_k = (0.316 \times 192.086) \mathrm{kW} = 60.7 \mathrm{kW}$

⑨ 压缩机消耗的理论功率　$P_0 = q_m w_0 = (0.316 \times 33.645) \mathrm{kW} = 10.632 \mathrm{kW}$

⑩ 热力完善度　$\eta = \dfrac{\varepsilon_0}{\varepsilon_c} = \dfrac{h_1 - h_4}{h_2 - h_1} \cdot \dfrac{T_k - T_0}{T_0} = \dfrac{4.71}{5.84} = 0.81$

3.2　单级蒸气压缩式制冷的实际循环

3.2.1　单级蒸气压缩式制冷的实际循环

上面所作的分析均以理论循环为基础，但是在实际制冷循环中，有关理论循环的假定条件是不存在的，实际循环的特点可以总结如下：

1）冷凝和蒸发过程均为有温差传热。即：冷凝器中制冷剂的冷凝温度高于冷却介质的温度，蒸发器中制冷剂的蒸发温度低于被冷却介质的温度。

2）制冷剂通过设备和管道时，具有流动阻力损失和热量损失。

3）制冷剂在冷凝器的出口并非饱和液体，通常有一定程度的过冷度。

4）制冷剂在蒸发器的出口并非为饱和蒸气，通常有一定程度的过热度。

5）压缩过程并非等熵过程，而是不可逆的多变过程。

6）制冷系统充灌制冷剂前系统并非绝对真空，加之运行时空气可能泄漏进入系统，制冷系统存有不凝结气体。

图 3-8 为理论循环和实际循环的比较。图中 1'—2'—3'—4'—1' 为理论循环，1—2—2ₐ—3—4—0—1ₐ—1ᵦ—1 表示实际循环。

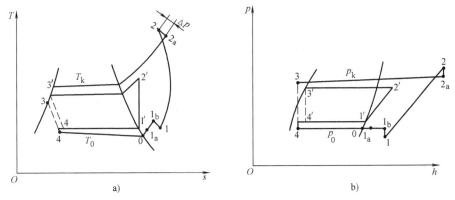

图 3-8　单级蒸气压缩式制冷的理论循环和实际循环比较

a）实际循环 $T\text{-}s$ 图　b）实际循环 $p\text{-}h$ 图

过程线 4—0—1$_a$ 表示制冷剂在蒸发器中的汽化过程。由于蒸发器中的传热过程具有传热温差，因此实际循环的蒸发过程线 4—0 比理论循环向下偏移；实际过程中，蒸发器内存在流动阻力损失，因此存在压力降和温度降；制冷剂在蒸发器出口具有一定过热度，而非饱和气体，0—1$_a$ 为吸气过程线。

过程线 1$_a$—1$_b$ 是进气加热温度略升过程，1$_b$—1 是进气节流压力损失过程。

过程线 1—2 表示制冷剂在压缩机中的实际压缩过程。压缩初始阶段，蒸气温度低于气缸壁温度，吸收热量而比熵增加，当压缩进行到一定程度后，蒸气温度高于气缸壁温度，向气缸壁放热而比熵减少，因此实际循环的压缩过程是一个多变过程。过程线 2—2$_a$ 表示高压气态制冷剂经过排气阀而产生的压力降低。过程线 2$_a$—3 表示制冷剂在冷凝器中的冷却冷凝过程。由于冷凝器中的传热过程具有传热温差，因此实际循环的冷凝过程线 2$_a$—3 比理论循环向上偏移；实际过程中冷凝器内存在流动阻力损失，因此存在压力降和温度降；制冷剂在冷凝器出口具有一定过冷度，而非饱和液体。

过程线 3—4 表示制冷剂的节流过程。

由此可见，在实际制冷循环中，有许多因素会对制冷循环产生影响，导致循环制冷量下降，耗功量增加，实际循环的制冷系数小于理论循环的制冷系数。这些影响因素包括：制冷剂液体过冷和蒸气过热的影响；制冷剂在冷凝器、蒸发器和连接各设备的管道中流动而产生的压降；压缩机的实际过程并非是等熵过程；系统中存在着不凝性气体等。下面分别简述各种因素对实际制冷循环的影响。

3.2.2 制冷剂液体过冷对制冷循环的影响

理论循环中假定冷凝器出口处制冷剂为饱和液体，而在实际循环中可能为过冷液体。图 3-9b 为具有液体过冷的循环和理论循环的对比图，1—2—3—4—1 为

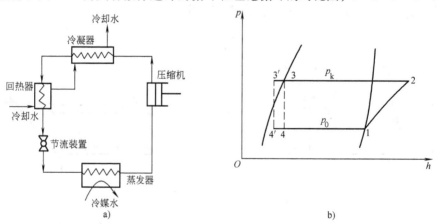

图 3-9　系统具有液体过冷的制冷循环示意图
a）带有液体过冷的制冷循环流程图　b）带有液体过冷的制冷循环 p-h 图

理论循环，1—2—3′—4′—1 表示过冷循环。制冷剂液体的温度低于该压力下的饱和温度时称为过冷液体（点 3′），过冷液体的过冷度 $\Delta t_g = t_3 - t_{3'}$。

从图 3-9 中可以看出，液体过冷对制冷循环各个参数的影响。两个循环所消耗的功率相同，即 $w = h_2 - h_1$，但过冷循环中单位质量制冷量增加 $\Delta q_0 = h_{4'} - h_4$，从而导致过冷循环的制冷系数增加。可见，液体过冷对制冷循环是有利的。实际循环中通常采用节流前制冷剂液体过冷的方法，以提高制冷效果。另外，节流前制冷剂的过冷也有利于膨胀阀的稳定工作。

实际循环中常采用过冷器、回热器（汽液换热器）实现节流前的制冷剂液体的过冷。在实际循环中假定冷凝器出水温度比冷凝温度低 3～5℃，冷却水在冷凝器中的温升为 3～8℃，因而冷却水的进口温度比出口温度低 5～13℃，这就足以使制冷剂出口温度达到一定的过冷度。

【例 3-2】 某空调系统采用单级蒸气压缩式制冷循环，制冷剂为氨，工作参数为：蒸发温度 $t_0 = 5℃$，冷凝温度 $t_k = 40℃$，过冷温度 $t_r = 35℃$，压缩机吸气温度 $t_1 = 10℃$，循环的制冷量 $Q_0 = 20kW$，试对该制冷循环进行热力计算。

【解】 1）列出已知条件及所求的参数。

已知：单级实际制冷循环

制冷剂：氨；蒸发温度：$t_0 = 5℃$，吸气温度，$t_1 = 10℃$；冷凝温度：$t_k = 40℃$，过冷温度，$t_r = 35℃$；过冷度：$\Delta t_k = t_k - t_r = (40 - 35)℃ = 5℃$；过热度：$\Delta t_0 = t_1 - t_0 = (10 - 5)℃ = 5℃$；制冷量：$Q_0 = 20kW$。

求：该制冷系统热力性质计算。

2）绘出制冷循环的 p-h 图（纵坐标采用对数坐标），并在其上标出相应的状态点。制冷循环如图 3-10 所示。

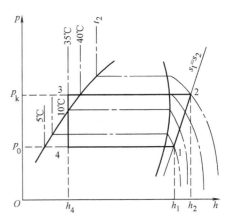

图 3-10 例 3-2 实际循环 p-h 图

3）查取附录中氨的热力性质表并结合制冷循环压焓图，得到各状态点的热力参数值。

在氨的压焓图上，根据 $t_0 = 5℃$ 找到 $p_0 = 5.158\text{bar}^{\ominus}$ 的等压线，与过热蒸气区 $t_1 = 10℃$ 的交点即为压缩机吸气状态点 1，同时可查得 $h_1 = 1779.77\text{kJ/kg}$，$v_1 = 0.2494\text{m}^3/\text{kg}$

根据 $t_k = 40℃$ 找到 $p_k = 15.549\text{bar}$ 的等压线，与过点 1 的等熵线的交点即为

⊖ 1bar = 10^5Pa，下同。

压缩机的排气状态点 2，同时可查得 $h_2 = 1940.48\text{kJ/kg}$

根据 $t_r = 35℃$ 等温线与 $p_k = 15.549\text{bar}$ 的等压线的交点即为膨胀阀前制冷剂的状态点 3，查得 $h_3 = 662.67\text{kJ/kg}$，$p_0 = 5.158\text{bar}$ 的等压线与过 3 点的等焓线的交点即为状态点 4，同时 $h_4 = h_3 = 662.67\text{kJ/kg}$

4）根据状态点参数值计算制冷循环的热力性质

① 单位质量制冷量 $q_0 = h_1 - h_4 = (1779.77 - 662.67)\text{kJ/kg} = 1117.10\text{kJ/kg}$

② 单位容积制冷量 $q_v = \dfrac{q_0}{v_1} = \dfrac{1117.10}{0.2494}\text{kJ/m}^3 = 4479.15\text{kJ/m}^3$

③ 压缩比功 $w_0 = h_2 - h_1 = (1940.48 - 1779.77)\text{kJ/kg} = 160.71\text{kJ/kg}$

④ 冷凝器单位热负荷 $q_k = h_2 - h_3 = (1940.48 - 662.67)\text{kJ/kg} = 1277.81\text{kJ/kg}$

⑤ 制冷系数 $\varepsilon_0 = \dfrac{q_0}{w_0} = \dfrac{h_1 - h_4}{h_2 - h_1} = \dfrac{1779.77 - 662.67}{1940.48 - 1779.77} = 6.952$

⑥ 制冷剂质量流量 $q_m = \dfrac{Q_0}{q_0} = \dfrac{20}{1117.10}\text{kg/s} = 0.0179\text{kg/s}$

⑦ 制冷剂体积流量 $q_V = q_m v_1 = (0.0179 \times 0.2494)\text{m}^3/\text{s} = 0.00447\text{m}^3/\text{s}$

⑧ 冷凝器热负荷 $Q_k = q_m q_k = (0.0179 \times 1277.81)\text{kW} = 22.873\text{kW}$

⑨ 压缩机消耗的理论功率 $P_0 = q_m w_0 = (0.0179 \times 160.71)\text{kW} = 2.877\text{kW}$

3.2.3 制冷剂蒸气过热对循环性能的影响

实际制冷循环中，为了不将液滴带入压缩机，通常制冷剂液体在蒸发器中完全蒸发后仍然要继续吸收一部分热量，因此，压缩机吸入的通常为过热蒸气，图 3-11 表示吸气过热循环与理论循环的比较。1—2—3—4—1 表示理论循环，1′—2′—3—4—1′表示具有制冷剂蒸气过热的循环。蒸气在某压力下的温度若高于该压力下饱和温度时称为过热蒸气（状态 1′）。过热蒸气的过热度为：$\Delta t_r = t_{1'} - t_1$。

制冷蒸气由饱和状态到过热状态是要吸收部分显热而过热，

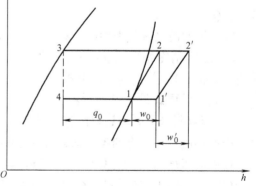

图 3-11   制冷系统制冷剂蒸气过热循环 p-h 图

然后进入压缩机进行循环。制冷剂蒸气过热循环对制冷循环的影响取决于过热过程中吸收的热量是否产生对被冷却对象有用的制冷效果，以及根据制冷剂的性质是否产生对循环性能有利的结果。对于产生有效制冷量的过热循环称为有效过热，对于不产生有效制冷量的过热循环称为无效过热或有害过热。

1. 无效过热

若过热发生在蒸发器出口与压缩机吸入口之间的连接管段时，由于蒸发器出来的低温制冷剂蒸气从周围环境中吸取热量而过热，并未对被冷却物质产生任何制冷效应，这种过热称为"无效"过热。

无效过热时，尽管蒸发器中制冷剂的吸热过程为 4—1′，但是相对于理论循环，单位质量制冷量 $q_0 = h_1 - h_4$ 并未增加，而蒸气比体积的增加使单位容积制冷量减少，压缩机消耗的功率增加，导致循环制冷系数的降低。可见，无效过热情况下，制冷循环的制冷系数总是降低的，对制冷循环是不利的，因此无效过热又称为有害过热。

实际循环中为避免有害过热的影响，采取尽量缩短蒸发器和制冷压缩机间吸气管道长度或对管道进行保温等措施，以减少有害过热对系统的影响。

2. 有效过热

如果过热发生在蒸发器中，或者产生在安装于被冷却对象的吸气管道上，那么由于过热而吸收的热量来自被冷却对象，因而产生了有用的制冷效果，这种过热称为有效过热。

有效过热时，蒸发器中制冷剂的吸热过程为 4—1′。相对于理论循环，有效过热时其单位质量制冷量增加值为 $\Delta q_0 = h_{1'} - h_4$，但单位理论功也增加了，加之过热对某些制冷剂有利，而对某些制冷剂不利，因此无法直接判断制冷系数的变化。

对某一些制冷剂来讲，制冷剂蒸气过热使循环的制冷系数将增加，这类制冷剂称为过热有利的制冷剂，如 R12、R502；而对于某些制冷剂，过热将使循环的制冷系数降低，这类制冷剂称为过热有害的制冷剂，如 R22、R717。图 3-12 给出了几种制冷剂的性能系数随过热度变化的情况，由图中可以看出，对于某种制冷剂其过热有利或无利的程度随过热度的增加而增加。

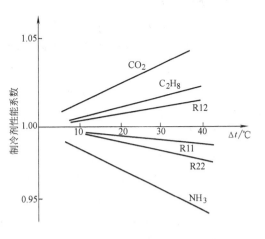

图 3-12　各种制冷剂的过热度与单位容积制冷量的变化

吸气过热虽可避免湿压缩现象发生，但会使压缩机的排气温度升高，对过热无利的制冷剂排气温度升高更大，严重时会影响压缩机的正常润滑，因此采用过热无利制冷剂时应控制其过热度。

3.2.4　气、液热交换对循环性能的影响

在系统中增加一个气-液换热器，利用蒸发器出口的低温制冷剂蒸气冷却冷凝器中流出的制冷剂液体，使得高压制冷剂液体过冷，同时使低压低温蒸气有效过热。这种循环称为回热循环，如图3-13所示。

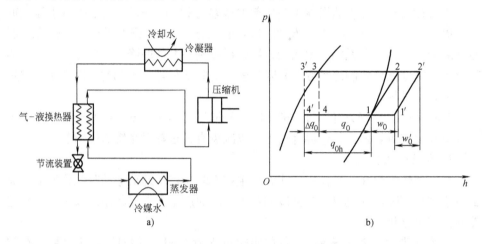

图 3-13　带有回热器的制冷循环示意图

a）带有回热器的制冷循环流程图　b）带有回热器的制冷循环 p-h 图

回热循环中，制冷剂在蒸发器中的吸热过程为 4′—1。1—1′为回热器中的过热过程，其目的是实现液体过冷过程，即 3—3′，因此相当于有效过热循环。假若回热器与外界绝热，热交换仅发生在内部气、液之间，回热器中的能量是守恒的，蒸气过热过程中吸收的热量等于液体过冷过程中放出的热量，称为回热器的热负荷，即 $q_h = h_{1'} - h_1 = h_3 - h_{3'}$。相比较理论循环，其单位质量制冷量 $q_0 = h_1 - h_{4'}$ 或 $q_0 = h_{1'} - h_4$，增加值为 $\Delta q_0 = h_4 - h_{4'}$。但是同有效过热循环一样，回热循环时制冷系数的影响仍与制冷剂的种类有关。

对于制冷系统产生过冷和过热现象，可以由系统内部回热引起，也可以由系统外界条件变化引起，二者对系统循环效率的影响不同。对于系统内部回热器引起的过热和过冷，因为冷凝液体过冷失去的热量过热了饱和蒸气，使系统内部达到热平衡，真正转移的热量值在 p-h 图上仅是 $\Delta q_0 = h_4 - h_{4'}$ 或 $\Delta q_0 = h_{1'} - h_1$，所以系统采用回热器后制冷循环制冷量增长为 $q_0 = h_1 - h_{4'}$ 或 $q_0 = h_{1'} - h_4$ 而非 $q_0 = h_{1'} - h_{4'}$。但是，对于由系统外界条件变化，例如，冷却水温度降低引起冷凝液体过冷、蒸发器面积增加或放置在被冷却对象中的蒸发器和压缩机间连接管道加长而引起蒸气过热，此时制冷系统的制冷量为 $q_0 = h_{1'} - h_{4'}$，而 $h_{1'} - h_1$ 不一定等于 $h_4 - h_{4'}$。

【例3-3】 某空调系统采用单级蒸气回热式压缩制冷循环，制冷剂为R12，工作参数为：蒸发温度 $t_0 = 0^\circ C$，冷凝温度 $t_k = 40^\circ C$，压缩机吸气温度 $t_1 = 15^\circ C$，循环的制冷量 $Q_0 = 20kW$，试对该制冷循环进行热力计算。

【解】 1）列出已知条件及所求的参数。

已知：单级蒸气回热压缩制冷循环

制冷剂：R12；蒸发温度：$t_0 = 0^\circ C$，吸气温度，$t_1 = 15^\circ C$；冷凝温度：$t_k = 40^\circ C$；制冷量：$Q_0 = 20kW$。

求：该制冷系统热力性质计算。

2）绘出制冷循环的 p-h 图（纵坐标采用对数坐标），并在其上标出相应的状态点。制冷循环如图3-14所示。

3）根据氟利昂R12的热力性质表结合制冷循环压焓图，得到各状态点的热力参数值。

根据 $t_0 = 0^\circ C$ 找到蒸发压力线 $p_0 = 3.089bar^{\ominus}$，可确定饱和蒸气状态点 $1'$，得焓值

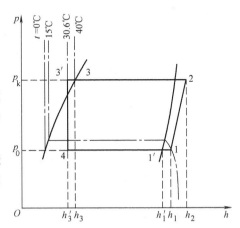

图3-14 例3-3带有回热制冷循环的 p-h 图

$$h_{1'} = 352.54kJ/kg$$

等压线 p_0 与 $t_1 = 15^\circ C$ 等温线的交点，即为压缩机吸气状态点1，其中

$$h_1 = 361.97kJ/kg, \quad v_1 = 0.05973m^3/kg$$

根据 $t_k = 40^\circ C$ 找到冷凝压力线 $p_k = 9.634bar$，过点1的等比熵线与等 p_k 线的交点即为压缩机排气状态点2，其中

$$h_2 = 383.74kJ/kg$$

等 p_k 线与饱和液体线的交点为状态点3，即为冷凝器出口、回热器入口状态点，其中

$$h_3 = 238.62kJ/kg$$

回热器中冷凝器出口饱和液体的放热量与蒸发器出口过热蒸气的吸热量是相等的，即有 $h_3 - h_{3'} = h_1 - h_{1'}$，则可以求得

$$h_{3'} = 229.19kJ/kg$$

由 $h_{3'}$ 的值在横坐标确定一个点，由该点作垂直线与等 p_k 线的交点即为状态点 $3'$；

过状态点 3′做等焓线与等 p_0 线的交点即为状态点 4，且

$$h_4 = h_{3'} = 229.19 \text{kJ/kg}$$

4）根据状态点参数值计算制冷循环的热力性质

① 冷凝器单位热负荷

$$q_k = h_2 - h_3 = (352.54 - 229.19) \text{kJ/kg} = 123.35 \text{kJ/kg}$$

② 制冷系数

$$\varepsilon_0 = \frac{q_0}{w_0} = \frac{h_1 - h_4}{h_2 - h_1} = \frac{361.97 - 229.19}{352.54 - 361.97} = 5.667$$

③ 制冷剂质量流量

$$q_m = \frac{Q_0}{q_0} = \frac{20}{361.97 - 229.19} \text{kg/s} = 0.1621 \text{kg/s}$$

④ 制冷剂体积流量

$$q_V = q_m v_1 = (0.1621 \times 0.05973) \text{m}^3/\text{s} = 0.0097 \text{m}^3/\text{s}$$

⑤ 冷凝器热负荷

$$Q_k = q_m q_k = (0.1621 \times 123.35) \text{kW} = 23.52 \text{kW}$$

⑥ 回热器热负荷

$$Q_h = q_m (h_1 - h_{1'}) = 0.1621 \times (361.97 - 352.54) \text{kW} = 3.529 \text{kW}$$

⑦ 压缩机消耗的理论功率

$$P_0 = q_m w_0 = 0.1621 \times (352.54 - 361.97) \text{kW} = 3.529 \text{kW}$$

3.2.5 系统中热交换及压力损失对循环性能的影响

实际制冷循环中，制冷剂与系统中各部件间热交换和流动阻力的存在会对制冷循环的性能产生影响。

1. 吸入管道

在理论循环中，假定蒸发压力是恒定的，但在实际循环中，连接蒸发器出口和压缩机入口的吸入管道存在压力的降低。吸入管道中的压力降是有害的，它使得吸气比体积增大，压缩机的压力比增大，单位容积制冷量减少，导致循环制冷系数下降。

2. 排出管道

在压缩机的排出管道中，热量由高温制冷剂蒸气传给周围空气，它不会引起性能的改变，仅仅是减少了冷凝器中的热负荷。

3. 冷凝器到膨胀阀之间的液体管道

在冷凝器到膨胀阀这段管路中，热量通常由液体制冷剂传给周围空气，使液体制冷剂过冷，制冷量增大。若水冷冷凝器中的冷却水温度很低，使得冷凝温度低于环境温度，热量由周围环境空气传给液体制冷剂，导致部分液体吸热汽化。

另外，液体在该段管中流动会产生压力损失，当压力损失值大于液体过冷度相对应的压力差时，管内的液体就有可能部分汽化。这些现象发生不仅使单位制冷量下降，而且使得膨胀阀不能正常工作。

4. 膨胀阀到蒸发器之间的管道

膨胀阀出口到蒸发器之间的管道中流动的是低温液态制冷剂，若将膨胀阀安装在被冷却空间内，低温液体吸收被冷却空间的热量产生有效制冷量；反之，若安装在室外，热量的传递使制冷量减少，因而此段管道应该保温。

5. 冷凝器

冷凝器与大气环境的热交换可以减小冷凝器的热负荷，是有利的。但是对于加热循环流体的热泵系统，为了使热量尽可能传给载热流体而非外界环境，需要对冷凝器外壳进行保温处理。高压气体和液体在冷凝管中流动会产生流动阻力损失。假定冷凝器的出口压力不变，为克服制冷剂在冷凝器中的流动阻力，必须提高进冷凝器入口处制冷剂的压力，这就导致压缩机的排气压力升高，压力比增大，耗功增加，而制冷系数下降。

6. 压缩机

理论循环中假设压缩过程为等熵过程。而实际上，整个过程是一个压缩指数在不断变化的多变过程，压缩和膨胀过程中气缸壁与制冷剂气体进行热交换。另外，由于压缩机气缸中有余隙容积的存在，气体经过吸、排气阀和吸、排气腔时存在着热交换及流动阻力损失，这些因素都会使气体比体积增大，压缩机的输气量减少，制冷量下降，压缩功率增大。

3.2.6 水分与不凝性气体的存在对循环性能的影响

系统中除气态制冷剂外，往往存在着水分与不凝性气体。水分可能会对制冷设备产生腐蚀；而不凝性气体不能通过冷凝器的液封，因此，积存在冷凝器上部，使冷凝器内的压力增加，从而导致压缩机排气压力提高，压缩功率增加而制冷系数下降，对循环产生影响。因此，应该及时排除系统中的水分与不凝性气体。

3.3 单级蒸气压缩式制冷机变工况特性分析

所谓制冷机的工况是指制冷机运行时的温度条件及其他附加条件。工况的名称有很多种，如：以有机制冷剂和无机制冷剂分类有高温、中温和低温的压缩机名义工况；对各种冷热水机组有制冷和热泵制热名义工况等。制冷压缩机是制冷系统的"心脏"，制冷系统的制冷能力通常取决于压缩机的制冷能力。压缩机出厂时，机器铭牌上标出的制冷量一般是名义工况下的制冷量。对全封闭压缩而言，铭牌上标出的制冷量是标准工况下的制冷量。空调器用压缩机，则铭牌上的制冷量为空调工况下的制冷量。实际运行中，如果工况发生改变，制冷机的性能可以直接从制造厂提供的变工况性能曲线中查取。

工况是评定和比较压缩机或制冷系统性能的基础。对一个制冷循环系统而言，它的工况条件主要包括冷凝温度、蒸发温度、节流前制冷剂液体的温度和压缩机的吸气温度等。四个工况参数中，冷凝温度和蒸发温度对制冷系统性能的影响最大，因此，通常所说的制冷机变工况运行是指蒸发温度和冷凝温度的变化。

3.3.1 蒸发温度对制冷循环性能的影响

图 3-15 表示蒸发温度变化对制冷系统性能的影响。当冷凝温度保持不变时，蒸发温度由 t_0 降低到 t_0' 时，循环由原来的 1—2—3—4—1 变为 1'—2'—3'—4'—1'，对性能参数的影响包括：

1）制冷剂的蒸发压力由 p_0 降低到 p_0'。

2）单位质量制冷量由 q_0 减小到 q_0'，单位理论耗功由 w_0 增加到 w_0'，因此，循环的制冷系数必然降低。如图 3-16 所示的氨的制冷系数与蒸发温度的关系。

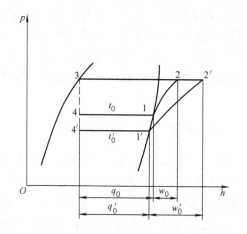

图 3-15　蒸发温度变化时制冷
循环性能变化情况

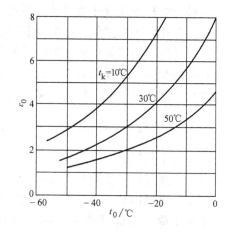

图 3-16　氨的制冷系数与
蒸发温度的关系

3）单位容积制冷量为 $q_v = q_0/v_1$，由于压缩机的吸气比体积 v_1 增大为 v_1'，单位质量制冷量由 q_0 减小到 q_0'，那么 q_v 会随着蒸发温度的降低而迅速下降。

3.3.2 冷凝温度对制冷循环性能的影响

图 3-17 表示冷凝温度变化对制冷系统循环性能的影响。当蒸发温度保持不变，冷凝温度由 t_k 升高到 t_k' 时，循环由原来的 1—2—3—4—1 变为 1—2'—3'—4'—1，对性能参数的影响包括：

1）制冷剂的冷凝压力由 p_k 升高到 p_k'。

2）单位质量制冷量由 q_0 减小到 q_0'，单位理论耗功由 w_0 增加到 w_0'，因此，循环的制冷系数必然降低。

3）单位容积制冷量为 $q_v = q_0/v_1$，尽管压缩机的吸气比体积 v_1 未变，但单位质量制冷量减小，导致 q_v 会随着冷凝温度的增高而减小。

综上所述，随着蒸发温度的降低，循环的制冷量及制冷系数明显下降，因此，在运行中在满足被冷却物体的温度要求前提下，尽量使制冷机保持较高的

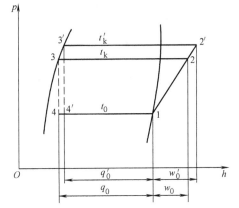

图 3-17　冷凝温度变化时制冷循环性能变化情况

蒸发温度，以保证获得较大的制冷量和较好的经济性。由于冷凝温度的升高会使循环的制冷量及制冷系数下降，故运行中要适当控制冷凝温度，不应使它过高。

3.4　单级蒸气压缩式混合工质制冷循环

3.4.1　理论循环

采用混合制冷剂进行单级蒸气压缩式制冷循环，在不考虑系统内部流动阻力损失和成分变化的情况下，仍可认为其理论循环的吸热和放热过程是等压过程，节流过程为绝热过程，压缩过程为等熵过程。

混合制冷剂包括共沸溶液和非共沸溶液。对于共沸混合物，由于等压下相变时温度保持不变，所以共沸混合物的制冷循环与纯制冷剂相同。对于非共沸混合物，等压下相变时温度将发生变化。图 3-18 为二元非共沸混合制冷剂的等压相变图，从图上可以看出，在压力恒定的条件下，制冷剂的凝结放热过程（C—B—A）其温度降低，而吸热沸腾过程（A—B—C）其温度升高。因此，非共沸混合制冷剂在蒸发器和冷凝器中的热交换过程不是等温过程，是一个变温过程，饱和液相线和饱和气相线间的两相区产生滑移温度。其理论循环的 T-s 图如图 3-19 所示。

3.4.2　实际循环

混合制冷剂的实际循环同样受到许多因素的影响，除与纯制冷剂类似的实际因素外，混合制冷剂的实际循环还要考虑蒸发器或冷凝器中相变温度滑移和系统

内混合制冷剂成分改变的影响。现在仅以蒸发器为例予以分析，冷凝器的特性类同，不再冗述。

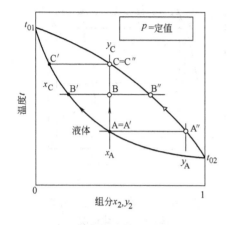 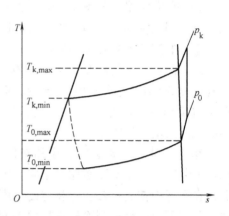

图 3-18　二元非共沸混合制冷剂等压相变图　　图 3-19　非共沸混合制冷剂理论循环 T-s 图

1. 蒸发器中制冷剂温度分布不同

设在蒸发器入口处的蒸发温度为 T_{01}，在蒸发器出口处的蒸发温度为 T_{02}，混合制冷剂等压蒸发时产生滑移温度 $\Delta T_G = T_{02} - T_{01}$。由二元混合非共沸制冷剂相图可知，泡点温度（等压下二元非共沸混合溶液在饱和液相线交点的温度）低于露点温度（等压下二元非共沸混合溶液在饱和气相线交点的温度）。因此，滑移温度现象使蒸发器入口处的温度低于出口处的温度，即 $\Delta T_G > 0$。

制冷剂在蒸发器内沿程流动阻力造成压降 Δp。压降使蒸发器入口处的温度高于出口处的温度。

在实际制冷循环中，上述两种对温度的影响效应是互相叠加的。叠加的结果，造成蒸发器中制冷温度的实际分布有三种可能的情况，如图 3-20 所示。

1）若 $\Delta T_0(\Delta p) < \Delta T_G$，蒸发器中制冷剂的温度分布如图 3-20 中 A 的情形。沿管长流动方向温度升高。这种分布相当于无阻力、阻力非常小或者 $\Delta T_G > 0$ 的情况（即：混合制冷剂冷凝相变时情况）。

2）若 $\Delta T_0(\Delta p) = \Delta T_G$，两种效应相互抵消，温度分布如图 3-20 中 B 的情形。这相当于无阻力、无温度滑变蒸发的情况。

3）若 $\Delta T_0(\Delta p) > \Delta T_G$，则压降的影响成为主导，温度分布如图 3-20 中 C 的情形。这相当于无滑变、有压降的蒸发情况或有滑变、压降很小的蒸发情况。

蒸发器中传热温差的分布如图 3-21 所示。

2. 混合制冷剂比例成分偏移

在使用非共沸二元混合制冷剂的实际循环中，等压相变过程中混合制冷剂的气相成分和液相成分均发生变化，这种相变特征导致循环流动中的制冷剂成分与

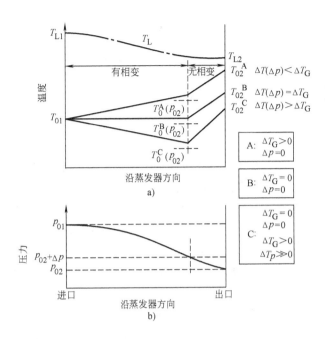

图 3-20　蒸发器中制冷剂的温度与压力分布
a）温度分布　b）压力分布

充入系统的制冷剂成分不相同。

实际运行中还存在下述因素使制冷剂成分偏离规定的水准：

1）制冷机的生产工艺与充灌工艺过程的差异。

2）运行工况改变造成气相成分与液相成分之间差异的变化。

3）润滑油对混合物组分有不相同的互溶性。

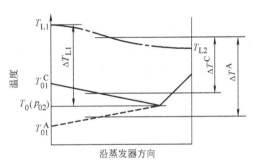

图 3-21　蒸发器中传热温差的分布

由于上述独特因素的影响，使非共沸混合制冷剂的实际制冷循环特性不同于使用纯制冷剂。当充灌混合制冷剂的制冷机运行时，由于不像使用纯制冷剂的循环系统中温度与压力之间存在明确的对应关系，所以必须测量制冷剂的压力值和气液相成分等热力参数，再通过相变图来确定相变温度。精确地进行非共沸混合制冷剂的制冷循环模拟和测量与计算制冷量都是比较复杂的过程。

思　考　题

1. 为什么单级蒸气压缩式制冷理论循环要采用干压缩?

2. 为什么将节流阀前液态制冷剂过冷?

3. 制冷剂过冷在哪些设备中可以实现?

4. 什么是有害过热(无效过热)?

5. 试解释过冷、过冷度、过热和过热度

6. 什么是回热制冷循环? 为什么氨制冷系统不采用回热循环?

7. 两个单级蒸气压缩式制冷循环,采用 R22 为制冷剂,系统所需制冷量 Q_0 = 55kW,蒸发温度 $t_0 = -10℃$,冷凝温度 $t_k = 40℃$,一个循环为理论循环,一个循环为过冷循环,过冷度为 5℃,试比较两个制冷循环的性能。

8. 一台氨制冷压缩机,其蒸发温度 $t_0 = -15℃$,冷凝温度 $t_k = 35℃$,吸气温度 $t_1 = -10℃$,循环的制冷量 $Q_0 = 100\,000$kcal/h,试对该单级蒸气压缩式理论制冷循环进行热力计算。

9. 某空调用制冷系统采用单级蒸气压缩式循环,工质为 R22,系统所需制冷量 $Q_0 = 50$kW,蒸发温度 $t_0 = 5℃$,冷凝温度 $t_k = 40℃$,吸气温度 $t_1 = 10℃$,过冷度与过热度均为 5℃,试对该制冷循环进行热力计算。

10. 设某单级蒸气压缩式制冷循环,蒸发温度 $t_0 = -10℃$,冷凝温度 $t_k = 30℃$,无过冷和过热,试计算分别采用 R22、R717、R134a 制冷剂时该制冷循环的单位质量制冷量和耗功率。

11. 试比较蒸发温度 $t_0 = -15℃$,冷凝温度 $t_k = 30℃$,吸气温度 $t_1 = 5℃$,R12 与 R717 采用回热循环的制冷系数和排气温度。

12. 试述单级蒸气压缩式制冷理论循环和实际循环的区别。

13. 蒸发温度和冷凝温度对制冷循环特性有什么影响?

14. 使用混合制冷剂与纯制冷剂的实际制冷循环特性有什么不同?

第4章

多级蒸气压缩式与复叠式制冷循环

4.1 简述

考虑到制冷装置的可靠性和经济性，单级蒸气压缩式制冷循环满足不了较低蒸发温度的低温环境与生产工艺要求。在实际工程中，为了高效地获得更低的蒸发温度必须采用多级蒸气压缩式制冷循环、复叠式制冷循环或自复叠式制冷循环。

4.1.1 单级蒸气压缩式制冷循环的局限性

对于一个单级蒸气压缩式制冷系统，当使用的制冷剂确定后，制冷循环所能达到的蒸发温度主要取决于制冷循环的冷凝压力 p_k、蒸发压力 p_0 及压力比 p_k/p_0。冷凝压力 p_k 通常受环境条件的影响，变化不是很大；而蒸发压力 p_0 是由需达到的低温环境与生产工艺条件决定的。需得到的温度越低，蒸发压力 p_0 就越低，压力比 p_k/p_0 也越大。对于单级蒸气压缩式制冷循环来说，当压力比 p_k/p_0 增大而超出单级制冷压缩机使用极限条件时，就会带来一系列的问题：

1）由于压力比 p_k/p_0 过大，制冷压缩机的余隙影响会增大，制冷压缩机的输气系数 λ 下降，实际输气量 q_V 减少，制冷量 Q_0 下降。压力比 p_k/p_0 越大，余隙影响也就越大。

2）由于压力比 p_k/p_0 过大，会使制冷压缩机的排气温度升高。当排气温度过高时，润滑油粘度下降，制冷压缩机的润滑条件恶化。当排气温度超过润滑油的闪点时，会使润滑油炭化，从而堵塞油路，产生故障。当排气温度过高时，易使润滑油在高温下强烈挥发而随制冷剂一起进入换热设备，并在换热设备中积聚而形成油膜，增大传热热阻，降低传热效果。也由于排气温度过高，使润滑油和制冷剂在长期的高温下可能发生慢性分解而产生不凝性气体，这些不凝性气体进入冷凝器等设备后，会使制冷系统的冷凝压力升高，危险性增大。

3）由于压力比 p_k/p_0 过大，会使制冷机压缩过程的不可逆性增大，即实际压缩过程偏离等熵程度增大，使制冷压缩机的效率下降，实际耗功增大，制冷系数下降。

4）由于压力比 p_k/p_0 过大，使得循环中的节流损失增大，节流后的制冷剂干度增大，导致循环的制冷量下降，制冷系数下降。

在实际制冷工程中，单级制冷压缩机的压力比是有限制的。在应用中温中压制冷剂时，为达到更低的蒸发温度以及高的制冷循环性能系数，就需采用多级蒸气压缩式制冷循环、复叠式制冷循环或自复叠式制冷循环。

4.1.2 多级蒸气压缩式制冷循环的特点

采用多级蒸气压缩式制冷循环能够避免或减少单级制冷循环中由于压力比过大所引起的一系列不利的因素，从而改善制冷压缩机的工作条件。

1）采用多级蒸气压缩式制冷循环可降低每一级压力比，减少制冷压缩机的余隙影响，减少制冷剂蒸气与气缸壁之间的热交换，减少制冷剂在压缩中的内部泄漏损失；提高制冷压缩机的输气系数，提高实际输气量；在其他条件不变的情况下，增加循环的制冷量。

2）采用多级蒸气压缩式制冷循环可降低每一级压力比，提高制冷压缩机的指示效率（或内效率），减少实际压缩过程中的不可逆损失。在有中间冷却的多级压缩中，可节省循环耗功；降低每一级的排气温度，保证制冷系统的高效安全运行。

3）采用多级蒸气压缩式制冷循环可降低每一级制冷压缩机的压力差，增强制冷机运行的平衡性，简化机器结构，减少能耗损失。

4）采用多级蒸气压缩式制冷循环，可减少制冷循环中的节流损失，提高制冷性能。

5）采用带级间补气的多级离心式压缩循环，可降低离心机工作转速或省去增速装置，改由主电动机直接驱动，减少因齿轮传动而引起的能量损失，提高轴承寿命和机组运行可靠性；还可扩大离心式制冷压缩机的稳定工作范围，改善调节特性。

从热力学上分析，当带有中间冷却的压缩级数越多，压缩就越接近等温过程，耗功越少，制冷系数也就越大。但压缩级数过多，使系统复杂，设备费用增加，技术复杂性提高。工程中常采用二级或三级压缩循环形式。

多级蒸气压缩式制冷循环常采用一次节流或多次节流循环方式。一次节流是指向蒸发器供液的制冷剂液体直接由冷凝压力 p_k 节流至蒸发压力 p_0 的节流过程；多次节流是指向蒸发器供液的制冷剂液体先由中间冷却器前的节流器从冷凝压力 p_k 节流至中间压力 p_m，再由蒸发器前的节流器将中间压力 p_m 下的制冷剂液

体节流至蒸发压力 p_0 的过程。节流方式的确定与制冷压缩机的种类及制冷系统冷负荷的稳定性有关，一般认为冷负荷变化较大的活塞式、螺杆式制冷机系统宜采用一次节流方式；冷负荷平稳的离心式、螺杆式制冷机系统宜采用多次节流方式。

4.1.3　复叠式与自复叠式制冷循环的特点

为了获得更低的蒸发温度，有时需采用复叠式制冷循环，或采用远共沸溶液制冷剂的自复叠式制冷循环。其主要原因是：多级蒸气压缩式制冷循环中采用中温中压制冷剂(单一工质或共沸溶液工质)，大多数中温制冷剂的凝固点不是很低，当制冷循环的蒸发温度达到该制冷剂的凝固点时，制冷剂就会凝固而失去循环的特性。例如，R717 的凝固点是 $-77.7℃$，这就是采用 R717 制冷循环的极限蒸发温度。虽然低温制冷剂的凝固点较低，例如，R13 的凝固点是 $-180℃$，而 R13 的临界温度为 $28.8℃$，临界压力为 $3.861MPa$，在通常情况下低温制冷剂不能用水、空气等普通冷却介质来完成冷却冷凝过程。另外，低温制冷剂在接近临界点循环时会使得节流损失增大，循环经济性变差。

复叠式制冷循环综合利用了中温制冷剂和低温制冷剂的特性，既中温制冷剂的高温低压放热特性和低温制冷剂的低温高压吸热特性，并通过两个或两个以上的制冷循环回路来达到安全高效制冷的目的。自复叠式制冷循环则是利用了由中温、低温制冷剂组成的远共沸溶液制冷剂的特性，采用压缩分凝循环形式，在变温热源工况下达到安全高效制冷的目的。

4.2　两级往复式蒸气压缩制冷循环

4.2.1　两级往复式蒸气压缩制冷循环

两级往复式蒸气压缩制冷循环是工业制冷中常用的循环形式，基本形式有：
1）一次节流中间完全冷却两级蒸气压缩制冷循环。
2）一次节流中间不完全冷却两级蒸气压缩制冷循环。
3）一次节流中间完全不冷却两级蒸气压缩制冷循环。

中间完全冷却是指在中间冷却过程中，将低压级排出的过热蒸气等压冷却到中间压力下干饱和蒸气的冷却过程。中间不完全冷却是指在中间冷却过程中，将低压级排出的过热蒸气等压冷却降温而未达到饱和状态的冷却过程。中间完全不冷却是指在循环中不采用中间冷却的方式。不同中间冷却方式的采用与制冷剂的特性有关。例如，R502 系统具有一定的吸气过热度对循环是有利的，它能使循环的制冷系数提高，宜采用中间不完全冷却方式；而 R717 系统有吸气过热度时对循环是不利的，宜采用中间完全冷却方式；R22 系统的特性介于 R502 与 R717 之间，在多级压缩制冷循环中可以采用中间完全冷却方式，也可以采用中间不完全冷却方式，但在实际工程中以采用中间不完全冷却方式为多。中间完全不冷却循环常使用于尽可能简化系统和设备的特定场合中。

下面分析常用的一次节流中间完全冷却与一次节流中间不完全冷却两级蒸气压缩制冷循环。

1. 一次节流中间完全冷却两级蒸气压缩制冷循环

一次节流中间完全冷却两级蒸气压缩制冷循环原理如图 4-1 和图 4-2 所示。

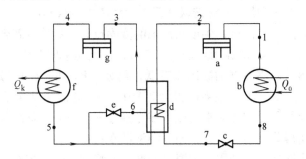

图 4-1 一次节流中间完全冷却两级蒸气压缩制冷循环原理图

a—低压级制冷压缩机 b—蒸发器 c—节流器 B

d—中间冷却器 e—节流器 A f—冷凝器 g—高压级制冷压缩机

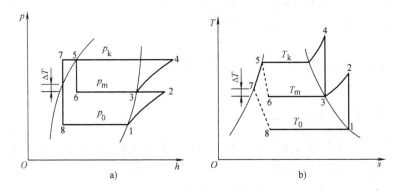

a)　　　　　　　　　　　　b)

图 4-2 一次节流中间完全冷却两级蒸气压缩制冷理论循环热力状态图

a) p-h 图　b) T-s 图

一次节流中间完全冷却两级蒸气压缩制冷理论循环的工作过程是：

1—2 是低压级等熵压缩过程，耗功 $P_{0,L}$（低压级理论功率）。

2—3 是低压级排气在中间冷却器内的等压冷却过程，低压级排气被完全冷却成中间压力 p_m 下的干饱和蒸气，即低压级排气的中间完全冷却过程。

3—4 是高压级等熵压缩过程，耗功 $P_{0,H}$（高压级理论功率）。

4—5 是制冷剂蒸气在冷凝压力 p_k 下的等压冷却冷凝过程，向热源放热 Q_k。

5—6 是制冷剂液体经节流器 A 由 p_k 节流至 p_m 的过程，并向中间冷却器供液。

5—7 是制冷剂饱和液体在中间冷却器盘管中的再冷却过程，盘管内的制冷剂液体向盘管外的制冷剂放热 Q_m（中间冷却器盘管负荷）。

7—8 是制冷剂过冷液体经节流器 B 由 p_k 节流至 p_0 的过程，点 8 是向蒸发器供液状态点，即循环的一次节流过程。

8—1 是制冷剂在蒸发器内的等压汽化吸热过程，从冷源获取冷量 Q_0。

一次节流中间完全冷却两级蒸气压缩制冷理论循环的主要热力性能：

（1）单位制冷量

$$q_0 = h_1 - h_8 \tag{4-1}$$

式中　q_0——单位制冷量（kJ/kg）。

（2）单位容积制冷量

$$q_v = \frac{q_0}{v_1} = \frac{h_1 - h_8}{v_1} \tag{4-2}$$

式中　q_v——单位容积制冷量（kJ/m³）；

　　　v_1——压缩机吸气比体积（m³/kg）。

（3）已知制冷循环的制冷量 Q_0（kW）时，低压级制冷剂循环量

$$q_{m,L} = \frac{Q_0}{q_0} = \frac{Q_0}{h_1 - h_8} \tag{4-3}$$

式中　$q_{m,L}$——低压级制冷剂循环量（kg/s）。

（4）低压级制冷压缩机的理论功率（等熵压缩功率）

$$P_{0,L} = q_{m,L} w_{0,L} = q_{m,L}(h_2 - h_1) \tag{4-4}$$

式中　$P_{0,L}$——低压级理论压缩功率（kW）；

　　　$w_{0,L}$——低压级理论压缩功（kJ/kg）。

（5）高压级制冷剂循环量　高压级循环理量可根据中间冷却器的能量平衡式求得

$$q_{m,L} h_2 + (q_{m,H} - q_{m,L}) h_6 + q_{m,L} h_5 = q_{m,H} h_3 + q_{m,L} h_7$$

整理可得高压级制冷剂循环量

$$q_{m,H} = q_{m,L} \frac{h_2 - h_7}{h_3 - h_6} \tag{4-5}$$

式中　$q_{m,H}$——高压级制冷剂循环量（kg/s）。

（6）高压级制冷压缩机理论功率

$$P_{0,H} = q_{m,H} w_{0,H} = q_{m,H}(h_4 - h_3) \tag{4-6}$$

式中　$P_{0,H}$——高压级理论压缩功率（kW）；

$w_{0,H}$——高压级理论压缩功(kJ/kg)。

(7) 冷凝器负荷、中间冷却器盘管负荷

$$Q_K = q_{m,H}q_k = q_{m,H}(h_4 - h_5) \tag{4-7}$$

$$Q_m = q_{m,L}q_m = q_{m,L}(h_5 - h_7) \tag{4-8}$$

式中 Q_K——冷凝器负荷(kW);

q_k——单位冷凝器负荷(kJ/kg);

Q_m——中间冷却器盘管负荷(kW);

q_m——单位中间冷却器盘管负荷(kJ/kg)。

(8) 理论循环制冷系数

$$\varepsilon_0 = \frac{Q_0}{P_{0,L} + P_{0,H}} = \frac{q_0}{w_{0,L} + \dfrac{q_{m,H}}{q_{m,L}} \cdot w_{0,H}} = \frac{h_1 - h_8}{(h_2 - h_1) + \dfrac{h_2 - h_7}{h_3 - h_6} \cdot (h_4 - h_3)} \tag{4-9}$$

式中 ε_0——一次节流中间完全冷却理论循环制冷系数。

(9) 理论循环热力完善度

$$\beta_0 = \frac{\varepsilon_0}{\varepsilon_C} = \frac{h_1 - h_8}{(h_2 - h_1) + \dfrac{h_2 - h_7}{h_3 - h_6}(h_4 - h_3)} \cdot \frac{T_H - T_L}{T_L} \tag{4-10}$$

式中 β_0——一次节流中间完全冷却理论循环热力完善度;

ε_C——相同冷源 T_L 和热源 T_H 间工作的理想制冷循环制冷系数。

2. 一次节流中间不完全冷却两级蒸气压缩制冷循环

一次节流中间不完全冷却两级蒸气压缩制冷理论循环工作原理,如图4-3所示。

一次节流中间不完全冷却循环和一次节流中间完全冷却循环的主要区别是高压级制冷压缩机吸入的制冷剂不是中间压力 p_m 下的干饱和蒸气,而是具有一定过热度的过热蒸气(图4-3中的状态3'),所以称作"中间不完全冷却"。

一次节流中间不完全冷却两级蒸气压缩制冷理论循环的工作过程是:

1—2 是低压级等熵压缩过程,耗功 $P_{0,L}$(低压级理论功率)。

2—3'低压级排气与中间冷却器来的湿蒸气混合、冷却成中间压力 p_m 下的过热蒸气过程,即低压级排气的中间不完全冷却过程。

3'是高压级的吸气状态点, $t_3' \leqslant +15℃$ 。

3'—4 是高压级等熵压缩过程,耗功 $P_{0,H}$(高压级理论功率)。

4—5 是制冷剂蒸气在冷凝压力 p_k 下的等压冷却冷凝过程,向热源放热 Q_k 。

5—6 是制冷剂液体经节流器 A 由 p_k 节流至 p_m 的过程,并向中间冷却器供液。

5—7 是制冷剂饱和液体在中间冷却器盘管中的再冷却过程,盘管内的制冷

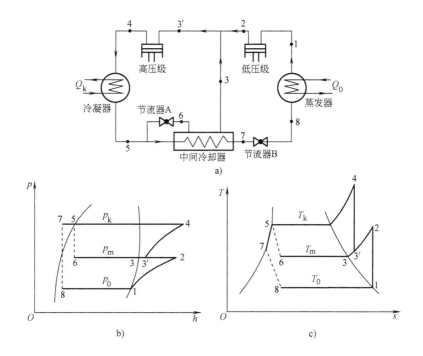

图 4-3 一次节流中间不完全冷却两级蒸气压缩制冷理论循环

a) 原理图 b) *p-h* 图 c) *T-s* 图

剂液体向盘管外的制冷剂放热 Q_m（中间冷却器盘管负荷）。

7—8 是制冷剂过冷液体经节流器 B 由 p_k 节流至 p_0 的过程，点 8 是向蒸发器供液状态点，即循环的一次节流过程。

8—1 是制冷剂在蒸发器内的等压汽化吸热过程，从冷源获取冷量 Q_0。

一次节流中间不完全冷却两级蒸气压缩制冷理论循环中的高压级制冷剂循环量可由中间冷却器的能量平衡式得到

$$(q_{m,\mathrm{H}} - q_{m,\mathrm{L}})h_3 + q_{m,\mathrm{L}}h_7 = (q_{m,\mathrm{H}} - q_{m,\mathrm{L}})h_6 + q_{m,\mathrm{L}}h_5$$

即高压级制冷剂循环量

$$q_{m,\mathrm{H}} = q_{m,\mathrm{L}}\frac{h_3 - h_7}{h_3 - h_6} \tag{4-11}$$

式中 $q_{m,\mathrm{H}}$——高压级制冷剂循环量（kg/s）。

在实际循环中，为使高压级制冷压缩机能高效工作，须令 $t_3' \leqslant +15℃$，这时 3 点状态通常不是干饱和蒸气，而是湿饱和蒸气。列 2、3、3′节点混合过程的能量平衡式

$$q_{m,\mathrm{H}}h_3' = q_{m,\mathrm{L}}h_2 + (q_{m,\mathrm{H}} - q_{m,\mathrm{L}})h_3$$

整理得高压级、低压级制冷剂循环量比

$$\frac{q_{m,\mathrm{H}}}{q_{m,\mathrm{L}}} = \frac{h_2 - h_3}{h_3' - h_3} \tag{4-12}$$

由式（4-11）与式（4-12）得

$$\frac{h_3 - h_7}{h_3 - h_6} = \frac{h_2 - h_3}{h_3' - h_3}$$

整理得

$$h_3 = \frac{h_2 h_6 - h_3' h_7}{h_2 + h_6 - h_3' - h_7} \tag{4-13}$$

一次节流中间不完全冷却两级蒸气压缩制冷理论循环制冷系数与热力完善度

$$\varepsilon_0 = \frac{Q_0}{P_{0,\mathrm{L}} + P_{0,\mathrm{H}}} = \frac{q_0}{w_{0,\mathrm{L}} + \dfrac{q_{m,\mathrm{H}}}{q_{m,\mathrm{L}}} \cdot w_{0,\mathrm{H}}} = \frac{h_1 - h_8}{(h_2 - h_1) + \dfrac{h_3 - h_7}{h_3 - h_6} \cdot (h_4 - h_3')} \tag{4-14}$$

$$\beta_0 = \frac{\varepsilon_0}{\varepsilon_\mathrm{C}} = \frac{h_1 - h_8}{(h_2 - h_1) + \dfrac{h_3 - h_7}{h_3 - h_6} \cdot (h_4 - h_3')} \cdot \frac{T_\mathrm{H} - T_\mathrm{L}}{T_\mathrm{L}} \tag{4-15}$$

式中　ε_0——一次节流中间不完全冷却理论循环制冷系数；

β_0——一次节流中间不完全冷却理论循环热力完善度。

3. 两级往复式蒸气压缩制冷循环的比较分析

比较一次节流中间完全冷却和中间不完全冷却两级往复式蒸气压缩制冷循环，在制冷剂、蒸发温度 t_0、冷凝温度 t_k 及中间温度 t_m 相同的前提下：

1）中间不完全冷却循环的制冷系数要比中间完全冷却循环制冷系数小，这是因为在其他条件相同的情况下，中间不完全冷却循环耗功大。

2）在一次节流循环中，中间冷却器盘管具有传热温差 Δt，而使循环的单位制冷量减少。通常中间冷却器盘管出液端传热温差 $\Delta t = 3 \sim 7^\circ\mathrm{C}$，一次节流循环的制冷量减少是有限的。目前冷负荷变化较大的活塞式、螺杆式制冷机系统多采用一次节流循环，其原因在于：

a. 可依靠高压制冷剂液体本身的压力供液到较远的用冷场所，适用于大型制冷装置。

b. 高压级制冷剂液体不与中间冷却器中的制冷剂相接触，可减少润滑油进入蒸发器的机会，从而提高换热设备的换热效果。

c. 由于蒸发器与中间冷却器分别供液，便于操作，有利于制冷系统的安全运行。

4.2.2　两级往复式蒸气压缩制冷循环热力计算

两级往复式蒸气压缩制冷循环热力分析计算步骤与单级蒸气压缩制冷循环相似，包括：制冷剂和循环形式的确定；循环工作参数的确定；循环热力性能的计算分析。

1. 制冷剂与循环形式的选择

两级蒸气压缩制冷循环常使用中温中压制冷剂，如 R717、R22 和 R502 等。根据制冷剂的热力性质，R717 宜采用中间完全冷却形式，R22、R502 宜采用中间不完全冷却形式。

2. 循环工作参数的确定

两级蒸气压缩制冷循环的工作参数主要有冷凝温度 t_k、蒸发温度 t_0、中间温度 t_m、过冷温度 $t_{s,c}$ 及低压级吸气温度 $t_{sh,L}$、高压级吸气温度 $t_{sh,H}$。其中，冷凝温度 t_k、蒸发温度 t_0 以及低压级吸气温度 $t_{sh,L}$ 的确定与单级实际制冷循环相同。

一次节流形式的制冷剂液体经中间冷却器盘管冷却后的出液端温度就是循环过冷温度，一般比中间温度 t_m 高 3 ~ 7℃，常取高 5℃。在氟利昂两级制冷系统中，也可用回热器来使制冷剂液体再一步冷却，其过冷度取值方法同单级压缩制冷循环。

由于 R717 采用中间完全冷却方式，高压级吸入干饱和蒸气，其高压级吸气温度 $t_{sh,H}$ 应等于中间温度 t_m。R22、R502 采用中间不完全冷却方式，取高压级吸气温度 $t_{sh,H} \leqslant +15℃$，是吸气状态为 p_m 下的过热蒸气。

两级压缩制冷循环中的中间温度 t_m（中间压力 p_m）的高低对循环的性能有直接的影响。最佳中间温度 t_m 应根据循环的制冷系数最大、制冷压缩机的高、低压级耗功总量最小、设备投资费用最少等原则来确定。

中间温度 t_m 和中间压力 p_m 的确定方法有比例中项计算法、拉塞公式与拉塞图法及最大制冷系数 ε_{max} 法、容积比插入法、经验线图法等。

（1）比例中项计算法　用比例中项计算两级压缩循环中间压力 p_m(Pa) 为

$$\frac{p_k}{p_m} = \frac{p_m}{p_0} = \sqrt{\frac{p_k}{p_0}} \quad \text{或} \quad p_m = \sqrt{p_k p_0} \tag{4-16}$$

式中　p_m——中间压力(Pa 或 MPa)。

式(4-16)根据热力学理论推导得到，并假定在循环中工质为理想气体；低压级排气在中间水冷却器中完全冷却；高、低压级吸气温度相等；高、低压级制冷剂循环量相等；高、低压级压缩都是等熵过程。由式(4-16)求得的中间压力是理论最佳中间压力。在实际循环计算时需进行修正

$$p_m = \phi \sqrt{p_k p_0} \tag{4-17}$$

式中　ϕ——与制冷剂性质有关的修正系数，推荐取值：R22，$\phi = 0.90 ~ 0.95$；R717，$\phi = 0.95 ~ 1.00$。

（2）最大制冷系数 ε_{max} 法　每个制冷循环必然存在最大制冷系数，用最大制冷系数 ε_{max} 确定中间温度 t_m 值时，先按一定温度间隔(例 $\Delta t = 2℃$)假设若干个中间温度值进行热力循环计算，求出相对应的制冷系数，并绘制 ε-t_m 曲线图。由曲线中的最大制冷系数 ε_{max} 求得最佳中间温度 $t_{m,opt}$。

（3）拉塞公式与拉塞图　对于两级压缩制冷循环，拉塞提出了较为简单的最佳中间温度计算式

$$t_m = 0.4t_k + 0.6t_0 + 3℃ \qquad (4\text{-}18)$$

在 $-40 \sim 40℃$ 的温度范围内，式(4-18)对 R717、R22、R40、R12 等都是适用的。与拉塞公式等效的有拉塞图(图4-4)。在拉塞图中，由冷凝温度 t_k 与蒸发温度 t_0 求得最佳中间温度 t_m，并由图中的 $p_m = f(t_m)$ 曲线查纵坐标求得相应的最佳中间压力 p_m 值。

（4）容积比插入法　高、低压级制冷压缩机的理论输气量比 $q_{V,h,H}/q_{V,h,L}$ 称为两级压缩循环的容积比 ξ。容积比插入法可用于依据生产实际来选择循环所需的高、低压级制冷压缩机的输气量，也可根据现有制冷压缩机的输气量比值 ξ 求出给定冷凝温度 t_k、蒸发温度 t_0 下工作的最佳中间温度 t_m，从而计算或校核制冷压缩机的工作性能。其计算步骤是：

1）由比例中项公式 $p_m = \sqrt{p_k p_0}$ 或拉塞公式(拉塞图)求得中间温度 t_m(中间压力 p_m)。

2）参照上述中间温度 t_m，按照一定温度间隔(5～10℃)再选取两个中间温度 t_m'、t_m''；以中间温度 t_m'、t_m''

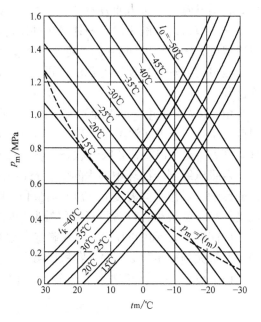

图4-4　确定最佳中间温度的拉塞图

进行循环计算，求出对应的理论输气量比值 $\xi' = q_{V,h,H}'/q_{V,h,L}'$ 及 $\xi'' = q_{V,h,H}''/q_{V,h,L}''$。

3）根据 (t_m', ξ')、(t_m'', ξ'')，绘制 $\xi = f(t_m)$ 曲线，由实际 ξ 值求出中间温度 t_m，或者由中间温度 t_m 求出相应高、低压级制冷机的理论输气量比 $\xi = q_{V,h,H}/q_{V,h,L}$。

3. 制冷循环状态点及状态参数的确定

由所求得的工作温度画出循环的状态图，并求出各状态点的有关参数。

4. 两级压缩制冷实际循环热力性能计算与分析

两级压缩制冷实际循环热力性能主要有：

（1）高、低压级实际输气量

$$q_{V,a,L} = q_{V,h,L}\lambda_L \qquad (4\text{-}19)$$
$$q_{V,a,H} = q_{V,h,H}\lambda_H \qquad (4\text{-}20)$$

式中　$q_{V,h,L}$、$q_{V,a,L}$、λ_L——低压级理论输气量（m^3/h）、实际输气量（m^3/h）、输
气系数；

$q_{V,h,H}$、$q_{V,a,H}$、λ_H——高压级理论输气量（m^3/h）、实际输气量（m^3/h）、输
气系数。

两级压缩循环中的高、低压级输气系数可根据经验公式和图表确定。对于活
塞式制冷压缩机可采用公式

$$\lambda_L = 0.940 - 0.085 \times \left[\left(\frac{p_m}{p_0 - 0.01} \right)^{\frac{1}{n}} - 1 \right] \tag{4-21}$$

$$\lambda_H = 0.940 - 0.085 \times \left[\left(\frac{p_k}{p_m} \right)^{\frac{1}{n}} - 1 \right] \tag{4-22}$$

式中　n——压缩指数，R717，$n = 1.28$；R12，$n = 1.13$；R22，$n = 1.18$。

（2）高、低压级制冷压缩机功率

低压级指示功率　　　　　$P_{i,L} = \dfrac{P_{0,L}}{\eta_{i,L}}$ 　　　　　　　　（4-23）

低压级轴功率　　$P_{e,L} = \dfrac{P_{i,L}}{\eta_{m,L}} = \dfrac{P_{0,L}}{\eta_{i,L}\eta_{m,L}} = \dfrac{P_{0,L}}{\eta_{e,L}}$ 　　　（4-24）

高压级指示功率　　　　　$P_{i,H} = \dfrac{P_{0,H}}{\eta_{i,H}}$ 　　　　　　　　（4-25）

高压级轴功率　　$P_{e,H} = \dfrac{P_{i,H}}{\eta_{m,H}} = \dfrac{P_{0,H}}{\eta_{i,H}\eta_{m,H}} = \dfrac{P_{0,H}}{\eta_{e,H}}$ 　　（4-26）

式中　$P_{0,L}$、$P_{i,L}$、$P_{e,L}$——低压级理论功率（kW）、指示功率（kW）、轴功率
（kW）；

$P_{0,H}$、$P_{i,H}$、$P_{e,H}$——高压级理论功率（kW）、指示功率（kW）、轴功率
（kW）；

$\eta_{i,L}$、$\eta_{i,H}$——低压级指示效率、高压级指示效率；对于开启式活塞
制冷压缩机。

$$\eta_{i,L} = \frac{T_0}{T_m} + bt_0 \tag{4-27}$$

$$\eta_{i,H} = \frac{T_m}{T_k} + bt_m \tag{4-28}$$

b——系数，氨，$b = 0.001$；氟利昂，$b = 0.0025$；

$\eta_{m,L}$、$\eta_{e,L}$——低压级机械效率、绝热效率；

$\eta_{m,H}$、$\eta_{e,H}$——高压级机械效率、绝热效率。

（3）制冷量

$$Q_0 = q_{m,L}q_0 = \frac{q_{V,h,L}\lambda_L q_v}{3600} \tag{4-29}$$

式中　Q_0——两级压缩循环制冷量(kW)。

（4）冷凝器负荷、中冷器盘管负荷、回热器负荷

$$Q_k = q_{m,H} q_k \tag{4-30}$$

$$Q_M = q_{m,L} q_M \tag{4-31}$$

$$Q_R = q_{m,L} q_R \tag{4-32}$$

式中　Q_k、Q_m、Q_R——冷凝器负荷(kW)、中冷器盘管负荷(kW)、回热器负荷(kW)。

（5）制冷系数、热力完善度

$$\varepsilon = \frac{Q_0}{P_{e,H} + P_{e,L}} \tag{4-33}$$

$$\beta = \frac{\varepsilon}{\varepsilon_C} = \frac{Q_0}{P_{e,H} + P_{e,L}} \cdot \frac{T_H - T_L}{T_L} \tag{4-34}$$

式中　ε、β——两级压缩循环制冷系数、热力完善度。

【例4-1】　有氨两级蒸气压缩式实际制冷循环，其制冷量为151kW。循环工作条件是：冷凝温度 $t_k = 40℃$，只采用中间冷却器盘管过冷，盘管出液端传热温差 $\Delta t = 3℃$，蒸发温度 $t_0 = -40℃$，回气管路过热 $\Delta t_{s,h} = 5℃$。试进行制冷循环热力计算。

【解】　（1）确定制冷循环形式及其工作参数

$t_0 = t_1 = -40℃$，$p_0 = 0.0717MPa$；

$t_k = t_5 = 40℃$，$p_k = 1.555MPa$；

$\dfrac{p_k}{p_0} = \dfrac{1.555}{0.0717} = 21.6 > 8$ 需采用两级压缩制冷循环。

因为系统采用氨为制冷剂，宜采用一次节流中间完全冷却两级压缩制冷循环。

由拉塞公式或拉塞图求中间温度：

$$t_m = 0.4t_k + 0.6t_0 + 3 = [0.4 \times 40 + 0.6 \times (-40) + 3]℃ = -5℃$$

中间压力：　　　　　　$p_m = 0.35479MPa$

高压级压力比：　$p_k/p_m = 1.555/0.35479 = 4.38 < 8$

低压级压力比：　$p_m/p_0 = 0.35479/0.07171 = 4.95 < 8$

过冷温度：　　$t_{s,c} = t_7 = t_m + 3 = (-5 + 3)℃ = -2℃$

（2）绘制两级压缩制冷循环热力循环图（图4-5）

（3）求制冷循环各状态点参数值　查取有关氨的热力性能图或表，得

$t_1 = t_0 = -40℃$　　　　$h_1 = 1708kJ/kg$

$t_1' = t_{s,h,L} = -35℃$　　$h_1' = 1720kJ/kg$　　$v_1' = 1.58m^3/kg$

$t_2 = 85℃$　　　　　　　$h_2 = 1965kJ/kg$　　$s_2 = s_1'$

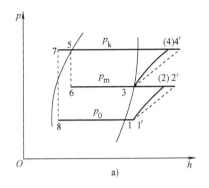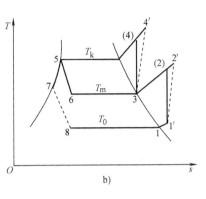

图 4-5　例 4-1 图

a) p-h 图　b) T-s 图

$t_3 = t_{s,h,H} = t_m = -5℃$　　$h_3 = 1756\text{kJ/kg}$　$v_3 = 0.346\text{m}^3/\text{kg}$

$t_4 = 105℃$　　　　　　　$h_4 = 1975\text{kJ/kg}$　$s_4 = s_3$

$t_5 = t_k = 40℃$　　　　　$h_5 = 687\text{kJ/kg}$

$t_6 = t_m = -5℃$　　　　　$h_6 = h_5\text{kJ/kg}$

$t_7 = -2℃$　　　　　　　$h_7 = 491\text{kJ/kg}$

$t_8 = t_0 = -40℃$　　　　　$h_8 = h_7\text{kJ/kg}$

（4）两级压缩制冷循环热力性能计算

1）单位制冷量、单位容积制冷量

$$q_0 = h_1 - h_8 = (1708 - 491)\text{kJ/kg} = 1217\text{kJ/kg}$$

$$q_v = \frac{q_0}{v_1'} = \frac{1217}{1.58}\text{kJ/m}^3 = 770.3\text{kJ/m}^3$$

2）低压级制冷剂循环量

$$q_{m,L} = \frac{Q_0}{q_0} = \frac{151}{1217}\text{kg/s} = 0.124\text{kg/s}$$

3）低压级理论输气量

求低压级输气系数（R717，$n = 1.28$）

$$\lambda_L = 0.94 - 0.085 \times \left[\left(\frac{p_m}{p_0 - 0.01}\right)^{\frac{1}{n}} - 1\right]$$

$$= 0.94 - 0.085 \times \left[\left(\frac{0.35479}{0.07171 - 0.01}\right)^{\frac{1}{1.28}} - 1\right] = 0.692$$

低压级理论输气量

$$q_{V,h,L} = \frac{q_{V,a,L}}{\lambda_L} = \frac{3600 q_{m,L} v_1'}{\lambda_L} = \frac{3600 \times 0.124 \times 1.58}{0.692}\text{m}^3/\text{h} = 1019\text{m}^3/\text{h}$$

4）低压级理论功率

$$P_{0,L} = q_{m,L}w_{0,L} = q_{m,L}(h_2 - h_1') = 0.124 \times (1965 - 1720)\text{kW} = 30.4\text{kW}$$

5）低压级指示功率

$$\eta_{i,L} = \frac{T_0}{T_m} + bt_0 = \frac{273 - 40}{273 - 5} + 0.001 \times (-40) = 0.829$$

低压级指示功率

$$P_{i,L} = \frac{P_{0,L}}{\eta_{i,L}} = \frac{30.4}{0.829}\text{kW} = 36.7\text{kW}$$

6）低压级轴功率，取 $\eta_{m,L} = 0.725$

$$P_{e,L} = \frac{P_{i,L}}{\eta_{m,L}} = \frac{36.7}{0.725}\text{kW} = 50.6\text{kW}$$

7）低压级实际排气比焓值

$$h_2' = h_1' + \frac{h_2 - h_1'}{\eta_{i,L}} = \left[1720 + \frac{1965 - 1720}{0.829}\right]\text{kJ/kg} = 2016\text{kJ/kg}$$

8）高压级制冷剂循环量

列中间冷却器能量平衡式（图4-6）得

$$q_{m,H} = q_{m,L} \cdot \frac{h_2' - h_7}{h_3 - h_6}$$

$$= \left(0.124 \times \frac{2016 - 491}{1756 - 687}\right)\text{kg/s}$$

$$= 0.177\text{kg/s}$$

9）高压级理论输气量

高压级输气系数：

$$\lambda_H = 0.94 - 0.085 \times \left[\left(\frac{p_k}{p_m}\right)^{\frac{1}{n}} - 1\right]$$

$$= 0.94 - 0.085 \times \left[\left(\frac{1.555}{0.35479}\right)^{\frac{1}{1.28}} - 1\right] = 0.755$$

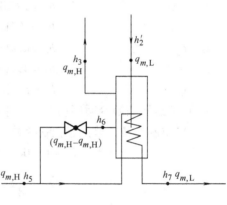

图4-6 中间冷却器能量平衡分析图

高压级理论输气量

$$q_{V,h,H} = \frac{q_{V,a,H}}{\lambda_H} = \frac{3600q_{m,H}v_3}{\lambda_H} = \frac{3600 \times 0.177 \times 0.346}{0.755}\text{m}^3/\text{h} = 292\text{m}^3/\text{h}$$

10）高压级理论功率

$$P_{0,H} = q_{m,H}w_{0,H} = q_{m,H}(h_4 - h_3) = 0.177 \times (1975 - 1756)\text{kW} = 38.8\text{kW}$$

11）高压级指示功率

高压级指示效率

$$\eta_{i,H} = \frac{T_m}{T_k} + bt_m = \frac{273 - 5}{273 + 40} + 0.001 \times (-5) = 0.851$$

高压级指示功率

$$P_{i,H} = \frac{P_{0,H}}{\eta_{i,H}} = \frac{38.8}{0.851}kW = 45.6kW$$

12）高压级轴功率，取 $\eta_{m,H} = 0.850$

$$P_{e,H} = \frac{P_{i,H}}{\eta_{m,H}} = \frac{45.6}{0.85}kW = 53.6kW$$

13）高压级实际排气比焓值

$$h_4' = h_3 + \frac{h_4 - h_3}{\eta_{i,H}} = \left(1756 + \frac{1975 - 1756}{0.851}\right)kJ/kg = 2013kJ/kg$$

14）冷凝器负荷

$$Q_k = q_{m,H}q_K = q_{m,H}(h_4' - h_5) = 0.177 \times (2013 - 687)kW = 235kW$$

15）中间冷却器负荷

$$Q_M = q_{m,L}q_M = q_{m,L}(h_5 - h_7) = 0.124 \times (687 - 491)kW = 24.3kW$$

16）制冷系数

$$\varepsilon = \frac{Q_0}{P_{e,L} + P_{e,H}} = \frac{151}{50.6 + 53.6} = 1.45$$

17）高低压级理论输气量比值

$$\xi = \frac{V_{h,H}}{V_{h,L}} = \frac{292}{1019} = 0.287$$

【例 4-2】 有一次节流中间不完全冷却两级压缩制冷循环（图 4-7），设低压级理论输气量 $V_{h,L} = 95.1m^3/h$，高压级理论输气量 $q_{V,h,H} = 31.7m^3/h$。在循环中采用 R22 作制冷剂，冷凝温度 $t_k = 40℃$，蒸发温度 $t_0 = -35℃$，低压级吸气温度 $t_1' = t_{s,h,L} = -10℃$，高压级吸气温度 $t_3' = t_{s,h,H} = +15℃$，制冷剂出中冷器盘管温度比中间温度高 5℃，回气管道无有害过热，制冷剂液体在回热器中的温降为 8℃，要求进行循环热力性能计算。

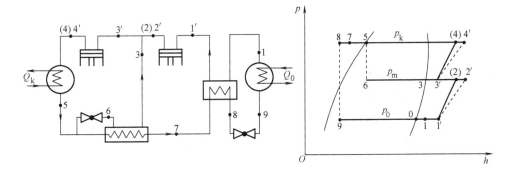

图 4-7 例 4-2 图

【解】 （1）循环工作温度确定

$$t_0 = t_1 = -35\text{℃} \qquad\qquad p_0 = 0.1321\text{MPa}$$

$$t_k = t_5 = 40\text{℃} \qquad\qquad p_k = 1.5269\text{MPa}$$

$$\frac{p_k}{p_0} = \frac{1.5269}{0.1321} = 11.56 > 10 \text{ 需采用双级压缩制冷循环}$$

由拉塞公式（或拉塞图）求中间温度

$$t_m = 0.4t_k + 0.6t_0 + 3 = [0.4 \times 40 + 0.6 \times (-35) + 3]\text{℃} = -2\text{℃}$$

$$p_m = 0.4664\text{MPa}$$

高、低压级压力比

$$p_k/p_m = 1.5269/0.4664 = 3.27 < 10$$

$$p_m/p_0 = 0.4664/0.1321 = 3.53 < 10$$

并且有

$$t_1' = -10\text{℃}$$

$$t_3' = 15\text{℃}$$

$$t_7 = t_m + 5 = -2 + 5 = 3\text{℃}$$

$$t_8 = t_7 - 8 = 3 - 8 = -5\text{℃}$$

（2）由题意求值

$t_1 = -27\text{℃}$	$h_1 = 396\text{kJ/kg}$	
$t_1' = t_{s,h,L} = -10\text{℃}$	$h_1' = 406\text{kJ/kg}$	$v_1' = 0.190\text{m}^3/\text{kg}$
$t_2 = 55\text{℃}$	$h_2 = 445\text{kJ/kg}$	$s_2 = s_1'$
$t_3 = t_m = -2\text{℃}$	$h_3 = 340\text{kJ/kg}$	$x_3 < 1$
$t_3' = t_{s,h,H} = +15\text{℃}$	$h_3' = 417\text{kJ/kg}$	$v_3' = 0.053\text{m}^3/\text{kg}$
$t_4 = 80\text{℃}$	$h_4 = 450\text{kJ/kg}$	$s_4 = s_3'$
$t_5 = t_k = 40\text{℃}$	$h_5 = 249\text{kJ/kg}$	
$t_6 = t_m = -2\text{℃}$	$h_6 = h_5\text{kJ/kg}$	
$t_7 = 3\text{℃}$	$h_7 = 204\text{kJ/kg}$	
$t_8 = -5\text{℃}$	$h_8 = 194\text{kJ/kg}$	
$t_9 = t_0 = -35\text{℃}$	$h_9 = h_8\text{kJ/kg}$	

由已知条件求出状态点 1、3 参数值

1）由回热器能量平衡方程式 $\qquad h_1 + h_7 = h_1' + h_8$

得 $\qquad h_1 = h_1' + h_8 - h_7 = (406 + 194 - 204)\text{kJ/kg} = 396\text{kJ/kg}$

由 R22 lg $p\text{-}h$ 求 1 点温度值。$t_1 = -27\text{℃}$，所以状态 1 为过热蒸气，制冷剂在蒸发器内过热度约 8℃。

2）求低压级实际排气焓值

低压级指示效率（R22：$b = 0.0025$）

$$\eta_{i,L} = \frac{T_0}{T_m} + bt_0 = \frac{273 - 35}{273 - 2} + 0.0025 \times (-35) = 0.79$$

所以

$$h_2' = h_1' + \frac{h_2 - h_1'}{\eta_{i,L}} = \left(406 + \frac{445 - 406}{0.79}\right) \text{kJ/kg} = 455 \text{kJ/kg}$$

3）由 h_2' 代入式(4-13)中的 h_2，求 h_3

$$h_3 = \frac{h_2' h_6 - h_3' h_7}{h_6 + h_2' - h_3' - h_7} = \left(\frac{455 \times 249 - 417 \times 204}{249 + 455 - 417 - 204}\right) \text{kJ/kg} = 340 \text{kJ/kg}$$

因为 $t_m = -2℃$ 时的干饱和蒸气焓值为 404kJ/kg，所以 3 点为湿饱和蒸气（$x_3 < 1$）状态。

（3）循环热力性能计算

1）单位制冷量、单位容积制冷量

$$q_0 = h_1 - h_9 = (396 - 194) \text{kJ/kg} = 202 \text{kJ/kg}$$

$$q_v = \frac{q_0}{v_1'} = \frac{202}{0.190} \text{kJ/m}^3 = 1063 \text{kJ/m}^3$$

2）制冷量（取 $\lambda_L = 0.764$）

$$Q_0 = \frac{q_{V,h,L} \lambda_L q_v}{3600} = \frac{95.1 \times 0.764 \times 1063}{3600} \text{kW} = 21.45 \text{kW}$$

3）低压级制冷剂循环量

$$q_{m,L} = \frac{q_{V,h,L} \lambda_L}{3600 v_1'} = \frac{95.1 \times 0.764}{3600 \times 0.19} \text{kg/s} = 0.106 \text{kg/s}$$

4）低压级轴功率（取 $\eta_{i,L} = 0.79$；$\eta_{m,L} = 0.85$）

$$P_{e,L} = \frac{P_{0,L}}{\eta_{i,L} \eta_{m,L}} = \frac{q_{m,L}(h_2 - h_1')}{\eta_{i,L} \eta_{m,L}} = \frac{0.106 \times (445 - 406)}{0.79 \times 0.85} \text{kW} = 6.16 \text{kW}$$

5）高压级制冷剂循环量

$$q_{m,H} = q_{m,L} \times \frac{h_3 - h_7}{h_3 - h_6} = 0.106 \times \frac{340 - 204}{340 - 249} \text{kg/s} = 0.158 \text{kg/s}$$

6）高压级轴功率（取 $\eta_{i,H} = 0.86$；$\eta_{m,H} = 0.85$）

$$P_{e,H} = \frac{P_{0,H}}{\eta_{i,H} \eta_{m,H}} = \frac{q_{m,H}(h_4 - h_3')}{\eta_{i,H} \eta_{m,H}} = \frac{0.158 \times (450 - 417)}{0.86 \times 0.85} \text{kW} = 7.13 \text{kW}$$

7）制冷系数

$$\varepsilon = \frac{Q_0}{P_{e,L} + P_{e,H}} = \frac{21.45}{6.16 + 7.13} = 1.614$$

8）高压级实际排气焓值

$$h_4' = h_3' + \frac{h_4 - h_3'}{\eta_{i,H}} = \left(417 + \frac{450 - 417}{0.86}\right) \text{kJ/kg} = 455 \text{kJ/kg}$$

9）冷凝器负荷

$$Q_k = q_{m,H} q_k = q_{m,H}(h_4' - h_5) = 0.158 \times (455 - 249) \text{kW} = 32.55 \text{kW}$$

10) 中间冷却器盘管负荷

$$Q_M = q_{m,L} q_M = q_{m,L}(h_5 - h_7) = 0.106 \times (249 - 204) \text{kW} = 4.77 \text{kW}$$

11) 回热器负荷

$$Q_R = q_{m,L} q_R = q_{m,L}(h_7 - h_8) = 0.106 \times (204 - 194) \text{kW} = 1.06 \text{kW}$$

4.3 多级离心式蒸气压缩制冷循环

多级离心式蒸气制冷机适用于冷负荷平稳的制冷系统，宜采用多次节流方式。本专业常用的多级离心式蒸气压缩制冷循环形式有二次节流循环和三次节流循环形式。根据制冷剂种类的不同，分别采用中间完全冷却方式（例如氨制冷剂）或中间不完全冷却方式（例如氟利昂制冷剂）。

下面以三次节流中间不完全冷却三级蒸气压缩制冷循环来说明多级离心式蒸气压缩制冷循环的工作原理。

4.3.1 三次节流中间不完全冷却三级离心机制冷工作原理

某些空调用三级离心式冷水机组采用三次节流中间不完全冷却三级压缩制冷循环，如图4-8所示。

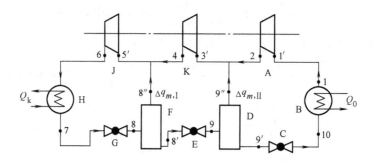

图4-8 三次节流中间不完全冷却三级离心式蒸气压缩制冷理论循环

A—低压级压缩机 B—蒸发器 C—三级节流阀 D—低压中间冷却器 E—二级节流阀
F—高压中间冷却器 G——级节流阀 H—冷凝器 J—高压级压缩机 K—中压级压缩机

三次节流中间不完全冷却三级蒸气压缩制冷循环选用氟利昂作制冷剂，其工作过程是：在蒸发器 B 中吸热后的低压制冷剂蒸气经离心压缩机的第 I 级（低压级）A 压缩使其压力由蒸发压力 p_0 升压至中间压力 $p_{m,II}$。升压后的制冷剂蒸气经第 I 次补气被不完全冷却至中间压力 $p_{m,II}$ 下的过热蒸气，并进入第 II 级压缩。离心压缩机的第 II 级（中压级）K 将制冷剂蒸气从中间压力 $p_{m,II}$ 升压至中间压力 $p_{m,I}$，然后经第 2 次补气被不完全冷却至中间压力 $p_{m,I}$ 下的过热蒸气，继续输入第Ⅲ级压缩。离心压缩机的第Ⅲ级(高压级)J 将制冷剂蒸气从中间压力 $p_{m,I}$ 升压至冷凝压力 p_k。高压制冷剂蒸气经过第Ⅲ级扩压管排入冷凝器 H 中等压冷却冷凝成饱和液体。制冷剂饱和液体经一级节流阀 G 节流至中间压力 $p_{m,I}$，全部送入高压中间冷却器 F，其中一部分压力为 $p_{m,I}$ 的液体被用于不完全冷却第Ⅱ级(中压级)排出的过热蒸气。被冷却的第Ⅱ级过热蒸气和一级节流时产生的饱和蒸气混合成为状态点 5′过热蒸气进入离心压缩机 J 进行第Ⅲ级压缩。高压中间冷却器 F 底部未汽化的压力为 $p_{m,I}$ 的饱和液体经二级节流器 E 节流至中间压力 $p_{m,II}$ 后送入低压中间冷却器 D。同样，一部分压力为 $p_{m,II}$ 的液体蒸发为饱和蒸气与来自第Ⅰ级离心压缩机 A 的过热蒸气混合为态 3′过热蒸气并进入第Ⅱ级离心压缩机 K 压缩。低压中间冷却器 D 底部未汽化的压力为 $p_{m,II}$ 的饱和液体经三级节流阀 C 节流至蒸发压力 p_0 后送入蒸发器吸热制取冷量 Q_0。出蒸发器的制冷剂低压蒸气被第Ⅰ级级离心压缩机 A 吸入后继续压缩。

4.3.2　三次节流中间不完全冷却三级离心机制冷理论循环

图 4-9a、图 4-9b 分别是三次节流中间不完全冷却三级离心式蒸气压缩制冷理论循环的 p-h 和 T-s 图。

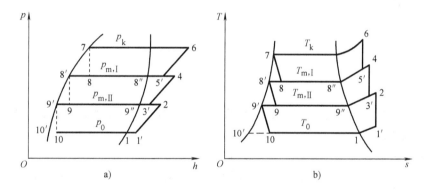

图 4-9　三次节流中间不完全冷却三级离心式蒸气压缩制冷理论循环热力状态图
a) p-h 图　b) T-s 图

在图中：

1—1′为吸气过热过程，1′为第Ⅰ级叶轮吸气状态。

1′—2 为制冷剂蒸气经离心机第Ⅰ级叶轮由吸气压力 p_0 等熵压缩至中间压力 $p_{m,II}$ 过程，消耗第Ⅰ级理论功率 $P_{0,I}$。

2—3′为第Ⅰ级排气的中间不完全冷却过程，在这个过程中，第Ⅰ级排气与来自中间冷却器 d 的第Ⅱ级补气混合，并冷却第Ⅰ级排气。

3′—4 为制冷剂蒸气经离心机第Ⅱ级叶轮由中间压力 $p_{m,II}$ 等熵压缩至中间压力 $p_{m,I}$ 过程，消耗第Ⅱ级理论功率 $P_{0,II}$。

4—5′为第Ⅱ级排气的中间不完全冷却过程，在这个过程中，第Ⅱ级排气与来自中间冷却器 f 的第Ⅲ级补气混合，使第Ⅱ级排气冷却。

5′—6 为制冷剂蒸气经第Ⅲ级叶轮由中间压力 $p_{m,I}$ 等熵压缩至冷凝压力 p_k 过程，消耗第Ⅲ级理论功率 $P_{0,Ⅲ}$。

6—7 是制冷剂蒸气在冷凝器中冷却冷凝过程，向热源放出热量 Q_k。

7—8 是循环的第一次节流过程。制冷剂液体压力由 p_k 节流至 $p_{m,I}$，并冷却第Ⅱ级压缩排气。随不完全中间冷却后的第Ⅱ级排气一起进入第Ⅲ级压缩循环的气体量称之为第Ⅲ级补气量。

8′—9 是循环的第二次节流过程。来自中间冷却器的制冷剂液体由中间压力 $p_{m,I}$ 节流至中间压力 $p_{m,Ⅱ}$，并冷却第Ⅰ级压缩排气。随不完全中间冷却后的第Ⅰ级排气一起进入第Ⅱ级压缩循环的气体量称之为第Ⅱ级补气量。

9′—10 是循环的第三次节流过程。来自中间冷却器的制冷剂液体由中间压力 $p_{m,Ⅱ}$ 节流至蒸发压力 p_0。第三次节流后的制冷剂湿饱和蒸气供入蒸发器。

10′—1 是蒸发压力 p_0 的低压制冷剂在蒸发器内汽化吸热过程，从冷源吸热 Q_0。

4.4 复叠式制冷循环

4.4.1 复叠式制冷循环特点

为了获得更低的蒸发温度，有时需采用复叠式制冷循环，主要原因是由于多级制冷循环采用中温制冷剂时受到凝固点高的限制，采用低温制冷剂时受到临界点低的限制。

复叠式压缩制冷通常是由两个或两个以上制冷系统组成的多元复叠制冷循环。在二元复叠制冷循环中，高温部分选用中温中压制冷剂，低温部分选用低温高压制冷剂。在三元复叠制冷循环中，采用低温、中温、高温三部分复叠。高温部分采用中温中压制冷剂，中温与低温部分采用低温高压制冷剂。在复叠式制冷循环中，由低温制冷剂在蒸发器内汽化吸收冷源热量 Q_0；由中温制冷剂在冷凝器内向热源放出热量 Q_k。中温制冷剂与低温制冷剂的换热则通过冷凝蒸发器来完成。

采用复叠式制冷循环时，低温部分制冷压缩机的理论输气量小，机组尺寸小。复叠式循环的每台制冷压缩机的工作压力范围比较适中，低温部分制冷压缩机的输气系数及指示效率有明显提高，实际耗功减少，制冷系数提高。复叠式循环系统保持正压，空气不易漏入，运行的稳定性好。复叠式制冷循环需采用冷凝蒸发器、膨胀容器、气-液换热器及气-气换热器等，又采用多种制冷剂，系统较复杂。

4.4.2 复叠式制冷循环形式

常见的复叠式制冷循环有：两个单级压缩系统组成的二元复叠式制冷循环、一个两级压缩系统和一个单级压缩系统组成的二元复叠式制冷循环及三个单级压缩系统组成的三元复叠式制冷循环等。

图 4-10 和图 4-11 表示了由两个单级压缩制冷系统组成的二元复叠式制冷循环工作原理，其高温部分常采用 R502 或 R22 等中温制冷剂，低温部分采用 R13 或 R23 等低温制冷剂。循环的最低蒸发温度可达 $-80 \sim -90$℃。

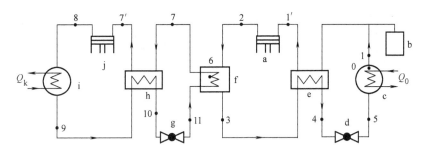

图 4-10　两个单级压缩系统组成的二元复叠式制冷循环原理图

a—低温部分压缩机　b—膨胀容器　c—低温部分蒸发器　d—低温部分节流器　e—低温部分回热器
f—冷凝蒸发器　g—高温部分节流器　h—高温部分回热器　i—冷凝器　j—高温部分压缩机

图中 0—1—1′—2—3—4—5—0 是低温部分的单级蒸气压缩式制冷循环；6—7—7′—8—9—10—11—6 是高温部分的单级蒸气压缩式制冷循环。低温部分制冷循环的冷凝温度 $T_{K,L}$ 必须高于高温部分制冷循环的蒸发温度 $T_{0,H}$，这一温差就是冷凝蒸发器的传热温差，在图 4-11a_2、b_2 之间用 ΔT 表示。

在循环中，低温制冷循环的低温部分蒸发器 c 制取冷量 Q_0，高温制冷循环的高温部分冷凝器 i 向环境冷却介质散发热量 Q_k，蒸发冷凝器 f 是平衡高温循环吸热量和低温循环散热量的换热器，回热器 h 和 e 是为了提高复叠式制冷循环效率而设置。

由一个两级压缩系统和一个单级压缩系统组成的二元复叠式制冷循环的高温部分可采用 R22 或 R502 等作制冷剂，常以一次节流中间不完全冷却两级压缩制冷循环工作；低温部分可采用 R13 等低温制冷剂，以单级压缩制冷循环工作，最低蒸发温度可达 $-100 \sim -110$℃。

由三个单级压缩系统组成的三元复叠式制冷循环由高温、中温、低温三部分组成，高温部分可采用 R22 或 R502 等制冷剂，中温部分可采用 R13 或 R23 等制冷剂，低温部分可采用 R14 等制冷剂，最低蒸发温度可达 $-120 \sim -130$℃。

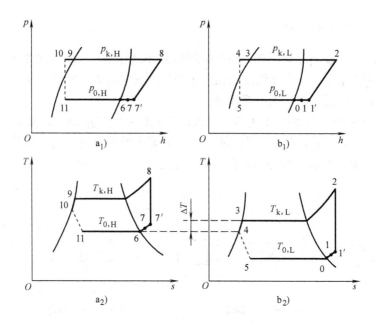

图 4-11　两个单级压缩系统组成的二元复叠式制冷循环热力状态图

a_1) 高温部分 p-h 图　b_1) 低温部分 p-h 图　a_2) 高温部分 T-s 图　b_2) 低温部分 T-s 图

4.4.3　复叠式制冷循环热力分析方法

复叠式制冷循环热力分析方法：

1）根据所需达到的低温来选用不同组合的复叠式制冷循环型式和制冷剂种类。

2）复叠式制冷循环的热力性能分析须根据低温部分、中温部分及高温部分循环来计算，其分析方法与单级压缩、两级压缩制冷循环相似。

3）复叠式制冷循环的中间温度涉及两个温度，即放热部分制冷剂的冷凝温度和吸热部分制冷剂的蒸发温度。复叠式制冷循环中间温度的确定以循环的制冷系数最大和各制冷压缩机的压力比大致相等为原则。

4.5　自复叠式制冷循环

蒸气压缩分凝式制冷循环亦被称为自复叠式制冷循环或内复叠式制冷循环。循环采用非共沸溶液制冷剂，主要应用于变温热源的制冷系统。

4.5.1　劳伦斯循环与变温热源制冷理论循环

1. 劳伦斯循环

在实际工程中，当热源和冷源的热容量不是无限大时，随着制冷循环的进行，热源和冷源的温度都将发生变化。例如，在冷凝器中，随着制冷剂逐渐向冷却介质放出冷却冷凝热 Q_k，冷却介质温度逐渐升高；同样在被冷却系统中，随着制冷的进行，被冷却介质的温度会逐渐下降。若采用具有恒定蒸发温度 t_0、冷凝温度 t_k 制冷剂的制冷循环，其冷凝温度 t_k 应大于等于冷却介质的最高温度；其蒸发温度 t_0 应低于等于被冷却系统的最低温度。并且变温热源与恒定蒸发温度 t_0、冷凝温度 t_k 制冷剂间的传热温差是变化的，制冷剂与热源、冷源间的传热不可逆耗散增大，循环的经济性下降。

为了减少这种传热不可逆耗散，1894 年苏黎士工程师劳伦斯提出了变温热源的极限循环——劳伦斯循环（Lawrence Cycle）。劳伦斯循环是由两个等熵过程和两个可逆的等压变温换热过程组成的逆向循环。劳伦斯循环内部是可逆的；同时，系统与外界换热时的蒸发温度 T_0、冷凝温度 T_k 的变化始终与冷却介质和被冷却介质的温度变化同步，其传热温差为无限小（图4-12）。

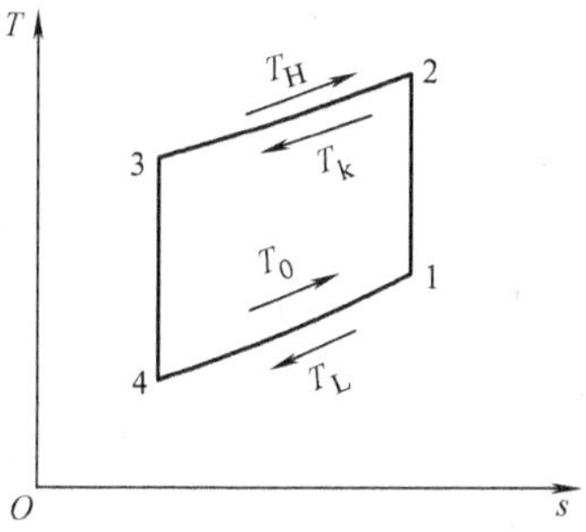

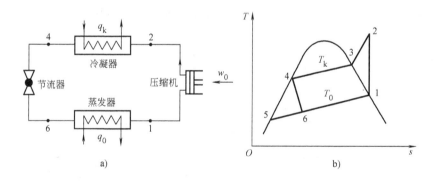

图 4-12　劳伦斯循环

2. 变温热源制冷理论循环

为了减少工质与变温热源间的换热温差，须采用非共沸溶液制冷剂。图4-13 是在变温热源间工作的非共沸溶液制冷剂的理论循环状态图。

图 4-13　变温热源制冷基本循环
a）原理图　b）T-s 图

在变温热源制冷理论循环中：

1—2 是制冷剂在制冷压缩机中的等熵压缩过程。非共沸溶液制冷剂由蒸发压力 p_0 下的干饱和蒸气压缩至冷凝压力 p_k 下的过热蒸气。压缩时，非共沸溶液制冷剂中的不同组分均处于气相，并且质量分数不变。

2—3—4 是压缩后的非共沸溶液制冷剂在冷凝器中的等压冷却冷凝过程。在冷凝器中，制冷剂与冷却介质逆向流动，制冷剂冷凝温度和冷却介质温度随换热的进行相应降低或升高。冷凝时，高沸点制冷剂首先被冷凝，使得气相中的高沸点制冷剂量减少，质量分数下降，同时液相中高沸点组分的质量分数增高。冷凝温度随放热进行相应降低。

4—6 是等压冷却冷凝后的非共沸溶液制冷剂液体经节流器的等焓节流过程。

6—1 是节流后的非共沸溶液制冷剂在蒸发压力 p_0 下的等压汽化吸热过程。这时高沸点的制冷剂组分首先汽化，气相中高沸点组分的质量分数逐步增大，蒸发温度 t_0 逐渐升高。

4.5.2　自复叠式制冷循环形式

由中温、高温制冷剂混合组成的近共沸溶液沸点差较小，压力比也不太大，可采用图 4-13 的循环形式。但由中温、低温制冷剂组成的远共沸溶液沸点差较大，需结合分凝过程来实现由中温、低温制冷剂组成的远共沸混合制冷剂的冷凝过程，即首先用普通冷却介质（水、空气）来冷却冷凝大部分的中温制冷剂，再通过冷凝下来的中温制冷剂液体的节流汽化吸热来使其余未被冷却介质冷凝的低温制冷剂蒸气冷凝。分凝后的制冷剂经蒸发器汽化吸热后还需经过混合，回复到原有的组分状态，以供制冷压缩机吸入。所以说，分凝过程和混合过程也是自复叠式（蒸气压缩分凝式）制冷循环的基本热力过程。根据所达到的低温要求，可采用单级蒸气压缩自复叠式制冷循环或两级蒸气压缩自复叠式制冷循环。

由中温、低温制冷剂组成的远共沸溶液制冷剂单级蒸气压缩一次分凝自复叠式制冷循环原理，如图 4-14 所示。

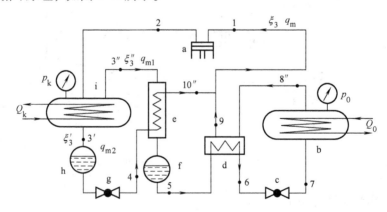

图 4-14　单级蒸气压缩一次分凝自复叠式制冷循环原理

a—制冷压缩机　b—蒸发器　c—富低温制冷剂节流装置　d—回热器　e—蒸发冷凝器

f—富低温制冷剂储液器　g—富中温制冷剂节流装置　h—富中温制冷剂储液器　i—水冷凝器

单级蒸气压缩一次分凝自复叠式制冷循环工作原理是：远共沸溶液制冷剂蒸

气经制冷压缩机 a 由蒸发压力 p_0 压缩至冷凝压力 p_k(1—2)，并送入水冷凝器 i。在水冷凝器 i 中，大部分中温制冷剂和少量低温制冷剂被等压冷却冷凝成饱和液体($3'$、ξ_3'、q_{m2})进入储液器 h(2—$3'$)。这部分被冷却冷凝的富中温制冷剂液体经节流器 g 节流至 p_0($3'$—4)送入蒸发冷凝器 e 中汽化吸热成干饱和蒸气(4—$10''$)。在水冷凝器 i 中未被冷凝的富低温制冷剂和少量中温制冷剂蒸气($3''$、ξ_3''、q_{m1})引入蒸发冷凝器 e 由已冷凝的富中温制冷剂(4)冷凝成富低温制冷剂液体并进入储液器 f($3''$—5)。这一过程类似于复叠式制冷循环的蒸发冷凝过程。储液器 f 中的富低温制冷剂液体在回热器 d 中过冷(5—6)，经节流器 c 节流至 p_0(6—7)送入蒸发器 b 中等压汽化，吸取冷源的热量(7—$8''$)。在蒸发器 b 中汽化的富低温制冷剂蒸气经回热器 d 过热($8''$—9)与蒸发冷凝器中汽化的富中温制冷剂蒸气(10)等压(p_0)混合后(1、$q_m = q_{m1} + q_{m2}$、$\xi_1 = \xi_3$)送入制冷压缩机继续循环。

工作时，在水冷凝器中经冷却水冷凝的主要是中温制冷剂，而在蒸发器中汽化的则主要是低温制冷剂，这就使得在普通的冷凝条件下，能够获得较低的蒸发温度 t_0。其蒸发温度范围相当于应用单组分制冷剂的双级压缩制冷循环，但蒸发压力要比一般中温制冷剂双级压缩循环高，改善了循环的内部条件。又由于在循环中，可变的蒸发温度 t_0、冷凝温度 t_k，使循环的外部传热不可逆性减少，从而可以获得较高的制冷系数。

为了安全、高效地获得更低的蒸发温度，可根据需要分别采用单级蒸气压缩二次分凝自复叠式制冷循环或两级蒸气压缩分凝自复叠式制冷循环。采用单级蒸气压缩二次分凝自复叠式制冷循环或两级蒸气压缩分凝自复叠式制冷循环，不仅能使一台制冷压缩机实现复叠循环的效果，也能使其在换热中获得更佳的温差和焓差，减少不可逆耗散，提高循环效率。

思　考　题

1. 分析采用多级蒸气压缩制冷循环的原因。

2. 一次节流和多次节流有何区别？工程中如何应用？

3. 中间完全冷却与中间不完全冷却有何区别？为什么完全中间冷却循环方式通常用于氨制冷剂？而不完全中间冷却循环方式常用于氟利昂制冷剂？

4. 常用的两级往复式蒸气压缩制冷有哪几种循环？分析"一次节流中间完全冷却两级压缩制冷循环"、"一次节流中间不完全冷却两级压缩制冷循环"的工作原理、热力性能及其工程应用。

5. 根据什么原则确定双级压缩制冷循环的最佳中间温度和中间压力？如何确定双级压缩制冷循环的中间温度和中间压力？

6. 理解两级往复式蒸气压缩制冷循环的热力性能指标的意义及计算式(高压级输气量、低压级输气量、制冷量、高压级制冷机功率、低压级制冷机功率、冷凝器负荷、中冷器盘管负荷、回热器负荷、制冷系数、热力完善度等）。

7. 常用的多级离心式蒸气压缩制冷有哪几种循环？分析"三次节流中间不完全冷却三级压缩制冷循环"的工作原理。

8. 为什么要采用复叠式制冷循环？它有什么特点？分析二元单级复叠式制冷循环工作原理。

9. 为什么要采用自复叠式制冷循环？它有什么特点？分析单级蒸气压缩一次分凝自复叠式制冷循环工作原理。

第 5 章

制冷用压缩机

5

5.1 简述

众所周知，在蒸气压缩式制冷和热泵循环系统中，各种类型的制冷压缩机是决定系统制冷能力大小和保证系统可靠运行的关键部件，是制冷系统的"心脏"。制冷压缩机对系统的运行性能、噪声高低、振动大小、维护成本和使用寿命等有着重要和直接的影响。

压缩机在制冷系统中相当于"动力源和升压源"：由蒸发器汽化的制冷剂蒸气，被压缩机抽吸，压缩提高其温度和压力后，将蒸气排向冷凝器。在冷凝器中，高压制冷剂过热蒸气在冷凝温度下放出液化热而冷凝。然后，通过节流元件降压，降压后的气液混合物流向蒸发器，在蒸发器内制冷剂液体在蒸发温度下吸收汽化热而沸腾，变为蒸气后重新进入压缩机，实现了制冷剂在制冷系统中交替相变和循环流动，达到连续制冷之目的。在蒸气压缩式制冷循环中，压缩机进行低压吸气和高压排气过程，维持系统中蒸发和冷凝的压力差，为制冷剂的循环提供了动力。

压缩机在制冷系统或热泵系统中作用是一样的，但是各自工作温度范围不同。在制冷系统中制冷剂是从被冷却介质中吸收热量而向冷却介质放热，压缩机运行工况的蒸发温度要低于被冷却介质温度，冷凝温度要高于冷却介质温度；在热泵系统中，制冷剂从环境空气、地热源、废热源或其他热源中吸取热量，并向高于环境温度的介质放热，其压缩机运行工况的蒸发温度要低于环境温度，冷凝温度高于供热区域的温度。压缩机运用于不同系统、不同运行工况、使用不同的制冷剂和经历不同压差和压力比，决定了热泵用和制冷用压缩机各自的性能和特点。从原理上看，各类制冷剂压缩机都可用于制冷机和热泵中，因此称为制冷压缩机。不同用途的制冷压缩机必须根据各自运行工况和条件的差别作专业设计，以期提高各自运行的经济性和可靠性。制冷机组仅用于提供冷量；热泵制冷机组往往供热、供冷交替使用；特殊机组可以边供热、边制冷。因此，只要热泵的工作条件不超过制冷用压缩机所规定的工况范围，则可以直接采用一般制冷压缩机。

伴随着制冷空调工业的发展，制冷压缩机的性能不断改进和提高，面临着各种高新技术突破问题。近年来，各种新型压缩机的相继开发、性能测试手段的提高以及设计过程中工程科学的应用，比如：新型的具有高度精确度的传感器已经大量用于测量压缩机的压力、温度、振动和应变等热力和机械参数，为压缩机优化运行、安全运行、与制冷机组的最佳匹配提供了可靠的测控途径；电子计算机的广泛应用，使其成为压缩机设计和改进性能不可缺少的手段，其中包括计算机数据采集和整理、计算机辅助设计、设计和工艺的优化等。纵观当前的压缩机制造业，即将来临的制冷空调技术革新集各种高新科学技术为一体，更突显跨学科、跨行业联合的重要性。比如：小型涡轮离心压缩机的问世，就综合利用了磁轴承技术、变频调速技术、永磁型电动机以及智能型控制技术，使该类型压缩机的小型化和高效率化成为现实，即将由实验室的样机推广到商业运营中。其带来的总体效果体现在压缩机的体积小型化、高效率、低噪声和振动、可靠性提高和寿命得以延长。同样，提高压缩机效率，降低制造成本，智能化控制仍然是制冷压缩机行业今后较长时期继续面临的挑战。

5.1.1　制冷压缩机的种类

制冷压缩机根据热力学原理可以分为容积型和速度型两大类。

1. 容积型制冷压缩机

改变制冷蒸气容积而引起压力和温度变化的压缩机叫容积型压缩机。实际气体状态方程为

$$p = \frac{\gamma RT}{v} \tag{5-1}$$

式中　p——气体压力（MPa）；

　　　R——气体常数 [J/（kg·K）]；

　　　T——气体温度（K）；

　　　v——气体比体积（m³/kg）；

　　　γ——实际气体压缩因子。

由式（5-1）可知，当利用某种压缩的方式使气体比体积减小，压力则提高。在容积型压缩机中，一定容积的气体被吸入压缩机气缸，在气缸中气体的容积被强制压缩减小，压力和温度升高，当达到排气背压时气体被强制性地从气缸排出。压缩机主要有两个功能：提升被压缩气体压力和控制气体进、出压缩腔体。

容积型压缩机按其压缩部件的运动特点可分为两种形式：往复活塞式和回转

式。而回转式压缩机又可根据其结构特点分为滚动转子式、滑片式、螺杆式和涡旋式等。

2. 速度型制冷压缩机

消耗外界能量提高气体的速度以增加流动动能，再通过降低气体的流动速度将动能转化为压力位能的压缩机叫速度型压缩机。不可压缩理想流体稳定流动的伯努利方程为

$$\frac{p}{\rho g} + \frac{u^2}{2g} + z = 常数 \tag{5-2}$$

式中　g——重力加速度，$g = 9.8\text{m/s}^2$；

　　　　p——流体压力（MPa）；

　　　　u——流体流动速度（m/s）；

　　　　z——流体距地面的高度（m）；

　　　　ρ——流体的密度（kg/m^3）。

由式（5-2）知，如果忽略气流在压缩机内由高度而引起的位能，在压缩机内气体流动通道的任何截面，气体的压力能与动能成反比例关系，二者可以相互转化。在速度型压缩机中，首先使吸入的气流获得高速而具有动能，然后让气流进入一个扩压装置使其速度缓慢降低，将动能转化为气体的压力能，提高了气体压力。气体由吸气、提速、排气和扩压是一个连续过程，因此，速度型压缩机对气体的压缩过程是连续性输气。在制冷和热泵系统中的速度型压缩机为离心式压缩机。

5.1.2 制冷压缩机的分类

1. 按制冷量分类

分为大型、中型和小型三种。单机制冷量在 550kW 为大型制冷压缩机；制冷量在 25kW 以下的为小型；居中者为中型。

2. 按压缩级数分类

分为单级和多级压缩机。单级压缩机是指制冷剂蒸气由低压至高压状态只经过一次压缩；多级压缩机是指制冷剂蒸气在一台压缩机中由低压至高压状态经过多次压缩。

3. 按压缩机蒸发温度范围分类

对于单级制冷压缩机，按其工作的蒸发温度分为高温、中温、低温三种，各蒸发温度范围为：高温压缩机：$-10 \sim 0℃$；中温压缩机：$-15 \sim 0℃$；低温压缩机：$-40 \sim -15℃$。

4. 按压缩机的密封方式分类

分为开启式、半封闭和全封闭式三种。

在开启式压缩机中，输入功率的曲轴伸出机体之外，通过传动装置（带轮、

齿轮或联轴器）与原动机连接，曲轴伸出部位与压缩机机体之间装有防止漏泄的轴封装置。该类压缩机的特点：轴封装置间有相对滑动，制冷剂的泄出和外界空气的渗入是难以避免的。但此类压缩机维修和拆卸方便；制冷量较大；驱动能源种类灵活，可以输入机械能或电能。比如，电动机、燃气轮机、汽油机等。若原动机是电动机，因它与制冷剂和润滑油不接触而无需具备防制冷剂和润滑油腐蚀的特性。开启式压缩机可用于以氨为制冷剂的制冷系统中。图 5-1 是开启式活塞制冷压缩机结构示意图。

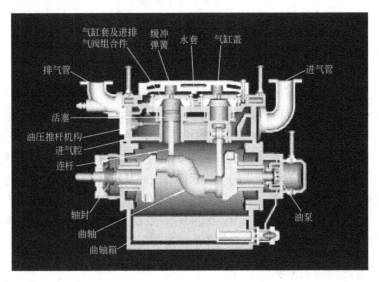

图 5-1　开启式活塞制冷压缩机结构示意图

　　半封闭式压缩机的机体和电动机的外壳铸成一体。电动机与压缩机同用一根主轴，没有轴封装置，机体各部件装配好后，机体和端盖之间以垫圈密封、螺栓连接，便于维修和拆卸。电动机室内充有制冷剂和润滑油，这种与制冷剂和润滑油相接触的电动机被称为内置电动机，制造电动机所用材料有与制冷剂和润滑油相容共处、耐腐蚀、高绝缘的特性。半封闭压缩机的特点：机体上的各种端盖都是用垫片和螺栓拧牢压紧来防止泄漏，减少了泄漏的可能性；结构紧凑；压缩机内零部件易于拆卸修理更换。半封闭式压缩机的制冷量一般居中等水平。图 5-2是半封闭式活塞制冷压缩机的结构示意图。图 5-3 是半封闭螺杆式制冷压缩机的结构图。

　　全封闭式压缩机是将压缩机与电动机同轴连接的机体密封在一个壳体内。压缩机与电动机装入后，安装在一个密闭的薄壁机壳体中，机壳由两部分焊接而成。露在机壳外表的只焊有吸排气管、工艺管以及其他（如喷液管）必要的管道、输入电源接线柱和压缩机支架等。这种压缩机的特点：既取消了轴封装置，没有外泄漏，又大大减轻和缩小了整个压缩机的尺寸和重量；密封紧凑的机体结构限制了热量的散发，仅适宜于小型机体。全封闭压缩机应保证使用寿命期为 10 ~ 20 年。

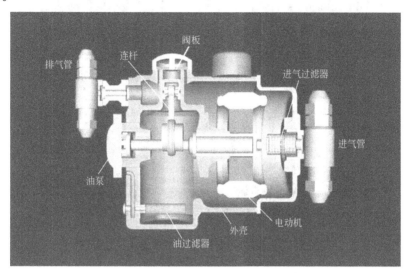

图 5-2　半封闭式活塞制冷压缩机结构示意图

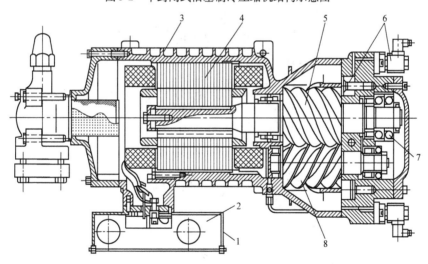

图 5-3　半封闭螺杆式制冷压缩机结构图

1—接线盒　2—电动机保护装置　3—电动机散热肋片　4—电动机　5—阳转子
6—输气量控制器　7—滚动轴承　8—阴转子

氨压缩机采用开启式结构，小型氟利昂压缩机多采用封闭式结构。

图 5-4 表示全封闭式活塞制冷压缩机的结构示意图。图 5-5 是全封闭涡旋式制冷压缩机结构示意图。

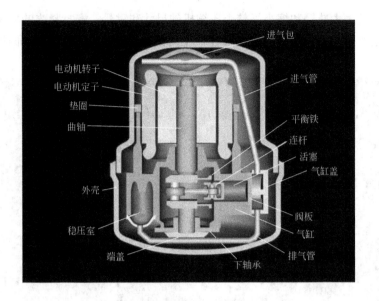

图 5-4 全封闭式活塞制冷压缩机结构示意图

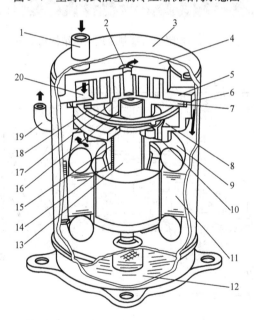

图 5-5 全封闭涡旋式制冷压缩机结构示意图

1—吸气管 2—排气孔 3—机壳 4—排气腔 5—静涡旋体 6—排气通道
7—动涡旋体 8—背压腔 9—电动机腔 10—机座 11—电动机 12—油池
13—曲轴 14、16—轴承 15—动密封 17—背压孔 18—十字联接环
19—排气管 20—吸气腔

5. 按压缩机的气缸布置方式分类

分为立式(图 5-6a)和角度式(图 5-6b、c、d、e)压缩机。

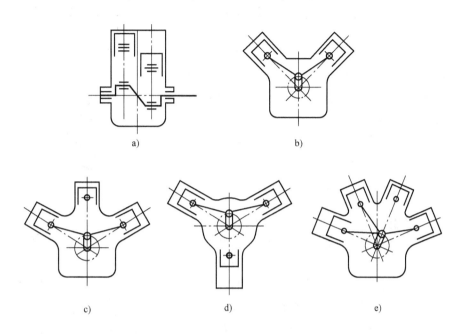

a)　　　　　　　　　　　　　　b)

c)　　　　　　　　　d)　　　　　　　　　e)

图 5-6　活塞式压缩机气缸的不同布置方式
a) 立式　b) V 形　c) W 形　d) Y 形　e) S 形

立式压缩机的气缸轴线呈垂直地面方向布置，有单缸、双缸和多缸之分。活塞重力不作用在气缸壁面上，因而气缸和活塞的磨损比较小而且均匀，机体承受的载荷主要是垂直的拉压应力，受力情况较好，占地面积小，中、小型立式压缩机拆装及维修比较方便。角度式压缩机的气缸轴线，在垂直于曲轴轴线的平面内形成一定的角度。其特点：结构紧凑、质量轻、动力平衡性好，便于拆装和维修等。

5.2　活塞式制冷压缩机

5.2.1　活塞式制冷压缩机基本结构

在各种制冷压缩机中，活塞式压缩机是较早的也是目前应用较普遍的一种机型，由于它具有使用温度范围广、设计制造容易、可靠性高和运行管理技术成熟的特点，被广泛应用于中、小型制冷装置中。活塞式压缩机有开启式、半封闭式和全封闭式三种，它们主要工作部分的结构组成是相似的。图 5-7 描述的单缸活塞式压缩机组成及其主要零、部件可以代表活塞式压缩机的基本结构。压缩机的机体由气缸体 2 和曲轴箱 11 组成；气缸腔内装有活塞 9；曲轴箱中装有曲轴 1，通过连杆 10 将曲轴和活塞连接起来。在气缸顶部装有吸气阀 5 和排气阀 6，通过吸气腔 4 和排气腔 7 分别与吸气管 3 和排气管 8 相连。当曲轴被原动机带动而旋转时，通过连杆的传动，活塞在气缸内作上、下往复运动，并在吸、排气阀的配合下，完成对制冷剂蒸气的吸入、压缩和输送。

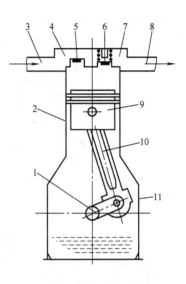

5.2.2　活塞式制冷压缩机工作原理

活塞式制冷压缩机工作时，压缩气体所消耗的功率由曲轴输入，曲轴的曲拐与连杆的一端相连，连杆的另一端通过活塞销与活塞相连接，连杆将轴的旋转运动转化为活塞的往复运动，从而使制冷剂蒸气在气缸内完成吸入、压缩和排出的工作循环。如图 5-8 所示，当曲柄旋转一周（360°），压缩机工作循环分为四个过程：

图 5-7　单缸活塞式压缩
机结构示意图
1—曲轴　2—气缸体　3—吸气管
4—吸气腔　5—吸气阀　6—排气
阀　7—排气腔　8—排气管
9—活塞　10—连杆　11—曲轴箱

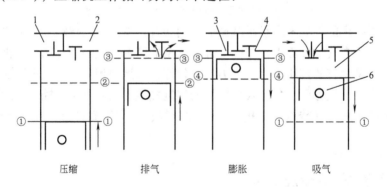

图 5-8　活塞式压缩机的四个工作过程
1—吸气腔　2—排气腔　3—吸气阀　4—排气阀　5—气缸　6—活塞

1. 压缩过程

该过程的作用是将制冷剂蒸气的压力由蒸发压力提高到冷凝压力。当活塞运行处于最下端位置①—①（称为下止点）时，气缸内充满了从蒸发器吸入的低压制冷剂蒸气，表示吸气过程结束，压缩过程开始。活塞在曲轴—连杆机构的带动下开始向上移动，此时，吸气阀关闭，气缸工作容积逐渐减小，封闭于气缸内的制冷剂蒸气受到压缩，比体积变小，温度和压力逐渐升高。当活塞移动到②—②位置时，气缸内的蒸气压力升高到略高于排气腔中的制冷剂蒸气的冷凝压力（背压）时，气体推开排气阀阀片，开始排气，压缩过程结束。制冷剂蒸气在气缸内从吸气时的低压升高到排气压力的过程称为压缩过程。

2. 排气过程

该过程是将气缸内的高压制冷剂蒸气送入排气管道和冷凝器。活塞由②—②位置排气阀开启后继续向上运动，此时气缸内制冷剂蒸气的压力不再升高，制冷剂蒸气不断地通过排气阀、排气腔和排气管流向冷凝器。直到活塞运动到最高位置③—③（称为上止点）时排气阀关闭，排气过程结束。制冷剂蒸气从气缸向排气管道输出的过程称为排气过程。

3. 膨胀过程

该过程是将存留在余隙容积内处于冷凝压力的制冷剂蒸气通过膨胀降低到蒸发压力。对于任何一台实际运行的压缩机，由于压缩机的结构及制造工艺等原因，气缸中必须留有一些空间和间隙，称为余隙容积。活塞运动到上止点时，排气过程结束时，存留在余隙容积中的气体为高压气体。此时，活塞在连杆作用下开始向下移动，排气阀阀片在背压作用下关闭，余隙容积内气体压力高于吸气腔内的低压气体压力，吸气阀无法打开，吸气腔内的低压气体不能进入气缸。随着活塞下移，余隙容积内的高压气体因气缸工作容积增大而压力下降，直到气缸内气体的压力降至低于吸气腔内气体的蒸发压力时，吸气阀阀片在蒸发压力作用下打开，膨胀过程结束。此时，活塞处于位置④—④。活塞从③—③移动到④—④的过程称为膨胀过程。

4. 吸气过程

该过程是将制冷剂蒸气在蒸发压力下由蒸发器经过吸气管和吸气腔吸入气缸。活塞在位置④—④时，吸气阀开启，来自蒸发器内的低压制冷剂气体经过吸气管、吸气腔和吸气阀被吸入气缸中与保留在余隙容积中膨胀后的气体混合，直到活塞运动到下止点①—①的位置，吸气阀关闭。此过程称为吸气过程。

吸气过程结束后，活塞又从下止点向上止点运动，重新开始压缩过程。如此周而复始，循环不已。压缩机工作时经过压缩、排气、膨胀和吸气四个过程，消耗外界输入功率，将蒸发器内低压蒸气上升为冷凝器内高压蒸气，并完成将制冷剂由蒸发器输送到冷凝器的任务。在压缩机工作的四个循环过程中，吸气阀和排气阀分别在吸气过程和排气过程打开，吸气阀和排气阀的开启和关闭依靠阀片两边压力差来克服阀片弹簧力和重力进行自动地开启和关闭，它们的机构和工作原理在后续章节中介绍。

5.2.3 单级活塞式制冷压缩机的理论工作循环

从工程热力学中知道，压缩机的工作过程可以用压力和容积（p-V）图表示。
如图 5-9 所示，纵坐标为压力，横坐标为气缸工作容积。假设不考虑压缩机工作过程任何热力学损失，即：不考虑摩擦、传热、流动阻力和余隙容积存在，单级活塞式压缩机的理论工作循环特点如下：

1）一个等压吸气过程和一个等压排气过程。

2）一个绝热压缩过程。

3）无膨胀过程。

讨论活塞式压缩机理论循环，是找到循环基本热力参数间的关系、分析提高循环指标的途径，用来评价压缩机实际循环的完善程度而奠基一个比较基准。

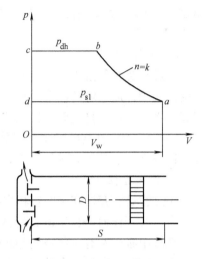

图 5-9　单级活塞式压缩机的理论循环

衡量压缩机主要两个性能指标是输气量和功率消耗，目的是以最小的功率输入获取更多的输气量。对制冷压缩机而言，给定工况下输气量大小与其制冷量大小直接相关。输气量越大，制冷量越大。

1. 活塞式压缩机理论输气量

从图 5-9，每一循环以一个直径为 D、活塞行程为 S 的气缸中排出气体容积，考虑排气行程结束时气缸中容积为零。设压缩机进口处吸气状态为 p_{sl}、T_{sl}，出口处排气状态为 p_{dh}、T_{dh}，活塞移动一个行程（从上止点到下止点的距离）所扫过的气缸工作容积为

$$V_w = \frac{\pi}{4} D^2 S \tag{5-3}$$

式中　V_w——压缩机气缸工作容积（m^3）；

　　　D——气缸直径（m）；

　　　S——活塞行程（m）。

理论容积输气量（或称理论排量）是指压缩机按理论循环工作时，在单位时间内所能输出的按照压缩机进口处吸气状态换算的气体容积。

$$q_{V,th} = 60 i n V_w \tag{5-4}$$

式中　$q_{V,th}$——压缩机理论容积输气量（m^3/h）；

　　　i——压缩机的气缸数；

n——压缩机的转速（r/min）。

2. 压缩机消耗的理论功率

压缩机的一个气缸在完成一个理论循环后所消耗的理论功 W_h 等于 p-V 指示图的面积 a—b—c—d—a（图 5-9）。令活塞对气体所做的功为正值，单位为 J，则

$$W_h = \int_a^b V \mathrm{d}p \tag{5-5}$$

此值视压缩过程 a—b 的热力过程的不同而不同（比如：等熵、等温或多变等压缩过程）。通常取 a—b 等熵压缩过程的理论循环功为制冷压缩机的理论功。从热力学的角度已知，对于理想气体

$$W_h = p_{sl} V_w \frac{\kappa}{\kappa-1} \cdot \left(\varepsilon^{\frac{\kappa-1}{\kappa}} - 1 \right)$$

$$\varepsilon = p_{dh}/p_{sl} \tag{5-6}$$

式中 　W_h——制冷压缩机的理论功（J）；

　　　　ε——冷凝压力与蒸发压力之比；

　p_{dh}、p_{sl}——压缩机的出口处吸气压力和进口处排气压力（Pa）；

　　　　κ——制冷剂的等熵指数。

压缩机所消耗的理论功率

$$P_h = \frac{inW_h}{60 \times 1000} \tag{5-7}$$

式中 　P_h——制冷压缩机的理论功率（kW）。

5.2.4 活塞式制冷压缩机实际循环

1. 制冷压缩机理论循环和实际循环的差异

压缩机实际工作中，理论循环是不可能实现的，许多不可避免的热力和能量损失使压缩机的实际工作过程偏离了理论循环，结果造成压缩机输气量减少和消耗功率增加。下述诸因素对压缩机的工作性能产生影响，也是制冷压缩机理论循环和实际循环的差异。

（1）压缩机进、排气压力为非定值，进气压力低于蒸发压力，排气压力高于冷凝压力　压缩机在吸气过程中，制冷剂气体通过吸气、排气截止阀，通过吸气过滤器，通过内置电动机（对封闭式压缩机而言），流过吸气、排气管道和气腔，通过吸气、排气阀，通过内部消声器，通过油分离器等，均产生局部阻力和沿程阻力损失。这些阻力综合的结果使蒸气压力下降，排气压力升高。

（2）制冷剂蒸气与周围物体发生热交换　制冷剂蒸气在流动过程中，从内置电动机吸热（对封闭式压缩机而言）；与压缩机中各种零部件（如：

压缩机体,吸、排气通道和腔室,气缸壁,活塞顶部,吸、排气阀,阀板等)进行热交换;吸收从摩擦损耗所转换的热量(如润滑油)等。制冷剂气体与周围物体发生热交换将导致偏离等熵压缩和膨胀过程,使输气量减小,效率降低。

(3)气阀运动规律的影响 活塞式压缩机的气阀在吸气和排气时,阀片开启和关闭过程形成的阀隙通道面积呈动态变化,由此引起气体流动阻力和作用于阀片上的力是变化的,加之阀片弹力设计有时不尽合理,气阀开启和关闭过程中,气流和阀片相互作用产生振颤现象,使压缩机的功耗增加,效率下降。

(4)制冷剂泄漏的影响 压缩机活塞和气缸壁之间、阀片与阀座之间、活塞环与活塞之间均处于相对运动状态,而且有压差,难免产生制冷剂蒸气泄漏。泄漏会产生输气量下降和功耗增加。

(5)余隙容积的影响 实际压缩机中,由于生产工艺要求,以及运动部件和静止部件间必须留有间隙,导致气缸余隙容积的存在。在排气过程结束时,会在余隙容积中残留部分高温高压气体。这些气体在吸气过程前会在气缸里再膨胀,减少了气缸工作容积的有效吸气容积,使输气量下降。

(6)压缩机机械摩擦损失和内置电动机(对封闭式压缩机而言)损失 实际压缩机中,相对运动部件摩擦副间会产生摩擦阻力,电动机工作时会产生铜损和铁损。均可引起压缩机功耗增加。

2. 制冷压缩机的实际循环

由于活塞式压缩机实际工作过程受上述因素的影响,因而制冷剂蒸气在气缸内进行的实际工作过程是相当复杂的。如图5-10所示,用示功器记录不同活塞位置时气缸内部气体压力的变化,所得的结果是p-V指示图。有了p-V指示图,便可运用热力学理论和积累经验,对整个工作循环及各个工作过程作出分析、判断。

把具有相同吸、排气压力,吸气温度和气缸工作容积的压缩机实际循环p-V指示图(图5-11a)1—2—3—5—4—1与理论循环指示图a—b—c—d—a以及相应的温-熵图(图5-11b)对照比较,可发现以下几方面区别:

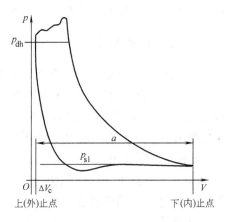

图5-10 压缩机的实际工作p-V图

1)余隙容积ΔV_c中的气体在膨胀过程中与所接触的壁面发生热交换,其强烈程度和热流方向随时间而变。所以,过程的多变过程指数是一个随时间变化的数值，与理想的等熵过程 c—d 不同。当余隙容积内的气体膨胀到压力 p_{sl} 时，处于图 5-11a 的是状态点 5 而不是点 d。

2）阀的弹簧预紧力作用，使余隙容积中的气体一直膨胀至状态点 4 时气阀才打开，状态为 p_{sl}，T_{sl} 的气体被吸入气缸。气体进入气缸后，一方面因与吸气阀间通道的流动阻力而降低压力，另一方面与所接触的壁面以及余隙容积中的气体进行热交换，使吸气终止时缸内气体压力变为 $p_1 = (p_{sl} - \Delta p_{sl})$，温度变为 T_1（图 5-11a 的点 1），$T_1 > T_{sl}$。

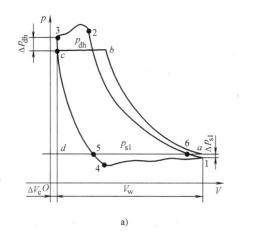

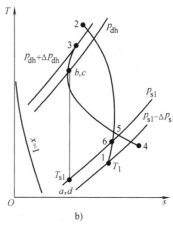

a)　　　　　　　　　　　　b)

图 5-11　单机活塞压缩机理论循环和实际循环比较

3）压缩气体过程中，缸内气体与所接触壁面进行热交换。压缩过程前期，因气体温度低于壁面温度，故气体吸热；压缩过程后期，随着气体的压力和温度上升，气体温度高于壁面温度，向壁面放热。气体压缩至压力 p_{dh} 时，受排气阀弹簧预紧力的影响，排气阀并不开启，直至点 2 时，才打开排气阀进行排气。因此，压缩过程不是 a—b，而是实际循环的 1—2。

4）在排气过程中，气体需克服本身与排气阀通道间的流动阻力，因而排气终止时，$p_3 > p_{dh}$，即：$p_3 = p_{dh} + \Delta p_{dh}$。

5）气缸内部的不严密性和可能发生的吸、排气阀延迟关闭会引起气体的泄漏损失。

6）对于进入压缩机的制冷剂成分和状态而言，在理论循环中假设制冷剂为纯粹的干蒸气，但在实际运转时，一定数量的润滑油随同制冷剂在制冷系统中循环；此外，有时被吸入的制冷剂为湿蒸气。均影响压缩机的输气能力和功耗。

压缩机理论循环和实际循环在温-熵（T-s）图上的表示见图 5-11b。理论循环时，由于吸、排气压力各为等值，因此 a、d 点重合，b、c 点重合，二者的连接线为垂直于 s 轴的等熵过程。实际循环中，1—2 过程是凸向右侧的曲线，反映了制冷剂蒸气压缩过程先吸热（熵增）和后放热（熵减）的多变过程；3—4 过程曲线凸向左侧，表示制冷剂蒸气膨胀过程先放热（熵减）与后吸热（熵增）的多变过程。实际的吸气过程 1—4 和排气过程 2—3 中，由于气流脉动和流动阻力的影响，过程为不可逆过程，在 $T\text{-}s$ 图上未表示出来。

3. 活塞式压缩机的基本性能参数

基于压缩机理论循环中理论输气量和理论消耗功率的性能参数之上，下面介绍表征压缩机实际性能的主要参数。

（1）实际输气量（简称输气量） 在一定工况下，单位时间内由吸气端实际输送到排气端的气体质量称为在该工况下压缩机质量输气量 $q_{m,a}$。通常按照压缩机吸气状态的容积计算，则容积输气量为 $q_{V,a}$。二者关系为

$$q_{m,a} = \frac{q_{V,a}}{v_{sl}} \tag{5-8}$$

式中　$q_{m,a}$——压缩机实际质量输气量（kg/h）；

　　　　$q_{V,a}$——压缩机实际容积输气量（m^3/h）；

　　　　v_{sl}——压缩机实际吸入口气体的比体积（m^3/kg）。

（2）输气系数 压缩机的输气系数是实际输气量与理论输气量之比值，用以衡量容积型压缩机气缸工作容积的有效利用程度

$$\lambda = \frac{q_{m,a}}{q_{m,h}} = \frac{q_{V,a}}{q_{V,th}} \tag{5-9}$$

式中　λ——压缩机的输气系数；

　　　　$q_{m,h}$——压缩机理论质量输气量（kg/h）；

　　　　$q_{V,th}$——压缩机理论容积输气量（m^3/h）；

（3）制冷量 制冷量是一个制冷系统性能的重要指标。制冷压缩机作为制冷系统的重要部件，它的工作能力用制冷系统在单位时间内所产生的冷量——制冷量表示。制冷量也是制冷压缩机的重要性能指标之一。

$$Q_0 = q_{m,a} q_0 / (3.6 \times 10^6) = q_{V,a} q_v / (3.6 \times 10^6) \tag{5-10}$$

式中　Q_0——压缩机实际制冷量（kW）；

　　　　q_0——制冷剂在给定制冷工况下的单位质量制冷量（J/kg）；

　　　　q_v——制冷剂在给定制冷工况下的单位容积制冷量（J/m^3）。

国家对各种开启式、半封闭式和全封闭式活塞式压缩机及其使用制冷剂种类的制冷工况均有国家标准规定和规范要求，见本书5.2.5节，也可以参看有关国家标准。

（4）排热量 排热量是针对热泵系统中的压缩机而言，也是压缩机的一个

重要性能指标。排热量在理论上等于压缩机制冷量和压缩机实际输入功率的当量热量之和，它是通过热泵系统中的冷凝器排出的。该参数值在设计制冷系统的冷凝器时也是必要的。

从图 5-12 所示的实际制冷循环或热泵循环 p-h 图可见，压缩机在一定工况下的排热量为

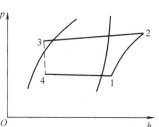

图 5-12　计算压缩机
排热量的 p-h 图

$$Q_h = q_{m,a}(h_2 - h_3) = q_{m,a}q_0 + q_{m,a}(h_2 - h_1)$$

$$(5-11)$$

式中　Q_h——压缩机的排热量（kW）。

（5）压缩机的功率和效率　压缩机在压缩气体时要消耗功率，一部分是直接用于压缩气体，一部分是用于克服机械摩擦，如果将电动机与压缩机整体考虑（半封闭型和全封闭型），还有一部分功率用于电动机的铜耗。压缩机实际消耗功率要大于理想功率，通常以效率表示二者的偏差。压缩机的功率和效率如下。

1）指示功率和指示效率。单位时间内实际循环所消耗的指示功是压缩机的指示功率。制冷压缩机的指示效率是指压缩 1kg 制冷剂气体所需要的等熵循环理论功与实际循环指示功之比，是评价压缩机气缸或工作容积内部热力过程完善程度的指标。

$$\eta_i = \frac{w_h}{w_i} = \frac{P_h}{P_i} \qquad (5-12)$$

式中　η_i——制冷压缩机的指示效率，η_i 的值一般取 0.65 ~ 0.85；

　　　w_h——压缩机等熵循环理论比功（J/kg）；

　　　w_i——压缩机实际循环指示功（J/kg）；

　　　P_h——压缩机理论循环等熵压缩功率（kW）；

　　　P_i——压缩机实际循环指示功率（kW）。

2）轴功率、轴效率和机械效率。由原动机传到压缩机主轴上的功率称为轴功率，它是由直接用于完成压缩机工作循环的指示功率和用于克服压缩机中各运动部件的摩擦阻力以及驱动附属设备的摩擦功率组成。即

$$P_e = P_i + P_m \qquad (5-13)$$

式中　P_e——压缩机的输入轴功率（kW）；

　　　P_m——压缩机摩擦功率（kW）。

轴效率是等熵压缩理论功率与轴功率之比，用来评价主轴输入功率的利用完善程度，适用于开启式压缩机。即

$$\eta_e = P_h / P_e \qquad (5-14)$$

式中　η_e——压缩机轴效率，η_e 取值范围为 0.54 ~ 0.8。

机械效率是指示功率和轴功率之比，用来评定压缩机摩擦损耗的大小，即

$$\eta_m = P_i / P_e \qquad (5-15)$$

式中　η_m——压缩机的机械效率，η_m 取值为：中、小型压缩机 0.90 ~ 0.96；小型压缩机 0.85 ~ 0.92；微型压缩机 0.82 ~ 0.90。

指示效率、轴效率和机械效率三者之间的关系如下

$$\eta_e = \eta_i \eta_m \qquad (5-16)$$

3）电功率和电效率。输入到电动机的功率是压缩机实际所消耗的电功率。电效率是等熵压缩理论功率与电功率之比，它是用来评定利用电动机输入功率的完善程度。即

$$\eta_{el} = P_h / P_{el} \qquad (5-17)$$

式中　η_{el}——驱动电动机的电效率，其值一般在 0.80 ~ 0.90；

　　　P_{el}——驱动电动机的输入功率。

对于封闭式制冷压缩机，电动机转子直接装在压缩机的主轴上，动力直接传递。电效率适用于封闭式压缩机

$$\eta_{el} = \eta_i \eta_m \eta_{me} \qquad (5-18)$$

式中　η_{me}——电动机效率，其值在 0.80 ~ 0.94。

上述功耗和效率的概念及其表达式，描述了不同结构制冷压缩机实际过程和理论循环的完善度，表示压缩机工作时在各个阶段功耗的传递和利用程度。

（6）性能系数　性能系数 COP（Coefficient of Performance）也称为单位输入功率的制冷量，是衡量制冷压缩机经济性的一个特性参数，其值是在一定工况下制冷压缩机的制冷量与所消耗功率之比。对于开启式压缩机，其性能系数为

$$COP_o = Q_0 / P_e \qquad (5-19)$$

式中　COP_o——开启式压缩机的性能系数。

对于封闭式压缩机，其性能系数为

$$COP_{el} = Q_0 / P_{el} \qquad (5-20)$$

式中　COP_{el}——封闭式压缩机的性能系数。

对于封闭式制冷压缩机，性能系数也叫能效比 EER（Energy Efficiency Ratio）。

4. 影响活塞式压缩机性能参数的因素

如前面所述，活塞式压缩机的输气系数是衡量气缸空间利用程度的指标。在压缩机的改进中，总是希望不断提高其输气系数，因为它影响压缩机的制冷量、能耗和性能系数。因此，有必要对压缩机输气系数予以分析。

影响压缩机输气系数的主要因素是容积系数 λ_V、压力系数 λ_p、温度系数 λ_T 和泄漏系数 λ_l 等。这些系数分别反映了压缩机实际工作过程中气流通道对气流阻力损失、热交换对气流的加热、余隙容积残留的制冷剂蒸气、以及部件间隙泄漏等对压缩机吸气量的影响，揭示了改进和提高输气系数的潜力和途径。

（1）容积系数 λ_V　活塞在气缸中往复运动时，活塞行程的上止点与气缸顶部均需留有一定间隙，以保证运行安全可靠；由于生产工艺原因，最上层的活塞环和活塞顶端间，以及气缸顶部阀板上的排气孔通道都留有空间。这些间隙的存在，对压缩机输气量造成的影响程度用容积系数来表示。它是造成实际输气量降低的主要因素。如图 5-13 所示，活塞达到上止点 c，即排气结束时，缸内还保留有一小部分容积为 ΔV_c、压力为 p_{dh} 的高压气体。活塞再一次向下运动时，残留的这部分气体膨胀，使气缸内压力降低到小于进气压力 p_{sl} 时，进气阀方能开启，使来自蒸发器的低压气体进入气缸。因此，气缸每次吸入的气体量不等于气缸工作容积 V_w，而减小为 V'。定义 V' 与气缸工作容积 V_w 的比值为容积系数，即

$$\lambda_V = V'/V_w = (V_w - \Delta V')/V_w = 1 - \frac{\Delta V'}{V_w} \tag{5-21}$$

余隙容积中的气体从点 3 开始膨胀，到达点 5 时其压力降低至吸气压力 p_{sl}（图 5-13）。假设过程的多变膨胀指数 m 为定值，则由过程方程得

$$\frac{\Delta V' + \Delta V_c}{\Delta V_c} = \left(\frac{p_{dh} + \Delta p_{dh}}{p_{sl}}\right)^{\frac{1}{m}} \tag{5-22}$$

解式（5-22），得

$$\Delta V' = \Delta V_c \left[\left(\frac{p_{dh} + \Delta p_{dh}}{p_{sl}}\right)^{\frac{1}{m}} - 1\right] \tag{5-23}$$

将式（5-23）代入式（5-21），则

$$\lambda_V = 1 - c\left[\left(\frac{p_{dh} + \Delta p_{dh}}{p_{sl}}\right)^{\frac{1}{m}} - 1\right] \tag{5-24}$$

式中　c——相对余隙容积，是余隙容积和工作容积之比值，$c = \Delta V_c/V_w$。

从式（5-24）知，排气压力损失 Δp_{dh} 会使 λ_V 减小，但它的值与 p_{dh} 相比很小，忽略后，引起 λ_V 的误差很小。因此，λ_V 可以简化为

$$\lambda_V = 1 - c\left(\varepsilon^{\frac{1}{m}} - 1\right) \tag{5-25}$$

式中　ε——冷凝压力和蒸发压力之比，$\varepsilon = p_{dh}/p_{sl}$。

式（5-25）表明，λ_V 主要与压力比 ε、相对余隙容积 c 和多变膨胀指数 m 有关。

（2）**压力系数** λ_p　当制冷剂气体通过进、排气阀时，流通面积缩小，气体进、出气缸需要克服流动阻力。即进、排气过程气缸内外有一定压力差，其中排气阀阻力较小，主要是进气阀阻力影响输气系数。气体通过进气阀进入气缸时会产生压力损失，加之气流在气缸内流动有脉动现象，因此，进入气缸的压力低于进气压力 p_{sl}，气体比体积增加。吸气结束后，虽然吸入的气体体积仍为 V'，但吸入气体质量有所减少。如图 5-13 所示。只有当活塞把吸入的气体由 1 点压缩到

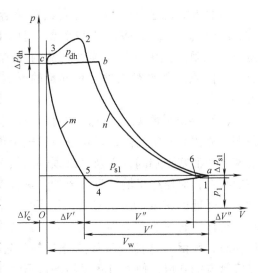

图 5-13　压缩机的理论和实际吸、排气过程

a 点时，气缸内气体的压力才等于吸气管压力 p_{sl}。与理论状况相比，吸入气缸内气体的体积当量为 V''，相比 V' 容积相当于减少了 $\Delta V''$。体积 V'' 与 V' 的比值称为压力系数。即

$$\lambda_p = \frac{V''}{V'} = 1 - \frac{\Delta V''}{V'} \tag{5-26}$$

λ_p 值的大小，反映了压缩机吸、排气阀阻力所造成的吸气量损失。吸气量 $\Delta V''$ 主要与 p_{sl} 和 Δp_{sl} 有关。吸气压力 p_{sl} 越低，阻力 Δp_{sl} 越大，$\Delta V''$ 越大，压力系数 λ_p 越小。经过计算和推导，可以得到压力系数 λ_p 与容积系数的关系

$$\lambda_p = 1 - \frac{(1+c)\Delta p_{sl}}{\lambda_V p_{sl}} \tag{5-27}$$

（3）**温度系数** λ_T　制冷剂蒸气从进入压缩机起（在全封闭压缩机中,从进入机壳起），到气缸中压缩开始前，一方面不断受到所接触的各种壁面（吸气通道、吸气腔、气阀通道、气缸壁和活塞顶部等）的加热，另一方面与具有较高温度的余隙容积中气体相混合，此外又加入由流动阻力损失转化的热量，使吸入气缸内的气体温度升高，比体积增大，导致进入缸内气体的质量减少。将加热后气体的体积折算到状态点 a 的体积，折算后的容积 V_T（p-V 图中未表示）还要小于 V''。为了衡量气体在吸气过程中由于温度升高引起吸气量减少程度，以及对输气系数的影响，定义温度系数

$$\lambda_T = \frac{V_T}{V''} \tag{5-28}$$

全封闭式制冷压缩机的吸气加热有两个特点：①吸入蒸气在吸气流道（从机壳进口到进入气缸之前）中的受热温升对 λ_T 具有决定性影响，而在气缸中的加热是次要的。开启式压缩机则相反；②小型全封闭式压缩机中，λ_T 对输气系数 λ 的影响是很重要的，有时是决定性的。而在开启式压缩机中，λ_T 却属次要。

压缩机吸入制冷剂气体质量的减少与气缸壁和气体的温度有关。在正常情况下，这两个温度实际上取决于冷凝温度 T_{kh} 和蒸发温度 T_{sl}。通常用经验公式计算。

开启式和半封闭式制冷压缩机 $\qquad \lambda_T = \dfrac{T_{sl}}{T_{kh}} \cdot \dfrac{1}{\lambda_l}$ (5-29)

全封闭式制冷压缩机 $\qquad \lambda_T = \dfrac{T_{s0}}{T_1} = \dfrac{T_{sl} + \theta}{a_1 T_{kh} + b_1 \theta}$ (5-30)

式中 $\quad \theta$——吸气过热度（K）；

a_1、b_1——系数，$1.1 < a_1 < 1.15$，$0.25 < b_1 < 0.8$。

一般情况下，相同工况下封闭式制冷压缩机的温度系数通常小于开启式，这是封闭式制冷压缩机在运行时的一个缺点。

（4）泄漏系数 λ_l 在单级制冷压缩机中，影响输气量的泄漏发生在活塞、活塞环和气缸壁面间以及吸排气阀密封面的不严密处。此外，气阀延迟关闭也会造成蒸气倒流的泄漏损失。要减少泄漏损失，必须注意气阀的设计、制造和安装质量，防止发生延迟关闭引起的蒸气倒流。

为了衡量泄漏量对压缩机输气系数的影响，引入泄漏系数 λ_l。泄漏系数 λ_l 不能从 p-V 图上直接求得。泄漏系数 λ_l 的值随气缸的几何尺寸（直径小，λ_l 小）和压缩机的工况（压力比大，则 λ_l 小）而变化；泄漏系数 λ_l 还与压缩机的转速、活塞环结构、气阀密封面的精度、磨损程度以及润滑状态等有关。一般推荐 $\lambda_l = 0.97 \sim 0.99$。

综合上述四个影响压缩机输气系数的因素，由压缩机输气系数的定义知

$$\lambda = \lambda_V \lambda_p \lambda_T \lambda_l$$ (5-31)

通过上述分析，容积系数、压力系数、温度系数及泄漏系数除与压缩机的结构、加工质量等因素有关以外，还有一个共同规律，就是均随排气压力的增高和进气压力的降低而减小。我国中小型活塞式制冷压缩机系列产品的相对余隙容积约为 0.04，转速等于或大于 720r/min，输气系数按以下经验公式计算

$$\lambda = 0.94 - 0.085 \left[\left(\dfrac{p_{dh}}{p_{sl}} \right)^{\frac{1}{m}} - 1 \right]$$ (5-32)

式中，m 为多变指数，R717，$m = 1.28$；R12，$m = 1.13$；R22，$m = 1.18$。

用式(5-32)计算出的输气系数，对于空调系统用的制冷压缩机，当压力比一般小于4时，计算值比实际值约大0.03～0.05。此外，从式(5-32)还可以看出，使用活塞式压缩机时，随着压力比的提高，λ值下降较大，因此，一般压力比不大于8～10。

5.2.5 活塞式制冷压缩机的型号表示

我国活塞式制冷压缩机的型号可以参照新近颁布的国家有关标准。

（1）压缩机型号表示方法

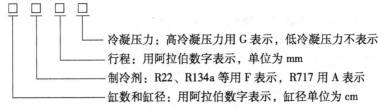

冷凝压力：高冷凝压力用G表示，低冷凝压力不表示
行程：用阿拉伯数字表示，单位为mm
制冷剂：R22、R134a等用F表示，R717用A表示
缸数和缸径：用阿拉伯数字表示，缸径单位为cm

例如，812.5A110G表示8缸扇形角度式布置，气缸直径125mm，制冷剂为R717，行程为110mm的高冷凝压力活塞式压缩机。

（2）压缩机组型号表示方法

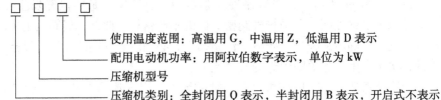

使用温度范围：高温用G，中温用Z，低温用D表示
配用电动机功率：用阿拉伯数字表示，单位为kW
压缩机型号
压缩机类别：全封闭用Q表示，半封闭用B表示，开启式不表示

例如，Q24.8F50—2.2D表示2缸V形角度式缸径48mm，制冷剂为氟利昂，行程50mm，配用电动机功率为2.2kW，低温用全封闭式压缩机组。

B47F55—13Z表示4缸扇形（或V形）角度式布置，缸径70mm，以氟利昂为制冷剂、行程55mm、配用电动机功率为13kW的中温用低冷凝压力半封闭式压缩机组。

610F80G—75G表示6缸W形角度式布置，缸径100mm，制冷剂为氟利昂，行程80mm、配用电动机功率为75kW的高温用高冷凝压力开启式压缩机组。

5.2.6 制冷压缩机工作工况

由压缩机热力学特性知道，制冷压缩机的制冷量随工况不同而发生变化，当说明一台制冷压缩机的制冷量时，必须同时说明其工作工况。为了对各种制冷压缩机进行性能测试以及使用者能够对压缩机的容量及其他性能指标作出对比与评价，需要有一个共同的比较基准，即：规定共同的工作状况。因此，制冷压缩机在铭牌上的制冷量是在名义工况下测得的制冷量。不同型号制冷压缩机的名义工况由国家标准给出。如国家标准《活塞式单级制冷压缩机》(GB/T 10079—2001)给出的名义工况见表5-1和表5-2。

表5-1 有机制冷剂压缩机名义工况

类 型	吸入压力饱和温度/℃	排出压力饱和温度/℃	吸入温度/℃	环境温度/℃
高温	7.2	54.4[①]	18.3	35
	7.2	48.9[②]	18.3	35
中温	-6.7	48.9	18.3	35
低温	-31.7	40.6	18.3	35

注：表中工况制冷剂液体的过冷度为0℃。
① 高冷凝压力工况。
② 低冷凝压力工况。

表5-2 无机制冷剂压缩机名义工况

类 型	吸入压力饱和温度/℃	排出压力饱和温度/℃	吸入温度/℃	制冷剂液体温度/℃	环境温度/℃
中低温	-15	30	-10	25	32

规范压缩机名义工况的目的是为了统一考核和标示各种型号压缩机的技术性能指标。随着材料工业、化学工业、电子和电器工业以及热工技术的发展，制冷和空调工业对压缩机性能指标的要求逐渐提高，相应工况的标准也在不断改进和完善。压缩机在实际应用和运行中，各种实际运行条件往往使其工作状态偏离名义工况，压缩机的性能参数会发生相应变化。因此，制冷压缩机的工况，可以根据实际需要加以调整和改变。但是在使用压缩机时，运行工况不能超出限定的工作条件，否则压缩机本身的效率和经济性将下降，安全性和可靠性得不到保证。GB/T 10079—2001规定了有机制冷剂压缩机和无机制冷剂压缩机的使用工况范围，见表5-3和表5-4。

表5-3 有机制冷剂压缩机工况使用范围

类 型	吸入压力饱和温度/℃	排除压力饱和温度/℃		压 缩 比
		高冷凝压力	低冷凝压力	
高温	-15~12.5	25~60	25~50	≤6

（续）

类　型	吸入压力饱和温度/℃	排除压力饱和温度/℃		压　缩　比
		高冷凝压力	低冷凝压力	
中温	−25～0	25～50	25～50	≤16
中温	−12.5～−10	25～50	25～45	≤18

表5-4　无机制冷剂压缩机工况使用范围

类　型	吸入压力饱和温度/℃	排气压力饱和温度/℃	压　缩　比
中低温	−30～5	25～45	≤8

5.2.7　制冷压缩机性能曲线

一台制冷压缩机在转速 n 不变时，其理论输气量是不变的。从制冷循环分析可知，制冷量随蒸发温度的降低和冷凝温度的升高而降低；输入功率随冷凝温度的升高而增加，随蒸发温度的变化的规律则比较复杂。这说明，制冷压缩机在使用工况变化，制冷剂改变，其单位质量制冷量 q_0，单位指示功 w_i，及实际质量输气量 $q_{m,a}$ 都要改变，因此，制冷压缩机的制冷量 Q_0 及轴功率 P_e 等性能指标就要相应地改变。

压缩机制造厂对制造的各种类型的压缩机，投入市场前均根据国家标准对压缩机进行名义工况下各种性能指标的测试和鉴定，合格产品方可投入市场。同时，在试验台上，针对每一型号压缩机，使用某种制冷剂和额定的工作转速，测量出变工况下的制冷量和轴功率，并画出压缩机的性能曲线，提供压缩机在使用工况偏离名义工况时的制冷量、功率消耗和性能系数等信息，以满足用户的使用需求。图5-14和图5-15分别表示使用R717和R22作为制冷剂时制冷压缩机的性能曲线。

由性能曲线可知：当蒸发温度 t_{sl} 不变时，随着冷凝温度 t_{kh} 的上升，制冷量下降，轴功率增加；当冷凝温度 t_{kh} 一定时，随着蒸发温度 t_{sl} 的下降，制冷量开始时上升，到压力比 $\varepsilon=3$ 时达最大值，过后则下降。通过性能曲线，还可以求出制冷压缩机在不同工况时单位轴功率的制冷量 COP（EER）值，其数值随着冷凝温度和蒸发温度的不同而变化的。在相同的工况下，COP（EER）值越大，压缩机经济性越好。

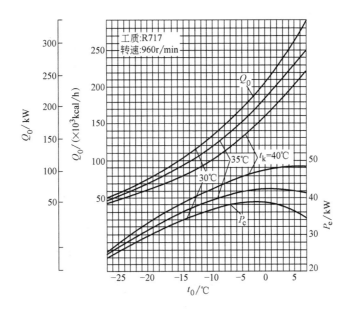

图 5-14 810100 型压缩机性能曲线

5.2.8 压缩机热力性能计算举例

为了综合运用上述知识,选择【例 5-1】予以计算。

【例 5-1】 已知:一台半封闭式制冷压缩机的主要参数为:气缸直径 $D = 0.065\text{m}$;活塞行程 $S = 0.055\text{m}$;气缸数 $i = 2$;相对余隙容积 $c = 3.5\%$;制冷剂为 R134a。

求:该压缩机在下述工况下的热力性能。循环工况如下:$t_0 = -25℃$,$t_1 = 20℃$,过热 45℃;$t_k = 45℃$,$t_4 = 35℃$,过冷 10℃。

【解】 循环的 $p\text{-}h$ 图(图 5-16)上标明了各状态点。图中的 Δp_{sm} 和 Δp_{dm} 分别表示平均吸气压力损失和平均排气压力损失。计算公式和计算结果见表 5-5。

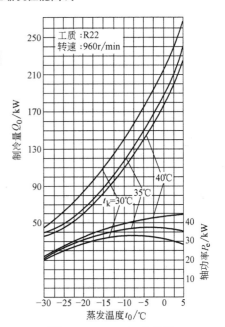

图 5-15 810F100 型单机
制冷压缩机性能曲线

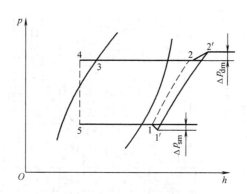

图 5-16　压缩机制冷循环的 $p\text{-}h$ 图

表 5-5　使用 R134a 制冷剂的制冷压缩机热力性能计算值

计 算 公 式	计 算 结 果
$p_1 = p_{sl}$	106.70kPa
$p_2 = p_{dh}$	1157.90kPa
$\varepsilon = p_{dh}/p_{sl}$	10.85
$v_1 = v_{sl}$	0.2185m³/kg
h_1	419.84kJ/kg
h_2	480.30kJ/kg
h_4	248.75kJ/kg
等熵指数 κ	1.11
膨胀多变指数 m	1.01
压缩多变指数 n	1.1
吸气终了相对压力损失 $\Delta p_{sl}/p_{sl}$	0.045
排气终了相对压力损失 $\Delta p_{dh}/p_{dh}$	0.093
工质单位质量制冷量 $q_{0m} = h_1 - h_4$	(419.84 − 248.75)kJ/kg = 171.09kJ/kg
单位等熵压缩功 $w_0 = h_2 - h_1$	(480.3 − 419.84)kJ/kg = 60.46kJ/kg
理论容积输气量 $q_{V,t} = \dfrac{\pi}{4}D^2 sni \times 60$	(3.14/4) × 0.065² × 0.055 × 1440 × 2 × 60m³/h = 31.52m³/h
容积系数 $\lambda_V = 1 - c\left[\left(\dfrac{p_{dh} + \Delta p_{dh}}{p_{sl}}\right)^{\frac{1}{m}} - 1\right]$	$1 - 0.035\left\{\left[10.852(1 + 0.093)\right]^{\frac{1}{1.01}} - 1\right\}$ = 0.649
压力系数 $\lambda_p = 1 - \dfrac{(1+c)\Delta p_{sl}}{\lambda_V p_{sl}}$	$1 - \dfrac{(1+0.035)}{0.6487} \times 0.045 = 0.928$
泄漏系数 λ_l	0.940
温度系数 $\lambda_T = \dfrac{T_{sl}}{T_{dh}} \cdot \dfrac{1}{\lambda_l}$	$\dfrac{248.25}{318.45} \times \dfrac{1}{0.94} = 0.829$

（续）

计 算 公 式	计 算 结 果
输气系数 $\lambda = \lambda_V \lambda_p \lambda_T \lambda_l$	$0.649 \times 0.928 \times 0.829 \times 0.940 = 0.468$
实际质量输气量 $q_{m,a} = \dfrac{q_{V,th}\lambda}{v_1}$	$\dfrac{31.52 \times 0.468}{0.2185}\text{kg/h} = 67.51\text{kg/h}$
制冷量 $Q_0 = \dfrac{q_{m,a}q_{0m}}{3600}$	$\dfrac{67.51 \times 171.9}{3600}\text{kW} = 3.21\text{kW}$
等熵压缩功率 $P_{ts} = \dfrac{q_{m,a}w_0}{3600}$	$\dfrac{67.51 \times 60.46}{3600}\text{kW} = 1.13\text{kW}$
指示效率 η_i	取值 0.715
机械效率 η_m	取值 0.920
轴效率 $\eta_e = \eta_i \eta_m$	$0.715 \times 0.92 = 0.658$
电效率 $\eta_{el} = \eta_e \eta_{me}$	$0.6578 \times 0.85 = 0.559$
电功率 $P_{el} = P_{ts}/\eta_{el}$	$0.715/0.559\text{kW} = 2.029\text{kW}$
性能系数（相对于电功率）$COP_{el} = Q_0/P_{el}$	$3.208/2.029 = 1.581$

5.2.9 活塞式制冷压缩机的结构及其部件

活塞式压缩机是往复式压缩机的一种。本章 5.1 节在论述活塞式压缩机的种类时将其按照结构分为开启式、半封闭式和全封闭式三种。三个种类的压缩机是以压缩机本身与驱动机械的连接方式不同而区分，因此，对各类活塞式压缩机本身而言其内部结构是大同小异，可以分为机体部件、驱动组件、活塞组件、气阀组件和润滑等。了解了压缩机的基本结构和各个部件的功能后，对分析压缩机的工作状态和性能特征，以及如何优化设计和可靠地运行制冷机组是非常重要的。

1. 机体部件

机体是压缩机的主体，是整个压缩机整机的承重体。对开启式压缩机，主要由机身、气缸盖及侧盖等组成（图 5-17）。机体的主要作用是支承压缩机的零件，并保持各部件之间准确的相对位置；形成高、低压腔，气路、油路通道和作为润滑油容器；承受气体力、各运动部件不平衡惯性力和力矩，并将不平衡的外力和外力矩传给基础。机体的下半部分为曲轴箱，曲轴箱内的空间，一方面是曲轴、连杆运动必须具有的空间，另一方面是盛装润滑油的容器，装有一定的润滑油。机体应有良好的密封性及足够的强度和刚度、合理的形位公差和尺寸精度。机体材料常用优质灰铸铁铸造。

半封闭活塞式压缩机体几乎都采用气缸体—曲轴箱整体结构形式。只有在较

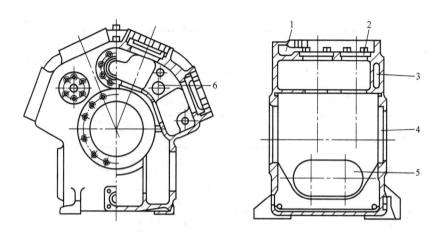

图 5-17　812.5A 压缩机机体

1—排气腔　2—气缸套座孔　3—吸气腔　4—主轴承孔　5—侧盖孔　6—吸气孔

大的机型中，为了铸造和加工方便才制成可分的，其密封面用法兰连接，用垫片或垫圈密封，所以密封性能良好，很多较大机型中采用镶入气缸套结构。图 5-18 所示为 35F 半封闭式活塞压缩机结构。

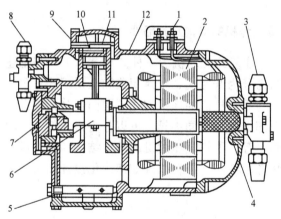

图 5-18　35F 半封闭式活塞压缩机结构

1—接线柱　2—电动机　3—进气口　4—进气过滤器　5—油过滤器　6—曲轴
7—油泵　8—排气口　9—连杆　10—活塞　11—阀板　12—机体

全封闭式活塞压缩机是以机架构成主体，加上各组成零件，构成压缩机，然后由曲柄与电动机同轴连接为一体，再密封进封闭的壳体之中。机架如图 5-19 所示。其中图 5-19a 主要用于 400W 以下的滑管式压缩机，机架兼作驱动电动机定子的安装部分和轴承使用。图 5-19b 用于 3.75kW 以下的连杆式压缩机，电动机壳和气缸以及主、副轴承做成一个整体。图 5-19c 主要是用于 7.5kW 以下的压缩机。气缸的排列有 V、W、S 等形状。

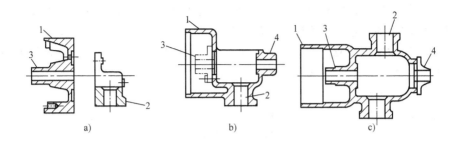

图 5-19 全封闭活塞式压缩机机架
1—电动机支承部分 2—气缸 3—主轴承 4—副轴承

2. 曲柄—连杆机构

活塞式制冷压缩机中曲柄—连杆机构是用来将
曲轴的旋转运动转变为活塞的往复运动，同时将驱
动力通过曲轴、连杆和活塞组件传递给制冷剂蒸气，
对气体进行压缩，实现压缩机的工作循环（图 5-20）。
曲柄—连杆机构是压缩机内的主要运动部件，它由
曲轴、连杆和活塞组件构成。

（1）曲轴 活塞式制冷压缩机曲轴的作用是输
入原动机的有效功率，以实现制冷剂蒸气的压缩和
输送。根据活塞式压缩机分为开启式、半封闭式和
全封闭式的结构形式，曲轴分为曲拐轴、偏心轴和
曲柄轴三种。图 5-21 是用于开启式活塞压缩机的曲

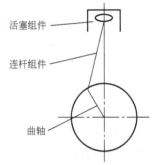

图 5-20 活塞式压缩机曲
柄—连杆机构示意图

拐轴结构图，它主要由主轴颈、曲柄销、曲柄等组成。在曲柄上还放置平衡块，
以平衡曲轴上的惯性力和惯性力矩，减少压缩机运转时产生的振动，减少曲轴、
主轴承的负荷和磨损。此外，曲轴还是润滑系统的动力源，带动油泵产生并输送
压力油。如图 5-21 所示，通过曲轴上的油孔和油道，将油泵供油输送到连杆大
头、小头、活塞及轴承处，润滑各摩擦表面。

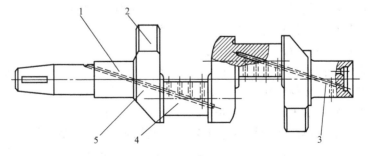

图 5-21 开启式活塞制冷压缩机的曲拐轴
1—主轴颈 2—平衡块 3—曲柄 4—曲柄销 5—油孔和油道

压缩机工作时，曲轴承受周期性变化的力和力矩，它的轴颈部分容易磨损，因此，曲轴必须有足够的刚度、强度及耐磨性，才能保证压缩机良好的工作。曲轴材料常用球墨铸铁或优质碳素钢。加工时，对曲轴圆柱度、曲轴主轴颈轴线和曲柄销轴线平行度、主轴颈和曲柄销表面粗糙度都有严格的精度要求。其表面不得有裂纹、刻痕等。

半封闭式活塞式压缩机的曲轴多采用偏心轴结构，如图 5-22a 所示的偏心轴仅有一个轴颈，用于驱动单缸压缩机；图 5-22b 所示的偏心轴有两个相位相差 180°的偏心轴颈，用于有两个气缸的压缩机。偏心轴的轴颈直接套用整体式连杆，轴的一端悬臂支撑着电动机转子。这种偏心轴多用于小型压缩机。

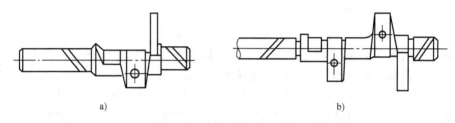

a)   b)

图 5-22　活塞式压缩机的偏心轴

全封闭活塞式压缩机中，通常小于 1.5kW 的单缸压缩机采用单拐偏心轴（图 5-22）。功率在 0.75～5.5kW 的二缸或四缸压缩机采用双曲拐偏心轴。功率小于 400W 的滑管式压缩机采用如图 5-23 所示的曲柄轴，这种轴的曲柄销仅一端与曲柄相连，由一个主轴承支撑，即悬臂支

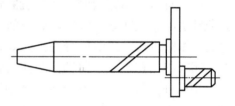

图 5-23　活塞式压缩机的曲柄轴

承，因而曲轴的长度比较短，另一端与电动机的转子相连。

（2）连杆组件　在活塞式压缩机的曲柄连杆机构中，连杆是连接曲轴和活塞的部件。其作用是将曲轴的旋转运动转换成活塞的往复运动，并将原动机输入的功率传递给活塞组件，以压缩制冷剂蒸气。连杆组件包括连杆及连杆螺栓。根据连杆大头的构造，连杆可分为剖分式（图 5-24a）和整体式（图 5-24b）两种。前者用于曲拐轴，后者仅用于曲柄轴或偏心轴。

剖分式连杆由连杆小头、连杆大头和连杆体三部分组成。连杆小头与活塞销相连，连杆大头与曲柄销相连。活塞、曲轴与剖分式连杆的连接如图 5-25 所示。活塞、曲轴与整体式连杆的连接如图 5-26 所示。连杆小头轴承的润滑方式有两种：一种靠从连杆体内的油孔输送过来的润滑油进行压力润滑；另一种是靠飞溅润滑。剖分式连杆大头用连杆螺栓将连杆大头盖与连杆体紧固，连杆大头的剖分面大多数是垂直于连杆中心线的。剖分式连杆因与曲拐轴的曲柄销配合，所以可

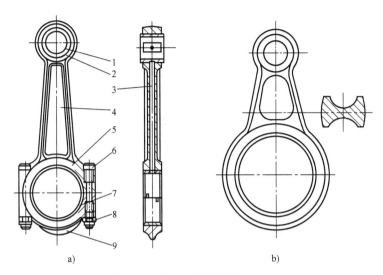

图 5-24 活塞式压缩机连杆结构

a）剖分式连杆　b）整体式连杆

1—小头衬套　2—连杆小头　3—油孔　4—连杆体　5—连杆大头

6—连杆螺栓　7—大头轴瓦　8—连杆螺母　9—大头盖

以用于行程较长的制冷压缩机，连杆大头中镶有锡基轴承合金薄壁轴瓦。为了提高其耐磨性，轴瓦上有一层耐磨合金。整体式连杆用于偏心曲轴结构。因为偏心曲轴结构的行程是偏心轴颈偏心距的两倍，而连杆大头箍套在轴颈上，因此，就限制了整体式连杆只能用于行程较小、连杆大头尺寸不太大的小型压缩机中。

连杆体在压缩机运行时承受拉伸、压缩的交变载荷及弯曲载荷，在满足强度和刚度的条件下，为减轻本身质量，应用工字形截面，压力润滑的连杆体在其中间钻油孔。材料采用可锻铸铁、球墨铸铁和碳素钢等。

（3）活塞组件　活塞式压缩机的活塞组件由活塞体、活塞环和活塞销构成。活塞组件与气缸壁、阀板组成一个密闭的腔室，腔室内充满制冷剂蒸气。借助于活塞组件的往复运动使腔室内的容积改变而压缩气体，由曲轴连杆输入的功率通过活塞作用于气缸内

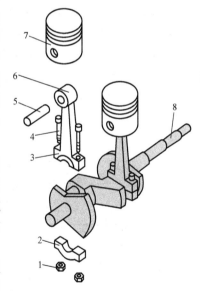

图 5-25 活塞式压缩机曲轴与剖分式连杆机构分拆图

1—连杆螺母　2—连杆大头剖分部分　3—连杆大头　4—连杆螺栓　5—活塞销　6—连杆小头　7—活塞　8—曲轴

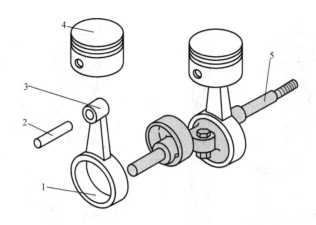

图 5-26　活塞式压缩机偏心轴与整体式连杆机构分拆图

1—整体式连杆大头　2—活塞销　3—整体式连杆大头

4—活塞　5—偏心轴

制冷剂气体。活塞组的结构与压缩机的结构有密切的关系。对大中型压缩机常见的活塞组是筒形的结构，对小型的通常为柱状结构。活塞通过活塞销与连杆相连，其侧向力直接作用在活塞组上，因此，活塞上必须设置足够的承压面。

筒形活塞由顶部、环部、裙部与活塞销座四个部分组成。活塞压缩气体的工作面称为活塞顶部。设置活塞环的圆柱部分称为环部。环部下面为裙部，活塞销座设置在裙部(图 5-27)。小型高转速制冷压缩机的活塞如图 5-28 所示，其结构简单，有的不设计活塞环，顶部为平面状(图 5-28a)，又叫柱状活塞；有的仅设计有一个气环(图 5-28b 和 c)，为了减小余隙容积，在活塞的顶部开有凹坑(图5-28b)或铣槽(图 5-28c)，用以配合阀板上的突出物。

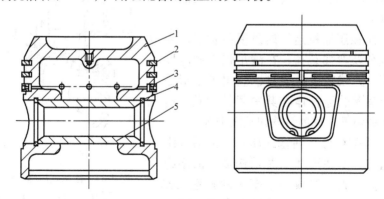

图 5-27　筒形活塞组件

1—活塞体　2—气环　3—刮油环　4—弹簧挡圈　5—活塞销

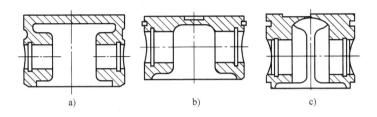

图 5-28　小型压缩机的活塞组件

　　活塞组件在工作过程中受到气体力、往复惯性力、侧压力和摩擦力的作用。同时，又受到制冷剂的加热，润滑条件较差，为此，要求活塞组件与气阀、气缸壁围成的余隙容积尽可能地小，以提高压缩机的输气系数；活塞组在尽量减小其自身质量的同时应具有足够的强度、刚度、耐磨性以及较好的导热性和较小的热膨胀系数，以维持与气缸之间的合理间隙。活塞体的材料一般为铸铁和铝合金。

　　活塞体与连杆的连接依靠活塞销，活塞销为中空圆柱体。在制冷压缩机中，活塞销在销座和连杆小头衬套中，能自由相对运动，为了防止活塞销产生轴向窜动而伸出活塞擦伤气缸，在销座孔两端环槽中装有弹簧挡圈。活塞销材料有普通钢和镍铬钢。

　　活塞环是一种弹性开口的金属环，它套装在活塞体的活塞环槽内。按用途分为气环(密封环)和油环。气环的主要作用是密封气缸与活塞之间的间隙，阻止被压缩的高压气体漏入曲轴箱。因此，活塞环的弹力及工作面的完好对密封气体十分重要。压缩机在工作时，润滑油由连杆大头甩到气缸壁上(飞溅润滑)，气环将缸壁上的润滑油泵入气缸内，过多的润滑油进入气缸，会随着制冷剂进入制冷系统内，这样，会增加润滑油消耗量和恶化冷凝器及蒸发器的传热效果。因此，在活塞上需加一道油环，在压缩机工作过程中把过多的润滑油刮下，使气缸壁上仅留下一层薄油膜供润滑及密封。活塞环由加入少量金属元素的合金铸铁制成。

　　（4）活塞环的泵油、布油与刮油　　了解活塞环的泵油、布油与刮油作用，对制冷系统中压缩机的回油装置、机箱中油位维持和安全运行十分重要。压缩机运转时，由于活塞环在活塞环槽间的相对运动，而产生气环将润滑油不断地泵入气缸内的现象。气环的泵油作用原理如图 5-29 所示。压缩机工作时，通过飞溅润滑将油覆盖于气缸内表面。当活塞向下移动时，气环上端面与环槽平面贴合，润滑油进入气环下端面和环槽的

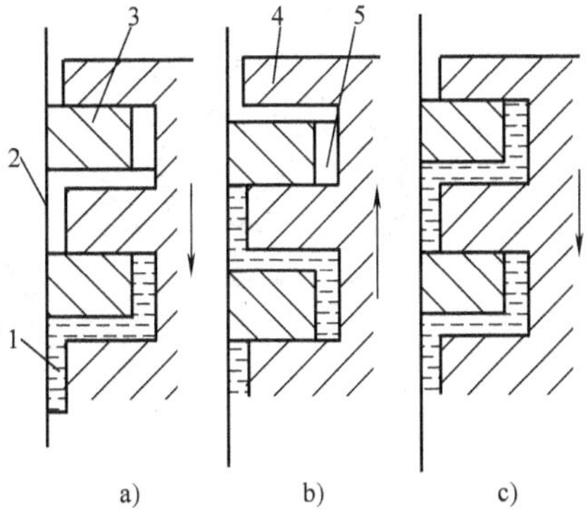

图 5-29　活塞气环的泵油原理
1—润滑油　2—气缸　3—活塞环
4—活塞　5—间隙

间隙中（图5-29a）；当活塞向上运动时，气环的下端面与环槽平面贴合，油被挤入上侧间隙（图5-29b）；活塞再度向下时，油进入位置更高一层的环槽间隙（图5-29c）。如此反复，润滑油被逐层上升而泵入气缸中。

为了避免润滑油过多进入气缸，使用油环将多余的润滑油刮入曲轴箱内。为改善刮油效果，油环上开有油槽，活塞上开有泄油孔。此外，将油环的外圆柱面做成圆锥形（图5-30a），这样当活塞向下运动时，刮油环的下端面于气缸壁面依靠环的预紧力而紧贴，将厚的油层刮掉；当活塞上移时，由油环上端面的圆锥形与气缸壁间形成的楔形间的润滑油产生的摩擦应力，减少了油

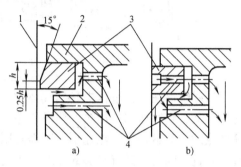

图5-30　油环的布油与刮油
1—气缸　2—活塞　3—油环　4—油孔

环的环面与气缸壁之间的预紧压力，从而在气缸壁和油环间产生间隙并以润滑油填充，在气缸壁面形成薄的均匀的油层，达到布油的目的，提高了润滑效果。刮油时油的流向如图5-30b所示。油环的布油和刮油的效果直接影响到泵油的程度，而布油和刮油的效果取决于油环的材料弹力和圆锥形加工精度。优质的布油环既可达到润滑效果，又可降低泵油程度。

3. 曲柄—滑块机构

小型全封闭活塞式压缩机的曲柄—滑块机构包括滑管式和滑槽式两种。它们被广泛地用于各种家用制冷设备（如冰箱）中。其优点是结构简单、尺寸紧凑，缺点是不能承受大的载荷。

（1）滑管式　这种驱动机构中无连杆，曲轴为曲柄轴。图5-31和图5-32分

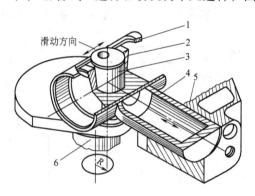

图5-31　滑管式驱动机构剖示图
1—滑管　2—滑块　3—曲柄销
4—活塞　5—气缸　6—曲柄轴

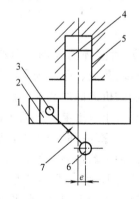

图5-32　滑管式驱动机构示意图
1—滑管　2—滑块　3—曲柄销
4—活塞　5—气缸　6—曲柄轴　7—曲柄

别表示滑管驱动机构的剖示图和示意图。曲轴旋转时，曲柄轴的曲柄销带动滑块，因为滑块受到滑管的约束而不能绕曲柄销中心线转动，而作垂直方向和水平方向的运动。滑块在垂直方向的运动传递给滑管，活塞与滑管连接，因此滑管将运动传递给活塞，使活塞作垂直方向往复运动时，压缩气缸内的制冷剂蒸气，完成工作过程。滑块在水平方向的运动，通过滑块与滑管之间的相对运动使滑管仍然保持在水平方向的位置。这样，把曲柄的旋转运动通过滑块的传递，分解为滑管的垂直运动和水平运动。由于无连杆，滑管驱动机构其结构十分简单、紧凑，有利于加工和装配。这种驱动机构常见于小型全封闭制冷压缩机。

　　滑管式驱动结构中，滑块是将曲轴旋转运动转化为活塞往复运动的重要零件，如图 5-33 所示。滑块间开槽，使滑块上下两端处的面积与滑管接触，减小了滑块与滑管之间的摩擦表面，便于两者之间的磨合，但磨损加大。因此，需要滑块槽中积蓄的润滑油为滑块与滑管的摩擦表面以及滑块与曲柄销之间的摩擦表面提供良好的润滑。

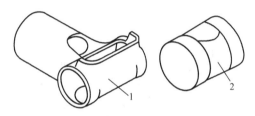

图 5-33　滑管式驱动机构的滑管活塞与滑块
1—滑管式活塞　2—滑块

　　（2）滑槽式　滑槽式驱动机构如图 5-34 所示。该机构无连杆。由曲轴、曲柄销、滑块、止转框架和活塞杆组成。止转框架中开有滑道槽，相当于滑管式驱动机构中的滑管，但止转框架上的槽表面为平面，在止转框架滑槽中滑动的滑块表面也是平面，而非圆柱表面，这与滑管式驱动机构的滑块是不同的。当曲轴转动时，曲柄销带动滑块运动。因为滑块在两个互为垂直的止转框架内相对滑动，因此，通过滑块将转动分解为两个止转框架的水平和垂直运动。这样，可以在每个止转框架的两端安装活塞，形成对置式。图 5-34 中的滑槽式驱动机构拖动的活塞有四个。当曲轴转动一周时，四个活塞均经过各自对制冷剂蒸气的吸气、压缩、排气和膨胀过程，完成压缩机的工作循环。

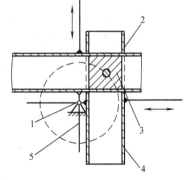

图 5-34　滑槽式驱动机构示意图
1—曲轴　2—曲柄销　3—滑块
4—止转框架　5—活塞杆

采用滑槽式驱动机构的压缩机具有对置式压缩机的布置而无一般对置式压缩机的复杂结构。两个止转框架相互垂直并应用正方形的滑块保证了四个活塞的中心线能处在同一平面内,从而在最大程度上缩短了曲柄销的长度及相应的曲轴长度。采用导向面为平面的滑槽和正方形的滑块使加工和装配简便、易行,保证了各摩擦表面的尺寸精度和几何形状。另外,在滑块的摩擦表面覆盖固体润滑材料,可以实现摩擦表面无油润滑。

(3)斜盘式 如图5-35所示,斜盘式制冷压缩机主要由主轴、气缸、活塞和斜盘等零件构成,斜盘以一定的倾斜度与主轴固定连接,斜盘的外圆周在中间开有滑动槽的活塞内滑动,因此,该压缩机的活塞由固定在主轴上的斜盘驱动。当固定在主轴上的斜盘旋转时,由于其倾斜位置不断发生变化,从而推动活塞做往复运动。斜盘式压缩机的这一布置方法,取消了传统的曲柄—连杆机构或曲柄—滑块机构,特别适用于高速往复式压缩机。鉴于该种压缩机的结构和工作原理,可以沿斜盘周向分布若干个活塞。图5-35的结构共有三个活塞(对置式),即六个气缸。

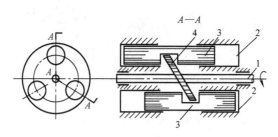

图 5-35　斜盘式压缩机示意图
1—主轴　2—气缸　3—活塞　4—斜盘

图5-36所示为斜盘式压缩机主轴旋转角度不同时活塞的位置。由图可知,斜盘与活塞之间设有滑履和滚珠,以避免因斜盘与活塞直接接触造成斜盘边缘受力集中而迅速磨损,并使斜盘和活塞上的受力状况得到改善。磨损后的滚珠和滑

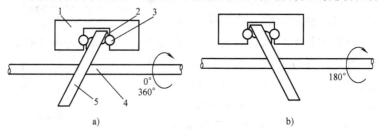

图 5-36　斜盘式压缩机主轴旋转一周时活塞位置的变化
a) 主轴转角0°和360°时的位置　b) 主轴转角180°时的位置
1—活塞　2—滑履　3—滚珠　4—主轴　5—斜盘

履可以更换，从而延长了压缩机的使用寿命。由于这种驱动机构依靠斜盘与活塞间的拨动而相对运动，振动小，惯性力小，因此该机构被广泛地用于汽车空调。

4. 气阀组件

气阀组件是活塞式压缩机的重要部件之一。如图 5-37a 所示，气阀组件主要由阀座、阀片、气阀弹簧及升程限制器四部分构成。对大、中型压缩机气阀组件安装在气缸顶部的阀板上；对小型压缩机，气缸顶部的阀板通常作为气阀组件的阀座。为了使阀片与阀座很好地密封，阀座通道周围设有凸出的密封边缘(或称阀线)，阀片落座时与阀线端面的紧密贴合实现其封闭作用。

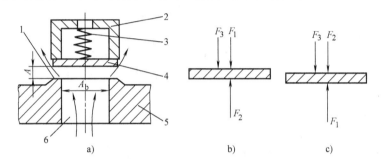

图 5-37 活塞式压缩机气阀组件构成

a) 气阀组件构成　b) 阀片吸气过程受力　c) 阀片排气过程受力

1—阀线　2—升程限制器　3—气阀弹簧　4—阀片　5—阀座　6—阀座通道

气阀组件的作用是：在压缩机的工作循环中控制压缩机的吸气、压缩、排气和膨胀四个过程，使压缩机完成将低压制冷剂蒸气压力提升到高压的任务。气阀组件的工作原理：阀片受其两侧气体压力差而自行开启或关闭，也叫自动阀。如图 5-37 所示，阀片受气体压力 F_1、气阀弹簧预紧力 F_2 和阀片本身重力 F_3 的共同作用。在吸气过程中，活塞向内止点运动，气缸中的压力因气体膨胀而降低，直到低于吸气管道中的压力。当阀片前、后的压力差超过了作用在阀片上的弹簧预紧力时，即 $(F_3 + F_1) > F_2$(图 5-37b)，阀片打开，气体被吸入缸内。此后，阀片继续开启并贴在升程限制器上，气体不断进入气缸。当活塞接近下止点时，活塞速度较低，使阀片前、后的气体压力差降低，阀片在弹簧力作用下逐渐关闭，完成了吸气过程。在压缩过程中，吸气阀是关闭的。缸内气体虽被压缩，但压力还不足以顶开排气阀片，排气阀亦处于关闭状态。排气过程是在排气阀片前、后的气体压力差超过排气阀弹簧预紧力时开始的，即 $F_1 > F_2 + F_3$(图 5-37c)。此后，排气阀片的情况类似于吸气阀片的启闭过程。当余隙容积中的气体膨胀时，吸、排气阀同时处于关闭状态。

气阀的吸气阀片和排气阀片在压缩机工作过程中交递的开启或关闭，因此，气阀组件是易损件。阀片在阀座和升程限制器之间正常开启和运动关系到压缩机运行的可靠性和经济性，因此，对气阀的要求如下：①气体流过气阀的阻力损失小。经验表明，气体流过气阀时的流动阻力损失约占指示功的10% ~ 20%，其大小与气阀的通流面积以及阀片运动规律有关。因此，在设计气阀时必须合理地解决这些问题，尽量减少阻力损失。②使用寿命长。选用优质材料来制造阀片和弹簧，并提高加工工艺；同时，优化设计阀片对升程限制器和阀座的撞击速度。③气阀形成的余隙容积要小。④气阀关闭时有良好的气密性。⑤结构简单，制造方便，易于维修。

活塞式压缩机气阀组件的结构形式有：刚性环片阀、簧片阀、柔性环片阀、塞状阀、条状阀和网状阀等。本书仅介绍制冷活塞式压缩机中常用的刚性环片阀、簧片阀。

（1）刚性环片阀　该阀是往复式压缩机中应用很广的一种气阀。我国缸径在70mm以上大、中型往复式制冷压缩机系列均采用这种气阀。图5-38所示为典型的制冷压缩机的刚性环片阀。

在如图5-38所示的制冷压缩机的刚性环片阀中，吸气阀座17和气缸套顶部的法兰是一个整体。法兰的顶部端面上有两圈凸起的吸气阀线5。环状吸气阀片15在吸气阀关闭时贴合在这两圈阀线上。两圈阀线之间有一环状浅槽，槽中有许多均匀分布的吸气阀座孔4。吸气阀片上压着几个周向均布的吸气阀弹簧14，这些弹簧放置在吸气阀的升程限止器（即排气阀外阀座7）的弹簧座孔中。吸气阀升程限制器还利用其内圆柱面对吸气阀片起上下运动的导向作用，以保证阀片的准确落座。

排气阀的阀座为内外分座式结构。排气阀内阀座10用中心螺栓与假盖9连接，排气阀外阀座7

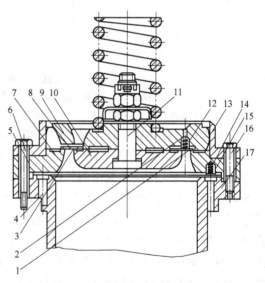

图5-38　制冷压缩机的刚性环片阀
1—导向面　2—小通孔　3—排气阀线　4—吸气阀座孔
5—吸气阀线　6—螺栓　7—排气阀外阀座　8—排气阀片　9—假盖　10—排气阀内阀座　11—中心螺栓
12—排气阀弹簧　13—导向环　14—吸气阀弹簧
15—吸气阀片　16—螺栓　17—吸气阀座

则由螺栓16与导向环13和气缸套紧连在一起，并用螺栓6固定在机体的气缸镗孔周围。环状排气阀片8由几个均布的排气阀弹簧12压向分别设在内外阀座上的两圈排气阀线3上，弹簧座孔位于兼作排气阀片升程限制器的假盖9上。在弹簧座孔中具有小通孔2，以便排除积聚的润滑油，防止阀片粘附在升程限制器上。假盖上还有几处弧长较短的导向面 1，引导排气阀的上下运动。吸气阀弹簧座孔和气缸套法兰上的环形空间都是气缸余隙容积的一部分。为了减少相对余隙容积，把排气阀内外阀座形成的环形通道的形状做得与活塞顶部形状吻合，使活塞到达上止点时，活塞顶部伸入环形通道内，缩小了余隙容积。

这种气阀结构中的吸、排气阀各有一片阀片。吸气阀阀隙处的气流流速较高，压力损失大。此外，位于吸气阀片顶部的余隙空间也较大，降低了压缩机的输气系数及压缩机的能效比。

刚性环片阀的阀片形状简单，易于制造，工作可靠，因而得到广泛应用。但是这种阀片的质量较大，阀片与导向面摩擦，因而阀片不易及时、迅速地启闭，特别是在转速提高时，此缺点更加突出。在多环片结构中，因每个阀片的面积不同，所受气体力和弹簧力的分配比例也不相同，各阀片的启、闭时间不可能完全一致，使气体在气阀中容易产生涡流，增大损失。

（2）簧片阀　簧片阀又称为舌形阀或翼形阀。阀片用弹性薄钢片制成。阀片的一端固定在阀座上，另一端是自由的。气阀启闭时，阀片在气流的推动下，自由端不断地向簧片一样伸直或弯曲运动，故称簧片阀。簧片阀工作时，阀片在气体力的作用下，被推离阀座，气体从气阀通道和张开的簧片阀隙面积中通过。当气流减小直到流量为零时，阀片两侧压力差消失，阀片在本身弹力的作用下，回到关闭位置。阀片的开启度，在没有升程限制器的情况下，由阀片所受的气流推力和阀片的刚度决定。在有升程限制器时，阀片的开启度受其限制（图 5-39）。

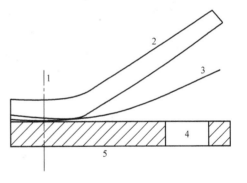

图 5-39　活塞式压缩机簧片阀结构示意图
1—固定螺栓　2—升程限制器　3—阀片
4—气阀通道　5—阀板

簧片阀正常工作时，在一次工作循环中完成一次启闭过程，但当设计不当或制造不当时，簧片可能在开启过程中发生弹跳，因而形成多次启闭，这对压缩机的工作过程带来能量损失，阀片因多次冲击而降低了寿命，甚至早期损坏。正常关闭时，阀片随着气流的减弱和推力的下降逐渐返回到阀座而不应该发生反弹。

一般簧片阀由阀板、阀片和升程限制器组成（图 5-39）。有时在阀片和升程限制器之间还有弹性缓冲片，其作用是减轻阀片开启过程中对升程限制器的撞击。在制冷压缩机中，吸气阀常常不用升程限制器，阀片的自由端在气缸一定深度的槽中活动，此槽限制阀片自由端的运动，起升程限制器的作用。图 5-40 所示是半封闭式制冷压缩机采用的一种吸、排气簧片阀。左图为排气腔里的排气阀视图；右图为气缸内的吸气阀视图。排气阀呈马蹄形，两端用螺栓5将缓冲弹簧片6、升程限制器3和排气阀片2一起固紧在阀板1上。排气通道为沿着马蹄形圆弧分布的四个小孔组成，关闭时马蹄形簧片覆盖在四个小孔上面，排气时气体推开马蹄形簧片沿着四个小孔和簧片阀隙面积流出气缸。吸气阀为一端固定，另一端自由的簧片。阀片用两个定位销钉与阀座定位，并夹紧在阀板和气缸之间。自由端的凸出部分伸在气缸和阀板之间的槽中，以限制吸气阀片的开度。吸气孔为四个按菱形布置的小孔，阀片覆盖于四个小孔之上，同样，吸气时气体推开阀片沿着四个小孔进入气缸中。阀片在固定端一侧有两个长孔，作为排气通道并减小阀片刚度之用。

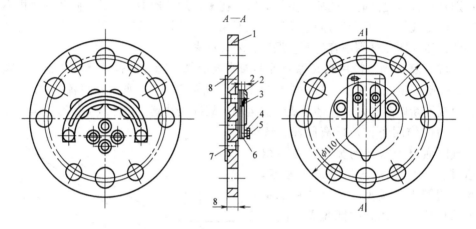

图 5-40 活塞式压缩机的吸、排气簧片阀
1—阀板 2—排气阀片 3—升程限制器 4—弹簧垫圈
5—螺栓 6—缓冲弹簧片 7—吸气阀片 8—销钉

图 5-41 所示为目前活塞式压缩机簧片阀多采用的几种结构形状。图中 1 ~ 9 为吸气阀片，10 ~ 13 为排气阀片。图中所示的部分簧片阀，中间部位被切割为各种不同几何形状，其目的之一是为了减小阀片的刚度，增加韧性，二是为了增强气流的流通面积，减小流通损失。簧片阀特点：结构简单，余隙容积小，阀片质量轻，启闭迅速。因此，适用于小型高转速压缩机。我国小型全封闭式压缩机中大都采用这种结构。但是簧片阀的阀隙通道面积较小，这是此种结构形式的不足之处。

5. 压缩机的润滑

压缩机的润滑是指向机体各个摩擦副提供润滑油。润滑油在压缩机中所起的作用是减少摩擦，带走摩擦产生的热量和磨屑以及密封。

压缩机在压缩气体过程中，会产生部件之间相对运动（即:摩擦副）而产生摩擦。由于摩擦，使轴效率降低，能耗增加，使摩擦表面磨损，破坏了相对运动件之间的合理间隙，影响机器的正常工作。通过注入润滑油可以减少各运动副的摩擦，减少机器的磨损，降低能耗。零部件之间摩擦产生的热量使零件温度升高，降低润滑油的粘度和破坏油膜的承载能力，甚至在高温区油会炭化。注入润滑后，热量被润滑油带走，保证润滑油正常的粘度指标和运动副处于正常润滑状态。压缩机气缸与活塞和活塞环间的间隙是缸内气体泄漏的主要通道，将具有一定粘度的润滑油布于活塞与气缸壁之间，有助于阻止气体向曲轴箱的泄漏。

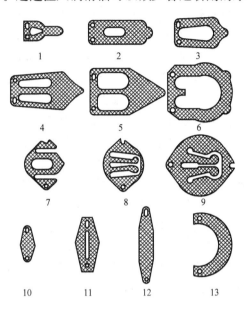

图 5-41 活塞式压缩机簧片阀的
几种阀片形状

（1）润滑油特性 制冷压缩机主要功能是压缩制冷剂蒸气，它所使用的润滑油有其特殊的要求，润滑油既要起到润滑的作用，又要在制冷循环系统内与制冷剂液体和气体混合，但又不能影响制冷剂的热物理性质。润滑油主要特性有：

1）粘度。润滑油适当的粘度可以使滑动轴承中油膜的承载能力提高、摩擦功耗下降和密封能力增强。粘度大，承载力强，密封性好，但流动阻力大。润滑油的粘度随温度的上升而降低。

2）低温下的流动特性。表示冷冻机油在低温下流动特性的指标是倾点，倾点是指润滑油在试验条件下能够连续流动的最低温度，在标准中规定它不能高于某一个温度。

3）与制冷剂的相溶性。制冷剂与润滑油的相溶性可以分为不相溶、完全相溶和部分相溶三种。润滑油与制冷剂相溶性好，在系统内不回油特性好，在换热器表面不易形成油膜，对传热有利。部分相溶和不相溶润滑油通常积留在换热器内部，影响传热效果，必须采取回油装置，否则会造成压缩机润滑油短缺而不能够正常工作。

4）含水量。含水的润滑油在毛细管中与制冷剂节流时容易形成冰堵，并且和氟利昂制冷剂的混合物能够溶解机器内的铜材，形成"镀铜"现象。即：溶解铜后的润滑油与钢或铸铁零件接触时，被溶解的铜沉积在钢、铁零件的表面。因此，必须控制润滑油的含水量。

5）化学稳定性。润滑油在压缩机高温和金属的催化作用下，会引起化学反应，生成沉积物，改变润滑油的特性；产生化学反应后的润滑油会增加腐蚀电气绝缘材料，发生膨润橡胶材料现象。因此，润滑油的化学稳定性很重要。

6）酸值。润滑油中含有游离酸的数量用酸值表示。润滑油中如含有酸类物质，会引起材料的腐蚀。酸值在某种程度上反映了润滑油的腐蚀能力。

7）电击穿强度。反映了润滑油绝缘性能。在制冷机内部通常采用制冷剂和润滑油穿过电动机冷却方式，润滑油与电动机充分接触，因此，要求润滑油要具有高的电击穿强度。其电击穿强度一般要求在 10kV/cm 以上。

（2）润滑油种类　考虑到润滑油的各种物理特性，对于常用制冷剂，润滑油主要有矿物油或合成烃型的冷冻机油。按《冷冻机油》（GB/T 16630—1996）的规定，这类冷冻机油产品每个品种按质量确定等级。L—DRA/A 和 L—DRA/B 定为一等品，L—DRB/A 和 L—DRB/B 定为优等品。随着氯氟烃类（CFCs）对大气臭氧层的消融作用的发现，相应的替代物不断推出。这些新型制冷剂不能正常使用矿物油。例如，R134a 替代 R12。但 R134a 与矿物油不相溶。经过研究，发现酯类油和聚醚油能较好地与 R134a 相配。酯类油中，多元醇脂（POE）的综合性能较好。目前，将纳米材料添加到矿物油中改善其特性的润滑油也相继研究问世。

（3）润滑方式　制冷压缩机中，按照润滑油送达气缸内表面的方式，气缸润滑可分为飞溅润滑和压力润滑。

1）飞溅润滑。一般用于单作用式压缩机。在压缩机的连杆大头安装一种槽形的"油勺"，在曲轴箱底部，压缩机曲轴和"油勺"被润滑油浸泡。压缩机工作时，当活塞接近上止点时，曲轴箱底部润滑油被"油勺"和曲轴带动，飞溅的油雾及油滴落于气缸未被活塞遮盖的内表面，并在活塞下一次循环向下止点运行时，由活塞组件中的布油环分布至气缸内表面。在吸气过程中气缸里能产生真空度，加之活塞环的"泵油"作用，由飞溅而引起的润滑油容易被泄漏进气缸内，与高温制冷剂气体混合并挥发，然后和被压缩气体一起排出压缩机。飞溅润滑的优点是简单，缺点是耗油量较难控制。

2）压力润滑。润滑油是通过液压泵或者依靠离心力作用的方式注入到各摩擦副。润滑点和注油量可以控制，是应用广泛的一种润滑方式。压力润滑每一注油点由单独的油管供油。液压油泵通常采用内啮合转子油泵将润滑油提高压力后注入到润滑点。这种方式通常用在大、中型压缩机中。对于全封闭压缩机，采用离心供油机构。即：曲轴有两条偏心油道，一条通向曲柄销，另一条通向主轴颈。曲轴一端浸在润滑油中，曲轴旋转时润滑油在离心力作用下沿着偏心油道流向各轴承，从轴承间隙流出的一部分油沿连杆表面流至气缸壁面和连杆小头。

5.3　螺杆式制冷压缩机

螺杆式压缩机是一种回转式的容积式压缩机。无油螺杆式压缩机在 20 世纪 30 年代问世，主要用于压缩空气，20 世纪 50 年代逐渐用于制冷装置中。20 世纪 60 年代，气缸内喷油的螺杆式压缩机出现，性能得到提高。近年来，随着齿形和结构的不断改进，性能又得到很大改善。螺杆式压缩机结构简单，易损件少，在大压差或大压力比工况下，排气温度低，对制冷剂中含有润滑油的湿行程不敏感，有良好的输气量调节特性，逐渐占据了大容量往复式压缩机的应用范围，并不断地向中等容量范围延伸，广泛地应用在冷冻、冷藏、空调和化工工艺等制冷装置上。以螺杆式制冷压缩机为主机的螺杆式冷水机组、冷热水热泵机组广泛地用于采暖空调。例如，空气源热泵型、水源热泵型、热回收型、冰蓄冷型等。螺杆式压缩机分双螺杆和单螺杆两大类，双螺杆压缩机习惯上就称为螺杆式压缩机。本书仅介绍双螺杆压缩机。螺杆式压缩机分为开启式、半封闭式和全封闭式等形式。螺杆式压缩机的制冷和制热输入功率范围已发展到 10～1000kW。

1. 基本结构

螺杆式压缩机是利用气缸中一对螺旋形转子的齿槽容积相互啮合，造成由齿形空间组成的基元容积的变化来完成蒸气的吸入、压缩和排出过程。双螺杆式压缩机的结构见图 5-42。在压缩机的机体 3 中，"∞" 字形气缸内平行地配置着一对相互啮合的螺杆形转子。其中一个凸齿槽的转子称为阳转子 2，另一个有凹齿槽的转子称为阴转子 7。通常，阳转子与原动机连接，由阳转子带动阴转子转动。阳转子又称为主动转子，阴转子又称为从动转子。转子上的推力轴承 5 使转子实现轴向定位，并承受压缩机中的轴向力。同样，转子两端的圆柱滚子轴承使转子实现径向定位，并承受压缩机中的径向力。在压缩机机体的两端，分别开设一定形状和大小

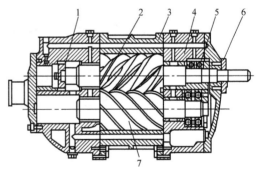

图 5-42　螺杆压缩机结构图
1—平衡活塞　2—阳转子　3—机体　4—圆柱滚子轴承
5—推力轴承　6—轴封　7—阴转子

的孔口。一个供吸气用，称作吸气孔口；另一个供排气用，称作排气孔口。如图 5-43 所示为喷油式螺杆压缩机结构剖视图。

2. 工作原理

如图 5-44 所示为由一个六齿阴转子和一个四齿阳转子进行啮合的转子对的断面图。当阳转子旋转一周，阴转子旋转 2/3 周。电动机转子通常与阳转子轴连接，驱动动力由阳转子传给阴转子而完成啮合转动。螺杆压缩机的工作循环可分为吸气、压缩和排气三个过程。压缩机工作时，随着转子旋转，每对相互啮合的齿相继完成相同的工作循环，为简单起见，这里仅描述其中的一对阴阳转子（也叫一个基元容积）的啮合情况。

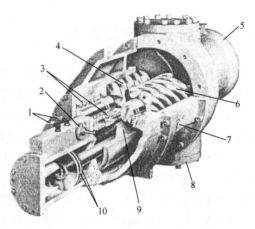

图 5-43　喷油式螺杆压缩机结构剖视图
1—润滑油控制线　2—能量调节电磁阀　3—轴承组件
4—阴转子　5—电动机　6—阳转子　7—喷油孔
8—吸气空口　9—能量调节滑阀　10—滑动活塞密封

（1）吸气过程　图 5-45 所示为螺杆压缩机的吸气过程。在图 5-45 中，阳转子按逆时针方向旋转，阴转子按顺时针方向旋转，图中的转子上端面朝向读者方是吸气孔口，如图中粗实线所示。

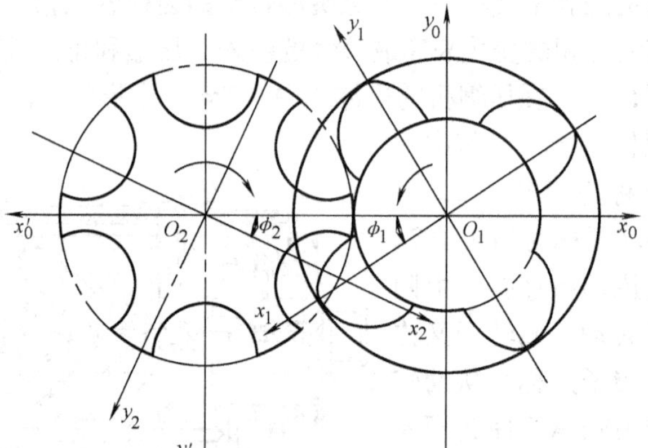

图 5-44　螺杆压缩机工作时阴阳转子啮合示意图

图 5-45a 示出吸气过程开始时的转子位置。在这一时刻，这一对齿前端的型线完全啮合，且即将与吸气孔口连通。随着转子开始运动，这一对齿的一端逐渐脱离啮合而形成了齿间容积，随着齿间容积的扩大，在其内部形成了一定的真空。此时，该齿间容积仅与吸气口连通，因此气体便在压差作用下流入其中（见图 5-45b 中阴影部分。在随后转子旋转过程中，阳转子齿不断从阴转子的槽中脱

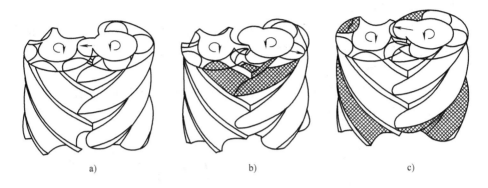

图 5-45　螺杆压缩机的吸气过程

a）吸气开始　b）吸气进行中　c）吸气结束

离出来,齿间容积不断扩大,并与吸气孔口保持连通,并保持吸气压力。随着阴阳转子的不断旋转,基元齿间容积达到最大值,继续旋转,齿间容积在此位置与吸气孔口断开,吸气过程结束。

（2）压缩过程　图 5-46 所示为螺杆压缩机的压缩过程。这是从上面看相互啮合的转子。图的转子端面是排气端面,转子上部朝向读者的机壳上排气孔口见图中粗实线。在这里,阳转子沿顺时针方向转,阴转子沿逆时针方向旋转。

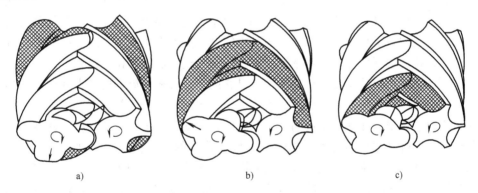

图 5-46　螺杆压缩机的压缩过程

a）压缩过程开始　b）压缩过程中　c）压缩过程结束、排气过程开始

如图 5-46a 所示为压缩过程即将开始时的转子位置。此时,气体被基元容积的转子齿和机壳包围在一封闭的空间中,齿间容积由于转子齿的啮合就要开始减小。随着转子的旋转,齿间容积由于转子齿的啮合而不断减小。被密封在齿间容积中的气体占据的体积也随之减小,导致压力升高,并沿着轴线方向流向排气孔口,从而实现气体的压缩过程(图 5-46b)。压缩过程一直持续到齿间容积即将与

排气孔口连通之前(图5-46c)。

(3)排气过程　图5-47所示为螺杆压缩机的排气过程。当齿间容积与排气孔口连通后,排气过程开始。随着转子继续啮合,齿间容积的不断缩小,压缩到排气压力的气体逐渐通过排气孔口被排出(如图5-47a)。排气过程一直持续到末端的型线完全啮合(图5-47b)。此时,齿间容积内的气体通过排气孔口被完全排出,封闭的基元容积的体积将变为零。

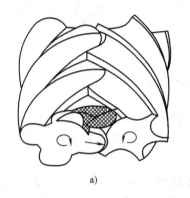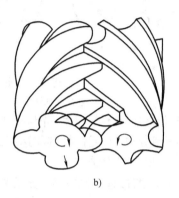

a)　　　　　　　　　　　　　　　　　b)

图5-47　螺杆压缩机的排气过程

a)排气过程进行中　b)排气过程结束

从上述工作原理可以看出,螺杆压缩机是一种工作容积作回转运动的容积式气体压缩机械。气体的压缩依靠容积的变化来实现,而容积的变化又是借助压缩机的一对阴阳转子在机壳内作回转运动来实现。只要在机壳上合理地配置吸、排气孔口,就能实现压缩机的基本工作过程——吸气、压缩及排气过程。

螺杆压缩机与活塞压缩机的区别,是它的工作容积在周期性扩大和缩小的同时,其空间位置也在变更。另外,活塞式压缩机的吸、排气阀是借助阀腔和气缸内的压力差克服阀片弹力来自动开启和关闭,自动完成吸、排气过程。螺杆式压缩机的吸、排气过程的起始取决于吸、排气孔口的位置,带有强制性特点。因此,吸、排气孔口位置放置的适当程度涉及到螺杆式压缩机是否产生内压缩(延时排气导致基元容积内气体压力高于名义排气压力)和外压缩(提前排气使基元容积内气体压力低于名义排气压力)现象,会产生等容膨胀和等容压缩的额外功耗。

3. 转子齿形

啮合转子齿形是螺杆压缩机的关键部件,除了符合啮合原理外,还须具有大的转子齿间容积、基元容积气密性好、传动稳定、效率高、足够的刚度与强度、便于加工等特点。因此,国内外众多科研部门和企业对转子齿形投入了大量的精力和财力,研发出多种具有竞争力的齿形型线,使机器的效率越来越高,性能越来越好。几种典型齿形的简介见表 5-6。

表 5-6　几种螺杆式压缩机典型转子齿形比较

齿形名称	图 形	特 点
X 齿形	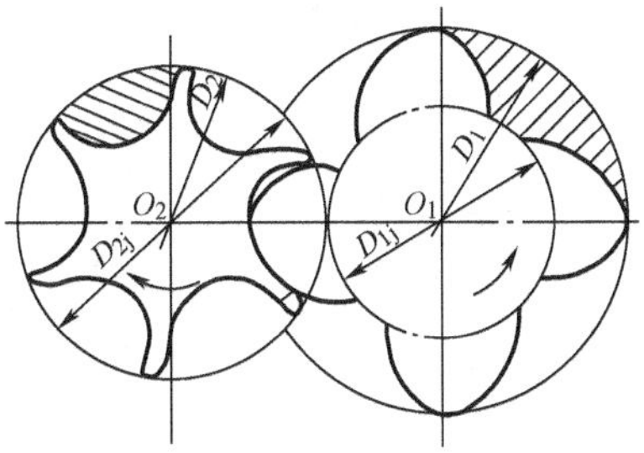	齿形是在圆弧摆线组成的非对称单边型线基础上形成。齿数比 4∶6。齿高增大，两个转子中心距缩短，增大面积利用系数。阴阳转子齿形圆滑，减少齿形对气流扰动阻力，降低动力损失和噪声。减小泄漏三角形，效率高
Sigma 齿形	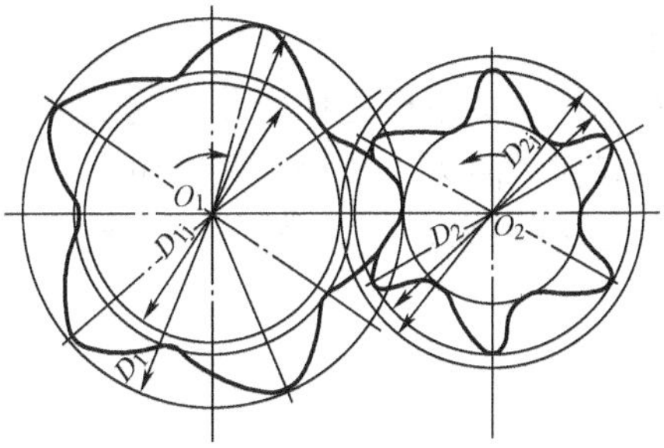	采用 5∶6 的齿数比，使得阴阳转子的圆周速度比较接近，有利于提高效率。齿形型线设置在距离节圆一定距离，造成接触线处始终有速度差，有助于提高气密性。加大了两转子间中心距
CF 齿形	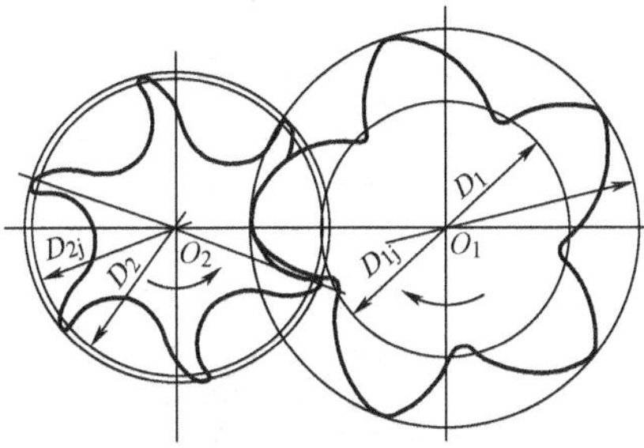	兼顾 X 齿形和 Sigma 齿形的特点。型线的背段仍采用点生式摆线，减小泄漏三角形面积对轴向泄漏的影响。采用 5∶6 的齿数比，使两转子的圆周速度接近最佳工作速度。齿高增大，利用系数增大，能耗降低

4. 螺杆式压缩机的能量调节

螺杆式压缩机的能量调节通常使用滑阀调节和塞柱阀调节。

（1）滑阀调节　滑阀调节时，滑阀装在气缸壁下部两圆交汇处，如图 5-48 所示。从图中可见，当滑阀向排气端移动一个位置时，改变了转子有效长度，即改变了基元容积。图 5-49 表示了滑阀移动时的吸气容积及压缩过程。图 5-49a 是全负荷状态，滑阀与气缸固定端贴合在一起，基元容积 V_4 所吸的蒸气全部被压缩并排出。若设内压力与外压力相等，则压缩机内过程为 $D—A—B—C$。当滑阀移动一段距离后，如图5-49b所示，由于在滑阀与固定端之间形成与吸气腔相通的回流口，基元容积只有在啮合过程中扫过滑阀时才可封闭压缩，则有部分蒸气通过滑阀和固定处的间隙回流到吸气侧，转子的有效长度由 V_A 缩短到 V'_A，减少了被压缩蒸气量。若这时吸气管和排气管内的压力等于全负荷时的压力值，排气口的大小也无变化（即压缩终了时的容积不变），则压缩机内过程为 $D—A'—B'—B—C$。滑阀移动距离的大小控制了转子有效长度，从而使输气量（或制冷量）在10%～100%之间连续变化。

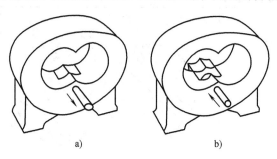

图5-48 螺杆式压缩机的调节滑阀结构

用滑阀调节制冷量时，功率并不与制冷量成正比变化，这是由于摩擦损失不随负荷的减小而下降；另外，回流口流动阻力也消耗一些能量。因此，虽然螺杆式压缩机可以在10%～100%范围内进行无级能量调节，但实际上一般宜在40%负荷以上进行调节。

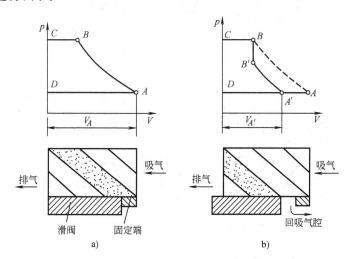

图5-49 螺杆式压缩机滑阀能量调节时的压缩过程
a) 全负荷 b) 部分负荷

（2）塞柱调节 螺杆式压缩机除了用滑阀调节输气量外，还用塞柱阀调节输气量（制冷量），即在气缸上开有孔洞，用塞柱阀密闭。如图5-50所示，图中有塞柱阀1和2，当制冷量减少时，塞柱阀下落，基元容积内一部分制冷剂气体就旁通到吸气口。输气量继续减少，塞柱阀 2 再下落。这种塞柱阀的升降是通过电磁阀控制液压泵中油的进出来实现的。柱塞阀调节输气量只能实现有级调节，图中调节负荷仅有 75% 和 50% 两档，这种调节方法在中小型螺杆式压缩机常常可以看到。

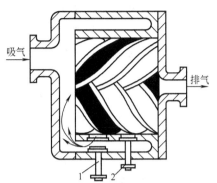

吸气

排气

1　2

图 5-50　塞柱阀能量调节原理
1、2—柱塞阀

5. 螺杆式压缩机的特点

螺杆压缩机与活塞压缩机相同，都属于容积式压缩机。但从主要部件的运动形式看，又与离心式压缩机相似。所以，螺杆压缩机同时兼有两类压缩机的特点。

（1）螺杆压缩机的优点

1）可靠性高。螺杆压缩机零部件少，没有易损件，因而它运转可靠，寿命长，大修间隔期可达 4～8 万小时。

2）操作维护方便。操作人员不必经过长时间的专业培训，可实现无人值守运转。

3）动力平衡性好。螺杆压缩机没有不平衡惯性力，机器可平稳地高速工作，可实现无基础运转，特别适合用作移动式压缩机，体积小、重量轻、占地面积少。

4）适应性强。螺杆压缩机具有强制输气的特点，输气量几乎不受排气压力的影响，在广阔的范围内能保持较高的效率。

5）多相混输。螺杆压缩机的转子齿面间实际上留有间隙，因而能耐液体冲击，可压送含液气体、含粉尘气体、易聚合气体等。

6）在低蒸发温度和高压力比工况下，用单机压缩仍然可正常工作且有良好性能。这是由于螺杆式压缩机没有余隙容积，没有吸排气阀，所以在这种不利工况下仍有较高的容积效率；还由于气缸内喷油冷却，排气温度比活塞式压缩机低得多。另外，还可以增设经济器来改善压缩机在高压力比时的性能。

7）制冷量可以在 10%～100% 范围内无级调节，但在 40% 以上负荷时的调节比较经济。

（2）螺杆压缩机的缺点

1）造价高。螺杆压缩机的转子齿面是一空间曲面，需利用特制的刀具，在价格昂贵的专用设备上进行加工。另外，对螺杆压缩机气缸的加工精度也有较高的要求。

2）不能用于高压场合。由于受到转子刚度和轴承寿命等方面的限制，螺杆压缩机只能适用于中、低压范围，排气压力一般不超过 4.5MPa。

3）不能制成微型。螺杆压缩机依靠间隙密封气体，目前一般只有容积流量大于 $0.2m^3/min$ 时，螺杆压缩机才具有优越的性能。

6. 螺杆式压缩机的热力性能

（1）理论输气量　单位时间内转子转过的齿间容积之和是理论输气量，它取决于压缩机的几何尺寸和转速

$$q_{V,sw} = C_{\varphi} C_n N \psi D_y^3 / 60 \qquad (5-33)$$

式中　$q_{V,sw}$——螺杆压缩机的理论输气量（m^3/s）；

　　　　C_{φ}——转子扭角系数；

　　　　C_n——压缩机面积利用系数；

　　　　N——阳转子转速（转/分）；

　　　　ψ——转子长径比，$\psi = L/D_y$；

　　　　D_y——阳转子的外径（m）；

　　　　L——转子长度（m）。

（2）容积效率　螺杆压缩机的容积效率 η_{sc} 是实际输气量与理论输气量之比值。反映了压缩机几何尺寸利用的完善程度。各种螺杆压缩机的容积效率变化范围有所不同，一般 $\eta_{sc} = 0.75 \sim 0.95$。对转速低、容积流量小、压力比高、不喷油压缩机，容积效率较低；转速高、容积流量大、压力比低、喷油压缩机，容积效率较高。影响螺杆式压缩机容积效率 η_{sc} 的因素主要有：

1）气体泄漏。螺杆式压缩机泄漏的途径有：螺杆端面密封，螺杆齿顶与气缸内壁形成的螺旋形密封线，螺杆互相啮合的接触线，两螺杆开始啮合点与气缸两内圆交点不重合而形成的泄漏区。泄漏可分为内泄漏和外泄漏两种。内泄漏是指处于排气和压缩过程中各基元容积间的泄漏；外泄漏是指已被压缩的气体向吸气侧（包括吸气腔，正在吸气的相邻基元容积间）的泄漏。显然，只有外泄漏影响实际输气量，而内泄漏不影响容积效率，但影响功耗。喷油螺杆压缩机可以减少泄漏。

2）气体流动损失。吸入蒸气通过吸气口、管道等有沿程阻力损失、局部阻力损失而使比体积增大，减少了吸入蒸气的质量。

3）气体热交换。转子和气缸被压缩后的高温蒸气所加热，而温度较低的吸入蒸气与温度较高的转子、气缸、润滑油接触而被预热，比体积增大，使实际吸入蒸气的质量减少。

影响压缩机气体泄漏、流动损失、气体热交换的因素很多，主要有：工况（压力比等）、转速、喷油量及油温、粘度、压缩机的结构尺寸、压缩机的制造质量、磨损程度、制冷剂性质等。对于一定转速和一定结构的压缩机，容积效率主要取决于压力比，参见图 5-51。

（3）内压力比　螺杆压缩机的内压力比，是指齿间容积的内压缩终了压力

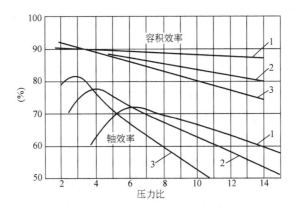

图 5-51 螺杆压缩机的效率曲线图

1—内容积比 4.8 2—内容积比 3.5 3—内容积比 2.6

p_i 与吸气压力 p_s 之比。若被压缩气体可作为理想气体处理,并假定压缩过程为可逆绝热过程,则基元容积所达到的压缩终了内压力比 ε_{sc} 为

$$\varepsilon_{sc} = \frac{p_i}{p_s} = \left(\frac{V_0}{V_i}\right)^{\kappa} = \varphi^{\kappa} \tag{5-34}$$

式中　p_i——基元容积与排气孔口相连通时,该容积内的气体压力,即内压缩终了压力(MPa);

　　　p_s——基元容积与吸气孔口断开瞬时,其内之气体压力,即吸气终了压力(MPa);

　　　V_i——基元容积与排气孔口相连通时的容积值,即压缩过程结束时的容积值(m^3);

　　　V_0——基元容积与吸气孔口断开瞬时的容积值,即吸气过程结束时的容积值(m^3);

　　　φ——压缩机的内容积比;

　　　κ——气体的等熵指数。

由式(5-34)可见,内压力比与气体性质密切相关。对于螺杆压缩机,每台压缩机一般都有一个固定的内容积比,但内压力比却随着被压缩的气体性质的不同而异。不同种类的气体,等熵指数不同。在常温常压下常见气体的等熵指数见表5-7。

表 5-7 常见气体的等熵指数

气体名称	甲烷	乙烷	丙烷	R134a	R22	CO₂	氨	乙烯	丙烯	空气
等熵指数	1.31	1.19	1.14	1.11	1.19	1.30	1.32	1.22	1.15	1.4

若一台螺杆压缩机的内容积比为 3.5，根据式(5-34)，上述部分气体的内压力比如下：丙烷 4.17、氨 5.03、空气 5.78。

(4) 制冷量　螺杆式压缩机的制冷量为

$$Q_{sc} = \eta_{sc} q_{V,sw} q_v \tag{5-35}$$

式中　Q_{sc}——螺杆压缩机的实际制冷量(kW)；

　　　q_v——螺杆压缩机的单位容积制冷量(kJ/m^3)。

(5) 附加消耗功　当螺杆压缩机吸入蒸气的压力为 p_1 时，由内压力比决定排气时的内压力 $\varepsilon_{sc} p_1$，这个压力可能与排气管内的压力 p_2 相等，也可能不相等。即：内压力比可能与外压力比($r = p_2/p_1$)相等或不相等。当 $\varepsilon_{sc} \neq r$ 时，在压缩机排气时，会发生等容压缩或等容膨胀。图 5-52 表示了 $r = \varepsilon_{sc}$、$r < \varepsilon_{sc}$、$r > \varepsilon_{sc}$ 三种情况的理论上的示功图。从图上看到，当 $r = \varepsilon_{sc}$ 时，示功图上的面积 abcd 即为螺杆压缩机每完成一次压缩消耗的理论功。当 $r < \varepsilon_{sc}$ 时，由于内压力 $\varepsilon_{sc} p_1$ 大于排气管压力 p_2，就发生等容膨胀过程 b—c，这时每完成一次压缩理论上消耗的功为面积 abcdea。该面积比内压力比与外压力比相等时所消耗的循环功面积 ab'cdea 增大面积了 b'bcb'(图 5-52b 中阴影部分)，则压缩功增加了。同样，当 $r > \varepsilon_{sc}$ 时，压缩过程出现等容压缩过程 b—c，这时每完成一次压缩理论上消耗的功为面积 abcdea。多耗的功为面积为 bcb'b(图 5-52c 中阴影部分)。由此可见，由于 $\varepsilon_{sc} \neq r$，就会引起压缩过程的功耗增加。

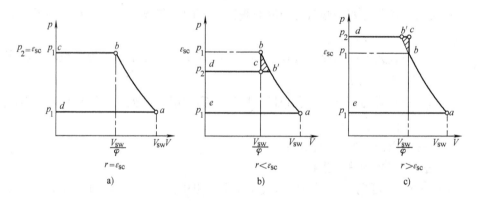

图 5-52　螺杆式压缩机的 p-V 图

除了压缩机在排气时由于压力突然下降或升高而有附加功耗外，还有一些其他能量损失。这些能量损失有：气体高速流动产生的能量损失；内泄漏引起的能量损失；喷油使气体产生扰动引起的能量损失；吸入蒸气被预热引起的损失；以及机械摩擦损失等。影响上述各种能量损失的因素主要有：压力比，压缩机的结构、转速，喷油量的大小及油温，制冷剂的粘度与密度等。对于一定结构、一定转速的压缩机，能量损失主要决定于压力比。通常用轴效率 η_{zh}(绝热功率与轴功率之比)来表示能量损失。图 5-51 中给出了不同内容积比(结构特征)的使用 R22 制冷剂的螺杆式压缩机轴效率 η_{zh} 和容积效率 η_{sc} 随外压力比 r 的变化曲线。

(6) 轴功率及绝热压缩功率

1) 等熵绝热压缩功率。若被压缩的气体按理想气体处理,则压缩机的等熵绝热功率可按式(5-36)计算

$$P_{ad} = \frac{\kappa}{\kappa - 1} p_1 q_{V,sj} \left[\left(\frac{p_2}{p_1} \right)^{\frac{\kappa - 1}{\kappa}} - 1 \right] \tag{5-36}$$

式中 P_{ad}——压缩机的等熵绝热功率(kW);

p_1——压缩机的吸气压力(MPa);

p_2——压缩机的排气压力(MPa);

$q_{V,sj}$——压缩机的实际输气量(m^3/s)。

2) 绝热效率。等熵绝热压缩所需的功率 P_{ad} 与压缩机实际轴功率的比值 P_{zh},称为绝热效率 η_{ad}。即

$$\eta_{ad} = P_{ad}/P_{zh} \tag{5-37}$$

螺杆压缩机的绝热效率 η_{ad} 反映了压缩机能量利用的完善程度。低压力比、中容量时,$\eta_{ad} = 0.75 \sim 0.85$;高压力比、小容量时,$\eta_{ad} = 0.65 \sim 0.75$。

5.4 离心式制冷压缩机

离心式制冷机自 1922 年被美国 Carrier 用于空调系统以来,经历了多年的历史。目前,在大容量制冷量领域中占有独特的地位。随着机械制造技术、制冷设计技术和电子控制技术的不断发展,离心式压缩机从制冷热力性能、环境特点、机组体积和材料等方面都得到显著的提高和改善,特别是在空调领域,大型的、制冷量大的空调机组具有不可替代的地位。将各种高新技术(比如:磁悬浮轴承、变频技术、数字控制技术等)的综合利用,产生了微型化的离心式压缩机。使用离心式压缩机的离心式制冷机分为冷水机组和低温机组。冷水机组用于空调,其蒸发温度在 0℃ 以上,广泛应用于建筑物、食品、纺织、商业、精密机械加工等集中供冷的大型中央空调。低温制冷机组用于制冷量较大的化工工艺流程,(如:合成氨、合成橡胶、人造酒精等),以及液化天然气、盐类结晶、石油精炼等,另外,在人造冰场、低温实验环境和使用冷温水机组的热泵系统中也得到应用。

1. 普通离心式压缩机

在空调和制冷领域普遍使用的离心式压缩机按照结构形式分为封闭式、半封闭式和开启式;按照压力比不同分为单级压缩和多级压缩系统。离心式制冷压缩机属于容积式压缩机。如图 5-53 所示为单级压缩离心式制冷机的结构。图 5-54

是四级压缩离心式压缩机结构剖面图。因为离心式压缩机是利用气体动能和压力势能的转换来提高压力，单级压缩的压力比不太高，通常是 2~3，因此对于压力比高的工作工况，需要采用多级压缩来满足。

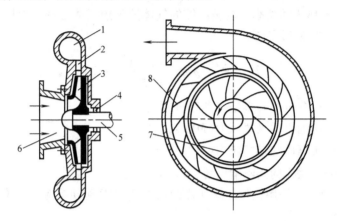

图 5-53　单级压缩离心式制冷机结构图
1—蜗壳　2—扩压器　3—工作叶轮　4—轴封　5—工作轴　6—吸气室
7—工作叶轮片　8—扩压器叶片

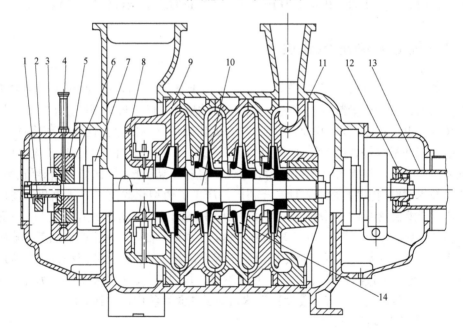

图 5-54　四级离心式压缩机结构剖面图
1—顶轴器　2—套筒　3—止推轴承组件　4—止推轴承　5—滚动轴承　6—调整块
7—机械密封组件　8—进口导叶　9—隔板　10—转子轴　11—机壳
12—齿轮连轴器　13—电动机连接轴　14—工作叶轮

（1）离心式压缩机结构和工作原理　被压缩气体由轴向吸入，通过高速旋转的叶轮对气体做功，使气体速度和温度提高，然后流入扩压器，使其速度降低，压力提高。如图5-53所示，单级离心式压缩机主要由吸气室、工作叶轮、扩压器和蜗壳等组成。如图5-54所示，多级压缩机与单级压缩机不同之处在于多个叶轮安装在同一个工作轴上，同时转动，对所处各级的被压缩气体做功。级和级之间由弯道和回流器连接（图5-55），保证各级气体流动的连续性和压力比。级和级之间装有级间密封装置。多级离心式压缩机的最后一级才是蜗壳。下面分别介绍各元件的工作原理。

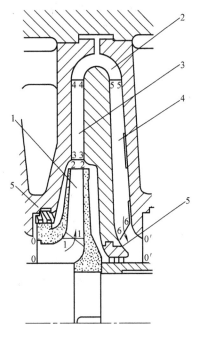

图5-55　离心式压缩机的中间级
1—工作叶轮　2—弯道　3—扩压器
4—回流器　5—迷宫密封

1）吸气室。它是把气体由蒸发器均匀地引入到第一级。一般作成沿气体流动方向截面积略有减少，是一个压力降低、速度增加的收敛过程。在吸气室的入口处通常装有可旋转调节的进口导叶以调节气体进气量和流入工作叶轮的气流的速度方向。

2）工作叶轮。如图5-53和图5-54所示，叶轮由轮盖、叶片和轮盘组成。它是压缩机中把机械能转变为气体能量的唯一部件。在工作时，转子（包括轴和叶轮等）高速旋转，利用其叶片对气体做功，气体由于受离心力的作用以及在叶轮内的扩压流动，使气体通过叶轮后的压力和速度得到提高。

3）扩压器。气体从叶轮流出时，它有较高的流动速度。为了充分利用这部分速度能，常在叶轮后面设置了流通面积逐渐扩大的扩压器，用以把速度能转变为压力能，以提高气体的压力。面积逐渐扩大的环形通道称为无叶扩压器，其中装有叶片的称为叶片扩压器（图5-53）。

4）弯道和回流器。弯道和回流器是多级压缩机中用来把从扩压器出来的气体引入到下一级工作叶轮的进口，它与扩压器一起组成一个隔板。为了均匀地沿轴向引导气体，在回流器中装有导流叶片。

5）蜗壳。单级离心式压缩机出口和多级压缩机的末端级，不存在把气体引入下一级的问题，所以在叶轮或扩压器后面没有弯道和回流器，而是接上蜗壳，蜗壳的主要作用是把扩压器或叶轮后面的气体汇集起来，引导到冷凝器去。由于蜗室外径的逐渐增大和流通截面的渐渐扩大，也使气流起到一定的降速扩压作用。

6）密封。叶轮在工作时，由于轮盖与固定壁之间的压力比叶轮进口处压力要高，同时由于转子与固定元件之间有相对运动，应有一定的间隙，因此，高压气体就要通过这些间隙向低压处泄漏（称内泄漏），这种泄漏是一种损失。为了尽量减少这种损失，须装有迷宫密封（图5-55）。对贵重或易爆气体，则在轴端装有绝对不允许泄漏的机械密封（图5-54）。

7）平衡盘。由于工作叶轮上两侧的压力不相等，在转子上受到一个指向叶轮进口的轴向推力（此力在图5-54为向左边作用）。为了平衡这个推力，在末端级之后设置一个平衡盘（图5-54中为第四级叶轮后），因平衡盘的左侧为高压，而右侧与进气压力相通，以致形成相反的力平衡掉大部分轴向推力。目前许多压缩机不用平衡盘，而由推力轴承替代。

为了使压缩机持续、安全和高效地运行，还需设置一些辅助设备和系统，如增速器、联轴器、润滑系统、冷却系统、自动控制、监测及安全保护系统等。

（2）离心式压缩机热力性能　由上一节离心式压缩机的结构可知，离心式压缩机中流道形状比较复杂，被压缩气流在其内流动的同时，受工作叶轮做功而提高动能，又经过其他部件而降速增压，就产生气流与机械部件之间的摩擦，气体的热力参数，如速度、压力、温度及密度沿各个部件和任一截面上各点参数大小是变化的，是三元非稳态流动，如图5-56所示。图中 c_i、p_i、T_i 分别表示气流经过级内的速度、压力和温度的变化。

在工程应用中，通常假定气体流动是稳定流动，并作为一元流动处理，基本符合工程要求。随着科学技术和计算手段的进步，为了进一步提高压缩机的效率，现代叶轮的设计均采用三元流动理论，蜗室也有用二元流动理论进行设计的，但是一元流动理论仍然作为设计基础。气流在离心式压缩机中热力性能叙述如下：

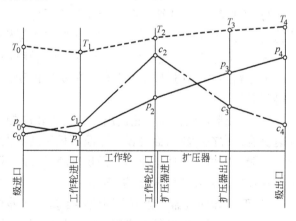

图5-56　离心式压缩机级内被压缩气体热力参数变化

1）欧拉方程式。如图5-57所示，气流由工作叶轮轴心处流入，沿着半径辐射方向流出，其间叶轮对气体做功。气体在旋转叶轮中的流动可以分为三个运动：①气体相对于叶道的相对运动。用相对速度 w 表示；②叶轮本身的转动，用圆周速度 u 表示；③气体相对于地面的绝对运动，用绝对速度 c 表示。三种速度以矢量相加，组成一个封闭的三角形，称为气体运动的速度三角形，如图5-57a所示，图中注脚1、2表示进、出口截面处速度。如图5-57b所示，通常把叶轮进出口气流的绝对速度c_1和c_2分解成两个分速度，即圆周分速度c_{1u}和c_{2u}和径向分速度c_{1r}和c_{2r}。

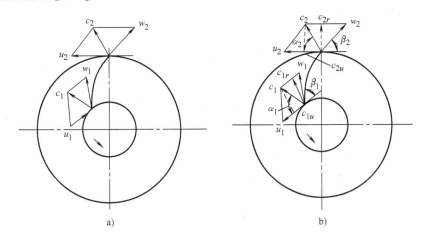

a)　　　　　　　　　　　b)

图 5-57　工作叶轮进出口速度三角形

由动量矩定律可得到

$$E_{th} = c_{2u}u_2 - c_{1u}u_1 \tag{5-38}$$

$$u = \pi nD/60 \tag{5-39}$$

式中　E_{th}——流动气体有叶轮得到的理论能量（J/kg）；

　　　　u——叶轮的圆周速度（m/s）；

　　　　n——压缩机转速（r/min）；

　　　　D——叶轮半径（m）。

由上式可知，如果已知叶轮进、出口截面的u和c，可以求出气流流过叶道时单位气体所接受的能量，这就是欧拉方程。

由速度三角形按式（5-38）可以推导出

$$E_{th} = \frac{u_2^2 - u_1^2}{2} + \frac{w_1^2 - w_2^2}{2} + \frac{c_2^2 - c_1^2}{2} \tag{5-40}$$

式（5-40）称作欧拉第二方程式。该式清楚地表明气体所获的能量结构，式中等号右边第一项表示圆周速度的增加，离心力的作用使静压能升高；第二项中气流相对速度减少说明由于叶道通道面积的变化而产生的扩压作用；第三项是气体绝对速度的增加而产生的动能。

　　2）能量方程。叶轮对气体做功，转换为气体的能量。现在推导气体流经压缩机机内的流动方程。如图5-58所示，取离心式压缩机某一级的叶轮1为进口，回流器 2 为出口。这样，以进出口 1、2、轴线和机外壳构成的一个控制容积。取控制容积内气体质量为 m，进口处气体参数为 p_1、T_1、c_1，出口处参数为 p_2、T_2、c_2。经过很短一段时间 Δt 之后，控制容积内的质量产生移动到 1'和 2'的位置。

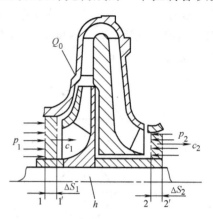

　　根据能量守恒定律，作用在控制容积内质量上外力所做的功，以及外界加入的热量，都用来使气体的动能和内能发生变化

$$\Delta E + \Delta Q_0 = \Delta u + \Delta \left(\frac{mc^2}{2} \right) \quad (5\text{-}41)$$

式中　　ΔE——时间 Δt 内，外力作用在质量 m 气体上的功（kJ）；

　　　　ΔQ_0——时间 Δt 内，外界与质量 m 气体的热交换（kJ）；

　　　　Δu——气体内能的变化（kJ）；

　　$\Delta \left(\frac{mc^2}{2} \right)$——气体动能的变化（kJ）。

图 5-58　推导离心式压缩机能量方程的控制容积图

　　假设不考虑气体在其体内的能量损失，气体为理想气体，经过推导，可以得到叶轮对气体的理论能量方程式为

$$E_{th} + Q_0 = c_p \left(T_2 - T_1 \right) + \frac{c_2^2 - c_1^2}{2} = h_2 - h_1 + \frac{c_2^2 - c_1^2}{2} \quad (5\text{-}42)$$

式中　　c_p——比定压热容 [kJ/（kg·℃）]；

　　　　h——比焓（kJ/kg）；

　　3）伯努利方程　将离心式压缩机的能量方程用机械形式来表示，则为伯努利方程。对于叶轮的实际工作过程，压缩机所做的功，除了对气体做功外，还有内泄漏损失和轮阻损失所消耗的能量。描述压缩机能量平衡的伯努利方程为

$$E_{tot} = E_{th} + E_{df} + E_1 = \int_1^2 \frac{dp}{\rho} + \frac{c_2^2 - c_1^2}{2} + E_{hyd} + E_{df} + E_1 \quad (5\text{-}43)$$

式中　　E_{tot}——压缩机消耗的总能量（kJ）；

　　　　E_{df}——气体流动过程的轮阻损失（kJ）；

　　　　E_{hyd}——气体克服流动损失（kJ）；

　　　　E_1——气体压缩过程级内气体泄漏损失（kJ）；

　　　　p——气体压力（MPa）；

　　　　ρ——气体密度（kg/m³）。

式（5-43）可以用于理想气体和粘性气体。气体消耗的总功或气体获得的总能头有三部分组成：

a. $E_{th} = \int_1^2 \dfrac{dp}{\rho} + \dfrac{c_2^2 - c_1^2}{2} + E_{hyd}$ 为气体获得的理论能头，包括气体静压 $\int_1^2 \dfrac{dp}{\rho}$、动能 $\dfrac{c_2^2 - c_1^2}{2}$ 和克服流动阻力损失能量 E_{hyd}。

b. E_{df} 为压缩机做功的轮阻损失，是克服轮盘、轮盖外侧面及轮缘与周围间隙中气体摩擦所消耗的功，这部分功变为热量而传给气体。

c. E_1 为气体压缩过程中级内气体泄漏损失，是由于叶轮进出口存在压力差，叶轮出口处不断有少量气体经过轮盖间隙倒流到叶轮进口处，形成内泄漏，而内泄漏引起压缩后气体的膨胀从而引起能量损失。

除上述方程用来描述离心式压缩机的热力性能以外，还有状态方程——用来计算被压缩气体在工作过程状态参数。状态方程分为理想气体状态方程和实际气体状态方程。对于实际气体，可以用查图表方法得到压缩因子对理想气体进行修正后计算，也可以用不同气体得到的实际气体状态方程解析式进行计算。可参考有关文献，这里不作介绍。

离心式压缩机的工作过程是连续性吸气、压缩和排气的热力过程，没有气体膨胀过程，用来描述离心式压缩机压缩过程和压缩功的概念和计算式同活塞式压缩机相同，有等熵压缩过程和多变压缩过程，在此不再冗述。

4）离心式压缩机的功率和效率。离心式压缩机的输入功率主要消耗在提高静压头和克服各种损失方面。静压头所用压缩功率可以通过欧拉方程、伯努利方程、状态方程和过程方程等计算得到。用于克服各种损失的功率可以用计算和经验数据获得。压缩机级中损失可分为内损失与外损失两大部分。内损失是指该损失所转化的热量仍加给级中气体，使气体的温度升高，消耗的压缩功率增加。内损失有级内流动损失、轮阻损失、轮盖处漏气损失、平衡盘及轴套密封中气体漏回机内的损失。外损失是指联轴器、增速齿轮、轴承中的摩擦损失以及从轴端密封气体漏至大气部分的外泄漏损失，这些损失不影响压缩功率的大小，但增加了压缩机的总输入功率。

离心式压缩机的效率是用来表示由原动机输入到压缩机最终传递给气体的机械能的利用程度。常用的效率如下：

a. 等熵效率。指由气体的压力 p_1 增加到 p_2 时（图 5-58），等熵压缩功 W_{ts} 与实际所耗总功 W_{tot} 之比

$$\eta_s = \frac{W_{ts}}{W_{tot}} \tag{5-44}$$

b. 多变效率。指由气体的压力 p_1 增加到 p_2 时（图 5-58），多变压缩功 W_{tp} 与

实际所耗总功 W_{tot} 之比

$$\eta_p = \frac{W_{tp}}{W_{tot}} \tag{5-45}$$

对单级离心式制冷压缩机，通常等熵效率和多变效率有如下关系：$\eta_s = (0.97 \sim 0.99)\eta_p$。

c. 流动效率。指级的多变压缩功 W_{tp} 与叶轮传递给气体的理论功 W_{th} 之比

$$\eta_h = \frac{W_{tp}}{W_{th}} \tag{5-46}$$

d. 机械效率。压缩气体实际所耗总功 W_{tot} 与原动机功 W_e 之比，或二者功率之比

$$\eta_m = \frac{W_{tot}}{W_e} = \frac{P_{tot}}{P_e} \tag{5-47}$$

通常，$P_{tot} > 2000kW$ 时，$\eta_m \geqslant 0.97 \sim 0.98$；$P_{tot} = 1000 \sim 2000kW$ 时，$\eta_m = 0.96 \sim 0.97$；$P_{tot} < 1000kW$ 时，$\eta_m \leqslant 0.96$。

上述效率的计算与所取截面有关。若取压缩机进、出口截面，则为压缩机效率。如果取级的进、出口截面，则为级效率。

总功率 $$P_{tot} = P_{th} + P_{df} + P_1 \tag{5-48}$$

式中 P_{tot}——压缩气体所需的实际总功率(kW)；

P_{th}——叶轮对气体做功所需的理论功率(kW)；

P_{df}——轮阻损失功率(kW)；

P_1——压缩机级内气体泄漏消耗的功率(kW)。

原动机轴功率 $$P_e = \frac{P_{tot}}{\eta_m} \tag{5-49}$$

式中 P_e——原动机的轴功率(kW)。

5) 离心式制冷压缩机的性能曲线。离心式制冷压缩机的性能曲线是指压缩机的制冷量、功耗、等熵效率等于蒸发温度、冷凝温度之间的关系，它表示压缩机的工作状况发生变化时热力性能参数的变化关系。图 5-59 表示蒸发温度 $t_0 = 2℃$、转速为常数时离心式制冷压缩机的性能曲线。由图可知，随着冷凝温度下降，制冷量 Q_0 增大；所耗功率 P_e 随着制冷量增加而增大；等熵效率 η_s 随制冷量变化而出现最大值；P_e/Q_0 和 P_s/Q_0 随着制冷量的增加而降低。性能曲线很难用理论方法求取，通常用试验获得。

(3) 离心式制冷压缩机的喘振和堵塞工况 在正常的工况下，离心式压缩机的制冷量或容积流量通过进口导叶可以实现 $10\% \sim 100\%$ 的调节。但是，在压缩机转速恒定，容积流量减小到一定值时，机内气流和叶轮叶片间会出现严重的旋转脱离，流动情况会大大恶化。叶轮虽仍在旋转，对气体做功，但却不能提高

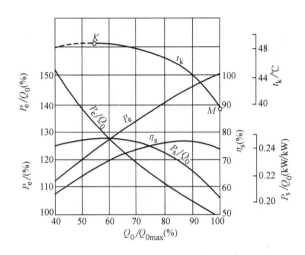

图 5-59 离心式制冷压缩机的性能曲线

气体的压力，于是压缩机出口压力显著下降。由于压缩机具有工作背压，因此出现工作背压大于压缩机出口处压力的情况，高压气体就向压缩机倒流。倒流的气流又在叶片作用下正向流动，压缩机又开始正常压缩和排除气体，经过压缩机的流量又增大，压缩机恢复正常工作。一旦正常输气，由于压缩机容积流量小又引起出口压力下降，系统中的气体又产生倒流。如此周而复始，在整个系统中发生了周期性的轴向低频大振幅的气流振荡现象，这种现象称之为离心式压缩机的"喘振"。

喘振所造成的后果常常是很严重的，气流出现脉动，产生强烈噪声；它会使压缩机转子和定子经受交变应力而断裂；使级间压力失常而引起强烈振动，导致密封及推力轴承的损坏；使运动元件和静止元件相碰，造成严重事故。

从上面分析中得知，喘振的发生首先是由于变工况时压缩机叶栅中的气动参数和几何参数不协调，形成旋转脱离，造成严重失速的结果。喘振现象的发生包含着两方面的因素，从内部来说，它取决于压缩机在一定条件下流动大大恶化，出现了强烈的突变失速；从外部来说，与压缩机的背压及特性曲线有关。前者是内因，后者是外界条件，内因在外界条件下促使喘振发生。对某一台压缩机，如图 5-60 所示，在不同的转速下用实测法得到各个喘振点，连接各点获得喘振线，在该线之右是正常工作区，在该线之左为喘振区。喘振界限线可近似地视

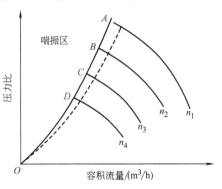

图 5-60 离心式压缩机喘振界限区域

为通过原点的一条抛物线。

为了防止压缩机在运行时发生喘振，在设计时要尽可能使压缩机有较宽的稳定工作区域。为了保证运行时避免喘振的发生，还可采用防喘放空、防喘回流等措施增加压缩机的进气量，以保证压缩机在稳定工作区运行。例如，在压缩机的出口管上安装放空阀，当压缩机的流量减小到接近喘振流量时，通过自动（或手动）控制，打开放空阀，这时压缩机出口的压力随之下降，压缩机的进气量即增大，从而避免了喘振。又例如，用压缩机出口压力来自动控制回流阀，当出口压力接近喘振工况的压力时，回流阀自动打开，一部分气体通过回流管回到压缩机的进口，使压缩机的进气量增大而避免了喘振。还可采用如转动进口导叶、转动扩压器叶片及改变转速等方法防止喘振的发生。

堵塞主要指压缩机内某一通道堵塞气体流量。随着气体的入口容积流量增大，直至流道最小截面处的气体达到声速，流量不能再增加，这时的流量达到最大流量。或者气体这时虽未达到声速，但叶轮对气体所做的功，全部用来克服流动损失，压力并不升高，压力比为1，这时也达到堵塞工况。氟利昂机组的声速较小，容易出现堵塞，应该注意。

（4）离心式压缩机的特点　因为离心式压缩机属于速度型压缩的机械，因此它通常设置增速齿轮，使其工作叶轮旋转速度在 3000 ~ 25000r/min 范围内。由油泵送出的润滑油对增速齿轮进行润滑及冷却。

离心式压缩机有下列特点：

1）外形尺寸小，质量轻，占地面积小。在相同制冷量情况下，活塞式压缩机与离心式压缩机相比，前者的重量是后者的 5 ~ 8 倍，前者的占地面积比后者多一倍。

2）易损件少（没有气阀、活塞环等），因而工作可靠，维护费用低。

3）无往复运动，故运转平稳，振动小，噪声小。

4）制冷系数高。性能好的离心式冷水机组在空调工况下的性能系数 COP 可达 5 ~ 6。离心式压缩机适用于大制冷量范围，如果制冷量太小，则流量小，流道狭窄，效率低。

5）制冷量可以经济地实现 10% ~ 100% 无级调节。

6）制冷剂基本上与润滑油不接触，不会因润滑油影响蒸发器和冷凝器的传热。

7）易于实现多级压缩和适用于多蒸发温度的制冷系统中。

8）能经济合理地使用能源，可以用多种驱动机来拖动，比如，用工业中的废热、废汽为能源，应用汽轮机来拖动；也可以用燃气轮机直接驱动。

9）离心式压缩机适应的工况范围比较窄，对制冷剂的适应性也差，即一台结构一定的压缩机只能适应一种制冷剂。

10）由于转速高，所以对于材料强度、加工精度和制造质量均要求严格。

2. 微型透平式压缩机(Turbocor Compressor)

微型透平式压缩机是近年来由 Danfoss 公司研制和开发的一种用于制冷空调系统制冷机组的压缩机。该压缩机是对透平离心式压缩机的一种革新和改造，是集最新高科技技术于一身的新型压缩机。压缩机的主机是透平离心式压缩机，电机为高效电动机，采用磁悬浮轴承、变频变速技术、数字控制和无油压缩等先进技术，制冷量范围为 100~1000kW，是即将活跃在制冷空调行业的具有竞争力的一种压缩机。

压缩机由电动机和压缩机两大部分构成，如图 5-61 所示。主要由压缩机密封壳体 6、进口导叶 4、两级叶轮 3、涡壳 7、压缩机和电动机联结轴 2 和控制组件 1、8 组成，与普通离心式压缩机不同之处是没有变速齿轮箱。工作时，低压被压缩气体由气体入口 5 进入，经过进口导叶 4 和吸气通道流入工作叶轮 3 进行两级压缩，输入功率通过电动机转子轴和叶轮转变为气体动能，然后通过扩压器将动能转化为压力能后排气到高压端，其工作原理与离心式压缩机类似。在图5-61 中，压缩气体部件的体积占据整个压缩机的一小部分，压缩机大部分体积由其他控制组件和辅助部分所占有，主机缩微而辅助部分扩大是该种压缩机的特点，具体表现在：

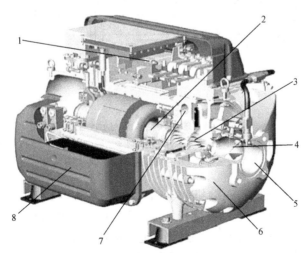

图 5-61　透平式压缩机剖面结构图

1—正反速度控制组件　2—压缩机和电动机联结轴　3—两级压缩密封式
离心压缩机叶轮　4—进口导叶　5—气体入口　6—压缩机壳体
7—涡壳　8—全功能计算控制组件

1）压缩机采用磁悬浮轴承。图5-62所示是透平式压缩机使用的磁悬浮轴承实物图。图5-63所示是磁悬浮轴承结构示意图。装有叶轮的转子与电动机同轴联结，磁悬浮轴承在磁力作用下使前、后端径向轴承1、3浮于空中，实现了非

接触式轴承，并在相应的前、后传感器环7、6的检测和数字控制系统的共同作用下自行矫正位置，使安装在转子上的轴承始终悬浮在轴承支撑架的中心部位，因此，磁悬浮轴承的摩擦力仅仅是普通机械轴承的1/500，大大提高了机械效率和压缩机的可靠性，减小了50%的维修量。同时，可以实现无润滑油压缩，取消压缩机的润滑和控制系统，降低制造

图5-62　透平式压缩机所用的磁悬浮轴承

成本，并对制冷剂没有任何污染，有利于改善换热器的传热效率。

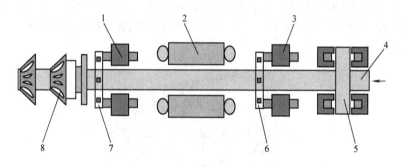

图5-63　磁悬浮轴承结构示意图
1—前端径向轴承　2—电动机　3—后端径向轴承　4—叶轮转子　5—轴向轴承
6—后端传感器环　7—前端传感器环　8—工作叶轮

2）压缩机变速技术。压缩机的驱动采用变频电动机和变频驱动（VFD）技术。当系统的负荷和冷凝器的温度变化时，通过传感器测试的信号和数字控制系统，调节电动机和压缩机的转速来最优化地匹配功耗和外界系统负载，达到压缩机高效率地变负荷运行。另外，通过变频调速技术和数字控制，电动机可以实现柔性起动，即：电动机起动电流仅为2A，而螺杆压缩机的起动电流是500～600A。通过磁悬浮轴承和变频技术的结合，压缩机的转速范围可达到18000～48000r/min。

3）双级离心式压缩机。如图 5-64 所示，双级离心式压缩机，采用电动机直接驱动。为了增高级的压力比，工作轮为开式叶轮（利用离心式压缩具有较高的空气动力学效率进行叶轮设计）。这样，不但可以保障压缩机满负荷时具有高的效率，而且在部分负荷时的效率更高。压缩机采用两级压缩，并采用带经济器的压缩循环，更进一步提高了整机的效率。

4）数字控制。压缩机用数字控制技术取缔了传统的制冷空调机组的电子控制装置。整个机组具有 150 个数字信息诊断点。通过计算机微处理器可以数字化控制和矫正磁悬浮轴承的转速及其定位；控制和调节压缩机功耗和外界系统负荷的动态匹配；综合性地控制压缩机、膨胀阀、水循环系统和冷水机组的优化组合。

图 5-64　双级离心式压缩机叶轮转子

5）综合高效率。由于这种压缩机采用上述先进的前沿性高科技技术，加之机组性能的设计适应于对环境有益的制冷剂 R134a。因此，这种透平式压缩机具有综合性优点，相同制冷量情况下，体积小，质量仅有普通压缩机的 1/5；整机效率高，比普通螺杆压缩机效率高 33%；运行平稳且噪声低，与普通螺杆压缩机相比，噪声低于 70dBA；具有较高的节能和减少二氧化碳排放量潜力。例如，一台 TT—300 型透平式压缩机，每年比相同容量的螺杆压缩机节约 38890kWh 能量，估计每年二氧化碳的当量排放量可减少 26.45t。

5.5　涡旋式制冷压缩机

法国人 Creux 最早发明涡旋式压缩机并于 1905 年在美国取得专利，由于机械加工工艺和设计技术水平有限，在当时没有得以实用化。直至 20 世纪 70 年代美国才研制出一台氮气涡旋式压缩机，1982 年日本生产出汽车空调用涡旋式压缩机。我国本世纪初引进涡旋式压缩机生产技术。目前，涡旋式压缩机以其效率高、体积小、质量轻、噪声低、结构简单且运转平稳等特点，被广泛用于国内外空调和制冷机组中，它的功率应用范围在 1~20kW。

1. 结构与工作原理

涡旋式制冷压缩机的主体结构如图 5-65 所示。主要由静涡旋盘 1、动涡旋盘 2、压缩机壳体 3、偏心轴 4、十字联结环 5、进气口 6、排气孔 7 组成。动、静涡旋盘的型线均是螺旋形,动涡旋盘相对静涡旋盘偏心并相差 180℃ 对置安装,涡旋盘型线的端部与相对的涡旋盘底部相接触,在动静涡旋盘间形成了一系列月牙形空间,即基元容积。在动涡旋盘以静涡旋盘的中心为其旋转中心,并以一定的旋转半径作无自转的回转平动时,外圈月牙形空间便会不断向中心移动,使基元容积不断缩小。静涡旋盘的最外侧开有进气口 6,并在顶部端面中心部位开有排气孔 7。压缩机工作时,气体制冷剂从进气口进入动静涡旋盘间最外圈的月牙形空间,随着动涡旋盘的运动,气体被逐渐推向中心空间,其容积不断缩小而压力不断升高,直至与中心排气孔相通,高压气体被排出压缩机。图中十字联接环是防止动涡旋盘自转的机构,该环上部和下部十字交叉的凸肋分别与动涡旋盘下端面键槽及机座上的键槽配合并在其间滑动。

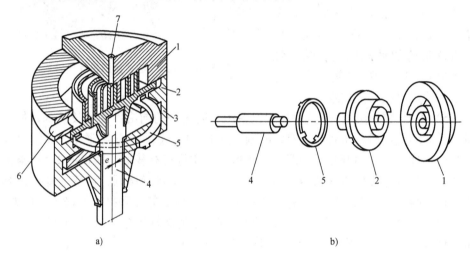

a)   b)

图 5-65　涡旋式压缩机结构示意图

1—静涡旋盘　2—动涡旋盘　3—压缩机壳体　4—偏心轴　5—十字联结环　6—进气口　7—排气孔

在图 5-66a 中,动涡旋盘中心位于静涡旋盘中心的右侧,涡旋密封啮合线在左右两侧,涡旋外圈部分刚好封闭,此时最外圈两个月牙形空间充满气体,完成了吸气过程。随着曲轴的旋转,动涡旋盘作回转平动,动静涡旋盘仍保持良好的啮合,外圈两个月牙形空间中的气体不断向中心推移,容积不断缩小,压力逐渐升高,进行压缩过程,如图 5-66b、c 所示。当第一个基元容积压缩过程开始啮合的同时,动涡盘最边缘的渐开线与静涡盘离开,与吸气腔体连通,即相邻的基元容积吸气过程开始,经过图 5-66b、c、d 状态,恢复到图 5-66a 状态,完成相邻基元容积的吸气过程。这时,第一个基元容积内气体不断压缩并向中心移动,当两个月牙形空间汇合成一个中心腔室并与排气孔相通时,压缩过程结束,并开始进入排气过程,直至中心腔室的空间消失则排气过程结束。如图 5-66 所示的涡旋圈数为两圈，最外圈两个封闭的月牙形工作腔完成一次压缩及排气的过程，曲轴旋转了两周，涡旋盘外圈分别开启和闭合两次，即完成了两次吸气过程，也就是每当最外圈形成了两个封闭的月牙形空间并开始向中心推移成为内工作腔时，另一个新的吸气过程同时开始形成。因此，在涡旋式压缩机中，吸气、压缩、排气等过程是同时和相继在不同的月牙形空间中进行的，外侧空间与吸气口相通，始终进行吸气过程，中心部位空间与排气孔相通，始终进行排气过程，中间的月牙形空间则一直在进行压缩过程。所以，涡旋式制冷压缩机基本上是连续地吸气和排气，并且从吸气开始至排气结束需经动涡旋盘的多次回转平动才能完成。故其转矩较均衡，气流脉动也小，振动小，噪声低。又由于各月牙形空间之间的压差较小，故泄漏少；进排气分别在涡旋的外侧和内侧，减轻了吸气加热；涡旋压缩机余隙容积中的气体没有向吸气腔的膨胀过程，且不需要进气阀等，所以容积效率高，可靠性高。

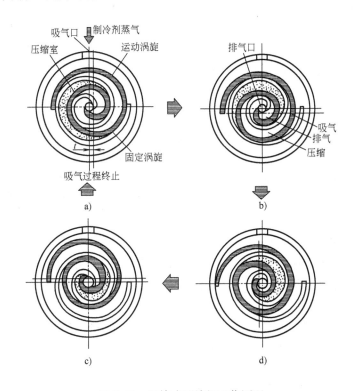

图 5-66　涡旋式压缩机工作原理

如图 5-67 所示为空调器中使用的全封闭涡旋式压缩机的总体结构剖视图。涡旋式压缩机通常是全封闭型。上部是压缩机主体，下部是润滑油，中间部分是电动机。电动机和压缩机组合后固定在一个密闭的壳体内，壳体上装有进、排气孔口。低压气体从机壳顶部吸气管 1 直接进入涡旋体四周，高压气体由静涡旋盘 5 的中心排气孔 2 排入排气腔 4，并通过排气通道 6 被导入机壳下部去冷却电动机 11，同时将润滑油分离出来，高压气体则由排气管 19 排出压缩机。采用排气冷却电动机的结构减少了吸气过热度，提高了压缩机的效率；又因机壳内是高压排出气体，使得排气压力脉动很小，因此振动和噪声都小。

2. 涡旋式压缩机特点

涡旋式压缩机属于容积型回转式压缩机，与往复式压缩机相比，有如下特点：

1）容积效率高。因为相邻的月牙形空间之间的压差小，泄漏少；无吸、排气阀，气体流动阻力小；无余隙容积的再膨胀损失，容积效率通常高达 95% 以上。

2）绝热效率高，在同样制冷量情况下，涡旋式比往复式约高 10%。

3）压缩机轴力矩变化小，运转平稳，进、排气压力脉动小，噪声低、振动小。

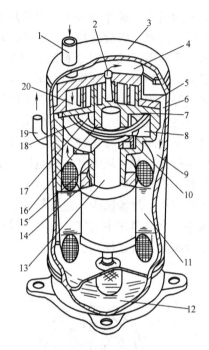

图 5-67　全封闭涡旋式压缩机剖面图
1—吸气管　2—排气孔　3—密封外壳　4—排气腔
5—静涡旋盘　6—排气通道　7—动涡旋盘　8—背
压腔　9—电动机腔　10—支撑架　11—电动机
12—润滑油　13—曲轴　14—轴承　15—密封
16—轴承　17—背压腔　18—十字联结环
19—排气管　20—吸气腔

4）零部件少，体积约比往复式小 40%，质量轻 15%。

5）无吸、排气阀，易损件少，运行可靠，转速可达 13000r/min。

6）主要零部件要求加工精度高。

7）没有吸、排气阀的压缩机的排气孔口的位置是固定的，工况变化会产生欠压缩和过压缩，引起附加功率损失。

5.6　滚动转子式制冷压缩机

滚动转子式压缩机属于容积型回转式压缩机。20 世纪 70 年代后在国内外有较大的发展，目前被大量应用于家用空调器、电冰箱和商业制冷装置。滚动转子压缩机采用变频调速技术进行能量调节，使其制冷量与系统的负荷协调变化，优化匹配，使机组在动态负荷条件下均具有较高的能效比，达到最佳节能效果。双缸滚动转子压缩机的设计成功，使负荷扭矩的变化趋于平缓。各种降低噪声、减小振动措施的采用，更加强了滚动转子压缩机的可靠性和实用性。

1. 结构和工作原理

如图5-68所示，滚动转子式压缩机是利用气缸工作容积的变化来实现吸气、压缩和排气过程的。气缸工作容积的变化，是依靠一个偏心装置的圆筒形转子在气缸内的滚动来实现的。滚动转子式制冷压缩机主要由气缸2、滚动转子3、偏心轴4、滑片7和排气阀9等组成。圆筒形气缸2上有吸气管6和排气阀9。气缸内偏心配置的滚动转子3装在偏心轴4上。当转子绕气缸中心转动时，转子在气缸内表面上滚动，两者具有一条内切线，因而在气缸与转子之间便形成了一个月牙形空间，位置随转子的滚动而变化，该月牙形空腔即为压缩机的气缸容积。在气缸的吸、排气孔之间开有一个径向槽道，槽中装有能往复运动的滑片7，在弹簧8的作用下使其端部与转子3的外圆随时紧密相切，该切线除了与转子的外圆和气缸壁内圆的内切线相重合时形成一个完整的月牙形工作腔外，滑片将月牙形工作腔分隔为两部分，一部分和吸气孔口相通，称为吸气腔，另一部分通过排气阀片与排气孔口相通，称为压缩—排气腔。转子转动时，两个腔的工作容积都在不断地发生变化。当转子与气缸的内切线转到超过吸气孔口位置时，吸气腔与吸气孔口连通，吸气过程开始，吸气容积随转子的继续转动而不断增大，当转子与气缸的内切线旋转到和滑片与转子的外圆相切线相重合时，吸气容积达到最大值，此时工作腔内充满了气体，压力与吸气管中压力相等。当转子继续转动到吸

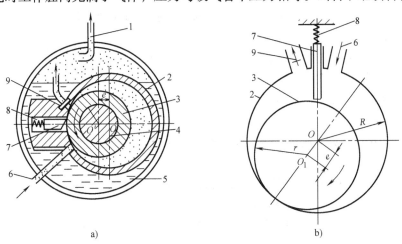

a)   b)

图5-68 滚动转子式压缩机主要结构示意图

1—排气管 2—气缸 3—滚动转子 4—偏心轴 5—润滑油 6—吸气管
7—滑片 8—弹簧 9—排气阀

气孔口下边缘时，上一转中吸入的气体开始被封闭，随着转子的继续转动，这一部分空间容积逐渐减少，其内的气体受到压缩，压力逐渐提高，当压力升高到等于(或稍高于)排气管中压力时，排气阀片自动开启，压缩过程结束，排气过程开始。当转子接触线达到排气孔的下边缘时，排气过程结束。由于滑片滑道槽与排气阀间必须留有壁厚，因此，转子与排气孔口的下边缘的切线与滑片的中心线位置还相差一个很小的角度，排气腔内还有一定的容积，它就是滚动转子式压缩机的余隙容积。余隙容积内残留的高压气体将膨胀进入吸气腔中。综上所述，转子每转两周，完成气体的吸入、压缩和排出过程，但吸气与压缩及排出过程是在滑片两侧同时进行的，因而，仍然可以认为转子每转一周完成一个吸气、压缩、排气过程，即完成一个工作循环。

如图 5-69 所示是滚动转子压缩机的转子在旋转两周中气缸工作容积与气缸中压力的变化关系。图中，α 称为吸气孔口后边缘角，β 称为吸气孔口前边缘角，γ 叫做排气孔口后边缘角，ψ 是排气开始角，V_x 表示吸气腔容积，V_y 表示压缩和排气腔容积；p_1、p_2 分别是吸、排气压力。

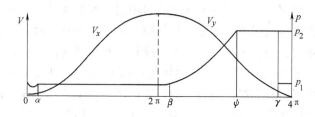

图 5-69　滚动转子式压缩机工作压力与容积的变化

2. 滚动转子式压缩机的特点

滚动转子式压缩机与活塞式压缩机相比，具有下列特点。

1）零部件少，结构简单。

2）易损零件少，运行可靠。

3）没有吸气阀，余隙容积小，输气系数较高。吸气过热小，效率高。如果气缸内采用喷油冷却；排气温度较低，适用于较大压力比和较低蒸发温度的场合。

4）在相同的制冷量情况下，压缩机体积小，质量轻，运转平稳。

5）零部件加工精度要求较高。

6）转子与气缸密封线较长，密封性能较差，泄漏损失较大。

5.7　CO_2 压缩机

CO_2 的 ODP 和 GWP 值都很小，是一种对大气和环境影响和破坏能力非常小的理想制冷剂，近年来被深入地研究和应用于空调和热泵机组中。氟利昂系列制冷机用于制冷循环时，主要工作在临界参数制以下，而 CO_2 作为制冷剂时，制冷循环在超临界状态下工作，因此必须开发相对应的 CO_2 压缩机。制冷循环中使用 CO_2 的超临界循环特性见本书第 13 章。CO_2 压缩机对整个制冷系统的效率和可靠性影响很大。设计出高效、可靠、体积小、质量轻的 CO_2 压缩机是 CO_2 跨临界循环压缩机研究的目标。用于 CO_2 制冷剂的压缩机，具有其特殊的结构和特性，并根据不同的应用场合和原理，目前已开发出往复活塞式、滑片式和涡旋式压缩机。下面介绍各种压缩机针对 CO_2 制冷剂的结构改进及其性能。

1. 单级往复活塞式 CO_2 压缩机

如图 5-70 所示是为汽车空调设计的开式 CO_2 往复式压缩机，设计时考虑了 CO_2 系统压力很高，通过减小活塞直径，由于曲轴本身没有修改，压缩机行程不变，冲程缸径比较大，达到了 1.7。为了密封气缸与曲轴，每个活塞组件装有四个活塞环。

衡量压缩机工作性能的主要指标有指示效率和容积效率。压缩机的指示效率和容积效率主要与气阀和气腔的压力损失、气体泄漏、气体与气缸传热等因素有关。CO_2 压缩机吸排气压差很大，流动阻力损失引起的功耗增加量相对较小，对指示效率的影响也较小，所以可获得较高的指示效率。CO_2 压缩机压力比小、气缸内余隙容积的再膨胀行程较短，阀打开较早，所以压缩机容积效率较大。气缸内传热现象对效率的影响仍可忽略不计（对容积效率和指示效率的影响小于 0.1%）。泄漏损失对指示效率影响很大，必须减小泄漏间隙的长度，用油润滑的活塞环密封（活塞环能很好地防止泄漏，使活塞和气缸内壁间隙的泄漏量可以忽略），并设计成大冲程缸径比。

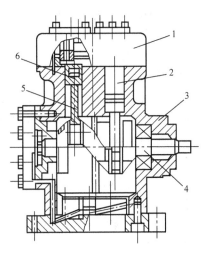

图 5-70　CO_2 往复活塞式压缩机
1—气缸盖　2—气缸　3—压缩机体　4—曲轴
5—连杆　6—活塞组件

2. 自由活塞式 CO_2 压缩机

CO_2 制冷系统的压力是现有系统的 7 ~ 8 倍，膨胀阀的压差大，膨胀阀节流损失较大，所以回收膨胀功将会大大提高系统的性能。目前，国际上已经设计出膨胀—压缩机，压缩机像自由活塞机器一样运行，它包括两个双效活塞，通过活塞杆连接起来，对膨胀功进行回收。

3. 涡旋式 CO_2 压缩机

涡旋压缩机由于振动小、噪声低、寿命长、可靠性好和效率高等特点，在小型制冷装置中得到了越来越广泛的应用。目前，已开发汽车空调用开启涡旋式 CO_2 压缩机。图 5-71 所示是国际上已经研制的 CO_2 涡旋压缩机样机剖面图。

设计 CO_2 涡旋压缩机主要关心的参数包括气体力（轴承负荷）、旋转质量、几何参数、气体泄漏量。由于压差大，所以要求较大的轴承承压表面和较小的间隙。如果采用自调节背压机理，即用背压抵消作用在止推轴承上的吸气压力，即使作用在涡旋轮廓线、止推轴承和调心轴承上的气体力非常大，也不会出现问题。背压通过在轮廓线上打孔引入压缩侧的压力来实现。减小间隙可以使 CO_2 压缩机具有与 R134a 压缩机相同的效率。

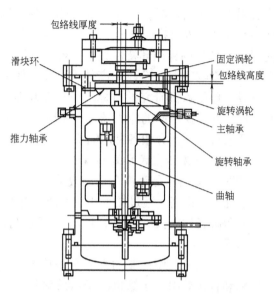

包络线厚度
滑块环
推力轴承
固定涡轮
包络线高度
旋转涡轮
主轴承
旋转轴承
曲轴

图 5-71　CO_2 涡旋压缩机样机剖面图

4. 滑片式 CO_2 压缩机

如图 5-72 所示为滑片式 CO_2 压缩机的工作原理示意图。图中标出了在图示状态下各容积内气体所经历的过程。

由于 CO_2 压力高，所以泄漏相对较大，容积效率相对较低，为了提高容积效率，必须进行有效的周边密封，即减小周边余隙及旋转面余隙，可以通过减小定子宽度和增加滑片厚度实现。但是滑片厚度增加，也将导致机械效率降低。另一方面，CO_2 压缩机中吸气和排气的流速小，流动阻力小，使滑片式 CO_2 压缩机的指示效率高，且几乎不随余隙的变化而变化。

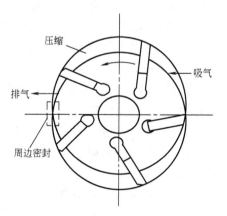

压缩
吸气
排气
周边密封

图 5-72　滑片式 CO_2 压缩机的
工作原理示意图

为了提高滑片式 CO_2 压缩机容积效率，采用两级滑片式 CO_2 压缩机。由于一级和两级压缩间周边密封处的泄漏可以忽略不计，而且作用在滑片上的压力差也较小，有利于提高压缩机的机械效率。

5. 回转式 CO_2 压缩机

回转式压缩机特别适合低压缩比的情况，针对 CO_2 压缩机压差高的特点采用内部中间压力回旋式两级 CO_2 压缩机，采用双滚动活塞实现两级压缩，它具有在很宽的输出功率范围内效率高、振动低、噪声小的优点。

思 考 题

1. 制冷空调领域目前面临的主要技术问题是什么？与制冷压缩机有什么关系？

2. 制冷压缩机有几种分类方法？各自有什么特点？

3. 试述开启式、半封闭式和全封闭式压缩机的结构特点、性能和用途。

4. 试述活塞式压缩机的理论工作过程。

5. 试比较活塞式压缩机实际工作过程与理论工作过程的区别。

6. 活塞式制冷压缩机的性能参数有哪些？如何计算？

7. 为什么说压缩机的输气量是重要的性能参数？影响输气量的因素有哪些？

8. 国家标准是如何表示活塞式制冷压缩机组型号的？

9. 活塞式制冷压缩机结构的几大主要部件有哪些？各自的结构和特点是什么？

10. 一台转速、结构一定的理想压缩机，理论容积流量和质量流量是否是常数？为什么？

11. 压缩机的轴功率包含哪几项？

12. 试分析压缩机制冷量与蒸发温度、冷凝温度的关系。

13. 试分析压缩机的轴功率与蒸发温度、冷凝温度的关系。

14. 一台氨压缩机低温工况下轴功率与另一台氨压缩机高温工况下轴功率相等，问哪一台压缩机的活塞排量大？为什么？

15. 试述螺杆式压缩机的工作原理。

16. 螺杆式和活塞式压缩机相比有何特点？

17. 分析影响螺杆式压缩机容积效率的因素。

18. 试分析螺杆式压缩机内容积比对压缩机功耗的影响。

19. 试述离心式压缩机的特点。

20. 离心式压缩机的内功率包含哪几项？

21. 试分析叶轮理论能量头与流量的关系。

22. 何谓离心式压缩机的喘振？如何避免？

23. 叙述涡旋式压缩机的结构和工作原理。

24. 试述滚动转子式压缩机的结构和工作原理。

25. 微型透平式压缩机的结构与普通离心式压缩机有什么不同?

26. 微型透平式压缩机应用了哪些高新技术? 如何应用? 各得到什么效益?

27. CO_2 压缩机与普通制冷剂压缩机的结构和工作过程有何区别?

第6章

制冷系统热交换设备

制冷系统的热交换设备主要有蒸发器、冷凝器、回热器、中间冷却器、板式换热器等。这些设备的换热效果好坏直接影响制冷系统的性能及运行的经济性。本章主要分析制冷系统中常用热交换设备的工作原理、结构特点和适用性。

6.1 蒸发器

蒸发器是制冷系统中用于制冷剂与被冷却介质间进行热交换的设备，也是制冷装置中的主要热交换设备之一。

6.1.1 蒸发器的种类、工作原理和结构特点

按被冷却介质种类的不同，蒸发器可分为冷却液体、冷却空气及接触式等类型。

1. 冷却液体的蒸发器

冷却液体的蒸发器主要用于冷却水、盐水及其他溶液的载冷剂，主要有卧式壳管式和沉浸式。

（1）卧式壳管式蒸发器　卧式壳管式蒸发器一般用于闭式的载冷剂系统，有满液式和干式两类。

1）根据制冷剂的不同，满液式蒸发器可分为氨用和氟利昂用两类。

氨用满液式蒸发器结构如图6-1所示。其壳体用钢板卷焊成圆筒形，两端焊有多孔管板，管板上胀接或焊接多根 D25mm×2.5mm～D38mm×3mm 无缝钢管。筒体两端的管板外装有带分水筋的铸铁端盖，形成载冷剂的多程流动。一端端盖上有载冷剂进液管、出液管，另一端端盖上有泄水、放气旋塞。管板与端盖间夹有橡胶垫圈，端盖用螺栓固定在筒体上。在筒体上部还设有制冷剂回气包和安全阀、压力表、气体均压管；回气包上有回气管。筒体中下部侧面设有供液管、液体均压管等；筒体下部设集油包及放油管；在回气包与筒体间还设有钢管液面指示器。

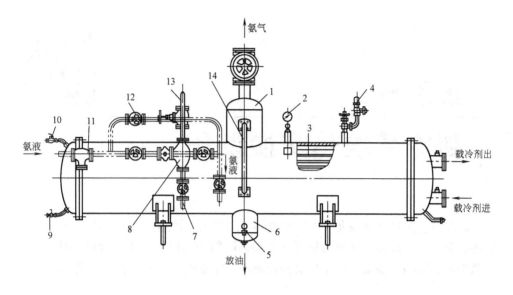

图 6-1　氨用满液式蒸发器

1—回气包　2—压力表　3—换热管束　4—安全阀　5—放油阀
6—集油包　7—液体平衡管　8—浮球阀　9—泄水旋塞　10—放气旋塞
11—过滤器　12—节流阀　13—气体平衡管　14—金属管液面指示器

　　氟利昂用满液式蒸发器的基本结构与氨用相似(图 6-2),主要区别在于氟利昂用满液式蒸发器壳体内的换热管可采用直径 D20mm 以下的滚压成薄壁低肋的纯铜管或黄铜管,以增强传热效果。

　　满液式蒸发器的工作过程是:制冷剂沿壳程流动,载冷剂沿管程流动。制冷剂液体节流后进入蒸发器的壳程吸收载冷剂热量。吸热汽化后的制冷剂蒸气上升至回气包中进行气液分离,干饱和蒸气通过回气管进入制冷压缩机,饱和液体流回蒸发器筒体内继续吸热汽化。氟利昂用满液式蒸发器中的润滑油较难排出蒸发器,需根据氟利昂制冷剂种类的不同作特别处理。载冷剂在管程内的流速:淡水约为 1.5~2.5m/s,海水约为 1~2m/s。

　　此类蒸发器在工作时保持一定的制冷剂液面高度,沿垂直筒径约 70%~80%,因此称为"满液式"。液面过低会使蒸发器产生过多的过热蒸气而降低蒸发器的传热效果;液面过高易使压缩机产生湿冲程。满液式壳管式蒸发器采用浮球阀或液面控制器来控制液面。满液式壳管式蒸发器壳体周围要作隔热层,以减少冷量损失。

　　满液式蒸发器具有结构紧凑,占地面积小,传热性能好,制造和安装方便,以及用盐水作载冷剂时不易腐蚀和避免盐水浓度被空气中水分稀释等优点,其广泛地被用于船舶制冷、制冰、食品冷冻和空气调节中。但是,满液式蒸发器的制冷剂充灌量大,液体静压影响大,下部液体的蒸发温度提高,从而减小了蒸发器

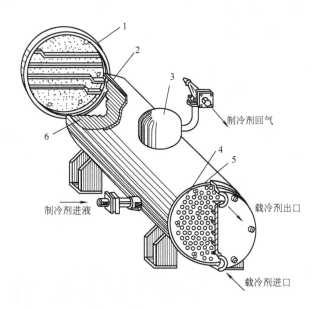

图 6-2 氟利昂用满液式蒸发器
1—端盖 2—筒体 3—回气包 4—管板 5—橡胶垫圈 6—换热管束

的传热温差,对氟利昂的影响更加明显。另外,沿管程流动的载冷剂可能结冰而冻裂管子,满液式蒸发器使用时须做好换热管的防冻措施。

2)干式卧式壳管式蒸发器主要用于氟利昂制冷系统,其中载冷剂沿壳程流动,制冷剂液体沿管程流动,制冷剂的充灌量少。工程中常用的有直管式和 U 形管式。

a. 氟利昂用直管式干式蒸发器的结构如图 6-3 所示。制冷剂液体经节流后从蒸发器一端端盖的下方进口进入管程内,经 2 ~ 4 个流程吸热后由同侧端盖上方

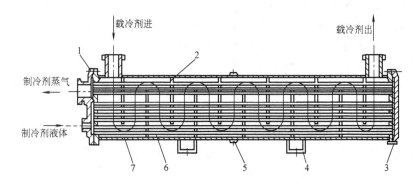

图 6-3 直管式干式蒸发器
1—前端盖 2—圆缺形折流板 3—后端盖 4—支座 5—螺塞 6—换热管束 7—筒体

出口引出。制冷剂在直管式干式蒸发器内的流动有单进单出、双进单出、双进双出等不同形式。直管式蒸发器的水平光滑铜管束上套有多块相互颠倒排列的切去弓形面积的圆缺形折流板。载冷剂在壳程圆缺形折流板的引导下沿管间流动,在筒身的另一端上方(或侧面)流出。由于换热管内外的制冷剂与载冷剂的放热系数相差悬殊,常采用各种形式的肋片来增强蒸发器的传热。

　　b. U形管式干式蒸发器结构如图6-4所示。它是由多根半径不等的U形管组成,这些U形管的开口端胀接在同一块管板上,其他结构与直管式相似。在U形管干式蒸发器中,制冷剂液体节流后由端盖下部进入,经过两个流程吸热汽化后从端盖上方出口引出。其优点是不会因不同材料的膨胀率的差异而产生内应力以及U形管束可以比较方便地抽出来清洗。

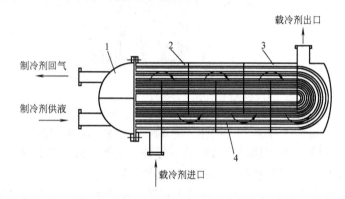

图6-4　U形管式干式蒸发器

1—端盖　2—圆缺形折流板　3—筒体　4—换热管束

　　干式蒸发器的充液量一般占管内容积的40%左右,明显比满液式蒸发器少,因此制冷剂液体静压力的影响较小,排油方便,载冷剂结冰也不会胀裂换热管;同时还具有结构紧凑、传热系数高等优点。但制冷剂在管组内供液不易均匀,折流板外周与壳体间容易产生载冷剂泄漏旁流,影响其传热效果。

　　干式蒸发器属低温设备,筒体外需设置隔热层。

　　(2)沉浸式蒸发器　沉浸式蒸发器一般用于开式载冷剂系统。沉浸式蒸发器的形式很多,有立管式、螺旋管式、蛇管式和V形管式等,并按一定的排列方式沉浸于载冷剂池中。

　　1)立管式蒸发器结构如图6-5所示。立管式蒸发器全部由无缝钢管焊制而成。蒸发器列管以组为单位,按照不同的容量要求,设置列管组数。每一组列管上各有上下两根水平集管,即上面的蒸气集管与下面的液体集管。沿集管的轴向焊接有四排直径较小两头稍有弯曲的立管,与上下集管接通;沿集管的轴向每隔一定间距设有直径稍大的粗立管。节流后的制冷剂液体从中间的进液管进入蒸发器，在下集管和立管中汽化吸热后的制冷剂蒸气上升至上集管。上集管的一端设置气液分离器，并通过下液管使分离后的液体回到下集管。

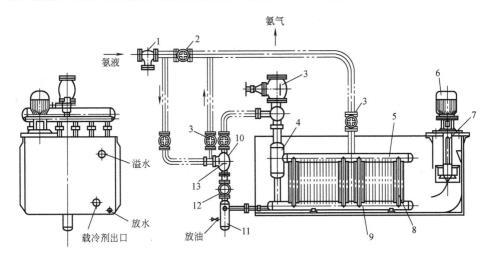

图 6-5　立管式蒸发器

1—过滤器　2—节流阀　3—截止阀　4—气液分离器　5—上集管　6—电动机　7—搅拌器
8—换热立管束　9—下集管　10—浮球阀　11—集油包　12—截止阀　13—液面位置

立管式蒸发器在工作过程中，细立管中的制冷剂的汽化强度大，促使氨液上升，相应使在粗立管中的氨液下降，形成循环对流。汽化的制冷剂沿上集管进入气液分离器。润滑油积存在底部的集油包中，需定期放出。

2）螺旋管式蒸发器是立管式蒸发器进行改正后的产品。其结构与立管式相似，主要区别在于用螺旋管代替直立管，其结构如图 6-6 所示。

螺旋管式蒸发器在工作时，氨液从端部的粗立管进入下集管，由下集管分配到各个螺旋管中。吸热汽化后的制冷剂经气液分离器分离，干饱和蒸气被压缩机吸入，饱和液体再回至螺旋管内吸热。螺旋管式蒸发器具有结构紧凑，加工容易，金属材料耗量低等优点。另外，还有双螺旋管式蒸发器，其由螺径不同的内外两圈螺旋管组成。

3）蛇管式蒸发器常用于小型氟利昂制冷装置，其结构如图 6-7 所示。

蛇管式蒸发器按蒸发面积的需要由一组或几组铜管弯成的蛇形盘管组成。为保证盘管供液均匀，蛇管式蒸发器需采用液体分配器从上部向多组蛇形盘管供液。

2. 冷却空气的蒸发器

在冷却空气的蒸发器中，制冷剂沿管内流动，并与管外的空气进行热交换。冷却空气的蒸发器主要有冷却自然对流空气的冷却排管和冷却强迫对流空气的冷风机。

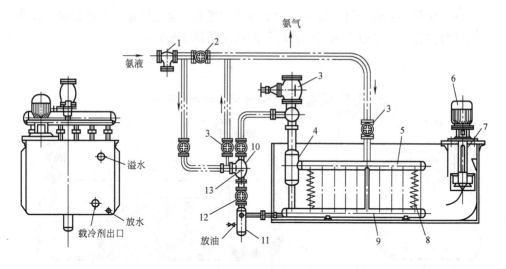

图 6-6 螺旋管式蒸发器

1—过滤器 2—节流阀 3—截止阀 4—气液分离器 5—上集管 6—电动机 7—搅拌器
8—换热螺旋管束 9—下集管 10—浮球阀 11—集油包 12—截止阀 13—液面位置

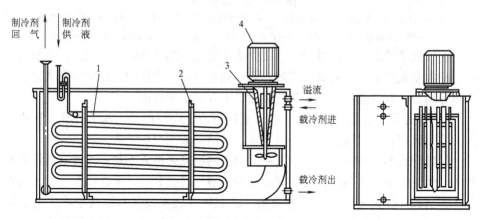

图 6-7 蛇管式蒸发器

1—换热蛇管束 2—换热管束支架 3—搅拌器 4—电动机

（1）冷却排管 冷却排管的结构比较简单，可以现场制作，但形式多样，如直管式、集管式与盘管式等。根据排管安装位置不同有墙排管、顶排管。冷却排管常应用于冷藏库等工业制冷中。利用冷却排管冷却自然对流空气时，室内温度场均匀，但传热系数较小，制冷剂的充灌量较大，管材消耗量多及不利于自动化操作。

1）冷间内沿墙布置的排管称为墙排管，主要有立管式和盘管式。由于立管式墙排管存液量大，静液柱压力作用明显，易于积油，现已很少采用。光滑盘管式墙排管一般由 8 ~ 20 根左右的无缝钢管（氨、氟利昂用）或无缝铜管（氟利昂用）组成。重力供液时，盘管单通路总长应控制在 120m 内，制冷剂采用下进上出供液。制冷剂液泵供液时，盘管单通路总长可达 350m，制冷剂采用下进上出或上进下出供液。

2）冷间内沿平顶下布置的排管称为顶排管。氟制冷系统的顶排管常采用蛇管式，氨制冷系统的顶排管常采用集管式等。常用的顶排管有两层光滑管、两层肋片管、四层光滑管等形式，以两层光滑管（图 6-8）应用最多。蒸发温度 $t_0 < 0℃$ 的制冷系统不宜采用肋片管。

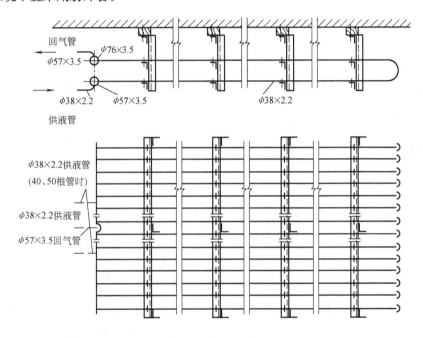

图 6-8　两层光滑管集管式顶排管

两层集管式光滑顶排管在回气上集管和供液下集管间焊有一组无缝钢管，钢管另一端用 180° 弯头焊接。根据冷间所需的冷却面积可焊接 20、30、40 或 50 根钢管。每根钢管用圆钢制成的 U 形管卡固定在角钢支架上。在上集管上部焊有回气管，下集管底部焊有供液管。制冷剂供液采用下进上回，有利于制冷剂蒸气中夹带的液滴返回排管和融霜操作时排出润滑油。当管组根数多于 40 根时，应设置两个进液管，以保证均匀供液。

（2）干式冷风机　干式冷风机依靠通风机强迫空气流过箱体内的蒸发管组进行热交换。其结构主要由箱体、蒸发器和通风机等组成。干式冷风机主要有落地式和吊顶式两类。

1）大型干式冷风机一般采用落地式，分氨用和氟利昂用。落地式冷风机具有结构紧凑，安装方便，融霜水容易排除，操作维护简便，降温快并且均匀，也容易实现自动化等优点，因此应用广泛。

a. 氨用落地式冷风机结构如图6-9所示。其主体结构是由箱体上部的风机（轴流式或离心式）、中部淋水—蒸发室和下部的水盘—支架三大部件构成。在中部薄钢板制成的长方形箱体内装有肋片蛇管蒸发器和淋水装置，构成淋水—蒸发室。蒸发器上部装有一组淋水管，用于淋水融霜。箱体下面是水盘—支架，用于支撑箱体和保持足够的回风面积以及承接融霜水用下水管及时排往机外。

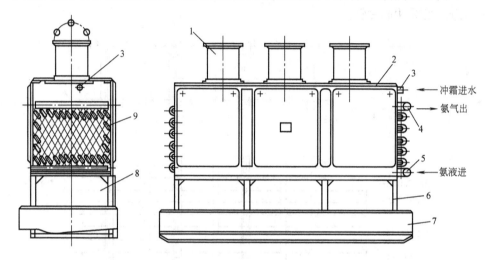

图6-9　氨用落地式冷风机

1—风机　2—箱体　3—融箱淋水管　4—制冷剂回气集管　5—制冷剂供液集管
6—支架　7—承水盘　8—回风口　9—蒸发器换热管束

氨用落地式冷风机在工作时，制冷剂液体自管束的供液集管进入，吸热汽化后的制冷剂蒸气由回气集管引出。冷风机的供液方式有下进上出或上进下出。冷间空气在轴流风机作用下从下部进风口进入，自下而上地流过蒸发器管束，空气的热量被管内氨液吸收，降温后的空气经箱体顶部送风道均匀送往冷间各处，不断循环，从而达到冷间降温的目的。

b. 氟利昂用落地式冷风机结构与氨用的相似，它也是由蒸发管组、通风机（离心式或轴流式风机）及水盘——支架组成。氟利昂用落地式冷风机中的蒸发器一般由4、6或8组肋片管组组成，在进口处需设置分液器和等长分液管（毛细管），以保证从热力膨胀阀来的制冷剂能均匀地分配到蒸发器的各路肋片管组中，保证传热效果。

分液器的结构形式较多（图6-10）。在图6-10a所示的分液器中，制冷剂流体沿切线方向进入分液器，在腔室内作高速旋转运动；在图6-10b、图6-10c所示的分液器中，制冷剂流体在分液器腔室内不断碰撞折流；在图6-10d、图6-10e

所示的分液器中，制冷剂流体先流经分液器腔室内的狭窄通道，增加流动速度。不同结构形式的分液器都能使节流后的制冷剂液、气得到充分地混合，保证供液均匀。

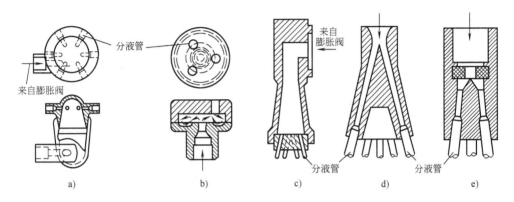

图 6-10 分液器结构

a）离心式分液器 b）碰撞式分液器 c）碰撞式分液器

d）降压式分液器 e）降压式分液器

2）吊顶式冷风机的结构与落地式基本相同，其主体也是蒸发管组。蒸发管组上部设有融霜淋水管，下部设有承水盘，进风口装有轴流风机。出风口与出风管连接，以保证冷风合理的分布。整个冷风机吊装在冷间的平顶下，送风形式有单向送风（图 6-11）和双向送风（图 6-12）。吊顶式冷风机也分有氨用与氟利昂用两类。

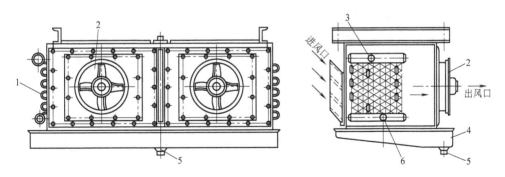

图 6-11 单向吹风吊顶式冷风机

1—蒸发器换热管束 2—风机 3—制冷剂回气管 4—承水盘

5—凝结水出水口 6—制冷剂供液管

吊顶式冷风机的优点是结构紧凑，不占库房使用面积，不足之处是当融霜水处理不当时，会溅滴到室内食品或地坪上；当气流组织不好时，会形成室内温度不均匀及死角。

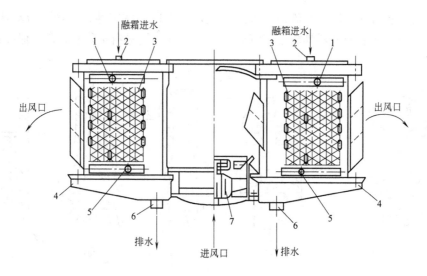

图 6-12 双向吹风吊顶式冷风机
1—制冷剂供液管 2—融霜水进口 3—蒸发器换热管束 4—承水盘
5—制冷剂回气管 6—排水管 7—电动机与风机

6.1.2 蒸发器的选择

蒸发器的选用主要根据生产需要和制冷工艺的要求进行。在选用时，除了需考虑蒸发器的类型、传热面积外，还需考虑载冷剂的循环量、流动阻力，以及相配套的搅拌器等流体输送设备。

1. 蒸发器形式的选用

蒸发器形式的选择根据冷却对象和冷却方式的要求确定，保证运行安全可靠、经济高效节能和降低劳动强度。一般可按下列方法选用：在舒适性空调系统中，选用壳管式蒸发器；在生产性空调系统中，选用壳管式蒸发器、沉浸式蒸发器等；在冷藏库制冷系统中，常选用冷风机或冷却排管等。

2. 蒸发器的传热性能计算

蒸发器的传热性能计算包括蒸发器的传热温差计算、传热系数确定和传热面积计算。

（1）蒸发器传热温差计算 蒸发器在换热时，制冷剂由于汽化其温度是恒定的，而载冷剂由于放热其温度是下降的。在蒸发器中制冷剂和载冷剂之间的温差按对数平均温差计算

$$\Delta t_{\mathrm{m}} = \frac{t_{l1} - t_{l2}}{\ln \dfrac{t_{l1} - t_0}{t_{l2} - t_0}} \tag{6-1}$$

式中 Δt_m——对数平均温差($℃$);

　　　t_0——蒸发温度($℃$);

t_{l1}、t_{l2}——载冷剂进入、流出蒸发器的温度($℃$)。

（2）蒸发器传热系数确定　蒸发器的传热系数一般由厂家产品样本给出，也可参考有关设计手册。表6-1给出了常用沉浸式与壳管式蒸发器的传热系数和热流密度值，以供参考。

表6-1　常用沉浸式与壳管式蒸发器的传热系数 K[W/(m^2 · $℃$)]和热流密度 q_A(W/m^2)

蒸发器形式			传热系数 K/ [W/(m^2 · $℃$)]	热流密度 q_A/ (W/m^2)	相 关 条 件
沉浸式蒸发器	直立管式	氨—盐水	460 ~ 520	2300 ~ 2600	① 平均传热温差 $\Delta t_m = 5℃$; ② 载冷剂流速 0.5 ~ 0.7m/s
		氨—水	520 ~ 580	2600 ~ 2900	
	螺旋管式	氨—盐水	460 ~ 580	2300 ~ 2900	① 平均传热温差 $\Delta t_m = 5℃$; ② 载冷剂流速 0.3 ~ 0.7m/s
		氨—水	520 ~ 700	2900 ~ 3500	
	盘管式	氟利昂—水	350 ~ 460	1750 ~ 2300	有搅拌器
		氟利昂—盐水	115 ~ 140		无搅拌器
		氟利昂—水	170 ~ 200		
卧式壳管式蒸发器	满液式壳管式	氨—盐水	460 ~ 580	2300 ~ 2900	① 平均传热温差 $\Delta t = \theta_m = 4 ~ 6℃$; ② 载冷剂流速 1 ~ 1.5m/s
		氨—水	580 ~ 750	2900 ~ 4000	① 平均传热温差 $\Delta t = \theta_m = 4 ~ 6℃$; ② 载冷剂流速 1 ~ 2m/s
	干式壳管式	氟利昂—水	450 ~ 900		① 平均传热温差 $\Delta t = \theta_m = 7 ~ 9℃$; ② 载冷剂流速 1 ~ 2.5m/s
			330 ~ 770		① 平均传热温差 $\Delta t = \theta_m = 2 ~ 4℃$; ② 载冷剂流速 1 ~ 1.5m/s
			1628 ~ 1745		① 平均传热温差 $\Delta t = \theta_m = 4 ~ 6℃$; ② 载冷剂流速 1 ~ 1.2m/s

（3）蒸发器传热面积计算

$$A_0 = \frac{Q_0}{K\Delta t_m} = \frac{Q_0}{q_A} \tag{6-2}$$

式中 A_0——蒸发器传热面积(m^2);

　　　Q_0——制冷量(kW);

　　　K——蒸发器传热系数[kW/(m^2 · $℃$)];

　　Δt_m——蒸发器对数传热温差($℃$);

q_A——蒸发器热流密度(kW/m^2)

（4）载冷剂的循环量计算

$$q_{V,0} = \frac{Q_0}{1000c_p(t_{11} - t_{12})} \times 3600 \tag{6-3}$$

式中　$q_{V,0}$——载冷剂循环量（m^3/h）；

c_p——载冷剂的比定压热容[$kJ/(kg \cdot ℃)$]。

6.2　冷凝器

冷凝器是制冷装置中的主要换热设备之一。冷凝器的作用是将制冷压缩机升压排出的高温高压制冷剂过热蒸气冷却冷凝成制冷剂液体，并放热于冷却介质（水或空气）中。

6.2.1　冷凝器的种类、工作原理与结构特点

根据冷却介质种类的不同，冷凝器可分为水冷式、空气冷却式、空气与水联合冷却式等类型。

1. 水冷却式冷凝器

利用水吸收制冷剂放出的冷却冷凝热量的冷凝器叫做水冷却式（或水冷式）冷凝器。水冷式冷凝器的冷却水可采用地表水（江、河、湖、海），也可用地下水。冷却水有一次用水、循环用水及混合用水等形式。常用的水冷式冷凝器有立式壳管式、卧式壳管式和套管式等。

（1）立式壳管式冷凝器　立式壳管式冷凝器多用于氨制冷系统中，它垂直安放在室外混凝土水池上。其结构如图6-13a所示。立式壳管式冷凝器的外壳是由钢板焊成的圆筒体，筒体两端焊有多孔管板，在两端管板间用扩胀法或焊接法将无缝钢管束固定严密。在立式冷凝器壳体上部有进气管、安全管；中部有均压管、压力表管和混合气体管；下部有出液管和放油管。壳体最上端设有配水箱，把冷却水均匀地分配到各个管口。在配水箱中可设置金属丝水过滤网，水过滤网下每根管口设置一个扁圆形铸铁分水环；也可在每根管口上安装一个带斜槽的由铸铁或陶瓷制成的导流管（图6-13b）。冷却水经导流管斜槽沿钢管内壁形成薄膜水层作螺旋状向下流动，以延长冷却水流的路程和时间，同时也使空气能沿管中心向上流动，增强换热效果，节约用水。

立式壳管式冷凝器在工作时，冷却水经配水箱均匀地通过水分配装置，在自身重力作用下沿换热管内壁表面呈膜状覆盖所有传热壁面不断流下。由油分离器来的氨蒸气从冷凝器上部进气管进入筒体的管间空隙，通过管壁与冷却水进行热交换。氨蒸气放出热量，在管外壁表面上呈膜状凝结，沿管壁流下，由下部出液

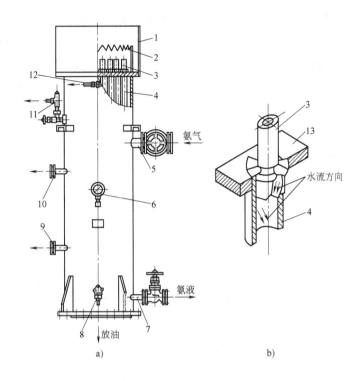

图6-13 立式壳管式冷凝器

a）立式壳管式冷凝器 b）导流管

1—配水箱 2—水过滤网 3—导流管 4—换热管束 5—制冷剂进气管
6—压力表 7—制冷剂出液管 8—放油管 9—混合气体管 10—气体平衡管
11—安全阀 12—放空气管 13—管板

管流入储液器。冷凝器内积聚的不凝性气体经放空气管（混和气体管）通往空气
分离器放出；冷凝器内积聚的润滑油经放油管通往集油器放出，或随制冷剂液体
一起进入储液器。壳体上的平衡管与储液器上的气相平衡管相通，以保持两个密
闭容器间的压力均衡，保证凝结的氨液及时流往储液器。安全管、压力表管分别
与安全阀和压力表连接。

　　立式壳管式冷凝器具有传热性能好，冷凝能力大的特点。立式壳管式冷凝器
安装在室外，节省机房面积；若循环水池设置在冷却水塔下面，可简化冷却水系
统，节省占地面积。立式壳管式冷凝器对冷却水质要求不高，并在清洗时不需要
停止制冷系统工作。但立式冷凝器的用水量大，水泵耗功率大；金属消耗量大；
制冷剂泄漏不易发现，易结水垢需经常清洗。立式壳管式冷凝器适用于水质较
差、水温较高、水量充裕的地区，常用于大、中型氨制冷系统。

　　（2）卧式壳管式冷凝器　　常用的卧式壳管式冷凝器有氨用与氟利昂用两
大类。

1) 氨用卧式壳管式冷凝器的壳体结构与立式相似，其圆筒形壳体呈水平布置(图6-14)，壳体内的横卧管束采用无缝钢管。筒体两端盖配有分水肋，端盖和筒体端面间夹有橡胶垫片并用螺栓固定。壳体一端的端盖上有冷却水的进出水管；另一端的端盖上、下各有一个旋塞或螺塞，以便释放空气与泄水。在横卧的冷凝器壳体上部有进气管、平衡管、安全管、压力表管和放空气管等，壳体下部有出液管。

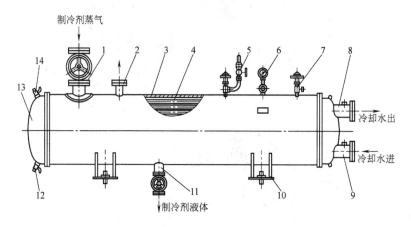

图6-14 氨用卧式壳管式冷凝器

1—制冷剂进气管 2—气体平衡管 3—筒体 4—换热管束 5—安全阀
6—压力表 7—放空气管 8—冷却水进管 9—冷却水出管 10—支座
11—制冷剂出液管 12—泄水旋塞 13—端盖 14—放气旋塞

2) 氟利昂用卧式壳管式冷凝器的结构与氨用相近(图6-15)，筒体上部有进气管，下部有出液管。氟利昂用卧式壳管式冷凝器一般采用纯铜管或无缝钢管管束。由于铜的热导率大，在相同的传热面积下可使传热系数增大约10%左右；另外，铜的延伸性好，可滚压成薄壁低肋片管，其传热系数要比光滑管提高1.5~2倍。铜管流阻小，污垢不易积聚，管内水的流速大。采用薄壁低肋铜管的冷凝器传热性能好，体积小，质量轻，耗水量少，制冷剂充注量少，操作管理成本低，但设备价格较高。

卧式和立式壳管式冷凝器均属于间壁式换热器，其传热原理是相同的，但冷却水的流动特性不相同。卧式壳管式冷凝器的冷却水从端盖下部的进水管流入，由于两端的端盖内部有相互配合的分水肋，因此冷却水能在管束内多次往返流动，水程数可达4~10个。采用多水程形式可缩小流动断面面积，提高水流速度，增加水侧的放热效果；但流程过多，水的流阻损失也会增大。冷却水往返一个完全水程后从同端端盖的上部出水管流出。冷却水下进上出可充分保证运行过程中的冷凝器管内充满水，启动时有利于排出管内的空气，另外也符合冷、热流

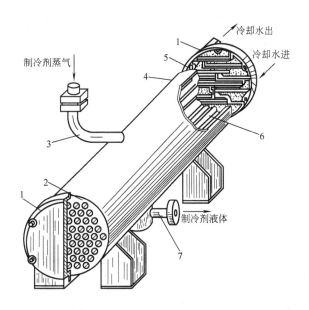

图 6-15　氟利昂用卧式壳管式冷凝器

1—端盖　2—管板　3—制冷剂进气管　4—筒体　5—橡胶垫圈　6—换热管束　7—制冷剂液管

体间的传热流动特性。

卧式壳管式冷凝器中，制冷剂蒸气从壳体上部的进气管进入，在壳体内管间流动，与横管的冷却表面接触后放出热量，并在管外壁凝结成液膜。凝结的液膜在重力作用下顺着管壁流下，较快地与管壁脱开。上部管束在制冷剂一侧有较高的凝结放热系数，上部凝液滴到下部管束时会增大其液膜厚度，降低放热效果。因此，合理的增大冷凝器的长径比与错排管束能减少垂直方向管子的排数，提高冷凝器的传热系数。

卧式壳管式冷凝器具有传热系数高、冷却水用量少、结构紧凑、占空间高度小、便于机组化设计等优点；较普遍地应用于大、中、小型的氨、氟利昂制冷系统中，尤其在船舶制冷和冷水机组中应用广泛。但卧式壳管式冷凝器具有制冷剂泄漏不易发现、冷却水水质要求高、水温要求低、不易清洗、造价较高等缺点。卧式壳管式冷凝器多用于水源丰富和水质较好的场合。

（3）套管式冷凝器　氨用套管式冷凝器耗金属量多，现很少使用。氟利昂用套管式冷凝器常用于小型制冷装置，其基本结构如图 6-16 所示。

氟利昂用套管式冷凝器结构是一根直径

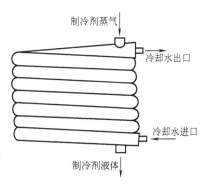

图 6-16　氟利昂用套管式冷凝器

较大的无缝钢管内穿一根或数根直径较小的铜管（光管或肋管），再盘成圆形或椭圆形的结构，管的两端用特制接头将大管与小管分隔成互不相通的两个空间的热交换设备。冷却水自下端流进小管内，依次经过各圈内管，从上端流出。制冷剂蒸气由上方进入大、小管间的环隙，在大管内、小管外流动。制冷剂蒸气放热后，在内管外壁表面上冷凝，凝结的液体依次流往下端出口。制冷机组在安装时，通常是将封闭式制冷压缩机放在套管式冷凝器的中间，使整个机组占有较小的空间。氟利昂用套管式冷凝器具有结构紧凑，传热性能好等优点。但是，其金属耗用量较大，冷却水的流动阻力大，使用时要保持足够的冷却水流动压头，否则将会降低冷却水的流速和流量，引起制冷系统的冷凝压力上升，影响传热效果。

2. 空气冷却式冷凝器

以空气为冷却介质的冷凝器称为空气冷却式冷凝器，又称为风冷式冷凝器，其基本结构如图6-17所示。

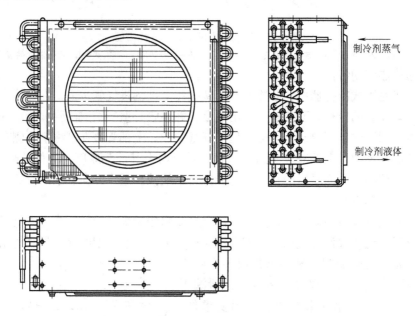

图6-17　空气冷却式冷凝器

空气冷却式冷凝器一般采用 D10mm × 0.7mm ~ D16mm × 1mm 直径较小的铜管弯制成蛇形盘管，或在铜管两端焊制有半圆形弯头，蛇形盘管常采用错排形式。空气冷却式冷凝器的放热系数较小，光滑铜管外空气侧放热系数一般只有 $38 \sim 81 \mathrm{W}/(\mathrm{m}^2 \cdot {}^\circ\!\mathrm{C})$，而管内制冷剂侧的放热系数可达 $1163 \sim 2363 \mathrm{W}/(\mathrm{m}^2 \cdot {}^\circ\!\mathrm{C})$。为了减少管壁两侧放热系数过于悬殊的影响，需要增强空气侧的放热，所以在管外套有 0.2 ~ 0.6mm 的铜片或铝片作肋片，肋片间距为 2 ~ 4mm。

　　空气冷却式冷凝器工作时，制冷剂蒸气从冷凝器上端的分配集管进入蛇形盘管束内，自上而下的通过管壁与管外肋片间流动的空气进行热量交换，冷凝后的制冷剂液体从管束下端流出。由于空气冷却式冷凝器以空气为冷却介质，冷凝器的冷凝温度和冷凝压力都比水冷式冷凝器高，因此，它适用于冷凝温度较高，而冷凝压力较低的制冷剂系统，以及供水困难或者可移动的制冷装置中。空气冷却式冷凝器安装于室外。

　　3. 空气与水联合冷却式冷凝器

　　常见的空气与水联合冷却式冷凝器有淋激式冷凝器和蒸发式冷凝器等。

　　（1）淋激式冷凝器　淋激式冷凝器又称大气式冷凝器，它主要用于大、中型氨制冷系统中。其结构形式很多，图6-18所示的是其中的一种。

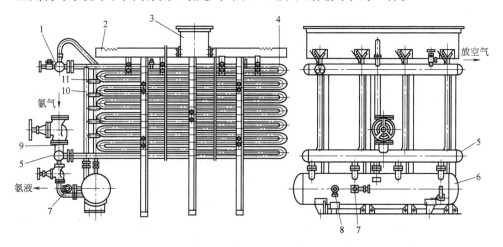

图 6-18　淋激式冷凝器

1—放空气管　2—V形配水槽　3—配水箱　4—蛇形换热管　5—制冷剂蒸气集管　6—储液器
7—制冷剂出液管　8—放油管　9—制冷剂进气管　10—制冷剂液体立管　11—鸭嘴弯管

　　淋激式冷凝器由 2 ～ 6 组蛇形盘管组成，每组盘管用 14 根 D57mm × 3.5mm 无缝钢管构制而成，并用数根角钢支撑。各组之间用角钢固定成一定的间距，蛇形管端采用鸭嘴弯焊接。冷凝器上部设有放空气集管，与各组蛇形管顶部及下部的储液器上的放空气管连通；放空气集管与放空气器相连。蛇形管的一端有鸭嘴弯支管与出液立管连接，出液立管下端和储液器相通。在冷凝器的顶部装有配水箱和 V 形配水槽，配水槽槽口成锯齿形。整组冷凝器用型钢固定在水池上。

　　淋激式冷凝器在工作时，氨蒸气由进气总管从蛇形管下部进入，在管内自下向上流动。沿途凝结的制冷剂液体分别从蛇形管一端的鸭嘴弯支管及时导出，流入凝液立管及集管，并经冷凝器出液管流入储液器。冷却水由配水箱分别流入各组配水槽后沿锯齿形缺口溢出，沿 V 形配水槽的斜形挡板往下流，淋激在蛇形管外表面上。冷却水自上而下地以水膜的形式流过每根管子外壁面，吸收管内制冷剂的热量，最后流入水池。氨蒸气在冷凝时放出的热量主要由冷却水吸收，但也有部分热量被流经管间的空气带走，同时冷却水蒸发也带走部分热量，所以称这类冷凝器为空气与水联合冷却的冷凝器。淋激式冷凝器一般安装在空气通畅的屋顶或专门的建筑物上，但应避免阳光照射和减少冷却水飞溅的损失。

淋激式冷凝器结构简单，可就地加工制作，安装方便，便于清洗水垢和检修；检修时分组进行，可不必停产；对水质要求低，用水量比立式壳管式冷凝器要少。由于部分冷却水蒸发，所以需按循环水量的 10%~12%（质量分数）补充新鲜水量。冬季或气候较冷地区采用淋激式冷凝器时，由于流动空气与冷却水蒸发会吸收较多的热量，可减少冷却水量。淋激式冷凝器的传热效果受气候条件影响较大；占地面积、金属耗用量大。淋激式冷凝器一般适用于气温与湿度都较低，水源一般、水质较差的地区及空气通畅的场合。

（2）蒸发式冷凝器 蒸发式冷凝器的传热部分采用光滑管束或肋片管束组成的蛇形管组，管组装在由型钢和钢板焊制的立式箱体内。制冷剂蒸气经气体集管分配给每一根蛇形管；冷凝液体经液体集管流入储液器中。蒸发式冷凝器水池或水箱用浮球控制来保持一定的水位。冷却水用循环水泵送至冷凝器换热管组上方，经喷嘴或重力配水机构喷淋到蛇形管组上面，沿冷凝器管的外表面呈膜状下流，最后汇集在水池中。冷却水流经冷凝器管组时，依靠水的吸热和蒸发使管内制冷剂蒸气冷却冷凝。与此同时，用风机使空气由下而上地在水膜外表面吹过，将水膜表面蒸发的水蒸气及时带走，以及创造水膜能够连续不断蒸发的有利条件。从这个角度来说，蒸发式冷凝器中的水膜主要起一个传热媒介的作用。管内制冷剂蒸气冷却冷凝放出的热量首先传给水膜，使水膜蒸发，而水膜蒸发成水蒸气时就以潜热的方式把这部分热量连同水蒸气本身传给空气。当然，当空气的温度低于水膜表面温度时，它也还可以起一定的冷却作用。为了减少蒸发式冷凝器中水的吹散损失，在箱体的上部装有挡水板，尽量把空气中夹带的水分离下来。循环水由于不断在冷凝器表面蒸发及被空气吹散夹带，因此需要补充新鲜水。冷却水的不断蒸发会使得水池内水的含盐量增高，并使管外侧结垢严重。蒸发式冷凝器应使用软水或经过软化处理的水，并且水池也需定期换水。为了减少换热管组表面结垢，在喷水机构下面还设有过滤网。

根据蒸发式冷凝器的结构和通风机在箱体中的安装位置可分为吸风式、吹风式和有预冷式等类型。

吸风式蒸发式冷凝器是在箱体的顶部安装通风机，空气从箱体下部侧壁上的百叶窗口吸入，经冷却管组、挡水板，由通风机排出（图 6-19a）。吸风式气流通过冷却管组比较均匀，箱体内保持负压，有利于冷却水的蒸发，传热效果较好。

但通风机长期处在高湿条件下工作，使通风机易于腐蚀、受潮而发生故障，所以它的电动机要采用封闭型防水电动机。

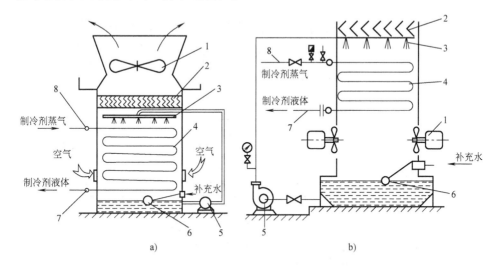

图 6-19 蒸发式冷凝器

a）吸风式蒸发式冷凝器 b）吹风式蒸发式冷凝器

1—风机 2—挡水板 3—冷却水喷淋机构 4—换热管束 5—冷却水泵

6—补水浮球 7—制冷剂出液管 8—制冷剂进气管

吹风式蒸发式冷凝器是在箱体下部，或两端装有轴流风机向箱体内冷却管组吹风。空气流经冷却管组、挡水板后，从冷凝器上方排出（图 6-19b）。吹风式蒸发式冷凝器的特点与吸风式蒸发式冷凝器的特点不同，需配备较大功率的电动机。

在有预冷的蒸发式冷凝器中（图 6-20），由油分离器来的制冷剂过热蒸气，首先进入一组带肋片的蛇形管，利用冷凝器顶部排出的湿空气使制冷剂过热蒸气冷却降温，然后再引入喷淋管下面的蛇形管组中。这样既能使制冷剂过热蒸气得到预冷，又能减少喷淋水因受过热蒸气的加热而温度升高，同时还能减少冷却管上的结垢，传热效果可提高 10% 左右。

蒸发式冷凝器内空气的流动只是为了能及时带走冷却管上蒸发的水蒸气，使水膜能继续不断地蒸发，因此不需要过大的风量，否则会增加冷却水吹散的损失。通过冷却管间的空气流速一般取 3~5m/s。蒸发式冷凝器的散热能力不仅与制冷系统工况有关，同时还与进口空气温度，尤其是湿球温度的高低有关。蒸发式冷凝器的单位面积换热量较水冷式冷凝器低，结构紧凑，节省占地面积，可是冷却水在管外蒸发，易结水垢，清洗较困难。蒸发式冷凝器适用于气候干燥和缺水地区，并要求水质好或经软化处理。

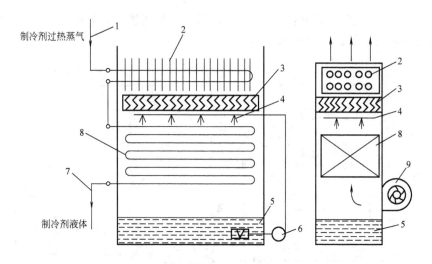

图 6-20　有预冷的蒸发式冷凝器

1—制冷剂进气管　2—肋片式预冷器　3—挡水板　4—冷却水喷淋机构　5—水池
6—冷却水泵　7—制冷剂出液管　8—换热管束　9—风机

6.2.2　冷凝器的选择

冷凝器的选择计算包括冷凝器的热负荷确定、冷凝器的热力计算和冷却介质量计算等。

1. 冷凝器的热负荷确定

冷凝器的热负荷一般应根据各种制冷循环的热力分析得到。

对于单级压缩式制冷循环，冷凝器负荷为

$$Q_K = q_m q_K \tag{6-4}$$

式中　Q_K——冷凝器热负荷(kW)；

q_m——单级压缩系统制冷剂循环量(kg/s)；

q_K——单位冷凝器负荷(kJ/kg)。

对于多级压缩式制冷循环，冷凝器负荷

$$Q_K = q_{m,H} q_K \tag{6-5}$$

式中　$q_{m,H}$——多级压缩系统高压级制冷剂循环量(kg/s)。

同样在进行复叠式、自复叠式制冷循环冷凝器负荷计算时，应采用高温部分的制冷剂循环量。

冷凝器负荷也可采用其他方式计算得到。

2. 冷凝器形式的选择

冷凝器的选型应考虑工程地区的水源、水温、水量、气象条件及机房布置等情况。表6-2列举了冷凝器的选用方案，以供参考。

表 6-2　各种冷凝器的选用方案

冷凝器形式	适　用　条　件	安　放　位　置
立式壳管式	水质较差、水温较高、水量充裕的地区，常用于氨制冷系统	安置在室外，可与冷却塔作垂直上下布置
卧式壳管式	水质较好、水温较低的地区，氨和氟利昂制冷系统都可采用	一般布置在室内或用于船舶制冷装置中
淋激式	大气温度较低、空气相对湿度较低，水源水量不充裕、水质较差和风力较大的地区	布置在室外高处或通风良好的地方
蒸发式	水源不足、水质良好、气候干燥的地区	设置在厂房屋顶或室外通风良好的地方
空气冷却式	无法供水的地方，常用于氟利昂制冷装置中	室外

3. 冷凝器的热力计算

冷凝器的热力计算包括冷凝器的传热温差计算、传热系数确定、传热面积计算及冷却介质循环量计算等。

(1) 冷凝器传热温差计算　制冷压缩机排出的过热蒸气进入冷凝器后，先被冷却为饱和蒸气，再冷凝成饱和液体，还可能进一步冷却为过冷液体。由于过热蒸气放热量和饱和液体再冷却热量相对于冷凝器总热负荷所占的比例很小，所以，在计算冷凝器传热温差时，常把制冷剂的温度当作定值（即冷凝温度 t_K），冷凝器内制冷剂和冷却水之间的对数平均温差 Δt_m（℃）可用下式计算

$$\Delta t_m = \frac{t_{w2} - t_{w1}}{\ln \dfrac{t_K - t_{w1}}{t_K - t_{w2}}} \qquad (6\text{-}6)$$

式中　Δt_m——对数平均温差（℃）；

t_K——冷凝温度（℃）；

t_{w1}、t_{w2}——冷凝器进水、出水温度（℃）；冷凝器进、出水温度值取：

立式壳管式冷凝器　　$t_{w2} - t_{w1} = 2 \sim 4$℃；

卧式壳管式冷凝器　　$t_{w2} - t_{w1} = 4 \sim 6$℃；

淋激式冷凝器　　$t_{w2} - t_{w1} = 2 \sim 3$℃。

(2) 冷凝器传热系数确定　冷凝器的传热系数与热流密度应根据生产厂家提供的产品样本来确定，也可参考有关设计手册与设备手册提供的数据确定。表 6-3 列举了常用冷凝器的传热系数与热流密度值，可供选用时参考。

表 6-3 常用冷凝器的传热系数 $K[W/(m^2 \cdot \text{℃})]$ 和热流密度 $q_A(W/m^2)$ 值

制冷剂	冷凝器形式	传热系数 $K/$ $[W/(m^2 \cdot \text{℃})]$	热流密度 $q_A/$ (W/m^2)	相 关 条 件
氨	立式壳管式	700 ~ 800	3500 ~ 4000	① 冷却水温升 2 ~ 3℃ ② 传热温差 4 ~ 6℃ ③ 单位面积冷却水耗量 1 ~ 1.7m³/(m² · h) ④ 光钢管 ⑤ 冷却水温度较高时，取较小值
	卧式壳管式	800 ~ 10000	4000 ~ 5000	① 冷却水温升 4 ~ 6℃ ② 传热温差 4 ~ 6℃ ③ 单位面积冷却水耗量 0.5 ~ 0.9m³/(m² · h) ④ 水速 0.6 ~ 1.0m/s ⑤ 冷却水温度较高时，取较小值
	淋激式	600 ~ 700	2900 ~ 3500	① 单位面积冷却水耗量 0.8 ~ 1.0m³/(m² · h) ② 补充水量为循环水量的 10%~12% ③ 光钢管 ④ 湿度较大地区取较小值
	蒸发式	600 ~ 750	1800 ~ 2500	① 单位面积冷却水耗量 0.12 ~ 0.16m³/(m² · h) ② 补充水量为循环水量的 5%~10% ③ 光钢管 ④ 湿度较大地区取较小值
氟利昂	卧式壳管式	R22： 1200 ~ 1600 R12 870 ~ 1300		① 冷却水温升 4 ~ 6℃ ② 传热温差 7 ~ 9℃ ③ 水速 1 ~ 2.5m/s ④ 单位面积冷却水量 0.5 ~ 0.9m³/(m² · h) ⑤ 低肋螺纹铜管
	风冷式	25 ~ 30	250 ~ 300	① 空气流速 2 ~ 3m/s ② 传热温差 8 ~ 12℃ ③ 空气温升 2 ~ 10℃，一般为 8℃
	蒸发式	500 ~ 700	1500 ~ 2200	① 单位面积冷却水耗量 0.12 ~ 0.16m³/(m² · h) ② 补充水量为循环量的 5%~10% ③ 传热温差 2 ~ 3℃ ④ 光钢管 ⑤ 湿度较大地区取较小值

（3）冷凝器的传热面积计算　冷凝器传热面积按下式计算

$$A_K = \frac{Q_K}{K\Delta t_m} = \frac{Q_K}{q_A} \tag{6-7}$$

式中　A_K——冷凝器的传热面积(m^2)；

$\quad\quad Q_K$——冷凝器负荷(kW)；

$\quad\quad K$——冷凝器传热系数[$kW/(m^2 \cdot ℃)$]；

$\quad\quad \Delta t_m$——对数平均温差(℃)；

$\quad\quad q_A$——冷凝器热流密度(kW/m^2)。

（4）冷却水的流量计算　冷凝器冷却水量按下式计算

$$q_{V,K} = \frac{Q_K}{1000c_{p,w}(t_{w2} - t_{w1})} \times 3600 \tag{6-8}$$

式中　$q_{V,K}$——冷却水流量(m^3/h)；

$\quad\quad c_{p,w}$——冷却水的比定压热容[$kJ/(kg \cdot ℃)$]。

6.3　制冷系统其他热交换设备

在制冷系统中常用的其他换热设备有中间冷却器、回热器与板式换热器等。

6.3.1　中间冷却器

中间冷却器位于制冷压缩机的低、高压级之间，主要作用是：

1）冷却低压级制冷压缩机排出的过热蒸气。

2）使进入蒸发器的制冷剂液体在中间冷却器的盘管中得到过冷。

3）氨用中间冷却器还能分离低压级制冷压缩机排气中夹带的润滑油。

根据制冷剂的种类不同，中间冷却器有氨用和氟利昂用两类。

1. 氨用中间冷却器

氨用中间冷却器的结构如图6-21所示。它的壳体是用钢板卷焊成的圆筒形，并且上、下有封头的密封容器。中冷器的进气管由上封头中间伸入到筒内稳定液面以下，进气管下端开有矩形出气口，管底端用钢板焊牢，以防进入的氨气直冲中间冷却器底部将沉淀的润滑油翻起。筒内进气管的外侧设有两个多孔的伞形挡板，以阻挡氨气中夹带的液滴进入高压级压缩机。在进气管伞形挡板以上部位有一个φ5mm的平衡孔，以平衡中间冷却器内与进气管中的氨蒸气压力，避免停机时，氨液从进气管倒流回低压机而造成事故。中间冷却器的氨液由筒身下侧进液管供入或由插焊在中间冷却器顶部进气管侧的进液管供入。根据中冷器外壁正常液位标记安装浮球阀或供液液面控制器。中间冷却器的正常液面一般应比进气管的出气端口高150～200mm左右。氨用中间冷却器内有一组蛇形液体过冷器盘管，它的进、出液接管均在中间冷却器下部。氨用中间冷却器筒体上还设有液面指示器及出气管、气液平衡管、排液管、放油管、压力表以及安全阀等。

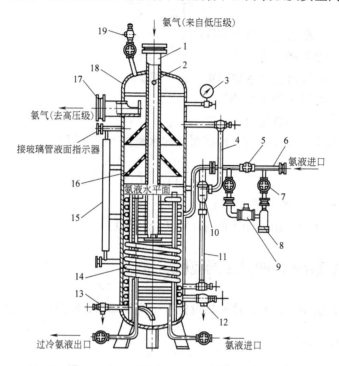

图 6-21 氨用中间冷却器

1—制冷剂排气管 2—平衡孔 3—压力表 4—气体平衡管 5—节流阀
6—制冷剂进液管 7—截止阀 8—过滤器 9—电磁恒压主阀 10—液位控制器
11—液体平衡管 12—排液阀 13—放油阀 14—冷却蛇形盘管 15—金属管液面指示器
16—伞形挡液板 17—制冷剂出气管 18—筒体 19—安全阀

　　氨用中间冷却器的工作原理是：制冷压缩机低压级排出的过热蒸气由进气管进入中间冷却器后，通过与节流后的氨液混合、洗涤，被完全冷却成中间压力下的干饱和蒸气，经伞形挡板阻挡、分离夹带的液滴，由出气口输入压缩机的高压级。而中间冷却器盘管内的氨液被等压冷却成过冷液体，从出液管供往蒸发器使用。中间冷却器内的氨液吸热后汽化，成为中间压力下的干饱和蒸气，并随同低压级排出的已被冷却的蒸气一起由高压级吸入。中间冷却器供液由液面控制器（或浮球阀）控制。为了防止高压级出现湿冲程，一般要求通过中间冷却器截面上的氨气流速不大于 0.5m/s。蛇形盘管内氨液流速应控制在 0.4 ~ 0.7m/s 之间，盘管出口处氨液温度比中间温度高 3 ~ 5℃。

　　低压级过热蒸气进入中间冷却器后，由于流道截面突然扩大而流速降低、流向改变及氨液洗涤、冷却，使蒸气中所夹带的润滑油被分离出来，并沉积于中间冷却器底部。中间冷却器是在低温下工作，筒体外应设隔热层。

2. 氟利昂用中间冷却器

氟利昂双级压缩制冷装置大都采用一次节流中间不完全冷却双级压缩循环形式，氟利昂用中间冷却器结构常采用卧式盘管式（图6-22）或卧式列管式等。

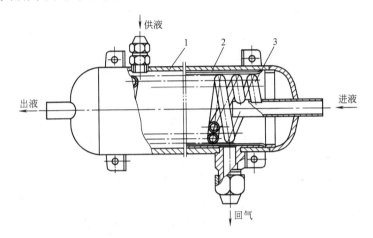

图 6-22　氟利昂用中间冷却器（卧式盘管式）

1—筒体　2—挡板　3—螺旋式换热管

氟利昂用卧式中间冷却器结构主要由壳体和螺旋式（或列管式）换热管组成。其壳体上设有进液管、出液管、节流后的供液管、出气管等。在供液管供入中间冷却器处的壳体内壁上焊有挡板，使进入的液体能均匀地分散开来与换热管接触。

氟利昂用中间冷却器的工作原理是：由冷凝器（或高压储液器）来的液态氟利昂制冷剂分两路流动：一部分制冷剂液体（p_K）经热力膨胀阀节流后（p_m）由供液管供入中间冷却器；大部分液体（p_K）经中间冷却器内的螺旋盘管（或列管）流动。盘管内的制冷剂液体经过过冷后流出中间冷却器并送往蒸发器；管外制冷剂吸热汽化后成为中压下的饱和蒸气，并在高压级的吸气管路中与低压级排出的过热蒸气混合后进入高压级。在一次节流中间不完全冷却的双级压缩制冷循环中，高压级吸入的过热蒸气温度应控制在≤15℃。

6.3.2　回热器

回热器是用于氟利昂制冷系统的气—液热交换设备。回热器壳体外需做隔热保温结构。

回热器在工作时，出蒸发器的制冷剂干饱和蒸气或过热蒸气由回热器的进气管进入回热器内与来自冷凝器（或中间冷却器）的制冷剂液体进行热交换。制冷剂蒸气吸热后而获得过热,由出气管输入高压级的吸入管;制冷剂液体在回热器内放热后而获得过冷,自出液口流出后输入节流器降压,最后供给蒸发器。通过回热过程,一方面使得制冷压缩机减少有害过热,防止湿冲程的产生;另一方面制冷剂液体过冷能提高制冷循环的制冷量及 COP。

常用的回热器有穿管式、并联管式、套管式和盘管式。

穿管式回热器通过将供液毛细管穿在回气管中来达到回热的效果。穿管式回热器常用于电冰箱等小型制冷装置中。

并联管式回热器是将供液管与回气管接触或者焊接在一起,通过管壁间换热来达到回热的效果。

套管式回热器将供液管与回气管同心组合,制冷剂蒸气在回热器的内管流动,制冷剂液体在内外管空腔中流动,以达到回热的目的。

盘管式回热器的结构与氟利昂用中间冷却器相似(图 6-23)。其外壳是用钢板卷焊成圆筒形或用较大直径的无缝钢管,两端加封头焊制的密闭容器。回热器内装有一组用铜管或钢管绕成的螺旋盘管。壳体上有进气管、出气管、供液管、出液管。盘管式回热器在工作时,制冷剂液体沿管程流动,制冷剂蒸气沿壳程流动。

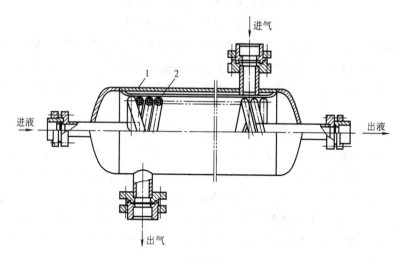

图 6-23 盘管式回热器
1—筒体 2—螺旋式换热管

6.3.3 板式换热器

近几年,板式换热器在制冷与空调系统中的应用越来越广泛,常用的有组合式和钎焊式两类。

1. 组合式板式换热器

组合式板式换热器具有传热系数高、体积小、质量轻、可拆卸等特性，因而在空调制冷系统中常用作制冷剂与水的换热器，如蒸发器、冷凝器及蓄冷系统换热器等。

组合式板式换热器的组合结构如图 6-24 所示。组合式板式换热器根据换热量的大小选定多片换热板，并组合而安装在换热器的导杆上。安装在导杆上的板片组两端装有端盖（其中一个固定端盖，一个可移动端盖）。板片组与两端盖用一组加压支架固定夹在一起。用作蒸发器和蓄冷系统的板式换热器需隔热保温。

组合式板式换热器的主要换热部件是叠加而成的板片组。板片本身被冲压成各种褶皱状，以增加板片间流体的湍流度，同时也加强了机械强度。板片四周角上留下切口作为流体进出用。板片间用垫圈限制流体的流动方向和防止泄漏。冷、热两流体分

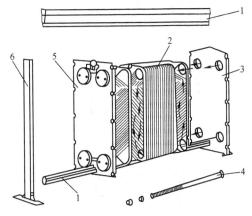

图 6-24　组合式板式换热器结构
1—导杆　2—板片组　3—固定端盖　4—加压螺杆
5—可移动端盖　6—支架

别由管嘴导入，在相互间隔的板片中逆向流动来进行热交换。图 6-25 表示了换热板片的基本结构，其包含换热槽道面、切口、两端分配区、切口泄漏区、密封垫圈、端边导槽等部位。

图 6-25 中：

A——矩形或人字形槽道面，是板片进行传热的主要部位。

B——位于板片四角的切口。依流体的流动方式有两种安排：一种是流体在板间系垂直流动，流体的进口与出口在同一侧，板片只需一种，经由一正一反的叠置，即可得到所需要的流动。另一种是流体在板间属对角流，流体的进出口在对角线，这种情况需两种板片。

C——连接切口至槽道面的板片两端分配区，其使得流体分配均匀，同时也是传热面。

D——位于切口与传热区之间的切口泄漏区。其中间有垫圈封闭，对大气留有开口，若有流体泄漏时，则流体流出换热器外，也不致使两种换热流体混合。

E——装在板片外围沟槽中的密封垫圈，其限制流体的流动方向，并防漏。

F——端边导槽。板片组利用导槽推入导杆，便于换热器的组装与拆卸。

2. 钎焊板式换热器

钎焊板式换热器由若干片波纹状的不锈钢薄板构成一个多层结构。不锈钢薄板通过真空钎焊工艺被组合起来。钎焊板式换热器的基本结构如图 6-26 所示。

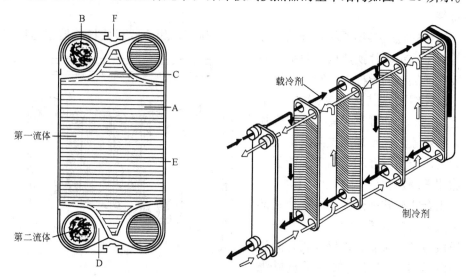

图 6-25 板片基本结构   图 6-26 钎焊板式换热器

钎焊板式换热器的每一对板形成一个复杂的流道，冷、热两种流体以逆向流动方式流经相邻的槽道进行换热。钎焊板式换热器内的流体能在很小的雷诺数（或在很小的流量）下形成湍流，并且在流槽内是均匀的，这两个特性导致钎焊板式换热器具有很高的传热系数。

钎焊板式换热器具有如下优点：

1）紧凑性高。钎焊板式换热器与套管式换热器相比，质量减轻约 25%，所占体积也减小 1/4 左右。

2）充液量小。钎焊板式换热器中制冷剂侧容积大约是 2.0L/m²，只有壳管式换热器的 1/20。

3）传热系数高。在板式换热器中，由于受湍流和较小的水力直径的影响，使它的传热效率很高，它的传热系数大约为壳管式的 3 倍。

4）耐压性高。钎焊板式换热器除用作冷凝器和蒸发器外，也可用于压力较高的空调系统水—水换热器。

钎焊板式换热器在制冷系统中使用时也有一定的缺点：

1）由于钎焊板式换热器的内容积很小，不能储存液体，在系统中必须另装储液器。

2）由于板片间隙很小(2~3mm)，容易被污物堵塞，在水侧应加装过滤器。

3）作为蒸发器使用时，经膨胀阀后的制冷剂气体和液体密度的不同会造成前后板间制冷剂分配不均，降低制冷效果。为保证供液均匀，钎焊板式换热器须竖直安装，并使制冷剂下进上出供液。

4）制冷剂蒸发温度低于0℃下使用时，会造成板间结冰，使整台钎焊板式蒸发器冻裂，应用时需做好水防冻措施。

6.4 强化热交换设备传热特性的途径

蒸发器与冷凝器是制冷系统的主要换热设备，强化蒸发器与冷凝器的传热也是提高制冷循环性能的途径之一。

6.4.1 蒸发器的传热及影响因素

1. 蒸发器的传热

在蒸发器中，制冷剂液体在低压低温下汽化吸收被冷却介质的热量，成为低温低压下的制冷剂干饱和蒸气或过热蒸气，从而使被冷却介质的温度降低。从传热学角度来看，尽管蒸发器的形式很多，都属于间壁式换热器，即制冷剂与被冷却介质在换热间壁两侧进行热交换。

2. 影响蒸发器传热的因素

蒸发器的传热量与换热面积、传热温差和传热系数有关。对已选定的蒸发器而言，换热面积是一定的，因此，除了适当提高蒸发器的传热温差外，主要是设法提高蒸发器的传热系数。而传热系数的提高取决于冷热流体的热物理性质、流动状况、传热面特性以及蒸发器的结构性能等因素。

（1）制冷剂特性对蒸发器传热的影响 在蒸发器内，制冷剂主要依靠液体沸腾汽化来吸收热量。制冷剂在蒸发器内的沸腾主要表现为泡状沸腾和膜状沸腾。

制冷剂液体在蒸发器内吸热后，当温度达到该压力相对应的饱和温度时，在加热表面上形成许多气泡，并在液体内部逐渐增大而向上升起、破裂而达到沸腾，即泡状沸腾。液体在泡状沸腾时的放热系数和热流密度随温差 Δt 的增大而增大。随着温度差 Δt 的增大，制冷剂在加热表面上的汽化核心数目会急剧增多，众多的气泡来不及离开加热表面而汇集成一片，在加热表面上形成一层气膜，即膜状沸腾。液体在膜状沸腾时由于气膜存在会增大传热热阻，降低放热系数。制冷剂在蒸发器内的吸热沸腾一般属于泡状沸腾。

制冷剂的热物理特性，如热导率 λ、粘度 μ、密度 ρ、表面张力 a 和汽化热 r 等也都将影响制冷剂侧的放热系数 α。当热导率 λ 增大、粘度 μ 下降、密度 ρ 增大、汽化热 r 增大时，都能使制冷剂侧的放热系数 α 增大。

（2）被冷却介质特性对蒸发器传热的影响　水、盐水和空气是制冷装置中常见的被冷却介质，其放热强度除与其物理性质有关外，还与其流动速度、流道的几何形状以及流动的途径等外界因素有关。流速大，流道的几何形状和流动的途径合理，则放热系数增大，但相应的动力消耗和基本设施费用也会增大。最适宜的流速与流道的布局应通过技术经济分析、比较才能确定。另外，冷却介质在换热面上的结霜、结垢也会降低蒸发器的传热性能。

（3）换热面状况对蒸发器传热的影响　液体如能在润湿的加热表面上汽化沸腾，则气泡根部细小，形成气泡的体积小，气泡容易离开加热表面而上升。若液体不能在润湿的加热表面上汽化沸腾，则形成的气泡体积较大、根部也较大，汽化核心数目将减少。这时产生的气泡就会聚集在加热表面上，并沿着加热表面发展产生气膜，致使热阻增大，放热系数下降。常用的一些制冷剂液体均具有良好的润湿性能和放热性能。

在蒸发器中，当制冷剂侧的制冷剂液体中混入润滑油时，油在低温下粘度很大，容易附着在传热面上形成油膜而增大传热热阻。同时油膜还会妨碍制冷剂液体润湿传热表面，降低传热效能。

（4）蒸发器结构形式对蒸发器传热的影响　蒸发器的结构形式很多，在设计和制作时应使制冷剂蒸气很快离开传热表面，保持合理的液面高度及有效利用传热表面。制冷剂液体节流时产生的少量蒸气可通过分离设备使气液分离，只将饱和液体送入蒸发器内吸热，以提高蒸发器的传热效果。在蒸发器换热管制冷剂侧的管壁上加肋，可增大换热面积，提高换热效果。

6.4.2　冷凝器的传热及影响因素

1. 冷凝器的传热

在冷凝器的传热中，由于压缩后的制冷剂过热蒸气向冷凝器传热壁面放出热量后被冷却、冷凝成液体，所以其放热量包括冷却显热与凝结热，其中凝结热占制冷剂放热量的80%以上。冷却介质作为冷凝器中的吸热流体，并起到向环境散热的作用，冷却介质主要靠显热传热。

2. 影响冷凝器传热的因素

冷凝器的传热量大小与换热面积、传热温差、传热系数的大小成正比。对已选定的冷凝器来说，其换热面积是一定的，因此，在正常使用中要提高冷凝器的换热能力，除了提高冷凝器内冷热流体间的传热温差外，更重要的是提高冷凝器的传热系数。传热系数取决于冷凝器中冷热流体的热物理性质、流动情况、传热表面特性以及冷凝器结构特点等影响因素。

（1）制冷剂及其流动、传热特性对冷凝器传热的影响　不同的制冷剂表现出各自的特性，影响传热的物性主要是制冷剂的比热容、热导率、密度、粘度等。制冷剂的热导率增大、比热容和密度增大，热阻降低，传热系数增大；粘度增大，流阻增大，传热性能降低。

制冷剂过热蒸气在冷凝器壁面上的放热是一个冷却冷凝过程。在冷却阶段制冷剂以显热的形式向冷凝器壁面放热；在冷凝阶段制冷剂以膜状凝结或珠状凝结的形式向冷凝器壁面放出凝结热。在珠状凝结时，壁面上没有形成液膜，热阻较小。在相同条件下，其放热量可达到膜状凝结的 15～20 倍。制冷剂蒸气在冷凝器中的凝结主要属于膜状凝结，其形成的液膜使制冷剂的热阻增大，放热系数降低。因此，在工作时尽量避免液膜增厚并能使其迅速与传热面分离。当蒸气与冷凝液膜同向运动时，液膜与传热面的分离较快，这时的放热系数也较高。当液膜与蒸气反向运动时，若蒸气流速较小，则液膜变厚，放热系数降低；若蒸气流速较大，液膜层会被蒸气带着运动而较快脱离传热表面，传热系数增大。

（2）冷却介质及流动特性对冷凝器传热的影响　冷凝器的冷却介质常采用水或空气，由于水的热容量大于空气的热容量，因此，水冷式冷凝器的传热特性优于风冷式冷凝器。并且，水冷式冷凝器的冷凝压力明显低于风冷式冷凝器，有利于制冷系统的安全工作。

冷却水或冷却空气的流速对冷却介质侧的放热系数有很大的影响。随着冷却介质流速的增加其放热系数也增大。但是流速太大，会使设备中的流动阻力损失增加，使泵或风机的耗功增大。一般冷凝器的适宜水流速度约为 0.8～1.5m/s，空气流速约为 2～4m/s。另外，冷却介质的流动途径（如管内、管外、自由空间流动等）、流动方式（如自然对流、强迫流动等）不同也影响冷凝器的传热性能。

（3）不凝性气体对冷凝器传热的影响　由于种种原因，冷凝器中会存在一些空气或制冷剂与润滑油在高温下分解出来的不凝性气体。冷凝器工作时，不凝性气体会积聚在制冷剂液膜层附近形成气体层，构成气体热阻，明显降低冷凝器的传热性能。实验证明，在一般的冷凝温度下，蒸气中的不凝性气体含量为0.2%时，冷凝器的传热系数约降低20%～30%；含量为0.5%时，传热系数约降低50%；而含量达到1%时，传热系数仅是纯蒸气时的1/3。所以在制冷系统中应设置空气分离器并及时排除不凝结气体。

（4）换热面状态对冷凝器传热的影响　冷凝器的传热面状态对冷凝器的传热也有较大的影响。光滑、清洁的冷却壁面，其液膜流动阻力较小，凝结的液膜层较薄，放热系数较大。粗糙、锈蚀的传热壁面，在凝结雷诺数较低时，凝液易积存，液膜较厚，传热系数低于光滑清洁管；当凝结雷诺数 $Re > 140$ 时，其传热系数则有可能高于光滑管。

氨与润滑油不相溶，氨用冷凝器换热表面易产生油膜。油膜的厚度为 0.1mm时，其热阻相当于厚度为 33mm 钢板的热阻。大多氟利昂与润滑油能互溶或微溶，氟利昂用冷凝器的传热壁面较少形成油膜，所以对冷凝器的传热影响较小。

在工作时，冷凝器产生的水垢层、污垢层都会增大冷却介质侧传热热阻，降低传热效果，严重时会使得制冷系统无法工作。设备外表面的油漆与传热表面的锈蚀等不利因素，也会影响冷凝器的传热性能。

（5）冷凝器结构形式对冷凝器传热的影响　冷凝器结构形式对冷凝器传热的影响主要表现为制冷剂凝液与冷却壁面的脱离状态。横置管束上的制冷剂液膜比竖置管束上的制冷剂液膜容易脱离冷却壁面，所以卧式冷凝器的传热性能总体好于立式冷凝器。立式壳管式冷凝器直立管上的凝结液膜向下流动时，会使管下部的液膜层厚度增加，平均放热系数下降，为此采用上 1/3 位置进气冲击液膜来提高冷凝器的放热系数。卧式壳管式冷凝器上部横管壁面上凝结的液体会流到下面横管壁面上而使其液膜层增厚，平均放热系数下降，所以现代卧式壳管式冷凝器在设计上采用较大长径比的形式，以提高冷凝器的传热系数。

思 考 题

1. 制冷系统中蒸发器有何作用？常用蒸发器的种类有哪些？

2. 分析满液式、干式壳管式、沉浸式、冷风机等蒸发器的工作原理、特点和基本结构。

3. 如何选用蒸发器？

4. 制冷系统中冷凝器有何作用？常用冷凝器的种类有哪些？

5. 分析立式壳管式、卧式壳管式、风冷式、淋激式、蒸发式冷凝器的工作原理、特点和基本结构。

6. 如何选用冷凝器？

7. 分析中间冷却器的作用、工作原理、基本结构与特点。

8. 分析回热器的作用、工作原理、基本结构与特点。

9. 分析板式换热器的作用、工作原理、基本结构与特点。

10. 理解蒸发器、冷凝器的传热特性和影响传热的因素。

11. 如何强化冷凝器、蒸发器的传热。

第7章

制冷机其他设备

在蒸气压缩式制冷系统中，除压缩机及各种热交换设备外，节流装置也是必不可少的部件。除此之外，为了使整个制冷系统正常运行尚需一些其他的附属设备，如润滑油的分离及收集设备、制冷剂的储存及分离设备、制冷剂的净化及安全设备等。本章将对上述设备及装置进行逐一介绍。

7.1 节流装置

节流装置位于冷凝器与蒸发器之间，其作用是使从冷凝器出来的高压制冷剂液体进行等焓节流，使其压力降低，然后进入蒸发器。节流装置除了对制冷剂起节流作用外，还对进入蒸发器的制冷剂流量起调节作用。通过节流装置的调节，使制冷剂离开蒸发器时保持一定的过热度，进而保证液态的制冷剂不会进入压缩机，以避免"走湿车"现象发生。

节流装置的种类很多，根据它们的应用范围，可分为以下五种类型：

1）手动膨胀阀，用于工业用的制冷装置。

2）热力膨胀阀，用于工业、商业和空气调节装置。

3）电子膨胀阀，用途与热力膨胀阀相同。

4）毛细管，用于家用制冷装置。

5）浮球调节阀，用于工业、商业和生活用制冷装置。

7.1.1 手动膨胀阀

手动膨胀阀多用于干式或湿式蒸发器。在干式蒸发器中使用手动膨胀阀时，操作人员需频繁地调节流量，以适应负荷的变化，保证制冷剂离开蒸发器时有轻微的过热度。如果蒸发器出口处蒸气的过热度过大，可以增加阀门的开度，使较多的制冷剂进入蒸发器，从而降低过热度。如果过热度过小或者没有过热度，可以减小阀门的开度，使制冷剂蒸气产生一定的过热度。如图 7-1 所示为应用手动阀时监测仪表的安装位置。监测仪表能指示蒸发器出口处的压力和温度，从而可观察制冷剂离开蒸发器时的状态。大多数手动膨胀阀都由喷嘴形阀孔和阀针组成如图 7-2 表示。早些年手动膨胀阀应用非常广泛，目前大部分已被自动控制阀所取代，只有氨制冷系统还在使用。手动膨胀阀也可用在油分离器至压缩机曲轴箱的回油管路上，如图 7-3 所示。此时，节流阀的作用是控制流量。图中的电磁阀用于阻止液体制冷剂在停机后的流动。

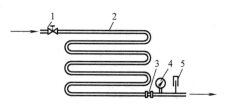

图 7-1 手动膨胀阀工作时检
测仪表的安装位置
1—手动膨胀阀 2—蒸发器 3—观察镜
4—压力表 5—温度表

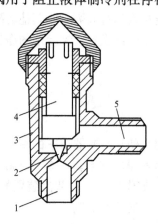

图 7-2 手动膨胀阀
1—出口 2—针阀 3—阀体
4—阀杆 5—入口

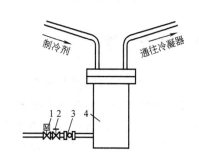

图 7-3 用在回油管路上的手动膨胀阀
1—电磁阀 2—手动膨胀阀
3—观察玻璃 4—油分离器

7.1.2 热力膨胀阀

这种形式的膨胀阀在氟利昂制冷系统中应用较为普遍，如风冷式冻结间、制冷装置、冰淇淋机以及空调装置等。其优点是在蒸发器负荷变化时，可以自动调节制冷剂液体的流量，以控制蒸发器出口处制冷剂的过热度。热力膨胀阀的流量靠蒸发器出口处的温度来控制，它又可分为内平衡式和外平衡式两种类型。

1. 内平衡式热力膨胀阀

在内平衡式热力膨胀阀中，来自感温包（感温包装在蒸发器出口处，用于感受出口处蒸气的温度）的蒸气（或液体）压力作用在膜片的一侧，蒸发器入口处的制冷剂蒸气压力和弹簧压力之和作用在膜片的另一侧。膜片与针阀连接，膜片的上下移动将引起针阀开度的变化，从而调节进入蒸发器的制冷剂流量。

下面以图7-4为例说明热力膨胀阀的工作过程。假如某制冷系统所用的工质为R22，热力膨胀阀的感温包所充注的工质也是R22，如果膜片底部承受的蒸发器内 R22 的饱和压力为0.336MPa（表压），此时对应的饱和温度为 -4.0℃，而膜片上部受到的感温包内工质的压力为0.414MPa（表压），对应的感温包内 R22 的饱和温度为1.0℃，则此时弹簧压力应为0.078MPa。由于感温包内充注的工质与蒸发器内的制冷剂均为R22，显然，制冷剂在蒸发器出口处的状态为过热蒸气，且过热度为5℃（开始工质为

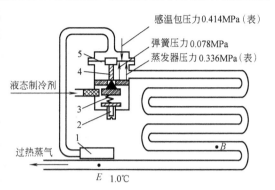

图7-4 内平衡式热力膨胀阀
1—感温包 2—调整螺钉 3—弹簧
4—阀芯 5—弹性金属膜片

湿饱和蒸气，到达 B 点时转变为干饱和蒸气，而从 B 点至 E 点的过程，制冷剂因继续吸收热量，而转变为过热蒸气）。如果蒸发器负荷增大，E 点蒸气的过热度也将增加，膜片上部的压力随之增大，针阀将从向下移动，这将导致更多的制冷剂流入蒸发器，从而增大制冷量，实现了自动调节的目的。

当蒸发器的负荷减少时，E 点蒸气的过热度将下降，作用在膜片上部的压力将减少，针阀将向上移动，导致进入蒸发器的制冷剂减少，从而减少了制冷量以适应负荷的减小。

热力膨胀阀的特性取决于蒸发压力、弹簧压力和感温元件的性能。感温包内工质的充注形式有多种，如液体充注式、交叉充注式、气体充注式、吸附充注式等，下面进行简要说明。

（1）液体充注式 液体充注式感温包中充注的工质与制冷系统中使用的制冷剂相同。感温包内液体的充注量应足够大，保证在任何温度下感温包内工质的状态始终为湿饱和蒸气状态，感温系统内的压力始终为饱和压力。为此，膜片上部空间和连接管的容积之和应小于充注液体的体积，同时，感温包的容积应大于所充注的液体体积。

图7-5表示用液体充注热力膨胀阀所控制的过热度随温度的变化情况。随着蒸发温度的提高，作用在膜片下部的蒸发压力及弹簧压力之和也提高。此时，感温包压力也相应的增高，从而保证了制冷剂在离开蒸发器时始终有过热度，但过热度的大小随蒸发温度而变。蒸发温度愈高，过热度愈小，这是其缺点之一。液体充注式热力膨胀阀的另一个缺点是它对蒸发温度没有限制，而过高的蒸发温度会使制冷压缩机的电动机超负荷运行，甚至发生烧毁电动机的现象。

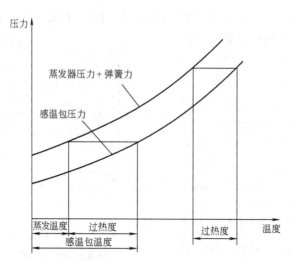

图7-5 采用液体充注式感温包时制冷剂的过热度变化情况

（2）交叉充注式 交叉充注式感温包内充注的工质与制冷系统中的制冷剂不同。感温包的饱和蒸气压力曲线与膜片下面作用力的变化曲线如图7-6所示。在不同的蒸发温度条件下，热力膨胀阀维持的过热度几乎不变，这正是它的优点。

（3）气体充注式 气体充注式感温包又称限量充注或最大压力充注式感温包，如图7-7所示。在此感温包内只注入与制冷剂相同的限量工质。当蒸发温度（或蒸发器内的压力）低于规定值时，感温包内工质的压力—温度关系与液体充注式感温包相同。但是，当蒸发温度超过规定温度后，由于感温包内的工质已全部蒸发，其压力—温度曲线发生了变化，尽管温度增加很多，但压力的增量却很小。因此，当蒸发温度超过规定温度时，蒸发器出口处制冷剂虽有很高的过热度，但阀门的开度却几乎不变。这就可以控制蒸发器的供液量和蒸发压力，避免了由于蒸发温度过高时制冷压缩机的电动机超负荷运转的问题。

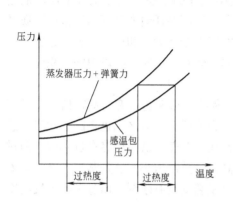
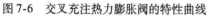

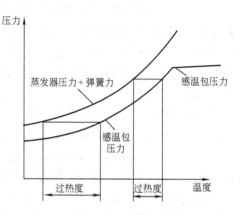

图7-6 交叉充注热力膨胀阀的特性曲线　　　图7-7 气体充注式热力膨胀阀的特性曲线

实践证明，气体充注式热力膨胀阀也存在一些缺点，有时感温包内工质以液体形式积聚在膜片上，而不返回感温包内。这种现象发生在膜盒温度低于感温包温度的情况下，因此设计时必须保证在膨胀阀关闭时，膜盒内有较高的温度，使盒内液体蒸发，并回到感温包内。为实现这个目的，设计中可考虑让温度较高的制冷剂盘绕膜盒以加热之。

（4）吸附充注式 吸附充注式感温包内充满了吸附性气体与吸附剂，如活性炭、分子筛、硅胶、铝胶、惰性气体等。普遍使用的是活性炭与 CO_2 气体。活性炭吸附气体的吸附能力随感温包温度而变。当感温包的温度增加时，包内的气体压力因被吸附气体的释放而增大；当感温包的温度降低时，气体被活性炭吸附，包内压力下降。吸附充注式感温包不可能发生气体积累在膜盒中而不返回感温包的现象。其缺点是膨胀阀对过热度变化的反应较缓慢。

感温包应安装在合适的位置上。通常应处于不积液和不积油的位置，如图7-8所示。当吸气管的位置需要提高时，提高处应有弯头。感温包装在弯头前，以避免与积液直接接触而感受不到过热度或感受到的过热度很小。另外，要保证感温包与管道具有良好的接触并进行保温处理，旨在减小其对感应温度在时间上的滞后，提高其工作的稳定性。

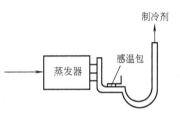

图 7-8 感温包安装位置示例

2. 外平衡式热力膨胀阀

制冷剂流经蒸发器时将产生压力降，使蒸发器出口处的制冷剂饱和温度低于入口处的饱和温度。如果使用内平衡膨胀阀，随着制冷剂压力的下降，在出口处将产生较大的过热度。这意味着蒸发器中有更多的传热面积用于产生过热蒸气，从而将降低蒸发器传热面的利用率。外平衡式热力膨胀阀成功地解决了这一问题。

外平衡式热力膨胀阀有一根外部连接管，将膜片下部的空间与蒸发器出口相连接，这样膨胀阀膜片下部的压力就不再是蒸发器的进口压力，而是蒸发器的出口压力，从而可消除由于制冷剂在蒸发器中的流动阻力所引起的附加过热度。下面以图7-9为例说明外平衡式热力膨胀阀的工作过程。假如制冷系统所用的工质为 R22，热力膨胀阀的感温包所充注

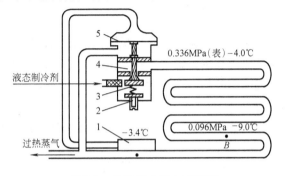

图 7-9 外平衡式热力膨胀阀
1—感温包 2—调整螺钉 3—弹簧 4—阀芯 5—弹性金属膜片

的工质也是 R22。为了保证阀的正常工作，膜片下的空间与蒸发器入口处隔绝，膜片的运动通过密封片传递给阀针。在图 7-9 中，假如蒸发器入口处的压力为 0.366MPa（表压），对应的蒸发温度为 -4.0℃；如果制冷剂经过蒸发器的压力降为 0.069MPa，则蒸发器出口处的压力为 0.267MPa（表压），对应的饱和温度为 -9℃。设弹簧压力为 0.078MPa，则感温包内制冷剂的饱和压力为 0.345MPa，对应的饱和温度（也即制冷剂在蒸发器出口处的温度）为 -3.4℃，因此，制冷剂在蒸发器出口处的过热度为 5.6℃。如果采用内平衡式膨胀阀，蒸发器入口处的压力以及弹簧压力保持不变，则感温包内制冷剂的饱和应为 0.414MPa，对应的饱和温度（也即制冷剂在蒸发器出口处的温度）为 1.0℃，因此，制冷剂在蒸发器出口处的过热度为 10℃，远大于外平衡式膨胀阀的过热度。由此可知，当制冷系统较大，相应的蒸发器的流动阻力较大时，应采用外平衡式热力膨胀阀。

3. 热力膨胀阀的缺点

热力膨胀阀以蒸发器出口处的温度为控制信号。通过感温包，将此信号转换成感温包内蒸气的压力，进而控制膨胀阀阀针的开度，达到反馈调节的目的。但热力膨胀阀有不足之处，主要表现在以下几点：

1）信号的反馈有较大的滞后。蒸发器处的高温气体首先要加热感温包外壳。感温包外壳有较大的热惯性，导致反应的滞后。感温包外壳对感温包内工质的加热引起进一步的滞后。信号反馈的滞后导致被调参数的周期性振荡。

2）控制精度较低。感温包的工质通过薄膜将压力传递给阀针。因薄膜的加工精度及安装均会影响它受压产生的变形以及变形的灵敏度，故难以实现高精度的控制。

3）调节范围有限。因薄膜的变形量有限，使阀针开度的变化范围较小，故流量的调节范围较小。在要求有大的流量调节范围时（例如，在使用变频压缩机时），热力膨胀阀无法满足要求。

7.1.3 电子膨胀阀

电子膨胀阀克服了热力膨胀阀的缺点，并为制冷装置的智能化提供了条件。电子膨胀阀利用被调节参数产生的电信号，控制施加于膨胀阀上的电压或电流，进而控制阀针的运动，达到调节的目的。表 7-1 中列出了热力膨胀阀及电子膨胀阀的特点。

表 7-1 热力膨胀阀及电子膨胀阀的特点

比较的项目	热力膨胀阀	电子膨胀阀
制冷剂与阀的选择	由感温包充注决定	不限
制冷剂流量调节范围	较大	大
流量调节机构	阀的开度	阀的开度

（续）

比较的项目	热力膨胀阀	电子膨胀阀
流量反馈控制的信号	蒸发器出口过热度	蒸发器出口过热度
调节对象	蒸发器	蒸发器
蒸发器过热度控制偏差	较小，但蒸发温度低时大	很小
流量调节补偿	困难	可以
过热度调节的过度过程特性	较好	优
允许负荷变动特性	较大，但不适合于能量可调节的系统	很大，适合于能量可调节的系统
流量前馈调节	困难	可以
价格	较高	高

电子膨胀阀可分为电磁式和电动式两大类。

1. 电磁式电子膨胀阀

电磁式电子膨胀阀的结构如图 7-10 所示。被调参数先转化为电压，施加在膨胀阀的电磁线圈上。电磁线圈通电前，阀针处于全开的位置。通电后，受磁力的作用，阀针的开度减小。开度减小的程度取决于施加在线圈上的控制电压。电压愈高，开度愈小，流经膨胀阀的制冷剂流量也愈小。制冷剂流量 q_v 随控制电压 U 的变化情况如图 7-11 所示。

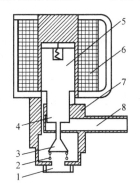

图 7-10 电磁式电子膨胀阀

1—出口 2—弹簧 3—针阀 4—阀杆
5—柱塞 6—线圈 7—阀座 8—入口

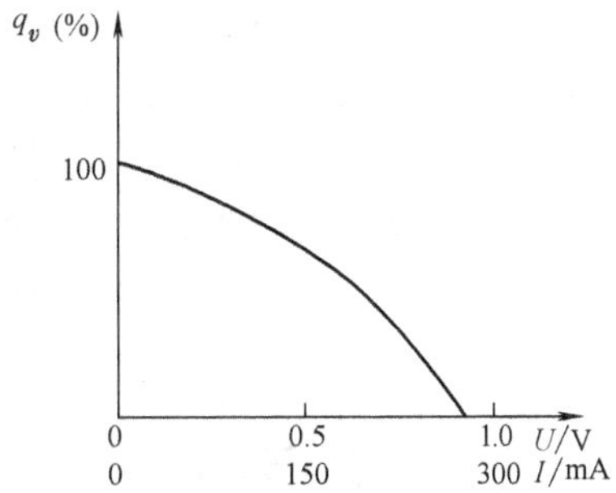

图 7-11 电磁式电子膨胀阀的流量

电磁式电子膨胀阀具有结构简单，对信号变化响应快的优点。但在制冷机工作期间，需要一直向它提供控制电压。

2. 电动式电子膨胀阀

电动式电子膨胀阀的阀针由电动机驱动。这种电动机多采用脉冲电动机。电动式电子膨胀阀又可细分为直动型和减速型两种。

（1）直动型 直动型电动电子膨胀阀的结构如图 7-12 所示，膨胀阀用脉冲电动机直接驱动阀针，当控制电路产生的脉冲电压作用到电动机定子上时，永久磁铁制成的电动机转子转动，通过螺纹的作用，使转子的旋转运动转变为阀针的上下运动，从而调节阀针的开度，进而调节制冷剂的流量。直动型电动式电子膨胀阀的流量特性见图 7-13。图中 q_v 为制冷剂流量，N 为脉冲数。在这种电子膨胀阀中，驱动阀针的力矩是定子线圈的磁力矩，由于电动机的尺寸所限，所以这个力矩也比较小。为了获得较大的力矩，便开发了减速型电动式电子膨胀阀。

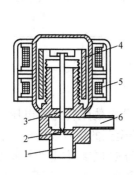

图 7-12　直动型电动式电子膨胀阀
1—出口　2—阀针　3—阀杆
4—转子　5—线圈　6—入口

图 7-13　直动型电动式电子膨胀阀的流量

（2）减速型　减速型电动式电子膨胀阀的结构如图 7-14 所示，膨胀阀内装有减速齿轮组，脉冲电机通过减速齿轮组将其磁力矩传递给阀针。减速齿轮组起放大磁力矩的作用，因而配有减速齿轮组的脉冲电动机可以方便地与不同规格的阀体配合，满足不同流量调节范围的需要。减速型电动式电子膨胀阀的流量特性见图 7-15。图中 q_m 为流量，N 为脉冲数。

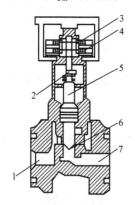

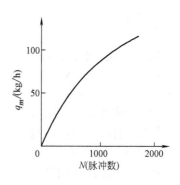

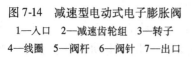

图 7-14　减速型电动式电子膨胀阀
1—入口　2—减速齿轮组　3—转子
4—线圈　5—阀杆　6—阀针　7—出口

图 7-15　减速型电动式电子膨胀阀的流量

现以调节蒸发器出口处制冷剂的过热度为例，说明电子膨胀阀的原理。为了获得调节信号，在蒸发器的两相区管段外和蒸发器出口的管段外各贴一片热敏电阻(图 7-16)。图中的 θ_{1w} 表示蒸发器出口处的管壁温度；θ_{2w} 表示蒸发器两相区段管壁的温度；$(\theta_{1w}-\theta_{2w})$ 表示蒸发器出口处制冷剂的过热度。

由于管壁的热阻很小，故认为热敏电阻感受的温度即为该两处管壁内制冷剂的温度，两电阻片反映的温度之差，即制冷剂的过热度。这种测定过热度的方法，远比热力膨胀阀测得的过热度准确。实际上，热力膨胀阀是无法检测真实过热度的，它只是通过调节弹簧的预紧力，设定给定蒸发温度时的静态过热度。在启动和负荷突变时，由于实际的蒸发温度偏离给定的蒸发温度，因而，此时的热力膨胀阀无法正确工作。热力膨胀阀的静态过热度设定较小时，甚至会出现蒸发器出口处制冷剂液体不能完全蒸发的情况，影响系统的可靠运转。

在图 7-16 中，用两片热敏电阻测得的制冷剂过热度信号被输入控制电路中，通过程序的转换产生脉冲信号，最终控制阀针的运动。图 7-17 表明了负荷突然变化时，采用电子膨胀阀和热力膨胀阀时，过热度随时间的变化情况。采用电子膨胀阀的过渡过程始终在制冷剂处于过热状态下完成，而采用热力膨胀阀的过渡过程出现了过热度为负值的情况，此时蒸发器出口处的制冷剂带有液滴。

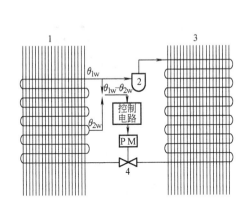

图 7-16 蒸发器应用电子膨胀阀的过热度调节系统
1—蒸发器 2—压缩机 3—冷凝器 4—电子膨胀阀

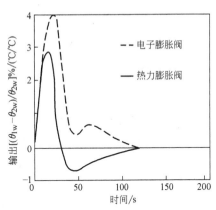

图 7-17 过热度调节的过度过程系统

制冷系统同时使用变频压缩机及电子膨胀阀时，因变频压缩机的运转受到主计算机指令的控制，电子膨胀阀的开度也随之受该指令的控制。一般情况而言，阀的开度与变频器的频率成一定的比例关系，但由于制冷系统的蒸发器和冷凝器一定，其传热面积成为定值，这就难以使阀的开度与频率保持完全固定的比例。实验表明，在不同频率下存在一个能效比最佳的流量，因而在膨胀阀开度的控制指令中，应包含压缩机频率、蒸发温度和功耗等因素。

7.1.4　毛细管

　　毛细管常用于小型家用制冷装置中，如冰箱、干燥器、空调器和小型制冷机组。它是一种廉价、有效、没有磨损的节流机构。由于直径小，其通路容易被堵塞，为此，通常在毛细管的前面安装一种性能良好的过滤器，以阻止固体颗粒的进入。

　　进入毛细管的制冷剂是过冷液体。过冷液体在毛细管内先经历一个线性的压力下降阶段，直到产生气泡为止。在这个阶段中，制冷剂温度不变。此后，制冷剂再经历一个非线性压力下降阶段。在此阶段中，压力与温度的关系符合湿饱和蒸气状态的规律。图7-18表示与毛细管长度相对应的压力与温度变化曲线。从毛细管入口至产生的第一个气泡的毛细管长度称为液态长度，其后紧连着的长度称为两相区长度。进入毛细管的制冷剂流量应适中。流量太小，不能保持其进口处的液封；流量太大，则流动阻力增加，导致压缩机排气压力过高、系统效率下降。通常，使毛细管与蒸发器出口处低温制冷剂管相接触，以便进一步冷却毛细管内的制冷剂，其原理如图7-19所示。

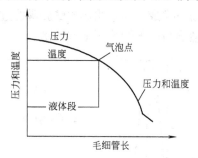

图7-18　毛细管内的压力与温度

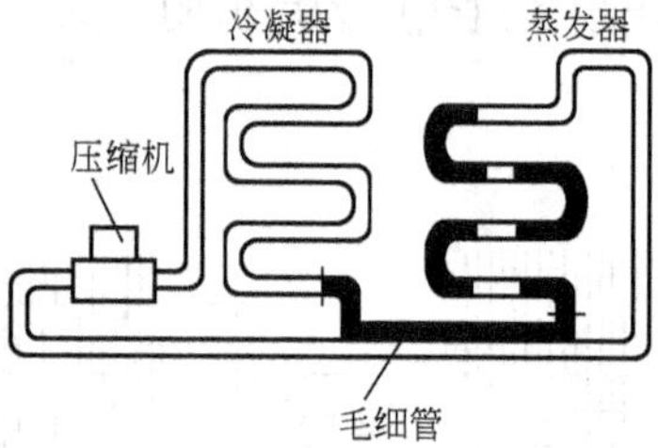

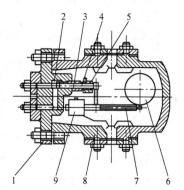

图7-19　蒸发器出口的制冷剂冷却毛细管

　　毛细管的功能优劣取决于五个因素：管长、管内径、热交换作用、毛细管的等圆程度以及毛细管的安装位置。

　　对一个使用毛细管的制冷空调装置，决定毛细管的直径、长度和材料是非常重要的，通常要经过理论计算和进行多次试验数据的分析和比较方可确定。

7.1.5　低压浮球调节阀

　　低压浮球调节阀主要用于满液式制冷系统，安装在满液式蒸发器的端部或侧面，用来控制蒸发器内制冷剂的液面，使其保持定值。图7-20表示了低压浮球调节阀的结构。浮球阀由壳体、浮

图7-20　低压浮球阀结构

1—端盖　2—阀座　3—阀针　4—接管
5—帽盖　6—浮球　7—浮球杆
8—壳体　9—平衡块

球、浮球杆、阀座、阀针和平衡块组成。壳体的上、下两个带法兰的孔分别与蒸发器的蒸气空间和液体空间相连通，旨在保持浮球室与蒸发器具有相同的液面。浮球阀中用以启闭阀门的动力是一钢制浮球，当蒸发器的负荷改变而引起液面变化时，浮球即随液面在浮球室中升降。当蒸发器的负荷增加，制冷剂蒸发量加大，蒸发器内液面降低而浮球下沉，浮球杆通过杠杆推动节流阀的阀针，使阀门面积开大，液体流入蒸发器的质量增大，使蒸发器内液面重新上升。因此，阀门可随着蒸发器中液面的下降和上升，自动开大或关小，以保持基本恒定的液位。浮球阀的这种调节方式属比例调节。大容量的浮球阀一般不用阀针，而采用滑阀结构。

7.2 各种阀门

7.2.1 截止阀

截止阀安装在制冷设备和管道上，起着接通和切断制冷剂通道的作用。截止阀分为直通式和直角式两种，结构如图 7-21 所示。制冷压缩机上的截止阀和管道上的截止阀结构基本相同，主要区别在于前者具有多用通道。多用通道可以开启和关闭，其用途很多，如安装压力表、对系统进行抽真空操作以及添加制冷剂

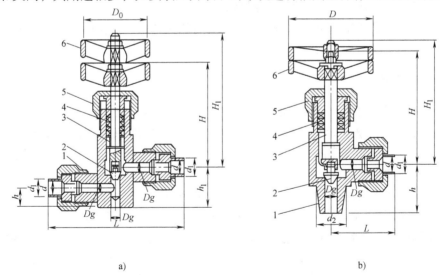

a) b)

图 7-21 截止阀

a）直通截止阀 b）直角截止阀

1—阀体 2—阀芯 3—阀杆 4—填料 5—阀盖 6—手柄

与润滑油等，给操作和检修带来很大的方便。压缩机截止阀的结构如图7-22所示。

　　有些压缩机截止阀的多用通道被压力表或压力继电器管路所占用，只留下一个通道供检修用。使用时要注意掌握正确的操作方法。当阀杆以逆时针方向旋转到头后，阀门虽全部开启，但多用通道均被关闭，这样就切断了通往压力表或压力继电器的管路。所以还要按顺时针方向回旋1/2～1圈，以保持多用通道的畅通（观察图7-22的结构便可清楚这一点）。

　　当截止阀关闭时，多用通道处于全部开启状态。如果此时需要添加制冷剂，还必须先将阀杆沿逆时针方向旋转，使阀杆旋转到头，将多用通道与压缩机之间的通路切断，待添加制冷剂的容器与系统接通后，再将阀杆顺时针方向旋转。多用通道不用时，应用铜制六角螺栓堵塞。

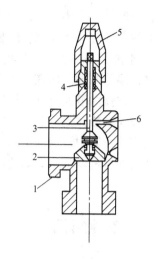

图 7-22　压缩机截止阀
1—阀体　2—阀芯　3—阀杆
4—填料　5—阀盖　6—多用通道

　　为防止氟利昂泄漏，截止阀的阀杆与阀体之间都用填料密封，一般用丁腈耐氟橡胶模压而成。填料下面有填圈，上面有压紧螺钉。发现沿阀杆有泄漏现象时，可适当旋紧压紧螺钉，提高密封性。

　　小口径截止阀阀芯的密封是在平面上浇铸软铅形成的。使用时如发现阀门关闭不严，可对密封面进行修复。

7.2.2　电磁阀

　　电磁阀是一种可自动开启的阀门，用于自动接通和切断制冷系统的管路，广泛应用于氟利昂制冷机中。电磁阀通常安装在冷凝器与膨胀阀之间。位置应尽量靠近膨胀阀，因为膨胀阀只是一个节流元件，本身无关闭作用，因而需利用电磁阀切断供液管路。

　　电磁阀和压缩机同时开动。压缩机停机时电磁阀立即关闭，停止供液，避免停机后大量制冷剂流入蒸发器中，造成再次启动时压缩机中发生液击。电磁阀分为直接作用式和间接作用式两种。电磁阀的电压有交流380V、220V和36V，以及直流220V、110V、36V、24V和12V多种。使用时，要按照铭牌上标明的电压供电，还要满足最大压力差等要求。电磁阀必须垂直地安装在水平管路上，线圈在上方，并使制冷剂液体的流向与阀体上标明的箭头指向一致。

1. 直接作用式电磁阀

直接作用式电磁阀如图 7-23 所示。这种阀主要由阀体、线圈、衔铁和阀针组成。线圈用漆包线绕制而成，套在铁心外面。铁心又称衔铁，可以带动阀针上、下移动。当线圈通电后产生磁场，将衔铁提起，带动阀针，开启阀门。切断电流时，磁力消失，衔铁和阀针在重力作用下自动下落，在高压力液体背压作用下关闭阀门，切断供液管路。直接作用式电磁阀结构简单，但它依靠电磁力开启阀门，在进、出口压力差较大的情况下，会使电磁阀开启困难，并且不能快速动作。因此，这种电磁阀仅适用于小型氟利昂制冷装置。

2. 间接作用式电磁阀

间接作用式电磁阀如图 7-24 所示。它主要由阀体、浮阀、线圈、衔铁、阀针和调节杆等组成。当线圈通电后，电磁力吸引衔铁，衔铁带动阀针上升，开启浮阀上的小孔，使浮阀上部空腔内的制冷剂液体通过该小孔流向电磁阀的出口端，减小了浮阀上部的压力。由于浮阀下部受到高压制冷剂液体的作用，在浮阀的上、下形成压差，使其慢慢升起，从而开启了电磁阀。当电磁阀出现了故障，不能自动启、闭时，可使用阀体下部的调节杆顶起浮阀，实现手动开启和关闭。

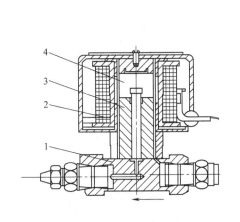

图 7-23 直接作用式电磁阀
1—阀体 2—线圈 3—衔铁 4—阀针

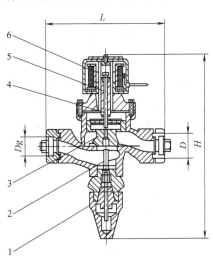

图 7-24 间接作用式电磁阀
1—调节杆 2—阀体 3—浮阀
4—阀针 5—衔铁 6—线圈

间接作用式电磁阀，虽然结构较为复杂，但电磁阀只控制阀针的起落，可以大大减少线圈功率，缩小电磁阀的体积。一般多用在中型氟利昂制冷装置中。

还有一些电磁阀应用于空调系统冷却塔串并联系统与水泵实现自动保护控制装置、蓄冷装置控制入水和出水的工作程序完成变温分层蓄冷、以及具有制冷和供热功能的大中型热泵机组中控制冷水和热水互相转换的自动设备中，其工作原理与上述介绍的类似，不再冗述。

7.3　辅助设备

7.3.1　油分离器

油分离器用于分离压缩机排除气体中夹带的润滑油。分离器的形式随制冷机制冷量的大小和使用的制冷剂而异。润滑油分离器有洗涤式、离心式、填料式和过滤式。其中洗涤式分离器由于分油效率较低，故目前已基本被淘汰。下面重点介绍另外三种。

1. 离心式油分离器

离心式油分离器如图 7-25 所示，压缩机的排气进入油分离器后，沿导向叶片呈螺旋状流动，使油滴在离心力作用下从排气中与气体分离开来，沿筒体的内壁向下流动，而气体则经多孔挡板由顶部的管子引出。分离出的润滑油集于分离器的下部，可定期排出，或在排油管前装一浮球阀，使之自动回到压缩机的曲轴箱中。这种形式的油分离器适用于中等制冷量的压缩机。其设计选型依据为：控制氨气管中的流速不大于 10m/s 为宜，除只有一台压缩机外，设计中不宜少于两台设备。

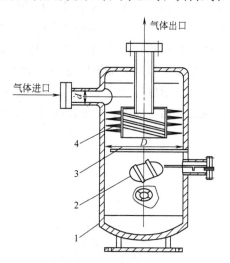

图 7-25　离心式油分离器
1—壳体　2—浮球阀
3—多孔挡板　4—导向叶片

2. 填料式油分离器

填料式油分离器适用于中、小型制冷机。图 7-26 所示为填料式油分离器的一种结构形式。在分离器的桶内装有填料。油滴依靠气流速度的降低以及填料层的过滤作用而分离，流速应在 0.5m/s 以下。填料可用金属丝网、陶瓷或金属屑，以金属丝网填料的分离效率为最高，可达 96%~98%，但其阻力也较大。其设计选型依据为：控制氨气管中的流速不大于 10m/s 为宜，设计中可以考虑多台压缩机合用一台油分离器。

3. 过滤式油分离器

过滤式油分离器通常用于小型制冷装置中，其结构如图 7-27 所示。压缩机的排气从顶部管子进入，润滑油分离后从上部侧面的管子引出。在这种分离器

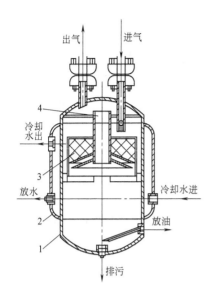

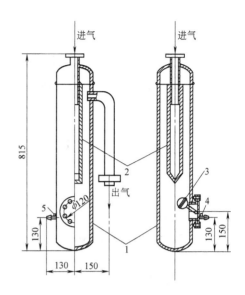

图 7-26　填料式油分离器
1—壳体　2—冷却水夹层
3—填料　4—气体上升管

图 7-27　过滤式油分离器
1—壳体　2—金属丝网　3—浮球阀
4—回油阀　5—旁通回油阀

中，润滑油依靠排气的减速、改变流动方向以及金属丝网过滤等作用进行分离。分离出的润滑油积集于分离器下部，通过回油管在进、排气压力差作用下进入曲轴箱。在回油管上装有浮球阀，当分离器下部的润滑油积集到一定高度时，浮球阀自动开启，润滑油回到曲轴箱中，油面下降后浮球下落，回油管关闭。正常运行时，浮球阀间断启、闭。这种分离器结构简单，制造方便，但分油效果较差。

7.3.2　储液器

储液器又称储液筒，用于储存制冷剂液体。按储存器功能和用途的不同，可分为高压储液器和低压储液器两类。高压储液器用于储存来自冷凝器的高压液体制冷剂，以便在工况变化时起缓冲作用，以适应制冷剂量随负荷的变化，并减少每年补充制冷剂的次数。高压储液器一般为卧式，其结构如图 7-28 所示。高压储液器上应装有液位计、压力表以及安全阀，同时应有气体平衡管与冷凝器连通，以利于液体靠重力向储液器流动。高压储液器的充灌高度一般不超过筒体直径的 70%。

低压储液器仅在大型氨制冷装置中使用。其结构与高压储液器相似，也需要装压力表、液位计以及安全阀等设备。低压储液器有各种用途，有的用于冷藏库制冷循环的氨泵供液系统以储存循环使用的低压液氨（又称低压循环储液筒）；

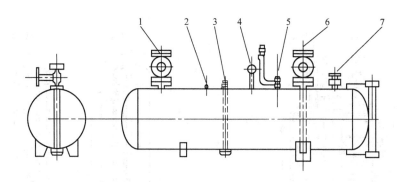

图 7-28　高压储液器

1—氨液进口　2—平衡管　3—放油阀　4—压力表　5—安全阀　6—氨液出口　7—放空气

有的专门供蒸发器融霜或检修时排液之用(又称排液桶)。除低压循环储液筒外，在其他的低压储液器中，当储液量增多后，可通入高压氨气，使储液器中压力升高，将氨液输送到供液管路中。

7.3.3　气液分离器与空气分离器

1. 气液分离器

气液分离器有两种，一种用于分配液氨，同时用于分离自蒸发器来的低压蒸气中的液滴。一般用于大、中型氨制冷装置。这种气液分离器有立式和卧式两种结构形式。图 7-29 示出了氨制冷装置用立式气液分离器的结构。这种气液分离器中的液滴是依靠气流速度的减慢和流动方向的改变而分离的。设计和使用时，蒸气在筒体内的流速不应大于 0.5m/s。另一种气液分离器只用于分离蒸发器所排出的低压蒸气中的液滴，无分配液氨的功能。

2. 空气分离器

空气分离器，又称不凝性气体分离器，用于排放不能在冷凝器中液化的气体。这些气体的来源有：

1）在第一次充灌制冷剂前系统中有残留气体。

2）补充润滑油、制冷剂或检修机器设备时，混入系统中的空气。

3）当蒸发压力低于大气压力时，从不严密处渗入系统中空气。

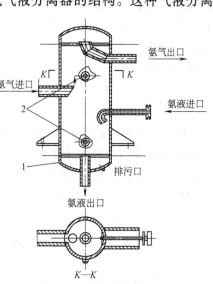

图 7-29　氨用气液分离器

1—壳体　2—液位传感器接口

4) 制冷剂及润滑油分解时产生的不凝性气体。

制冷机运行时，系统中存在的空气和其他不凝性气体集中在冷凝器中，妨碍冷凝器传热，使压缩机的排气压力和排气温度升高，消耗的电能增加。因此，需要将空气从系统中，主要是从冷凝器中排出去。

因为空气与制冷剂蒸气混合在一起，直接从冷凝器中排放时不可避免地要同时放掉一部分制冷剂蒸气，不仅造成损失，而且会污染环境。为了减少所排空气中制冷剂蒸气的含量，通常使用空气分离器。空气分离器的作用是排放空气的同时将其中的制冷剂蒸气凝结下来，予以回收。

空气分离器有多种不同的结构形式。图7-30示出了广泛应用于氨制冷装置的卧式套管式空气分离器。它由四个同心套管焊接而成。空气分离器的工作过程如下：

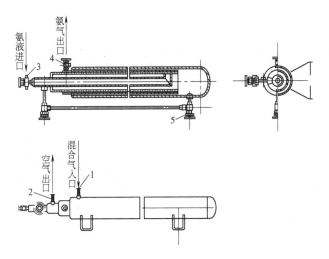

图7-30　卧式套管式空气分离器
1、2—阀门　3、4—接头　5—节流阀

高压液氨经节流阀降压后由接头3进入内管中，并在内管及第三层管腔内蒸发，产生的蒸气从接头4引出，至压缩机的吸气管路上。从冷凝器来的混合气体中的氨变成液体，积存一定数量的液体后打开节流阀5，使之进入内管中蒸发，剩余的空气经阀门2通入水池中，这样可使与空气混杂的少量氨气溶解于水中，不致污染周围环境，同时也可检查空气是否已被排净。当空气排净时，水池中不再出现大量气泡。

如图7-31所示是一种盘管式（立式）空气分离器。制冷剂液体经节流后从氨液入口处进入，蒸发的蒸气从氨气出口处引入压缩机吸气管中。混合气体从混合气进口处进入，在壳体内冷却，使其中的制冷剂蒸气凝结成液体，液体经节流阀后进入盘管。注意：使用空气分离器的节流阀前，应关闭氨液入口前的节流阀，以确保凝结的液体能顺利汽化并被压缩机吸走。分离出的空气由放空阀放空。

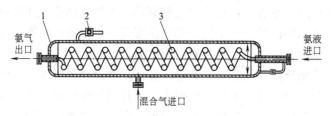

图 7-31 盘管式空气分离器
1—壳体 2—放空气阀 3—冷却盘管

7.3.4 过滤器与干燥器

1. 过滤器

过滤器用于清除制冷剂中的机械杂质，如金属屑及氧化皮等。氨用过滤器一般由 2～3 层网孔为 0.4mm 的钢丝网制成，氟利昂过滤器则由网孔为 0.1～0.2mm 的铜丝网制成。如图 7-32 所示为氨液过滤器的结构，如图 7-33 所示为氨气过滤器的结构。

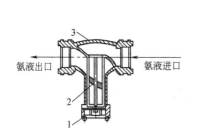

图 7-32 氨液过滤器
1—盖板 2—钢丝网过滤芯 3—壳体

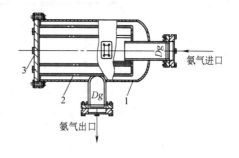

图 7-33 氨气过滤器
1—壳体 2—钢丝网过滤芯 3—盖板

在制冷设备中氨液过滤器装设在浮球阀、节流阀和电磁阀前的输液管道中。氨气过滤器装在压缩机吸气管道上，防止氨中的机械杂质进入压缩机气缸。

如图 7-34 所示为氟利昂液体过滤器的结构。它的外壳为一段无缝钢管，壳体内装有铜丝网，两端的端盖先用螺纹与壳体连接，再用锡焊焊接，以防止泄漏。端盖上有管接头，以便与管路连接。壳体上有流向的指示标记。

2. 干燥器

干燥器只用在氟利昂制冷机中，装在液体管路上用以吸附制冷剂中的水分。干燥器中一般用硅胶作干燥剂，也有使用分子筛作干燥剂的。干燥器装在节流阀之前，通常和干燥器平行设置旁通管路，以便在干燥器堵塞或拆下清理时制冷机能够继续工作。近年来由于安装工艺的改进，制冷系统清理得比较彻底，再加上

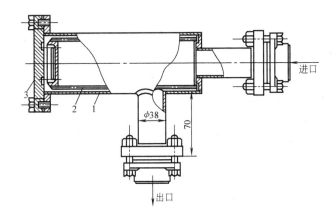

图 7-34　氟利昂过滤器
1—壳体　2—铜丝网过滤芯　3—盖板

密封性的提高，在小型制冷机中往往不装干燥器。液体流过干燥器的速度为 0.013~0.033m/s，流速太大易使吸附剂粉碎。干燥剂吸附能力降低时应及时更换，或取出干燥再生后使用。

　　在小型氟利昂制冷装置中，通常将过滤器与干燥器合为一体，称为干燥过滤器，如图 7-35 所示。为防止干燥剂进入管路系统中，干燥过滤器两端装有铁丝或铜丝网、纱布和脱脂棉等过滤层。

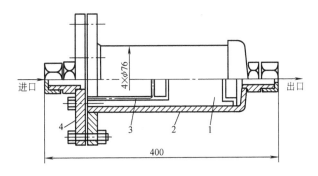

图 7-35　干燥过滤器
1—干燥剂　2—壳体　3—丝网　4—盖板

　　除上述辅助设备外，还有一些辅助设备如紧急泄氨器等，在多级压缩中还要用到中间冷却器等，限于篇幅这里不再一一介绍，读者可参考相关书籍。

思　考　题

1. 节流的目的是什么？请说明各种节流装置的控制原理及使用场合。

2. 内衡式热力膨胀阀与外平衡式热力膨胀阀的结构和工作原理有何不同，

设计时如何选用?

3. 试叙述热力膨胀阀的感温包内几种工质充注的特点和性能。感温包如何正确地安装和使用?

4. 压缩机用截止阀与管道用截止阀在结构上有何不同? 多用通道的作用是什么? 如何利用多用通道进行加注润滑油的操作?

5. 气液分离器、储液器的作用是什么? 设计中如何选用?

6. 试说明盘管式空气分离器的作用及使用操作方法。

7. 试叙述电磁阀的种类、用途和特性。

第8章

制冷系统的控制及其元器件

随着制冷技术的发展，制冷装置的自动化程度亦日臻完善。目前，许多制冷装置的工作均已实现了全自动或半自动控制，甚至智能化控制。它对装置运转的经济性、可靠性、安全性及食品、冷藏货物的良好储藏、运送具有重要意义。

制冷装置的自动控制主要是流量控制、压力控制、温度控制三个方面。流量控制是控制制冷系统制冷剂的流量，冷却系统的冷却水量或风量，所采用的控制器阀件有热力膨胀阀、毛细管、电磁阀、水量调节阀等；压力控制是控制制冷系统的工作压力，保证装置安全运行和正常起动、停车，主要压力控制器阀件有高压及低压控制器、油压控制器、蒸发压力调节阀、冷凝压力调节阀等；温度控制是控制制冷系统的工作温度及冷藏库、空调环境温度，并通过温度控制器调节制冷装置的运行和制冷量的合理供给和优化匹配。

制冷装置的自动控制基本原理是通过控制器的敏感元件感应制冷系统的工作温度、压力等热力参数，通过与设定值对比，自动地启闭或调节节流阀、压力控制阀、电磁阀等执行元器件的动作，即调节流量控制阀的开度、压力及温度控制器的电接触点位置以达到对装置参数的调节与控制。

8.1 制冷系统热力参数控制

8.1.1 制冷剂流量控制

实际运行过程中，制冷装置的负荷总要发生变化，即使负荷一定，制冷机的产冷量受外界条件的影响也会改变。冷量与负荷之间的不平衡是客观存在的。

改变制冷剂循环量，使冷量与负荷相适应的调节方法有许多种。例如，在压缩机方面，进行能量调节；在蒸发器方面，主要是蒸发压力和供液量调节。调节向蒸发器的供液量，即保证单位时间送入蒸发器的液量等于能够蒸发掉的液量，这是机器正常运行所必须的。否则，若蒸发器过量供液，造成吸气带液，会损坏压缩机；若供液不足，造成蒸发器缺液，装置也无法达到指定的工艺要求，甚至发生故障。蒸发器负荷会随时变化，装置必须具有随时自动调节制冷剂流量的功能。

蒸发器形式和装置的特点不同，采用的制冷剂流量调节元件也不同。常见的种类有：手动膨胀阀、毛细管、各种形式的自动膨胀阀（如定压膨胀阀、热力膨胀阀、热电膨胀阀、电子膨胀阀）。另外，对于有自由液面的满液式蒸发器或者其他储液容器，以液位为信号调节流量的元件有高压浮球阀、低压浮球阀以及液位调节阀和液位控制器。利用电磁阀则可以直接实现流动的截止和切换。

手动膨胀阀利用节流阻力调节供液量。通常情况下它与其他控制元件配合使用或只在短时期内使用。例如，在冷冻初期辅助送液，或者在自动膨胀阀出故障时作为旁通备用，以便更换自动膨胀阀。

关于流量控制的阀件结构和工作原理见第 7 章。

8.1.2 液位的检测与控制

为了保证制冷装置正常、安全运行，有自由液面的设备中要求保持恒定的液位。常用的液位检测与控制器有浮球阀和浮球式液位控制器。

1. 浮球阀

浮球阀是用于液位调节的自动节流阀，适用于有自由液面氨系统的蒸发器、中间冷却器等的液位控制。按工作压力分为高压和低压浮球阀。高压浮球阀安装在高压液体管上，仅适用于一个蒸发器的制冷机组，所以实际用的较少。低压浮球阀安装在蒸发器或中间冷却器的供液管上。浮球阀的尺寸是以设备的最大制冷量来选取的。

（1）高压浮球阀　高压浮球阀是以浮球感应高压容器（冷凝器或者高压储液器）中的液位来控制向蒸发器供液量的调节阀。高压浮球阀有直动式和伺服式两种类型。

直动式高压浮球阀的结构如图 8-1 所示，制冷剂液体从冷凝器通过进口进入阀室，液位高时，浮球 9 升起，带动针阀 5 上升，将阀孔开大，增大供液量；反之，液位降低时，减少供液量。液体经阀孔节流膨胀，流入蒸发器。除采用针形阀外，还有蝶形阀、平衡式

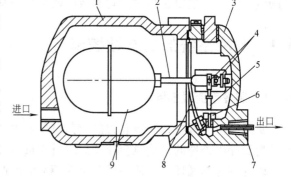

图 8-1　直动式高压浮球阀

1—壳体　2—浮球杆　3—端盖　4—铰链　5—针阀
6—阀座　7—节流管　8—排气管　9—浮球

双孔阀和滑阀结构(适用于较大流量的场合)。

图 8-2 是伺服式高压浮球阀的应用示例。伺服式高压浮球阀在大型装置中使用,它用直动式高压浮球阀 3 作导阀(控制阀),控制膜片式或者活塞式主阀 1,由主阀完成调节流量的执行动作。图 8-2 中在导阀(高压浮球阀 3)与主阀 1 之间的控制引管上还装有电磁阀 4,它可以接受指令控制主阀关闭,使系统停止工作。

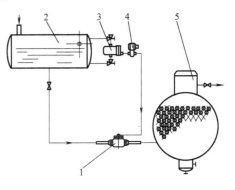

图 8-2 伺服式高压浮球阀应用示例
1—主阀 2—高压储液器 3—高压浮球阀
4—电磁阀 5—蒸发器

使用高压浮球阀的系统特点是:系统中制冷剂充灌量少;阀可以在常温处安装,阀体不需隔热处理,检修方便;浮球根据液位偏差成比例地调节阀的动作,具有较好的线性流量特性;系统中的制冷剂绝大部分容纳在蒸发器中,储液器(或冷凝器)出口的集液包尺寸很小。设计中需要根据蒸发器的制冷量、冷凝器液量与压缩机能力的平衡,正确确定系统的制冷剂充灌量,充灌量过多会引起液击;过少,会降低系统的制冷能力。

(2) 低压浮球阀 低压浮球阀的工作原理与高压浮球阀类似,但浮球是通过感应低压容器本身的液位来进行供液量调节的。并且其动作规律也与高压浮球阀相反,即液位升高时,阀关小;反之,开大。低压浮球阀也有直动式和伺服式两种类型。

直动式低压浮球阀按制冷剂流通方式分为直通式(图 8-3a)和非直通式(图 8-3b)。浮球阀用气、液两根引管,分别与蒸发器或中间冷却器的气、液部分相连,因而阀腔内与容器中具有相同的液位。当液位上升时,浮球上升,带动针阀,使阀孔开度变小,阻止液位上升;当液位下降时,浮球阀会调节流量增加,阻止液位下降。

直通式浮球阀结构简单。但因节流后流体直冲浮球室,使浮球工作不稳定而容易导致误调,阀工作不稳定;而且液体由阀体到蒸发器靠液位差,供液只能到液位下。若用非直通式,液体节流后不经过浮球室,用外接输液管送到蒸发器,它克服了直通式的上述缺点,使阀工作稳定,而且由于是在压差下供液,对供液位置没有限制,只是结构上略复杂些,它与气动主阀结合时,可用于大型制冷装置中。非直通式低压浮球阀的安装如图 8-3c 所示,图中的手动节流阀 1 可以在检修或更换浮球阀 3 或过滤器 2 时使用,以维持系统继续运行。

直动式浮球阀靠浮力打开阀,适用于小口径阀;口径过大时,要求浮球的尺寸过大,可采用伺服式浮球阀。

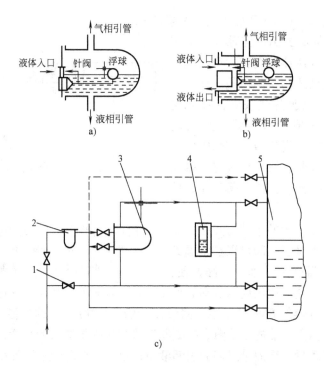

图8-3 低压浮球阀结构及安装示意图

a）直通式 b）非直通式 c）非直通式低压浮球阀的安装示意图

1—手动节流阀 2—过滤器 3—浮球阀 4—液面指示器 5—容器

2. 浮球式液位控制器

浮球式液位控制器与电磁阀配合使用，可对液位作开关（双位）控制，维持被控容器中液面在指定范围内。图8-4a为UQK型遥控式液位控制器，它可以用于满液式蒸发器、低压循环储液器、中间冷却器、冷凝器等的液位控制，并可将信号接到报警或显示单元。

控制器用耐压玻璃管10中的浮球11指示液位，玻璃管两端通过钢球5分别与容器的气、液两部分相连。万一玻璃管破碎，钢球5自动关闭，不致使氨液大量外流，起到保护作用。在玻璃管液位上下限处，安装接近开关，只要浮球浮到液位上下限，便会激励接近开关，使继电器吸合，控制电磁阀的关闭或开启，即控制进液或不进液（放油或不放油）来达到控制液位的目的。图8-4b为液位控制系统原理图。

如采用磁性浮球，则可在玻璃管外液位上下限处，安装舌簧管或集成霍尔传感器，再通过电磁阀去控制液位。也可以在玻璃管外液位上下限处，各放一对光源与光敏晶体管，利用液位到达上下限处时的遮光性能，控制光敏晶体管的开关，达到控制液位的目的。

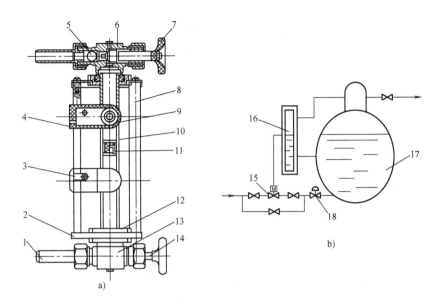

图 8-4 UQK 型浮球液位控制器结构及控制系统图

a）UQK 型浮球液位控制器结构图 b）液位控制系统原理图

1—接头 2—夹板 3—夹子 4—开关盒盖 5—钢球 6—阀体① 7—手柄 8—支杆

9—开关盒 10—耐压玻璃管 11—浮球 12—螺母 13—阀体② 14—阀杆

15—电磁阀 16—液位控制器 17—储液器 18—手动膨胀阀

这种液位控制器具有无触点、无磨损、无火花的优点，而且动作灵敏。它专用于氨冷库装置中指示和控制各种液位，不仅能就地显示，还能远传控制。UQK-41 型用于氨、油并存容器中以控制油位和放油；42 型用于压缩机曲轴箱的加油控制；43 型用作氨液位指示和控制。

3. 热力式液位调节阀

热力式液位调节阀可以对液位实行比例调节，图 8-5 是它的工作原理图。阀的主体部分和热力膨胀阀一样，但它的感温包内装有电加热器，工作时电加热器处于通电状态，对温包施加过热负荷。温包安放在要控制的液位处，当液面低于控制值时，因加热作用，温包温度比容器内的饱和液体温度高，包内压力上升，使阀芯向下移动，打开阀门。当液位上升、浸没温包时，由于制冷剂液体蒸发、消除温包的过热，包内压力降低，使阀关闭。这种液位调节阀的优点是：直接动作，不像浮球式液位控制器与电磁阀组合动作那么复杂；体积小，安装方便、安装位置自由。

使用时应在热力式液位调节阀前设电磁阀与压缩机连动，停机时切断供液；温包的正确感温也十分重要，应特别注意防止液体中油膜造成的传热不良。

另外，还可以采用热力式液位控制器控制液位。它也采用电加热型温包感应

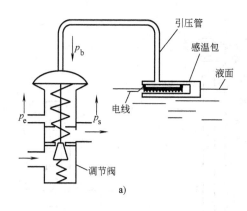

图 8-5　热力式液位调节阀

a) 结构示意　b) 动作原理

液位，通过毛细管传递温包压力信号，与容器内液体的饱和压力比较，推动电接触头，使电磁阀通、断，可实现对液位的双位调节，同时可作为安全开关和液位报警控制器使用。

8.1.3　压力的控制

1. 蒸发压力控制

在制冷装置中，为保持蒸发温度恒定，减少冷库温度波动，提高冷藏物品质量，减少其干耗，须对蒸发压力进行控制。一机多库条件下，为使各蒸发器在不同的蒸发压力下工作，也须在高温库蒸发器出口处安装蒸发压力调节阀，以保证各库维持要求的温度。蒸发压力的自动调节可以采用不同的装置。

（1）用直接式蒸发压力调节阀调节蒸发压力　图 8-6 所示为目前冷库普遍

采用的蒸发压力调节阀的结构图。由冷库蒸发器来的制冷剂蒸气从入口进入并克

服调节弹簧力，推动阀芯 9 上移，开大阀口，由出口流出被压缩机吸入。如蒸发器出口压力升高，阀口开大，流出的制冷剂增多，则蒸发压力下降。反之，当蒸发压力下降时，则阀口关小，蒸发压力回升。通过这样的调节作用使冷库的蒸发压力保持在给定范围内。由于蒸发压力调节阀的作用，可使多间冷库中的蒸发器在各自不同的蒸发温度下工作并保持蒸发温度稳定，提高库温的控制精度。蒸发压力调节阀的调整是通过调节杆螺钉 6 及调节弹簧 8 来实现的。调节弹簧弹力越大，则蒸发压力越高。调整时，先接上压力表，根据冷库库温要求将压力调到比冷库保持温度低 5～10℃ 之相应的饱和压力为止。蒸发压力调节阀的调整应在制冷系统正常工作情况下进行，先将调节螺钉放松以减小弹簧力，让阀开启工作，当库温降到给定库温时转动调节螺钉，改变弹簧压力直至压力表上的读数达到给定值为止。

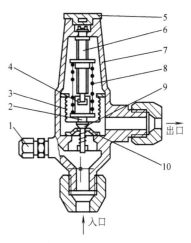

图 8-6　直接式蒸发压力调节阀
1—压力表接头　2—阀杆　3—平衡波纹管
4—阻尼器　5—阀帽　6—调节螺钉
7—阀体　8—调节弹簧
9—阀芯　10—阀板

如图 8-7 所示，冷藏库的氟利昂制冷系统中，一台压缩机要同时向三个不同温度要求的冷间供冷，鱼肉库 -10℃，乳品库 2℃，菜库 5℃。按制冷要求，总是希望高温库具有较高的蒸发压力，低温库有较低的蒸发压力。为了稳定高、低温库蒸发器的工作，在低温库回气管路中设止回阀 9，以保证制冷剂正确流向，其后制冷剂压力为压缩机吸气压力；同时在高温库蒸发器回气管路中设置蒸发压力调节阀 5，使阀前压力保持各自所需蒸发压力，经阀节流降压后均与调定的吸气压力相等。

直接式蒸发压力调节阀，既可用于中小型冷库的单机多库，又适用于单机单库中装于冷库蒸发器回气管与压缩机之间，用于恒定蒸发压力，保证冷库所必要的蒸发温度。

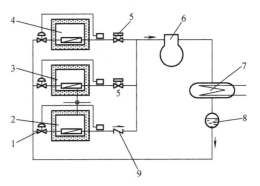

图 8-7　一机三库自控原理图
1—热力膨胀阀　2—鱼肉库　3—乳品库
4—菜库　5—蒸发压力调节阀　6—压缩机
7—冷凝器　8—储液器　9—止回阀

直接式蒸发压力调节阀不但可调节蒸发压力，而且在蒸发压力过低时将会自动关闭，以防止蒸发温度过低，冷库热负荷过小，造成蒸发器严重结霜，导致压缩机"液击"。

（2）导阀与主阀调节蒸发压力 对某些大型制冷装置，为适应蒸发器大回气量的要求，可采用导阀与主阀的组合形式控制蒸发压力和温度，以获得多方面的控制效果，提高控制精度。

这类蒸发压力调节阀，其主阀的启闭和开度调节，受导阀控制。图8-8a为压力导阀结构示意图，其上半部为弹簧压力调节系统，下半部为气体的通道，由不锈钢膜片隔开。导阀在给定压力下动作，主阀随之改变开度，以保持蒸发压力稳定。通常主阀串接于回气管路中，导阀与主阀串并联安装（图8-8b）。其工作过程为：在一定回气压力下，导阀7按给定值处于某一开度，回气压力通过导阀作用在主阀8活塞的上部，并克服下面弹簧的弹力，带动主阀阀芯动作并保持特定的开度，保证一定的回气量，进而达到稳定蒸发压力的目的。若蒸发器内压力升高，导阀膜片2下气体压力升高，大于弹簧6反力，膜片抬高，阀口开大，气体流量增加，当压力继续增加时，阀口随之成比例开大，蒸气压力进入主阀上腔，使主阀8开度增加，蒸发压力下降；反之，蒸发压力过低，通过相反的调节，使蒸发压力回升。因此，采用导阀与主阀结合调节蒸发压力时，可实现比例调节，并保证蒸发温度稳定。主导阀式蒸发压力调节阀，一般在主阀上部设有手动强开机构，必要时用以将主阀强行开启，使主阀不起调压作用。

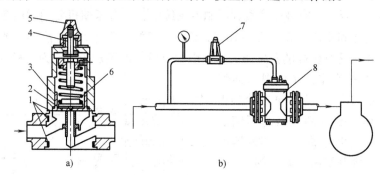

图 8-8 主导阀式蒸发压力调节阀

a）压力导阀结构图 b）压力导阀的安装

1—密封 2—膜片式阀芯 3—阀体 4—调节杆 5—阀帽 6—调节弹簧 7—导阀 8—主阀

这种系统的调整方法是：调整前，在压力导阀进口处装一压力表，同样用比库温低 5~10℃来决定蒸发温度、其相应的饱和压力即为压力给定值。调整时，把导阀的调节弹簧旋至最松位置，让制冷装置进入正常运行，此时导阀口与主阀都处于全开位置。随着制冷装置的运行，库温下降，蒸发压力也相应下降。当库温降到规定温度值时，转动手阀调节杆，调整弹簧压力，使进口端的压力值调整到给定值。然后，让制冷装置继续运行一段时间，看其压力值是否稳定在给定值上。若有偏差，再稍作调整，直到满足要求为止。

实际应用中，具有主导阀的组合式蒸发压力调节阀，根据控制要求，其导阀可以是压力导阀，也可以是温度导阀、电磁导阀或电动导阀等。图8-9为压力导阀、温度导阀与主阀的组合控制，它主要用于既控制被冷却介质的温度，又控制蒸发压力的场合。温度导阀的温包插入被冷却介质中，它能根据被冷却介质温度的变化，改变温度导阀的开启度，从而调节主阀的开启度，达到控制的目的。而主阀又受压力导阀的控制，

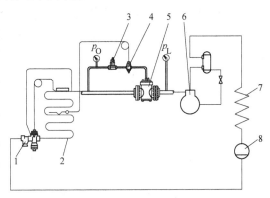

图 8-9 压力导阀、温度导阀与主阀的组合控制
1—膨胀阀 2—蒸发器 3—压力导阀 4—温度导阀
5—主阀 6—压缩机 7—冷凝器 8—贮液器

因此能把蒸发压力维持在一定范围内，保证蒸发压力不低于压力导阀的给定值，若由于某种原因引起蒸发压力过低，则压力导阀关闭，主阀关闭。

不同的导阀可以单个或组合与同一主阀配合，起到调节蒸发压力作用，进而提高冷库温度控制精度。另外，为了结构上紧凑，安装调试更加方便，还可做成主导阀一体式的蒸发压力调节阀。

2. 冷凝压力控制

制冷装置运行过程中，当负荷变化、冷却介质的温度和流量发生变化时，都会引起冷凝压力的改变。冷凝压力过高，使循环中吸气排气压力比提高，排气温度上升，制冷量减少，性能系数下降，而且，压缩机耗功增加，系统安全性差；冷凝压力过低，则膨胀阀前后压差太小，供液动力不足，无法向蒸发器提供足够的制冷剂液体，使制冷量大为降低，还会造成系统回油困难，妨碍机组正常运行。对于采用热气融霜的装置，冷凝压力过低，则排气温度低，使热气融霜不能有效进行；对于用低压控制压缩机起、停的装置，冷凝压力过低，会导致吸气压力过低，吸气侧压力达不到低压开机的控制值时，还会使压缩机不能正常起动。因此，必须将冷凝压力控制在合适的范围。制冷系统为了实现冷凝压力稳定，设有冷凝压力调节阀。冷凝器的种类不同，调节冷凝压力的方法亦有所不同。

（1）水冷式冷凝器 水冷式冷凝器的压力调节方法有下述两种。

1）对于冷却水一次性流过的水冷式冷凝器而言，实际上应实现水量调节。常用的水量调节阀是专门调节冷凝器水量以调节冷凝压力的专用阀。它一般安装

在冷凝器进水管路中，根据冷凝压力或冷凝温度的变化自动调节冷却水流量以达到调节冷凝压力的目的，如图8-10所示。图8-10a为一种直接式水量调节阀，它通过感压(或感温)毛细管直接与压缩机排出端相通，高压压力通过接管直接作用于调节阀波纹管的顶部。当压力上升至阀给定开启压力时，波纹管克服主调节弹簧的弹力，并通过阀杆带动阀芯下移，阀门即被开启。若冷凝压力上升，则阀门开度增大，冷却水量即增加；反之，阀门开度减小，冷却水量降低。此外，在相同的冷凝压力下，如果冷却水温度改变，则可通过下面的螺杆改变调节弹簧弹力改变阀的开度以调节水量，以适应水温变化的要求。

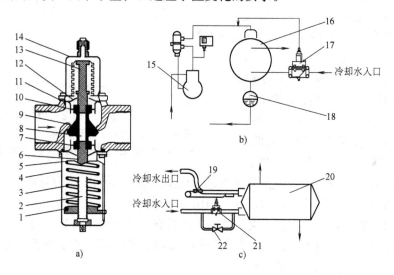

图 8-10　冷凝压力调节阀结构及系统安装

a) 直接式水量调节阀结构图　b)、c) 冷凝压力调节阀安装系统图

1—调节弹簧下座　2—调节螺杆　3—调节弹簧　4—下盖　5—调节弹簧上座

6—下作用杆　7—O 形密封圈　8—阀芯　9—阀芯密封　10—导向筒　11—密封圈

12—限位档　13—上作用杆　14—上盖　15—压缩机　16、20—冷凝器

17、21—水量调节阀　18—储液器　19—温度传感器　22—旁通阀

直接式水量调节阀多用于较小的制冷装置，而对较大的冷库及空气调节制冷装置，则多采用间接式水量调节阀。这类阀门在压力或温度辅阀作用下改变主阀开度来调节冷却水量，以稳定冷凝压力。

图 8-11 所示为设有压力辅阀的间接式水量调节阀。调节阀上部接头通过毛细管直接与压缩机排出端相通，波纹管 10 上方承受冷凝压力的作用。压缩机起动后冷凝压力上升至阀门给定开启压力值时，波纹管推动辅阀推杆 11 下移，于是辅阀开启。此时，通过滤网 2、小孔 3 而进入主阀上方的压力被释放至阀的低压侧，结果主阀在阀进口侧水压作用下克服主阀弹簧 16 的弹力而自动开启，于是冷却水通过主阀进入冷凝器。当冷凝压力变化，辅阀开度改变时，主阀也将具

有不同的开度。当制冷装置停车或冷凝压力降低到低于辅阀给定开启压力值时，辅阀关闭，冷却水的水压加在主阀上部，使主阀关闭。该阀阀门的开启压力可通过调节螺母 13 调节辅阀弹簧来实现。调节弹簧调得愈紧，则开启压力愈高。此阀安装时，应保持辅阀杆垂直，并符合规定流向。

　　间接式水量调节阀(感温包式)结构如图 8-12 所示，其工作原理及调试与感压式基本相同。只是用感温包测量冷剂温度，将温度信号转换为相应的压力来调节阀门开度。一般阀的感温包置于冷凝器的下部液体制冷剂中，直接感受制冷剂的温度；也可把感温包置于冷却水出口的管路中，接受冷却水的温度信号，来改变阀门开度，调节水量。

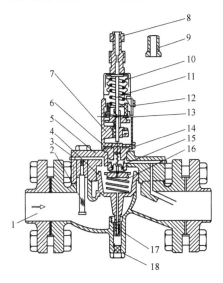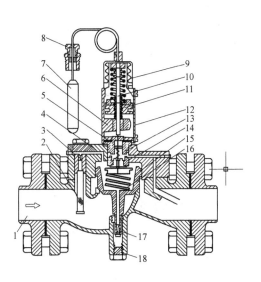

图 8-11　间接式水量调节阀(感压式)
1—进口　2—滤网　3—小孔　4—主阀
5—阀盖　6—引导组件垫片　7—调节罩
8—至压缩机排出压力接头　9—调节弹簧
10—波纹管　11—辅阀推杆　12—盖板
13—调节螺母　14—推杆引导组件
15—辅阀阀芯　16—主阀弹簧
17—螺钉　18—闷头

图 8-12　间接式水量调节阀(感温包式)
1—进口　2—滤网　3—小孔　4—阀盖
5—引导组件垫片　6—调节罩　7—感温包
8—填料　9—波纹管组件　10—辅阀推杆
11—调节螺母　12—调节口　13—阀杆引
导组件　14—辅阀阀芯　15—主阀
16—主阀弹簧　17—螺钉　18—闷头

　　水量调节阀的调整应当与装置的工作条件相适应，保证停机时水量调节阀处于关闭状态。因而，应将关闭压力调整为冷凝器环境处于夏季最高温度时所对应的制冷剂饱和压力以上。压缩机刚起动时，水量调节阀为关闭状态。开机后，冷凝压力逐渐上升到阀开启压力时，阀逐渐打开。停机时，水量调节阀还要继续开启一段时间，待冷凝压力逐渐降低到关闭值时，阀逐渐关闭。通常水量调节阀的关闭压力比开启压力低50kPa左右。

2）对于采用冷却塔循环水的水冷式冷凝器，其通过控制冷却水温度来调节冷凝压力的方法有两种。

一种办法是调节冷却塔的通风量，使经空气冷却后的水温升高，从而避免冷凝压力过低。改变风量的办法有：在冷却塔的进风口处设阻风阀；降低风机转速；对配多台风机的场合，可以减少风机的运行台数。

另一种办法是调节冷却水的循环量，如图8-13所示。其中图a为用常用于冷凝压力控制的三通水量调节阀结构原理图。用三通水阀在冷却水的进、出水管之间设旁通调节。图b中三通调节阀装在冷凝器出水管上（也可以装在冷凝器进水管上，而把旁通管接到出水管上）。三通水量调节阀的控制信号可以是冷凝器出水温度（如图所示），也可以是冷凝压力，据其与设定值的偏差，成比例地调节旁通水量，维持冷凝压力在允许范围内。

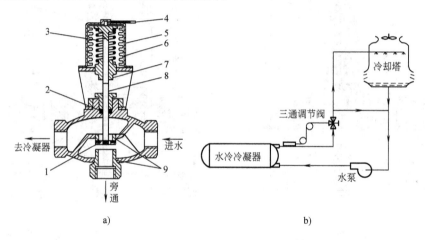

a)   b)

图8-13　用三通调节阀调节冷凝压力

a）三通水量调节阀结构图　b）调节系统原理图

1—阀盘　2—密封圈　3—弹簧　4—引压管　5—外壳　6—波纹管

7—调节螺栓　8—阀杆　9—阀座

（2）风冷式冷凝器　风冷式冷凝器的调节方法主要有两种。

1）空气侧调节，即改变风量调节法。变风量调节冷凝压力的控制信号可以是冷凝温度，也可以是冷凝压力。可以根据压力或温度控制冷凝器风机运行台数，或通过调压、调频、分级调速来改变风量；或者采用阻风阀使空气节流吹过冷凝器以降低风量、提高冷凝压力，采用这种方法对于某些型号的风机，伴随节流、风量下降，会使风阻和功率上升，效率明显下降，应尽量避免使用。用冷凝温度信号与风机调速配合，能使调节中冷凝压力波动不大。用冷凝压力信号与风机运行台数控制相配合，则调节中冷凝压力波动较大。图8-14为调节风量法冷凝压力控制原理图。

2）制冷剂侧调节，即冷凝器回流法。这是一种高效的调节方法，系统布置见图 8-15。图中，高压冷凝压力调节阀 5 安装在冷凝器出口的液管上，差压调节阀 7 安装在高压排气到储液器之间的旁通管上。阀 5 受阀前压力即冷凝压力控制，只有当冷凝压力达到设定的开启值时才打开，否则关闭。由于调节的真正目的是保持储液器有足够的压力，才能为膨胀阀提供足够的供液动力，所以再用差压调节阀 7 与其配合。它的作用是当冷凝压力低而使阀 5 节流时，将压缩机排气旁通到储液器以维持所需要的压力。阀 7 的动作受阀前后压力差（即冷凝器和阀 5 上的总压降）的控制。当阀 5 节流时，压力差增大，阀 7 开启；阀 5 全开时，压力差减小，阀 7 关闭。冬季开机时，冷凝器和储液器中温度都很低，阀 5 关闭，阀 7 全开。随着制冷剂液体在冷凝器中积存量的增加，冷凝压力逐渐升高；同时因热蒸气的不断进入，储液器中的温度、压力上升。在它们向各自压力的控制值接近过程中阀 5 逐渐开启、阀 7 逐渐关小。达到平衡时，冷凝器部分积液，储液器有部分排气进入。夏季工作时，阀 5 全开，阀 7 全关，制冷剂按正常流程循环。

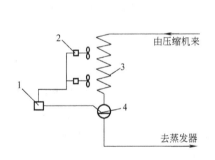

图 8-14　调节风量法冷凝压力
控制原理图
1—温度控制的转速调节器　2—风机
3—冷凝器　4—感温元件

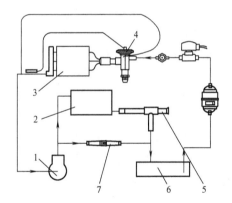

图 8-15　从制冷剂侧调节冷凝压力
1—压缩机　2—冷凝器　3—蒸发器
4—热力膨胀阀　5—冷凝压力调节阀
6—储液器　7—差压调节阀

这种冷凝压力调节方式由于制冷剂液位在冷凝器中逐渐升高，所以又叫作"冷凝器回流法"。采用该法必须在系统中设单独的储液器，并且要有足够的制冷剂充灌量，以保证在冷凝器最大可能积液时，储液器中仍有一定的液位。否则，高压排气旁通，使膨胀阀前有气体，系统将无法正常工作。

（3）蒸发式冷凝器　蒸发式冷凝器在室外屋顶安装，所以特别要防止冬季运行时冷凝压力过低。调节方法有三种。

1）风量调节，以冷凝压力为信号控制风机起、停。若在某种负荷条件下风机起、闭频繁时可以用调速风机代替。也可以用冷凝压力为信号控制阻风阀，阻风阀可以安装在空气进口或出口处。

2）进风湿度调节，如图 8-16 所示，在冷凝器进风管和出风管之间设一个旁通风管，用旁通风阀改变旁通风量，使一部分排出的湿空气与进风混合，提高蒸发式冷凝器的进风湿度，降低蒸发冷却的效果，从而使冷凝压力回升。

3）干盘管运行，即水喷淋系统停止工作，这样蒸发式冷凝器就相当于一台干式风冷冷凝器，冷却能力下降，冷凝压力提高。但此法若单独使用，由于盘管由喷水到不喷水冷却能力相差太大（尤其是光盘管），停水后，冷凝压力迅速上升，压力控制器会令水泵频繁起、停，影响水泵电动机及开关的寿命。另外，盘管处于干、湿交替变化的工作条件，会加剧腐蚀，并造成水垢和脏物在盘管表面的附着加快。所以，该法常与其他方

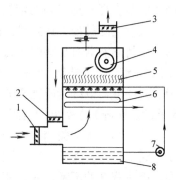

图 8-16 蒸发式冷凝器的
冷凝压力调节
1—入口风阀 2—旁通风阀出口
3—风阀 4—风机 5—挡水板
6—冷凝盘管 7—水泵 8—水池

式结合使用，以提高调节的灵活性和稳定性。如果环境温度低于 0℃，停泵的同时必须及时将水排除，同时在水池中设电加热器，防止池水结冰。

8.1.4 温度的控制

制冷系统中首先要使被冷却对象温度恒定，如几乎所有冷藏库内均装有温度控制器，它根据给定的温度，配合各蒸发器供液电磁阀的动作，开启或关闭供液管路，达到控制冷库温度的目的；在空气调节系统中，应用温度控制器控制低温冷水管路的电磁阀启闭来调节通过空气冷却器的冷水量或水温，最终达到稳定送风温度的目的。另外，油温、排气温度等参数也必须在安全范围以内。为此用温度调节器实现调节或者用温度控制器作为电开关，发出电气指令，使执行器对装置的相应部分完成控制动作。

温度信号一般需要经过转换和放大。按转换方式分，温度控制器有：压力式、电接点式、热电偶式和电阻式、膨胀式等。

1. 压力式温控器

压力式温控器是使用最多的一种温控器形式。它用温包将感受的温度转变为压力，使波纹管伸缩，推动电接触点通断。根据控制温度范围，温包采用三种充注方式：蒸气充注、液体充注和吸附充注。

蒸气充注的温控器：温包中充入少量感温液体。特点是温度响应快，能够敏

感地传递压力。使用时，温包处的温度通常必须比波纹管处低 1 ~ 2℃才能确保正确反应。适用温度范围为 – 60 ~ 10℃。

液体充注的温控器：温包中差不多充满感温液体，靠液体膨胀使波纹管动作。使用时应保证温包处温度始终高于波纹管处的环境温度。适用温度范围 40 ~ 190℃。

吸附充注的温控器：温包中充入吸附剂（活性炭或硅胶）和被吸附气体（CO_2）。吸附剂保持在温包内，所以温控器的工作不受环境温度影响，温包处温度高于或低于波纹管处温度均无妨。适用温度范围 – 50 ~ 100℃，甚至更高。应用领域宽，但温度反应较慢。

WT 型是常用的压力式双位自力温度控制器，其结构及工作原理见图 8-17。它主要由感温包、波纹管、幅差弹簧、主弹簧及相应的调节机构、电接触点、接头等组成。在感温包内充有液体 R22 或 R40 等工质，受到周围介质温度影响后，液体工质的饱和蒸气压力通过毛细管 20 作用于波纹管 18，并对杠杆 15 产生顶力矩，当顶力矩与主弹簧 7 和幅差弹簧 3 的反力矩之间的作用失去平衡时，则通过拨臂 14、跳簧 13 改变电接触点的位置，以控制电路的工作。

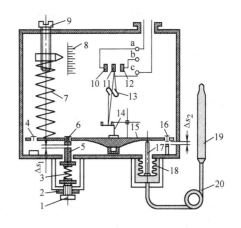

图 8-17　WT 型温度控制器结构原理图

1—幅差旋钮　2—幅差调节弹簧盘　3—幅差弹簧
4—限位螺钉　5—幅差弹簧座　6—螺钉　7—主
弹簧　8—主标尺　9—调节螺钉　10、12—静触点
11—动触点　13—跳簧　14—拨臂　15—杠杆
16—止动螺钉　17—顶杆　18—波纹管
19—感温包　20—毛细管

WT 型温度控制器有两个静触点和一个动触点，分别与接线柱 a、b、c 连接，组成控制回路和指示灯回路。图中，a—b 为控制回路，与冷库供液阀配合使用；b—c 为指示灯回路。如果把感温包置于冷库中，当温度在给定控制温度范围内时，触点 a、b 断开，控制电路不通，供液电磁阀关闭。此时，控制器的止动螺钉 16 及螺钉 6 的调节间隙 $\Delta s_2 = 0$，$\Delta s_1 > 0$。当所控制的库温升高时，感温包内压力上升，并通过毛细管 20 压缩波纹管 18，通过顶杆 17 推动杠杆 15，同时克服弹簧 7 的拉力，使杠杆逆时针方向转动，又迫使螺钉 6 与幅差弹簧 3 接触。此时 $\Delta s_1 = 0$，$\Delta s_2 > 0$，电接触点 12、11 闭合。如果介质温度继续上升，则杠杆不但克服弹簧 7 的拉力，而且要克服幅差弹簧 3 的弹力而继续转动。当温度升高到其控制温度上限时，杠杆通过拨臂 14，跳簧 13 使动触点 11 从静触点 12 跳至静触点 10，回路触点 a—b 被接通，供液电磁阀开启。相反，若冷库温度下

降，则杠杆作顺时针方向转动，当温度降到控制温度下限时，动触点从静触点10跳回静触点12，回路a—b再一次被切断，供液电磁阀关闭。

由上述分析可知，WT型温度控制器主弹簧的拉力决定温度控制器的断开值（由标尺8指示），并由此控制温度的最低值。当温度降至给定值下限时，主弹簧把杠杆拉在水平位置使控制触点10、11跳开、切断回路a—b。因此，若转动调节螺钉9，改变主弹簧的拉力，就可以改变温度控制器的断开温度值。由幅差弹簧弹力决定温度控制器的闭合值，即控制温度的最高值。幅差弹簧的弹力愈大，控制器的闭合温度值愈高。通过幅差旋钮1调节幅差弹簧的预紧力，即可改变控制温度的幅差值，该值可由幅差调节刻度盘2指示出。

WT型温控器规格很多，根据其感温包内充注工质的不同，可以实现不同的温控范围。另外，该温控器的使用环境相对湿度应不超过95%，使用环境温度应低于60℃，且高于被控制温度3℃以上。此温控器在安装使用时感温包应能准确迅速地反映被控介质的温度，并应根据控制器安装位置与所控制介质之间的实际情况选择毛细管长度。

图8-18为WT型温控器组成的温度控制原理图，它的电接点可控制供液阀的开关，也可以控制冷冻机的起停。另外，KP型、RT型温控器也和WT型温控器工作原理相同：其感温部分与WT型一样，都是通过感温包感受温度信号转变为压力信号作用于波纹管，再将动作传给执行机构。不同之处是RT型温控器波纹管内的压力直接是作用于主弹簧的。

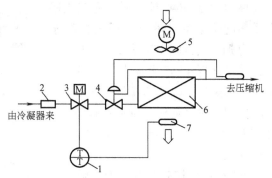

图8-18 压力式温控器温度自控原理

1—压力式温控器 2—过滤器 3—电磁阀 4—膨胀阀
5—风机 6—蒸发器 7—感温包

可以利用压力式温差控制器来控制温差，它采用两个温包，根据两个温包传递的压力值与设定值比较，给出电气触点的开关动作。

2. 电接点压力式温度计

电接点压力式温度计结构简单，价格低廉，可用于20m之内或更远距离的温度控制。当其工作温度达到和超过温度给定值时可发出相应信号，其结构如图8-19所示。

此温度计的感温包用毛细管12连接至弹簧管9组成一个密闭的测量系统。根据测温范围，在系统内充注相应的易蒸发的液体（如氯甲烷、乙醚、丙酮等）或充注一定压力的氮气。测温时，感温包1插在被测介质中，被测介质温度变化时，感温包内产生相应的压力变化；此压力经毛细管传给弹簧管9并使其变形。借助于与弹簧管自由端相连的传动杆，带动齿轮传动机构10，使装有示值指针4的转轴偏转一定角度，于是在刻盘上指示出被测介质的温度值。

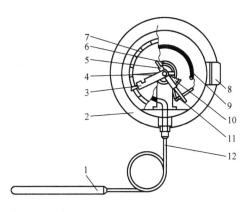

图8-19 有电接点的压力式温度计
1—感温包 2—表壳 3—下限接点指针 4—示值指针 5—上限接点指针 6—游丝 7—刻度盘高低压力控制器 8—接线盒 9—弹簧管 10—齿轮传递机构 11—传动杆 12—毛细管

温度计上、下限电接点指针5和3，可根据需要用专用钥匙调整，使测量范围可以在任一给定值上。温度计的动接点随示值指针一起移动，在所测温度达到或超过最高（或最低）给定值时，动接点即与上限接点（或下限接点）相接触，闭合控制电路，同时，信号灯亮或警钟鸣响。

电接点压力式温度计使用在周围气温为5~60℃，相对湿度不大于80%的环境中；温度计应装在垂直安装板上；毛细管垂直安装，每隔300mm以轧头固定；必须弯曲时，其弯曲半径不小于50mm；安装、使用中应避免振动、碰撞和冲击；使用时应将感温包全部放入被测介质中。

3. 热电偶温控器

热电偶是利用热电效应将温度转变成电位差，其温度测量精度较高，响应时间较小，性能稳定，复现性好，体积小，是应用较早、范围很宽的一种温控器。热电偶配以测量毫伏的仪表和变送器可用做温度的检测，同时与调节器相配合还可以进行温度控制。使用热电偶必须要进行冷端温度补偿。图8-20为普通型热电

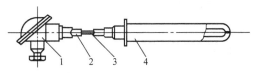

图8-20 热电偶的构造
1—接线盒 2—绝缘管 3—热电极 4—保护管

偶的构造，另外还有铠装型和快速测量壁面温度的薄膜热电偶。

4. 电阻式温控器

热电阻的阻值随温度变化，利用这一性质把它作为温度传感器，接在惠斯顿电桥的一个桥臂上，可以将温度变化转变成电压变化，经过放大及变送器后，给出相应的控制信号。温度控制精度可以达到±0.1℃。

这种温控器多用镍或铂以及半导体热敏电阻作传感器。铂电阻精度高，性能可靠，有较高的电阻率，但价格较高，图8-21为铂电阻常见的结构形式。热敏

电阻由 Fe、Mn、Ni、Co 等金属氧化物烧结而成，目前由于电子及陶瓷工业的发展，半导体热敏电阻温控器发展很快。它的优点是：灵敏度高，体积小，结构简单，热惯性小。电阻式温控器由于结构简单、体积小、控制精度高，常用于家用空调器、冰箱的温度控制。

5. 双金属片温控器

双金属片温控器为固体膨胀式温控器。它的结构比较简单，利用两种膨胀系数不同的金属熔接成双层金属片，受热时，因膨胀量的不同而产生弯曲，使电气开关动作。为增加温控器灵敏度，双金属片的线长度应足够大，较长时，为使结构紧凑，可以绕成盘簧形或螺旋形。

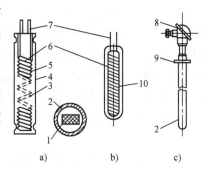

图 8-21　铂热电阻的构造
a）云母作骨架　b）石英玻璃圆柱作骨架
c）铠装型
1—铂电阻横断面　2—保护管　3—银绑带
4—保护用云母片　5—锯齿形云母骨架
6—铂丝　7—银引出线　8—接线盒
9—连接法兰　10—石英骨架

8.2 制冷系统运行自动控制

8.2.1 压缩机的控制

制冷压缩机的控制主要包括安全保护控制和能量调节控制两个方面。

1. 压缩机的安全保护控制

压缩机作为装置的主机，它的安全可靠对系统的安全可靠起决定作用，因而压缩机的安全保护控制在压缩机的控制系统中占有相当重要的地位，是保证压缩机安全运行的必要条件。压缩机保护方法是当工作参数出现异常将危及到压缩机安全时，立即或者延时中止其运行，待故障排除后，设备方可再次投入运行。

（1）高低压压力保护　压缩机的高低压力保护有：

1）高压保护，即排气压力保护，其目的是为了防止排气压力过高而对压缩机及设备的安全运行产生危害。引起压缩机排气压力过高的原因可能是：操作失误，开机后排气管阀仍未打开；初充灌量过多，冷凝器大量积液；冷凝器断水或水量严重不足；冷凝器风扇电动机出故障；系统中不凝性气体含量过多等。

保护控制的方法是在压缩机排气阀前引一根导管，接到高压控制器上，当排气压力超过给定值时，控制器立即动作，切断压缩机电源，使压缩机停机，同时发出声光警报信号。

2）低压保护。压缩机低压即吸气压力过低也是不允许的。若吸气压力过低，一方面会造成蒸发压力过低，导致冷藏物的温度过低，加大食品干耗，容易引起食品变质；另一方面会因低压侧压力过低，引起大量空气渗入系统，将不凝性气体和湿分带入，又使排气温度、压力提高，影响系统的安全运行及经济性；水分还会造成膨胀阀冰堵；对于氨机，系统中混入空气甚至有爆炸的危险。

　　其保护控制的方法是在压缩机吸气阀前引出一根导压管，接到低压控制器上，当吸气压力低于给定值时，控制器立即动作，切断压缩机电源，停机。

　　高低压力控制器种类较多，图 8-22 所示为 KD 型高低压力控制器原理图。其传动机构直接采用弹簧传动，所以结构简单。KD 型高低压力控制器主要由低压部分、高压部分和微动开关组成。当高于低压给定值的气体进入低压波纹管 10 时，使低压波纹管受力产生压缩形变，通过传动棒芯 9、传动杆 4 使微动开关 1 的接点动作，电路接通，压缩机正常运行。若吸气压力低于给定值，在调节弹簧 3 的反力作用下，使传动杆 4 抬起，解除对微动开关的压力，微动开关电路断开，使压缩机停止运行。当高于高压给定值的气体进入高压波纹管 11 时，波纹管在高压压力下被压缩，克服高压调节弹簧 17 的反力，把传动螺钉 12 压下，按下微动开关 19 的按钮，电路断开，压缩机停止运行。若低于高压给定值的气体进入时，则可使电路接通，压缩机正常运行。

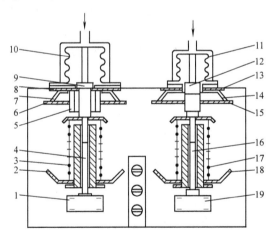

图 8-22　KD 型高低压力控制器原理图

1—微动开关　2—低压调节盘　3—低压调节弹簧　4—传动杆　5—调节螺钉
6—低压压差调节盘　7—蝶形弹簧　8—垫片　9—传动棒芯　10—低压波纹管
11—高压波纹管　12—传动螺钉　13—垫片　14—蝶形弹簧　15—高压压差调节盘
16—传动杠杆　17—高压调节弹簧　18—高压调节盘　19—微动开关

　　高压及低压的断开压力值，可通过高压调节盘 18 或低压调节盘 2 进行调节，若加大调节弹簧预紧力，则切换压力值就相应增大；反之，则减小。高压或低压的差动压力值，即接通或断开时的压力差，可以通过高压压差调节盘 15 或低压压差调节盘6进行调节,若转动压差调节盘使碟形弹簧预紧力增大,则差动值相应增大。

另外,有些型号的控制器带有自锁装置,比如当高压超过给定值停车后,即使压力下降到给定值以下,也不能自动复位,需待查明原因排除故障后,按动复位按钮,压缩机才能继续运行。

(2) 油压保护 制冷系统中,为了使压缩机各运动摩擦件能得到良好的润滑和冷却,必须保持润滑系统有一定油压。为防止油压过低,引起在压缩机正常运转或起动时间内因失油而造成咬轴或咬缸等事故,必须对油压进行控制。

因为油循环的动力是液压泵出口压力与压缩机曲轴箱压力(即吸气压力)之差,所以压缩机运转时油压表所反映的压力,并非是真正的润滑油压力,真正的润滑油压力应该是油压表指示的压力与压缩机吸气压力的差值,所以油压控制器实质上是一个压差控制器。压差控制器接受润滑液压泵排出压力和压缩机吸入压力两个压力信号的作用,并使这两个压力之间保持一定的差值范围。当压力差小于给定值时,控制器开关动作,自动切断压缩机电路,使压缩机停车。

考虑到油压差总是在压缩机起动后才逐渐建立起来的,所以,因欠压令压缩机停止的动作必须延时执行。这样,在开机前油压差尚未建立起来时并不影响起动运转;运转后,短期缺油也不会危及压缩机的安全。如果持续到指定的延时时间仍建立不起油压,才表明有故障,这时再令压缩机停车。因此,油压差控制器本身应具有延时机构。若选择不带延时机构的压差控制器,则必须外接延时继电器才能使用。

图8-23为JC3.5型油压差控制器的工作原理。它的延迟时间是60s±20s。控制器由压差继电器(包括5,20,1,2,3和19)和延时继电器(包括7,17,18)两部分组成。延时继电器的电接触点串接在压缩机起动控制回路中。基本控制过程为:压差继电器根据压差信号使延时继电器的电加热器接通或者断开。延时开关在其电加热器接通后经过一定的时间断开压缩机起动控制电路。

用压差调节螺钉4调整油压差给定值。高压、低压包分别引接液压泵出口压力和曲轴箱压力,获得这二者的压差信号,与主弹簧2的给定压力比较后,使顶杆3向上移动,拨动直角杠杆1偏转,扳动开关19。图中1、19、17在压差正常时处于实线位置。按接点状态分析电路,可以看出这时压缩机运行,信号灯15给出正常运行显示。

当油压差低于给定值时,顶杆3下移,杠杆1处于虚线所示位置,将开关19扳到其虚线位置,正常运行指示灯15熄灭,立即给出油欠压的信号,同时接通电加热器7,对双金属片持续加热一段时间,即延时时间,使双金属片变形(向右翘曲),把延时开关17扳到其虚线位置,断开压缩机起动控制回路,使压缩机保护性停机。同时,事故信号灯13接通,给出故障显示信号。

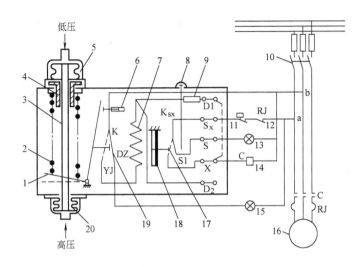

图 8-23　JC3.5 型油压差控制器原理图

1—杠杆　2—主弹簧　3—顶杆　4—压差调节螺钉　5—低压波纹管　6—试验按钮　7—加热器
8—手动复位按钮　9—降压电阻　10—压缩机电源开关　11—高低压控制器　12—热继电器
13—事故信号灯　14—交流接触器开关　15—正常工作信号灯　16—压缩机电动机
17—延时开关　18—双金属片　19—压力差开关　20—高压波纹管

起动前，双金属片处于冷态位置，开关 17 处于实线位置，起动控制回路接通。这时，尽管没有油压差也不妨碍起动。起动后，油压差在建立过程中，尽管开关处于虚线位置，使电加热器通电，但通电尚未持续到足以使双金属片动作，油压已达到正常，将开关扳回实线位置，电加热器断电。至此起动完成，投入正常工作，正常运行灯亮。

使用油压差控制器时应注意：①压差控制器的高、低压信号接口切勿接反；②机器仪表盘上的油压表指示为液压泵出口的表压力值，不要误以为是油压差。油压差＝油压表读数－吸气压力表读数；③油压差的控制值一般取 0.15MPa；④注意电气接线说明，按规定正确连接；⑤延时机构动作过后，要等 5min 使双金属片完全冷下来，再按动复位按钮使延时开关复位后才能再次启动压缩机。

不仅压缩机供油有压差保护的要求，在泵供液的制冷系统中，溶液泵也有压差保护的要求。例如，氨溶液泵需要设压差保护。氨屏蔽泵采用石墨轴承，轴承的润滑和冷却、泵电动机的冷却都是靠氨液来实现，所以氨泵工作时不允许断液。如果泵运转后而持续不上液，氨液压力差小于给定值，会产生气蚀（氨泵进口压力小于氨液汽化压力而使氨液中产生大量气泡的现象），造成屏蔽电动机石墨轴承冷却、润滑变差，甚至烧毁。溶液泵的压差也是在起动后才建立起来的，故也需延时控制泵的停止。但延时时间比油压差保护的延时时间短，一般为 8s。图 8-24 为常用于溶液泵压差保护的 RT 型压差控制器原理图。

（3）温度保护　压缩机温度保护的内容有：

1）排气温度保护。压缩机排气温度过高会影响机器寿命，使润滑油炭化，严重时可引起制冷剂蒸气分解，产生爆炸，因此，必须设置排气温度保护。一般可采用压力式温度控制器作保护控制。温控器的温包应在紧靠排气口处安装，温包内充注饱和液体，受热后产生的压力通过毛细管传到波纹管上，波纹管产生的形变力作用到微动开关，控制压缩机。当排气温度超过给定值时，温度控制器动作，使压缩机停车。

当然，由于热气旁通引起的排气温度过高也不允许，但这种情况不是靠压缩机停车解决的，应采用喷液冷却。

2）油温保护。在压缩机运转过程中，有时尽管油压正常，但由于油温过高，润滑性能下降，会导致压缩机运动部件磨损加剧、烧坏轴瓦。一般可采用压力式温度控制器在油温过高时控制停机。曲轴箱内油的温度规定比环境温度高 $20 \sim 40 \text{℃}$，最高不得超过 70℃。曲轴箱内有油冷却盘管的压缩机不必设油温保护。对于氟机，若曲轴箱中有大量制冷剂混入，起动时会影响油压的建立，为此，须在曲轴箱内设电加热器，起动前通电加热使制冷剂蒸发，在这种情况下也要控制油温。油温的控制也可以由压力式温度控制器实现。

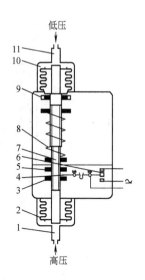

低压

高压

图 8-24　RT 型压差控制器原理图

1—高压侧接头　2—高压波纹管
3、9—差动值调节螺母
4—微动开关拨臂　5—导向柱
6—微动开关　7—主调整螺杆
8—主弹簧　10—低压波纹管
11—低压侧接头

3）轴温保护。对高速运行的离心式机组，轴承温度是保证系统安全运行的重要监测项目，轴承温度监视法多采用热电偶温度巡检仪，当检测出某一轴承温度超过 90℃ 时，即停车报警。

（4）冷却水断流保护。氨压缩机气缸盖设冷却水套，若运行中水套断水也会使排气温度升高，严重时引起气缸变形。一般采用晶体管水流继电器作断水保护，在水套出水管路安装一对电接点，有水流通过时，电接点被水接通，继电器发出信号使压缩机可以起动或者维持正常运行；没有水流过时，接点不通，禁止压缩机起动或令其故障性停机。水流中常有气泡造成接点偶尔断开，会引起误动作，而且水套断水不会立即引起故障，所以停机要延时执行，一般延时 15 ~ 30s。

（5）电动机保护　压缩机电动机的保护主要是短路保护和长期过载保护。常用保护装置有过流继电器和热继电器，前者是短路保护用，后者是长期过载用。也可以采用自动空气断路器，它既有开关作用，又有自动保护功能，在电路发生短路、严重过载、过压或欠压时，能自动地切断电路，有效地保护所控电动机。

前述各项保护装置并不是全部保护控制内容，此外，尚有液位保护控制、中压保护控制（防止双级压缩系统低压级排气压力过高）等，这些保护措施在实际工程中不一定全部采用，应以满足安全运行为原则。在控制电路中，各保护用控制器的常闭接点（非故障时闭合）与中间继电器的线圈串联，通过继电器的接点去控制压缩机磁力起动器，从而对压缩机进行控制。图 8-25 是两级氨压缩的典型安全保护及声光报警电路图，其中包含了安全控制的各项内容。

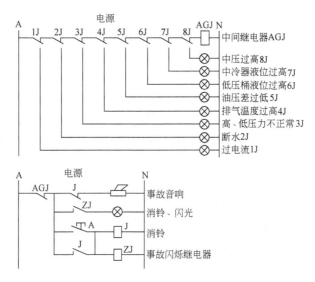

图 8-25　两级氨压缩的典型安全保护及声光报警电路图

2. 压缩机的能量调节

压缩机的能量调节是指根据负荷变化调节其产冷能力，以与外界冷负荷保持平衡。前面曾讲到的蒸发器供液量调节也是使冷量与负荷匹配的一种调节方法。但仅有供液量调节，吸气压力会随流量的变化而改变。负荷过低时，吸气压力过低，不仅运行经济性差，甚至会导致压缩机频繁停车，易使装置发生故障。因此，负荷变化大的装置必须对压缩机进行能量调节，以实现制冷系统的经济合理运行，同时实现压缩机的轻载或空载起动，延长其使用寿命。

压缩机能量调节方法很多，可分为断续调节和连续调节两大类。

（1）压缩机起、停控制　对单台压缩机，这是最简单的能量调节方法，在小型机组中广泛采用，即用低压控制器或者库房温控器直接控制压缩机的起、停。这种能量调节方法仅适用于负荷变化不太剧烈的装置。若负荷变化过大、过快，会造成压缩机频繁起、停，吸气压力波动剧烈，曲轴箱内油沸腾，压缩机大量失油，电动机过热和运动部件过度磨损。因此，需注意装置负荷与压缩机容量的正确匹配。

（2）压缩机运行台数控制　若一个制冷系统的负荷由数台压缩机所承担，可以利用改变压缩机的运行台数来达到能量控制。方法是：按照组成机群的压缩机台数和每台压缩机的容量，将能量划分成若干个等级。第一能级为基本能级，受库房温度控制起、停。以后各能级所对应的压缩机的起、停分别用吸气压力（或蒸发温度）控制。将吸气压力（或蒸发温度）分成若干个设定值与各能级一一对应。按照运行中吸气压力（或蒸发温度）的变化，自动地起、停压缩机，使机群的能量自动增、减到指定的能级上。

这种能量调节方法简单易行，能级划分较粗，能够获得较粗的调节效果，适合于负荷变化不太频繁的装置。应用时应注意：①不要设计成几台压缩机同时起动。否则起动电流过大，对电网冲击大；②各台压缩机之间应有均压、均油措施以免运行不当；③尽量避免选择完全相同的数台压缩机组相匹配，最好用容量不同的压缩机，由大到小逐渐停机，基本能级用容量最小的压缩机承担。

（3）气缸卸载　几乎所有的高速多缸压缩机上都配有气缸卸载机构，起压缩机能量调节作用。卸载机构能够将气缸的吸气阀顶开，使机器运行过程中卸载缸不起压缩作用，是一种较经济的能量调节方法。除了在运转过程中可以根据负荷进行能量调节外，还可实现轻载起动。

目前采用的气缸卸载控制方式有压力控制器-电磁滑阀式和油压比例调节式。

1）压力控制器-电磁滑阀式能量控制。图 8-26 所示为一台八缸压缩机采用压力控制器和电磁滑阀控制气缸卸载的原理。压缩机每两缸一组，由一套卸载机构控制。卸载机构的油缸 5 推动吸气阀片顶杆工作。当油缸有油压时，吸气阀顶杆脱离吸气阀片，使阀片落在阀座上，该组气缸投入工作；当油缸卸压时，吸气阀顶杆在复位弹簧作用下顶开吸气阀片，使该组气缸成空行程，卸载。该压缩机Ⅰ、Ⅱ两组气缸为基本工作缸，运行时不予调节；Ⅲ、Ⅳ两组为调节缸。压缩机可以按四个能级，即0%停机、50%四缸，75%六缸和100%八缸运行。使用三只压力控制器：LP 控制基本工作缸，P3/4 控制 75% 能级，P4/4 控制 100% 能级。将三个压力控制器的控制值调定在不同的数值上，如表 8-1 所示。

表 8-1　吸气压力控制器压力设定值

控　制　器	压力控制器 P4/4	压力控制器 P3/4	低压控制器 LP
断开压力/MPa （相应蒸发温度/℃）	0.23(2)	0.22(1)	0.20(-1)
接通压力/MPa （相应蒸发温度/℃）	0.28(6)	0.26(4)	0.24(3)
动差/MPa	0.05	0.04	0.04

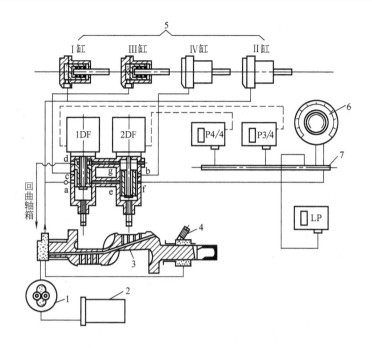

图 8-26　压力控制器-电磁滑阀能量调节原理图

1—液压泵　2—滤油器　3—曲轴　4—油压调节阀　5—气缸卸载机构的油缸　6—油压差表

7—吸气管 1DF、2DF 电磁滑阀　P3/4、P4/4—压力控制器　LP—低压控制器

基本工作缸Ⅰ、Ⅱ组卸载机构的压力油缸直接与液压泵出口连接，当压缩机刚起动，油缸无油压，吸气阀片被弹簧顶杆顶起，基本缸也被卸载，压缩机空车起动。经过数十秒（1min 内）油压建立，基本缸投入运行，此时压缩机处于 50% 负荷运行。当负荷超过基本缸产冷量时，吸气压力上升，达到 0.26MPa 时，P3/4 接通，使电磁滑阀 1DF 吸合，高压油由 a 孔经 c 孔向Ⅲ组气缸供油，Ⅲ组气缸投入运行，压缩机处于 75% 负荷运行。若负荷仍大，吸气压力继续上升至 0.28MPa 时，P4/4 也接通，2DF 被吸上，压力油由 a 孔经 e 孔、b 孔进入Ⅳ组气缸的油缸，Ⅳ组气缸投入运行，此时，压缩机 100% 满负荷运行。

若负荷下降，吸气压力跌至 0.23MPa，则 P4/4 断开，2DF 失电关闭，Ⅳ组气缸的油缸泄压，油缸中的油经 b、g、d 孔回到曲轴箱，Ⅳ组气缸卸载，压缩机处于 75% 负荷运行。若负荷继续下降，跌至 0.22MPa 时，Ⅲ组气缸卸载，压缩机在 50% 负荷运行。若负荷再下降，吸气压力跌至 0.20MPa，低压控制器 LP 动作，压缩机停车。

由此分析可以看出，压缩机工作状态由压力控制器与电磁滑阀共同控制。若增加一对压力控制器与电磁滑阀，对于八缸压缩机可增加 25% 负荷工况。电磁滑阀也可用电磁三通阀来代替。

2）油压比例调节器式能量控制。对于有油压卸载的压缩机，另一种广泛使用的能量控制方式是油压比例调节器式。油压比例调节器的功能相当于压力控制器和电磁滑阀，但可以省去电源，因而不需要使用任何电气元件，结构紧凑，可以安装在压缩机的仪表盘上，自动根据吸气压力的变化控制向卸载机构提供油压。

图 8-27 所示是油压比例能量调节器的结构。调节装置由吸气压力传感器(1、2、18、20)，喷嘴球阀比例放大器(12、15、16)和滑阀液动放大器(4、5、6、7、9、10)三部分组成。八缸压缩仍然每两缸一组，Ⅰ、Ⅱ两组气缸为基本工作缸，运行时不予调节；Ⅲ、Ⅳ两组为调节缸。能级分为 50%(Ⅰ、Ⅱ两组气缸工作)、75%(Ⅰ、Ⅱ、Ⅲ三组气缸工作)、100%(八缸全工作)。滑阀液动放大器外罩的法兰上设三个油管接头 A、B、C。A 与压缩机液压泵出口相连，B 接Ⅲ组油缸，C 接Ⅳ组油缸。在本体 7 的内部有油孔和油道，使接口 A、B、C 分别与配油室 6 腔内壁上的三个孔 A1、B1、C1 相通。

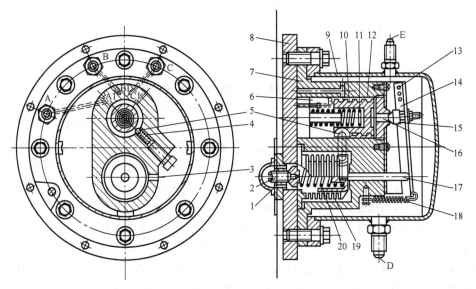

图 8-27　油压比例能量调节器结构示意图

1—通大气孔　2—调节螺钉　3—孔道　4—能级弹簧　5—限位钢珠　6—配油室　7—本体
8—底板　9—外罩　10—配油滑阀　11—滑阀弹簧　12—恒节流孔　13—杠杆支点
14—杠杆　15—球阀　16—喷嘴　17—顶杆　18—拉簧　19—波纹管　20—定值弹簧
A—进油(由液压泵来)　B—通Ⅲ组气缸的卸载机构油缸　C—通Ⅳ组气缸的卸
载机构油缸　D—接曲轴箱回油　E—接曲轴箱上部感受吸气压力

调节器的输入信号是吸气压力与给定值(定值弹簧力与大气压的和)的偏差。油压系统中的比例型喷嘴球阀放大器由恒节流孔 12 和球阀 15 与喷嘴 16 构成的变节流孔组成。波纹管 19 的外侧作用着吸气压力，内侧作用着给定压力值，使它在内外压力差作用下变形，位移量由顶杆 17 传递。吸气压力变化时，顶杆转动杠杆 14,使连接在杠杆上的球阀 15 与喷嘴 16 之间的间隙成比例地变化,喷嘴腔 16 中的压力也随着成比例地变化,引起滑阀 10 右侧的压力改变,使滑阀移动,向不同的油孔配油,控制气缸卸载机构产生相应的动作。油压与吸气压力间的比例放大系数,可通过调整定值弹簧 20 的预紧力来改变。

压缩机停车时,液压泵也停止工作,油压等于吸气压力。配油滑阀 10 在弹簧 11 作用下被推到最右端,所有通往卸载机构的高压配油孔全部关闭,调节缸的吸气阀片全被顶开,处于卸载状态。基本缸卸载油缸由于液压泵没工作而没有油压,亦处于卸载状态。压缩机可空载起动,起动后数十秒(1min 内)油压建立,基本缸投入运行,此时压缩机处于 50% 负荷运行。若四缸运行的冷量不足,吸气压力上升,压缩波纹管 19、顶杆 17 左移,拉簧 18 使杠杆 14 向左转动,球阀 15 向喷嘴 16 靠近,泄油出口(变节流孔)关小,阻力增大,作用在滑阀 10 右侧的油压上升,达到一定值时,克服弹簧 11 的张力和限位钢珠的压紧力左移,使钢珠进入第二槽,B1 孔与 A1 孔接通,接口 B 接入高压油,Ⅲ组调节缸的卸载机构获得油压,投入运行,压缩机在 75% 负荷运行。若冷量仍小于负荷要求,吸气压力会继续升高,上述调节动作继续进行,滑阀 10 再向左移,限位钢珠进入第三槽中,C1 孔也与 A1 孔接通,Ⅳ组调节缸投入工作,压缩机 100% 满负荷八缸运行。

当负荷下降时,吸气压力下降,产生与上面相反的调节。滑阀因变节流孔口开大,右侧压力下降,受弹簧 11 推动逐渐向右移动,当钢珠落回第二槽时,Ⅳ组调节缸卸载;当钢珠落回第一槽时,Ⅲ组调节缸卸载,能量逐次从 100% 调到 75% 和 50%,处于基本能级。若负荷还降,达到设定的停机压力控制值时,由低压控制器动作,切断电源,压缩机停车。

同样应使各调节缸接通与断开压力控制值之间有一个差动值,该差动值一般为 40Pa。差动值过小,会造成卸载机构动作频繁,压缩机工作不稳定。

对大型压缩机群的能量调节还可以将运行台数和气缸卸载结合起来进行,采用"定点延时、分级步进"的程序调节方式。这种方式一般采用专用的程序调节器或自适应控制系统,可以实现较高精度的能量控制。

(4) 吸气节流　在压缩机吸气管上安装蒸发压力调节阀,使来自蒸发器的气体节流后进入压缩机。负荷越低,节流作用越强,增大吸气比体积,减小压缩机能力,而维持蒸发压力一定。其循环原理如图 8-28 所示。

此法简单易行,但由于人为地提高了压力比,单位功耗和排气温度上升,经济性差。而且,吸气压力也不允许过分下降,所以它只能

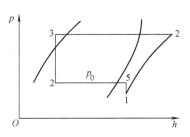

图 8-28　吸气节流循环原理图

作小范围的能量调节。

(5) 压缩机进排气侧热气旁通能量控制 图 8-29 所示为旁通能量控制原理图及能量调节阀的结构，其控制原理是：在负荷下降，吸气压力降低到能量调节阀 4 的给定值时，阀自动打开，将压缩机排出的热气直接旁通一部分到吸气管 6，这样既能补偿因负荷下降而减少的蒸发器回气量，保持压缩机连续运行所必须的最低吸气压力，又能使压缩机的净制冷量下降。由于通过能量调节阀旁通到吸气管冷剂气体的温度很高，容易造成排气温度过高，所以在储液器的出口和压缩机之间的吸气管上装注液阀 5，在排气温度超限时开起，通过注入液体使排气温度维持在要求范围内。

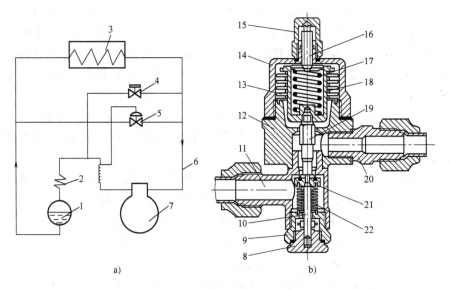

图 8-29　旁通能量控制原理图

a）控制系统示意图　b）能量调节阀

1—储液器　2—冷凝器　3—蒸发器　4—能量调节阀　5—注液阀　6—吸气管　7—压缩机
8—螺塞　9—螺母　10—下推杆　11—进口接管　12—阀体　13—波纹管
14—外罩壳　15—阀帽　16—调节杆　17—调节弹簧　18—弹簧座
19—上推杆　20—出口接管　21—阀板　22—平衡波纹管

能量调节阀的工作原理是：当吸气压力低于弹簧 17 的给定值时，在弹簧力作用下，阀被打开，其开度与吸气压力的下降成比例。由于作用在波纹管 22 上的排气压力与作用在阀板 21 上的力相互抵消，所以能量调节阀不受排气压力的影响。

热气旁通能量调节的使用场合有两类：

1）用在压缩机没有气缸卸载机构的小型装置中。对于 7.5kW 以下的小型压缩机，考虑到造价太高，一般不设气缸卸载机构，而比较多地采用低压控制器控制压缩机的起、停。但这种方式存在下述问题：①在空调装置中，起、停控制舒适度差，而且造成湿度控制困难；②负荷变化大时，起、停频繁，影响压缩机寿命；③起动电流冲击大。因此，可以采用热气旁通法。它把热气旁通到吸气管，给压缩机施加虚负荷，使之连续运转，可以提高经济性和寿命。

2）用在有气缸卸载机构的压缩机上。起动时和降负荷调节到最低档时，压缩机处于基本能级。如果希望起动负荷更小，或者希望在负荷小到几乎是空载时仍要压缩机不停止运行的场合，可以在最低能级设热气旁通，实现该范围内的无级能量调节。

（6）变频式能量调节　变频式能量调节是指用改变压缩机电动机供电频率的方法，改变压缩机转速，使压缩机产冷量与负荷变化达到最佳匹配，从而实现能量调节。变频式能量调节与其他能量调节方式相比，经济性最好，压缩机为恒转矩负载，功耗随转速下降而减小。此外，由于低转速时机械摩擦损失减少，还能提高压缩机的效率，进而提高整个制冷装置的效率。

表 8-2 给出几种常用的压缩机能量调节方式的特点。

表 8-2　单台压缩机能量调节方式的特点

调 节 方 式	特　　　　点
起、停控制	结构简单、价廉，用于小型机组。起动时低负荷时能量损失大，温控精度低
气缸卸载	有级调节，只能用于多气缸机。部分负荷时效率下降较小
吸气节流	无级调节。系统简单，效率较低，调节范围小
热气旁通	无级调节。调节范围宽，系统复杂，效率低
变频调速	无级调节。系统简单，调节效率高，初投资较高

8.2.2　融霜控制

对蒸发器的控制主要包括供液量控制、压力控制和融霜控制。前两方面在上一节已有详细介绍，本节主要介绍蒸发器融霜和融霜控制。

对于冷藏库的制冷系统，由于蒸发冷却器表面温度常低于所处空气的"露点温度"，甚至大多数蒸发器表面温度在 0℃ 以下，所以当空气流过蒸发器表面时就会析出凝水使蒸发器表面结霜。特别是在冷藏水果、蔬菜时，由于库内空气含湿量大，又需要定时补充一定量的室外空气换气，结霜更为严重。蒸发器表面结霜后，由于霜层的导热性很差，会增加蒸发器表面的热阻（霜层热阻约是钢管热阻的 90～450 倍，视厚度而不同），导致冷库冷却效果下降。同时，对于吹风冷却的空气冷却器来说，由于霜层的积存，还会使空气流通面积减小，通风量降低，气流阻力增加，风机功耗增加，工作状况恶化。实测表明，在 -18℃ 的冷库内工作的蒸发器，若传热温差为 10℃，运行一个月后，由于结霜，会使传热系数下降30%左右。因此，对蒸发器表面的结霜必须清融。这种把空气蒸发器表面霜层消融的方法，称为融霜或化霜。对于冰箱、冰柜同样需要定期融霜。

融霜的方法很多，有自然融霜和加热融霜两种情况。加热融霜按热源的不同又有热气融霜、电热融霜和液体冲霜等。对于吹风冷却系统，若采用加热方法融霜时必须关闭风机，以防止热空气进入冷藏库。此外，通常在冷却盘管或空气冷却器下面设置承水盘，甚至在承水盘内设加热器，以便顺利将融霜后的凝水排走。

1. 自然融霜

对于温度不低于5℃的冷库，可以采用自然融霜方式。即在融霜时，令压缩机停机，使蒸发器的制冷作用停止一段时间，这期间风机仍继续运行，靠吹过蒸发器的库内空气的焓将表面霜层化掉，因而也称停机融霜。停机持续时间，即融霜持续时间内，应足以保证蒸发器表面温度回升到0℃以上。

自然融霜的控制方式是：用房间温控器控制蒸发器的供液和回气电磁阀；用低压控制器控制压缩机起、停。当库温达到设定值时，温控器切断供液和回气电磁阀，吸气压力很快降到停机控制值，低压控制器使压缩机停止工作。如果将低压控制器的接通压力设定在0℃对应的制冷剂饱和压力值以上，那么到下次开机时，蒸发器已完成自然融霜。

家用冰箱、商用制冷装置，如开式陈列柜中常采用自然融霜。该法中的化霜热取自冷间空气的焓，霜融化后的水分又重新被吹回冷间，所以在要求维持冷间低湿的场合不宜使用。也不宜用在冷间温度的设计值低于或者接近0℃的场合，否则会无法化霜，或者使融霜持续时间过长。

2. 热气融霜

热气融霜是指在直接冷却系统中，把压缩机排出的制冷剂高温蒸气的一部分引入冷却盘管，利用其放出的汽化热融化冷却盘管表面的霜层。热气融霜与其他融霜方式不同的是热量来自循环系统内部，所以要引起系统布置上的变化。常用布置方式有：

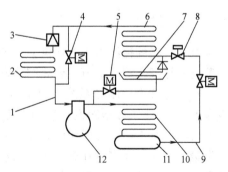

图8-30 采用再蒸发器的热气融霜系统
1—回气总管　2—再蒸发器　3—减压阀
4—吸气电磁阀　5—热气电磁阀　6—蒸发器
7—水盘加热器　8—膨胀阀　9—供液总管
10—冷凝器　11—储液器　12—压缩机

（1）再蒸发盘管的热气融霜系统　如图8-30所示，再蒸发器2接在压缩机吸气侧。制冷运行时，吸气电磁阀4打开，将再蒸发盘管旁通掉，以免吸气压降过大。蒸发器一般每3~6h融霜一次。用融霜时间控制器（融霜定时器）控制自动融霜。定时器在指定的时间接通融霜：关闭吸气管电磁阀，风机停，打开热气电磁阀 5，再蒸发盘管风机启动。融霜期间，排入蒸发器的制冷剂热气在其中冷凝，凝液经减压阀膨胀后到再蒸发器中蒸发，产生的蒸气被压缩机吸入。融霜结束时，在定时器（或温控器）控制下使系统返回制冷循环：热气电磁阀 5 关闭，吸气电磁阀 4 打开，再蒸发器的风机停止，蒸发器风机延时起动。

（2）逆循环的热气融霜系统 如图 8-31 所示，为灵活运用热泵逆循环的融霜方式，利用四通换向阀，融霜时热气排入蒸发器，而冷凝器作再蒸发器使用，图中管线上标注方向为制冷时流向，管线外标注方向为融霜时流向。热气融霜要求在冷凝器后安装定压膨胀阀，以控制进入蒸发器的制冷剂流量。

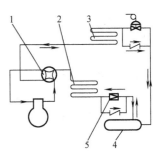

图 8-31 逆循环的热气融霜系统
1—四通阀 2—冷凝器 3—蒸发器
4—储液器 5—定压阀

（3）带汽化器的热气融霜系统 如图 8-32 所示，汽化器是特殊设计的积液器，安装在吸气管上。融霜时，来自蒸发器的制冷剂凝液及蒸气一起进入汽化器并在这里分离。积存在汽化器中的液体通过节流孔一点点进入吸气管，再返回压缩机。这样既可以避免压缩机气缸进液，又能为蒸发器连续提供融霜热气。汽化器内装的换热器与融霜没有直接关系，但它可以使吸气中混入的液体汽化并使高压液体过冷。系统可用定时器进行控制：融霜时，打开热气电磁阀，停止蒸发器风机运转；融霜结束时，温控器动作，定时器恢复到原态，热气电磁阀关闭，延时起动风机，整个装置自动转入制冷运行。

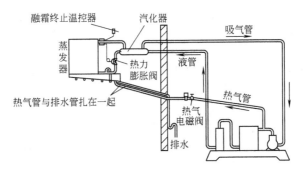

图 8-32 带汽化器的热气融霜系统

（4）带有蓄热槽的热气融霜系统 如图 8-33 所示，在系统中增设一个蓄热槽 11，其中盛有水或盐水。将加热盘管 10 和再蒸发盘管 6 浸入水中。制冷时，排气经过加热盘管到冷凝器，将一部分排气热量传给蓄热槽，产生温水。为了不使水温过高，加热盘管可设置旁通管，当水温升到一定值时，大部分排气不通过加热盘管，直接进入冷凝器，回气电磁阀 3 处于开启状态，蒸发器回气直接引入压缩机。融霜时，热气电磁阀 5 打开，回气电磁阀 3 关闭，蒸发器风机停。排气经 5 进入蒸发器，凝结后经定压膨胀阀 4 到再蒸发盘管 6 中，吸收制冷运行时蓄存在水中的热量而蒸发，然后回压缩机。制冷剂在再蒸发盘管中蒸发时，盘管局部表面上有可能出现结冰现象。蓄热不仅为迅速融霜提供热量，而且保证蒸发器中的凝液能够完全蒸发，不会造成吸气带液。这种方式融霜大约需要 6～8min。融霜结束后，热气电磁阀关闭；排掉蒸发器接水盘中的霜水；排水结束后，由定时器控制系统返回到制冷运行。

（5）一台压缩机配多台蒸发器的热气融霜系统 对于这类系统，可以安排蒸发器逐台融霜，如图 8-34 所示。图中箭头的方向为蒸发器 I 融霜时的流程。每台蒸发器出口处安装一只三通电磁阀，并在各热力膨胀阀上旁接一只止回阀。蒸发器制冷与融霜作用的切换由三通电磁阀完成。

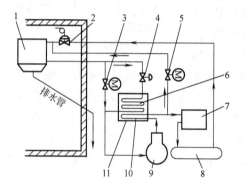

图 8-33 带蓄热槽的热气融霜系统
1—蒸发器 2—热力膨胀阀 3—回气电磁阀
4—定压膨胀阀 5—热气电磁阀 6—再蒸发
盘管 7—冷凝器 8—储液器 9—压缩机
10—加热盘管 11—蓄热槽

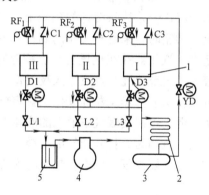

图 8-34 一台压缩机配多台蒸发器的
热气融霜系统
1—蒸发器 2—冷凝器 3—储液器
4—压缩机 5—汽化器
C—止回阀 D—三通电磁阀 L—蒸发压力
调节阀 RF—热力膨胀阀 YD—液管电磁阀

这种融霜方式在超市制冷陈列柜的制冷系统中较多使用。需要注意的是，每次融霜的蒸发器能力不得超过压缩机总制冷能力的 1/3，否则不能为排气提供足够的工质吸入量，也就不能保证提供足够的热量有效融霜。

采用热气融霜方式时应注意：①热气管应从紧靠压缩机的排气管上部引出。在热气管上要安装截止阀、过滤器和电磁阀。热气管尺寸应适当；②冷藏库落地式蒸发器中，接水盘的排水管要有 1/25 以上的下斜坡度，将水引入库外的集水箱中。集水箱上部必须紧靠地面，以免排水倒流。排水管不必隔热；③融霜开始后，冷凝压力下降，应采取措施不使冷凝压力低于15~18℃所对应的饱和值。

热气融霜多采用定时-温度控制方式。图8-35所示为低压控制压缩机起、停的融霜控制电气原理图。制冷运行时，定时器接点A闭合、B断开，使热气电磁阀RDF关闭，融霜终止温控器的接点a、b接通，风机工作。压缩机与融霜工作回路没有关系，在低压控制器接通的条件下持续运转。用库房温控器T控制液管电磁阀YDF，YDF的电磁阀线圈接在定时器的接口N与4之间。在到达设定的融霜持续时间后，插在定时器外刻度盘上的销子使定时器的接点A断开、B闭合，于是风机停止工作，热气电磁阀RDF接通。压缩机与融霜控制回路无关，继续运转。即使这时低压控制器已经使压缩机停止运行，但由于RDF打开，热气进入蒸发器，吸气压力会很快上升，压缩机也能在低压控制器的动作下又立即开始运转。

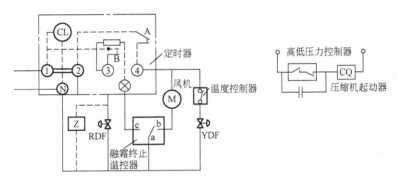

图 8-35　热气融霜的定时-温度控制电气原理图

用低压控制器（或者库房温控器）控制压缩机起、停的装置，若融霜时冷凝压力下降，有可能造成压缩机不能连续运转。在这样的场合，可以在图8-35的控制线路上增设虚线部分。制冷运行时，定时器的接点A闭合、B断开、RDF关闭；融霜终止温控器的接点a，b接通，风机工作。压缩机受低压控制器（或库房温控器）控制起停。到达预定的融霜时间后，定时器的接点A断开、B接通，RDF打开。一旦B接通，辅助继电器Z接通，将压力控制器（或库房温控器）的控制触点短接。这样，在融霜时，即使吸气压力下降到停机控制值（或库温尚未升到开机的上限值），仍能保证压缩机维持运行，使热气融霜得以连续进行。

利用温包作为融霜终止温控器的感温元件，当吸气温度上升到设定值时，温控器触点由a、b通转变为a、c通，同时使B断开，A闭合，于是热气电磁阀RDF关闭，停止热气融霜。但a、c接通时，虽然触点A接通，却不能起动风机，要等蒸发器工作一段时间，吸气温度降到设定值，将温包冷下来，温控器恢复到a、b接通时，才能接通风机运行。这就实现了风机的延时起动，留出融霜结束后必要的排液时间。

3. 电热融霜

电热融霜是利用电加热器对冷却盘管加热使霜层融化。为了防止融化后的霜水在排出库房之前再结冰，还必须在接水盘和排水管上缠绕带状加热器，融化后的霜水应及时排到库外。它较热气融霜简单，融霜完全，操作也更为方便，但缺点是耗电多，它多用于吹风冷却的小型冷库制冷系统。电热融霜的控制方法有三类：

第一种方法与热气融霜相似，它利用低压控制器启闭融霜电热器，并由延时器控制融霜时间，待融霜时间达到延时控制器给定值后，关闭融霜电热器，融霜自动停止。

第二种电热融霜的控制方法，是在吹风冷却系统中，利用空气微压差控制器控制电加热融霜。在吹风冷却中，空气冷却器表面结霜后，将引起空气流动阻力增加，使空气冷却器前后空气压差增大。当结霜达到一定厚度时，压差达到某一给定值，微压差控制器动作，关闭供液电磁阀，同时接通融霜电热器，蒸发盘管被加热使霜层融化。电热融霜时间一般也由延时控制器（或温度控制器）控制。

第三种是利用一个带电接触点的定时钟来控制融霜电加热的定时融霜。定时钟实际是时间控制器。它按具体融霜要求，调整为一定数值而自动控制每天融霜次数及融霜延续时间。

图8-36为采用电热融霜的冷库融霜系统原理图。图中列举了高、低温两个库，并且融霜仅在低温库进行。融霜定时控制器用于控制低温库的融霜时间。

当融霜定时器运转到给定时间时，即执行融霜：接通融霜电热器2，关闭供

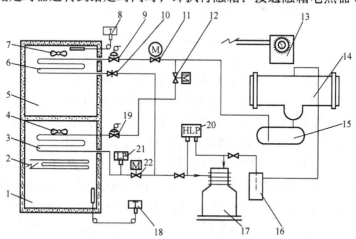

图 8-36　设有电热融霜的冷库融霜系统原理图

1—低温冷库　2—融霜电加热器　3、6—冷却盘管　4、7—风机　5—高温冷库

8、18—温度控制器　9、19—膨胀阀　10—恒压阀　11、12、22—电磁阀

13—融霜定时控制器　14—冷凝器　15—储液器　16—分油器

17—压缩机　20—高低压力控制器　21—回气压力控制器

液电磁阀 12 和冷却盘管 3 的回气电磁阀 22，使风机 4 停止工作。此时，压缩机可以不停车，低温库融霜的同时高温库继续制冷。当低温库融霜过程中高温库库温达到温度控制器 8 的给定值，则电磁阀 11 关闭，压缩机吸气压力下降，以至自动停车。融霜延续时间达到给定时间之后，定时控制器 13 动作，关闭融霜电加热器，并开启电磁阀 12、22，制冷系统恢复正常工作。如果融霜结束时，压缩机是处于停车状态，则因电磁阀 12、22 开启，回气压力回升，压缩机可以自动重新起动。

融霜间隔时间和融霜延续时间是预先给定的。如果给定时间与实际不符将会带来不良后果。例如，融霜时间过长，就会造成电热器对蒸发盘管的有害加热，使盘管内压力升高，一旦融霜结束，压缩机起动，可能导致压缩机过载。为此，在低温库回气电磁阀 22 前设置压力控制器 21，当遇到上述情况时，压力控制器将自动切断融霜电热器，停止触霜，并开启电磁阀 12、22，使系统提前恢复工作。这种融霜自动控制系统比较复杂。低温库供液电磁阀 12 通常要受融霜定时控制器和回气压力控制器、低温库温度控制器的三重控制；回气电磁阀 22 要受融霜定时控制器、回气压力控制器的双重控制；压缩机除受高低压控制器控制外，有时受融霜定时控制器控制，如低温库融霜时制冷装置仅向高温库供冷，压缩机应自动卸载或减速运转。

4. 液体冲霜

液体冲霜是利用比较温暖液体的熔使霜层融化并将其冲落。可以直接将水或者不冻液(如盐水、乙二醇水溶液)喷洒在蒸发盘管上化霜。蒸发温度在 $-40℃$ 以上的翅片盘管都可以用水喷洒；低于 $-40℃$ 的场合，需用不冻液喷洒。

液体冲霜可以采用手动或者自动控制。基本控制过程为：关闭供液管，待蒸发器中抽空后，压缩机停车；关闭蒸发器风机(以免喷水时将水吹到冷间。如果蒸发器带有百叶格栅,应将格栅关闭，使蒸发器与冷间隔离开，以免在冷间中成雾)；接通冲霜水阀，开始淋水，直至霜层被冲去，停止喷水(喷水时间一般为 $4 \sim 6min$)。排水过程持续 $1 \sim 2min$ 后，接通风机，起动压缩机，接通供液和回气阀，使装置恢复到制冷状态。

图 8-37a 为手动控制蒸发器水冲霜的示例。图 8-37b 为自动控制的示例，在系统中用定时器和电磁阀实现顺序控制，并设有安全保护措施。其控制程序为：①融霜时，A 开、B 关；②融霜结束时，A 关，配管中的水经泄水管排出，停水；③待水盘排水完毕后，B 开，返回到制冷运行。保护措施为：①为了防止万一排水管堵塞，冲霜水从接水盘溢出，用水银浮球开关 C 控制接水盘中的水位。当因排水管堵塞水位上升到控制液面时，水银开关动作，使供水电磁阀 A 关闭；②制冷时如果供水电磁阀 A 由于异物顶住不能完全关闭，会造成水一点点渗入泄水管，水在其中有结冰的危险。为此在泄水管上设压力开关 D，当管中水积存

到一定高度时，水压使 D 触点断开，关闭回气电磁阀 B（或者使压缩机和风机相继停止），终止蒸发器制冷作用，避免水结冰。故障排除后，泄水管中水压降低，D 重新闭合接通 B。

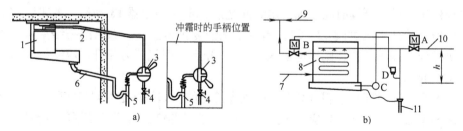

图 8-37　蒸发器的水冲霜

a）手动控制　b）自动控制

1、8—蒸发器　2、10—进水管　3—手动换向阀（冲霜时位置向下扳，如右图所示）

4—进水阀　5、6、11—排水管　7—直液管　9—回气总管

A—水电磁阀　B—回气电磁阀　C—水银浮球开关　D—压力开关

喷水融霜的水温要求为：最高 24℃；最低 4℃。不允许超过 24℃ 的水进入蒸发器；低于 4℃ 的水需加热后使用。为了防止排水管结冰，蒸发器应尽量靠近外墙安装，排水管口径应足够大，以便将水迅速排出。

用盐水或其他不冻液冲霜时，要能保证冲霜液返回储液槽并循环使用。熔化后的霜水使盐溶液浓度降低，所以应设沸腾装置使盐水重新浓缩。

图 8-38 为具有热盐水融霜的制冷管道系统示意图，该系统为间接制冷系统，

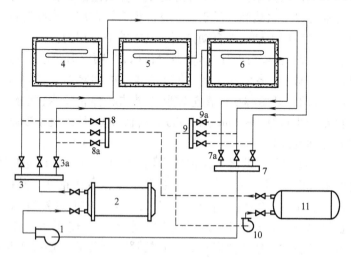

图 8-38　热盐水融霜系统原理图

1—低温盐水循环泵　2—盐水冷却器　3—低温盐水分配总管　4、5、6—冷却盘管

7—低温盐水回水总管　8、9—融霜盐水总管　10—热盐水循环泵　11—盐水加热器

把20℃左右的热盐水直接送入盐水冷却盘管，使盘管外的霜层融化。热盐水系统中设有盐水循环泵10和盐水加热器11。盐水加热器利用蒸气加热。融霜时关闭需要融霜的冷却盘管低温盐水进出阀门，开启融霜管系各阀，并起动热盐水循环泵。由此在冷却盘管中造成热盐水的循环，使盘管外的霜层熔化。例如，当冷却盘管6需要融霜时，可先关闭低温盐水阀3a、7a，开启融霜热盐水阀8a、9a，起动热盐水泵10。此时冷却盘管6即进行融霜，而盘管4、5继续工作。在某些场合，为简化管系则取消热盐水循环泵10及部分融霜管路。融霜时的热盐水循环仍由盐水循环泵1完成。此时低温盐水循环暂停。热盐水融霜一般盐水温度为20℃左右，不宜过高，以免融霜后库温回升。

8.2.3　油分离器的控制

1. 氟利昂系统的油分离

压缩机中的润滑油总是会混入制冷剂，并随着排气进入制冷系统，所以装置运行时必须保证系统中的油能够返回压缩机。对于氟利昂系统，只要管道设计合理，大多数情况下不设油分离器也能解决回油问题。但在下述的某些特殊场合，必须设油分离器。

（1）压缩机停车期间　在压缩机停车期间，制冷剂有可能进入曲轴箱并与油互溶，为避免曲轴箱严重失油，应设置油分离器。其作用应主要发挥在压缩机起动阶段：压缩机刚起动时，曲轴箱内压力迅速下降，溶解在油里的制冷剂剧烈沸腾，使油液呈泡沫翻腾状，油位上窜，导致大量的油进入气缸，并随排气一起进入油分离器，在这里大部分油可被分离掉，再从油分离器下部引回压缩机。

同时应在压缩机停车之前，采取抽空或排出的控制方法，除去曲轴箱中的制冷剂；并在曲轴箱内设加热器，使曲轴箱油中溶解的制冷剂尽可能少。

（2）采用满液式蒸发器的制冷装置　制冷剂在满液式蒸发器中需保持一定的自由液面，进入这里的油无法连同吸气一同返回压缩机，因此，要在排气管上设油分离器。排气中夹带的油大部分在油分离器被分离掉，少量进入系统。蒸发器中的积油用回油管引回压缩机。对于负荷变动大的蒸发器和低温蒸发器，采用油分离器尤其必要。一般的冷库装置，若负荷变化较小，则不必使用油分离器。

（3）并联多路盘管为了使各路分液均匀，采用下供液方式的蒸发器　这种情况下，油要从蒸发器的进口集管流回吸气管，如果安装油分离器，则可大大减少从蒸发器的回油量。

（4）低温装置　对于制冷剂与油不混溶的低温装置，必须安装油分离器，把进入蒸发器的油降到最少。

油分离器的控制要点是：考虑到油分离器中除有油积存外，还有制冷剂液体同时存在，因此，不能一下子向曲轴箱回流过多。

图 8-39 所示为氟利昂系统油分离器的回油控制。图 8-39a 所示为一种控制方法：将油分离器的回流管接到压缩机附近的吸气管上，这样，即使回流中含有较多的制冷剂，但由于它不直接进入曲轴箱，在吸气管内沿途就蒸发掉了。回流管上应安装截止阀、过滤器、电磁阀、手动节流阀和观察镜。手动节流阀应合理地节流，即调节回油量使其略多于从蒸发器返回的油量；安装观察镜便于观察油流情况以利流量调节；电磁阀与压缩机联动，防止停机时分离器中的制冷剂返回曲轴箱。也可以将分离器流出的油先引入一个有电加热器的储油包中，使回流中的制冷剂蒸发进入吸气管，油流回曲轴箱。

图 8-39b 为另一种控制方法：用温度控制器控制回油管电磁阀，温控器的温包安装在油分离器的底部。将温控器使电磁阀打开的温度设定得比冷凝温度高，可以保证在油分离器内温度达不到设定温度时回油管截止。这样处理，油分离器中积存的制冷剂几乎都能蒸发掉，回油中不会有制冷剂液体混入。

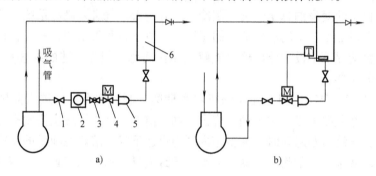

图 8-39　氟利昂系统油分离器的回油控制
1—截止阀　2—观察镜　3—手动节流阀　4—电磁阀
5—过滤器　6—油分离器(内设浮球阀)

2. 氨用油分离器的控制

油与氨几乎不相混溶，油比氨重，所以液态油积存在冷凝器和蒸发器的底部，因此，氨制冷装置不能采用经吸气管回油的方法。

氨制冷系统中多采用离心式油分离器，分离出的油引回集油器或曲轴箱。由于连接压缩机与油分离器之间的管道越长、排气冷却越充分、比体积越小、流速越低，分离越容易，所以油分离器离压缩机越远，分离效果越好。

采用水冷式油分离器时，要在冷却水管上设温控式水量调节阀，调节冷却水量，将分离器内维持在不致发生氨气凝结的温度上。若氨液在油分离器中凝结、积存，再返回到曲轴箱，也将造成曲轴箱油位上升。

从油分离器可以向曲轴箱回油，也可以向集油器回油。前者的回油控制如图 8-40a 所示。油分离器内积油达到指定液位时，高压浮球阀自动打开回油；油面降到指定液位的低限时，浮球阀关闭，禁止热氨气倒流回曲轴箱。后者的回油控制如图 8-40b 所示。用高压浮球阀控制从油分离器向集油器回油,并在压缩机曲轴箱设油位控制器,调节从集油器向曲轴箱回油。

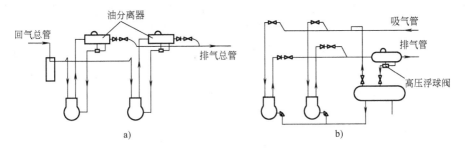

图 8-40　氨用油分离器的控制

8.2.4　气液分离器的控制

1. 氟利昂系统的气液分离控制

对于氟利昂制冷系统,处理积液和油的主要方法有两种:一种是利用手动节流阀每次少量将制冷剂液体和油输入吸气管,液态制冷剂在回热器中完全汽化后,与油一起随蒸发器回气进入压缩机;另一种是使液体在集液包中完全汽化,残存的油自动返回压缩机。

(1) 回热器处理回气带液　如图 8-41 所示,蒸发器回气中夹带的液体制冷剂在回热器(气液换热器)中汽化,同时使油节流一点点引入吸气管。由于集液包的容积有限,此法不宜在热泵装置或热气融霜的装置中使用。

(2) 用气液分离器处理回气带液　如图 8-42 所示,由于气液分离器的容积较大,能有效地分离掉液体。在气液分离器的下部排液管上设截止阀、过滤器、手动节流阀、液流观察镜。积液在逆循环时,全部用手动节流阀送到回热器前的吸气管中,制冷剂液体在回热器中汽化,油仍以液态进入吸气管,返回压缩机。

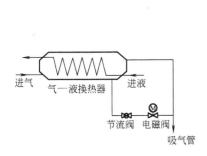

图 8-41　用气液换热器处理回气带液

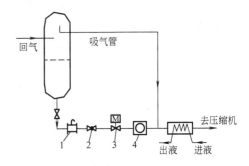

图 8-42　用气液分离器处理回气带液
1—过滤器　2—节流阀　3—电磁阀　4—观察镜

（3）吸气管端部设集液包处理回气带液 如图8-43a 所示，吸气管端部设集液包，可以防止制冷剂液体进入气缸，并可分离出回气中的杂质微粒等异物。应从回气干管的下部沿切线方向向上引吸气管与压缩机连接。端部集液包内一部分制冷剂液体汽化，回压缩机；残存的液态制冷剂和油用手动节流阀每次少量引回压缩机。从端部集液包向每台压缩机的回流如图8-43b 所示，回流管上设过滤器、电磁阀、单向阀、观察镜和手动节流阀。电磁阀与压缩机连动，压缩机停止时，电磁阀切断回流管，防止液体和油流入压缩机。

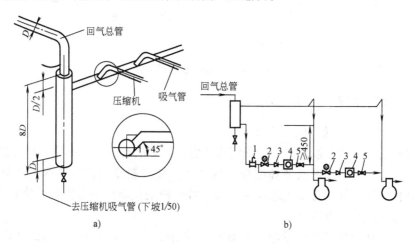

图 8-43 吸气管端部设集液包处理回气带液

a）吸气管端部集液包 b）系统连接

1—过滤器 2—电磁阀 3—单向阀 4—观察镜 5—手动节流阀

2. 氨系统的气液分离控制

配多台蒸发器的氨制冷装置，必须在压缩机前设气液分离器，再用泵或其他回液装置将分离出的氨液送回储液器。

（1）立式气液分离器的控制 氨立式气液分离器的控制如图8-44 所示。用高扬程溶液泵把气液分离器中的氨液送回高压储液器。分离器设三个液位控制器：高位报警、中位控制氨泵起动、低位控制氨泵停止。在氨泵的排出管上设两个单向阀，防止停泵时氨液或氨气倒流回氨泵。从分离器进入泵的氨液极容易汽化，所以必须考虑泵入口管道的阻力和泵的吸入口净高度后，确定从分离器出口到泵入口之间的高度落差。在氨泵入口处还应设排汽管，

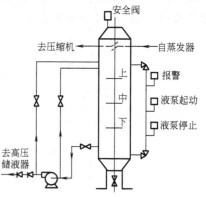

图 8-44 氨立式气液分离器及氨泵回液控制

使进口氨液中可能产生的汽泡排到分离器上部。停泵期间，泵出口与单向阀之间也常常积存汽泡，所以也应安装排汽管。

立式分离器中液位异常高时，液位控制器使压缩机保护性停车，待查明原因、排除故障后再起动。但作为应急措施，最好设计成使得压缩机群中有一台停机对整个系统吸气压力的影响（即上升量）不超过 0.05MPa。

（2）带加热盘管的立式气液分离器的控制　如果蒸发器回气带液不多，或者能够预计出可能的回气带液量时，可以采用带有加热盘管的立式分离器。这种分离器的结构和控制如图 8-45 所示。来自高压储液器的氨液从分离器中的加热盘管内通过，加热作用使分离器中的氨液蒸发；同时，高压液体过冷。设高限液位报警，当分离器的液面超高时，液位控制器使警钟鸣响，同时控制压缩机停车。

（3）卧式气液分离器的控制　图 8-46 所示为一种装有热氨气加热盘管的卧式气液分离器。许多满液式氨蒸发器本身就带有不同形状的缓冲包。其特点是：蒸发器回气中的大部分液体已经在缓冲包中被分离，进入卧式分离器的气体中带液量很少。这些少量液体经加热盘管的作用可以全部汽化，因而分离器中不积存液体。加热盘管中通入的是高温热氨蒸气，因传热温差大使盘管只需很小的传热面积。该法能够保证吸气温度不超过 3℃，而且热氨气在盘管内也不致于发生凝结。

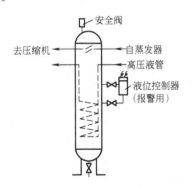

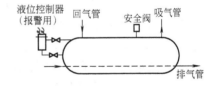

图 8-45　带加热盘管的立式气液分离器的控制　　　图 8-46　卧式气液分离器的控制

8.2.5　小型制冷装置自控系统举例

以下为两例小型制冷系统的控制电路，在此对其予以分析以期达到触类旁通的效果。

1. 电冰箱的典型控制电路

图 8-47 所示为典型双门间冷式无霜电冰箱控制电路图。冰箱分冷藏室和冷冻室，有温度自动控制、自动定时融霜、过热及过电流保护等功能。

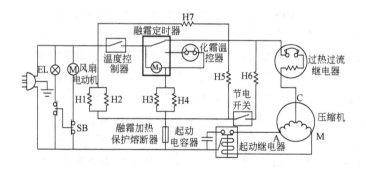

图 8-47　某双门间冷式无霜电冰箱控制电路图

温度自动控制由放在冷藏室回风口的温包和安装在侧壁上的压力式温控器来完成。当冷藏室温度升至 8℃时，温度控制器开关闭合，压缩机通过温度控制器、化霜定时器、过热过流继电器得电起动。压缩机电动机为电容起动-电感运转式分相电动机，起动时电流较大，使串联在主绕组 M 中的重锤式起动继电器产生较大的吸力，将重锤吸上，使起动电容器串接在辅助绕组 A 上，产生旋转磁场，电动机开始转动。当转速达到额定值时，电流变小，起动继电器线圈产生的磁力小于重锤的重力，重锤跌落，将起动电容器从电路中切除，电动机在额定转速下运转。随着压缩机的运行，冷藏室温度不断下降，降至下限温度值(3 ~ 5℃)时，温控器开关断开，使压缩机停车。当冷藏室温度重又上升到 8℃时，温控器开关又一次闭合，压缩机通电起动、运转。如此周而复始，使冷藏室温度在给定的上下限间波动。

自动融霜由融霜定时器控制。它是由同步电动机带动凸轮控制的定时融霜开关。当压缩机累计工作 8 ~ 12h 后，融霜温控器接通一次电源，将开关倒向下侧，切断压缩机供电，接通融霜加热器 H3 和接水盘加热器 H4，开始加热融霜。采用双金属片作为融霜温控器，安装在蒸发器表面，当蒸发器表面温度升至 13℃时，融霜温控器断开，同时使同步电动机接入电路开始转动，带动凸轮，控制定时开关倒向上侧，接通压缩机电路，使系统在高效换热状态下制冷。当蒸发器表面温度下降到 0℃左右时，融霜温控器闭合，为下一次融霜程序作好准备。

由安装在压缩机外壳上的过热过流继电器监视压缩机过热和过载。它由碟形双金属片温控开关和串在电路中的小加热器构成。当压缩机过载时，大电流使小加热器发热，双金属片温度升高；压缩机过热时也会使双金属片温控开关温度升高，产生弯曲，将触点断开，切断压缩机电源，以免烧坏。

2. 空调器的典型控制电路

如图 8-48 所示是冷热两用热泵型分体落地式空调器控制电路。它有一个压缩机电动机和两只风扇电动机，均为电容运转式电动机。其中室内风扇电动机为具有高、中、低三种转速的调速电动机，使用者通过冷热开关来选择制冷还是制热工作方式（图中为制冷方式）；通过转换开关可设定室内风扇电动机的转速，即选择出风的强、中、弱。压缩机的过载保护采用内埋式过电流、过温升保护继电器。两个电扇电动机也都单独设置了过载保护器。室内机组和室外机组的电气线路通过两个接线板进行对应连接。

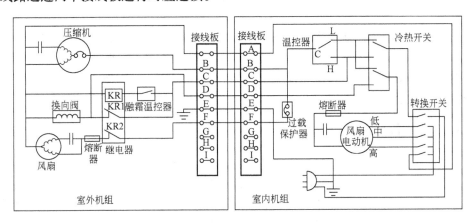

图 8-48 冷热两用热泵型分体落地式空调器典型控制电路

温控器的电接触点为单刀双掷型，其中 L 是制冷时压缩机开（得电）的位置，又是制热时压缩机停（断电）的位置；H 是制热时压缩机开的位置，又是制冷时压缩机停的位置。在制冷运行时，选择开关冷位，电磁四通换向阀线圈断电。制冷后，室内温度下降。当降温至制冷时的停点，温控器电接触点转换，即 C-L 断，C-H 通。压缩机断电停止制冷。待室温升至制冷时的开点，温控器电接触点复位，C-L 通，C-H 断，压缩机又得电运行。在制热运行时，选择开关选在热位。这时电磁四通换向阀线圈得电。冬季制热开始时，由于室温肯定低于夏季制冷时的停点，所以温控器的电接触点一定在 C-H 通的位置。制热后，室内温度升高。当升温至制热时的停点，则温控器电接触点转换，C-H 断，压缩机停。温度下降至制热时的开点时，温控器电接触点复位，C-H 通，压缩机又通电运转。电磁四通换向阀线圈不受温控器的控制，在制热运行时，始终是通电的。

热泵型空调器在冬季制热时，其室外换热器作为蒸发器。当环境温度较低时，它的表面会结霜，需进行定时融霜。图 8-48 中采用融霜温控器的常开触点控制一个电磁式继电器的线圈 KR，继电器的一个常闭触点 KR1 控制电磁四通换向阀线圈和室内风扇电动机；另一个常闭触点 KR2 控制室外风扇电动机。在冬季制热运行时，室外换热器结霜，降至 -3℃ 后，融霜温控器常开触点闭合，继电器 KR 得电吸合。继电器的两个常闭触点同时断开，切断换向阀线圈、室内风扇电动机及室外风扇电动机的电源。此时，压缩机运转后，转为制冷循环。高温制冷剂进入室外换热器，依靠冷凝放热融霜。霜熔化完，温度上升到 10℃ 时，融霜温控器触点复位，继电器 KR 断电释放，KR1、KR2 恢复闭合状态。换向阀线圈及室内、外风扇电动机重新通电，恢复制热循环。

8.3　变频调速技术在制冷系统中的应用

近年来，变频调速技术已成为当代电动机调速的主流，它优于以往的任何调速方式。其突出的优越性是节能显著，因而受到很多行业的欢迎。尤其在制冷、空调领域，在压缩机、风机和泵上使用变频调速装置，可节电 30% 以上，更加得到推广应用。

8.3.1　压缩机开关控制的弊端

传统的制冷系统采用定转速压缩机，实行开关控制，以调节蒸发温度，但这种控制方式使蒸发温度波动较大，容易影响被冷却环境的温度。压缩机电动机在工作过程中要不断克服转子从静止到额定转速变化过程中所产生的巨大转动惯量，尤其是带着负荷起动时，起动力矩要高出运行力矩许多倍，其结果不仅要额外耗费电能，而且会加剧压缩机运动部件的磨损。另外，这种运行方式在起动过程中还会产生较大的振动、噪声以及冲击电流，引起电源电压的波动。因此，应采用变频压缩机替代定转速压缩机，使压缩机能力与所需负荷匹配，从而避免这种频繁的起停过程。

8.3.2　变频调速工作原理

驱动变频压缩机工作的是感应电动机，其转速的表达式为

$$n = (60f/P)(1 - S) \tag{8-1}$$

式中　n——电动机转速（r/min）；

　　　f——电动机电源交变频率（Hz），我国工业频率为 50Hz；

　　　S——电动机转差率；

　　　P——感应电动机的定子磁极对数。

由式(8-1)可以看出，只需改变电源频率，就能改变感应电动机的转速。比如，对两极电动机而言，若忽略转差率（$S = 0$），当频率从 30Hz 变化到 150Hz 时，感应电动机的转速就从 900r/min 变化到 4500r/min。这种通过改变电源频率实现速度调节的过程称为变频调速。在变频调速技术中，向电动机提供频率可变的电源并控制电动机的转速是由变频器完成的。变频器（VVVF）是 Variable Voltage Variable Frequency 等英文字头的缩写，意思是变压变频器。

8.3.3 变频调速的关键技术

1. 变频器的构成

变频调速系统的核心部件是变频器，由主回路和控制回路两大部分组成，见图 8-49。主回路由整流器（整流模块）、中间电路和逆变器三个主要部件组成。控制回路则由单片机、驱动电路和光电隔离电路组成。其主电路一般采用交-直-交电压型方式，即先将城市电网交流电通过整流齐变成直流电，再经过逆变器变成可控频率的交流电。

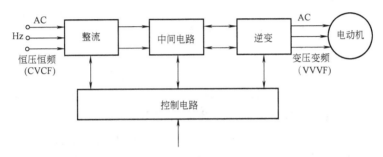

图 8-49 变频器的简化结构图

（1）整流器 整流器与三相交流电源相连接，产生脉动的直流电压，有两种基本类型，即可控的和不可控的。

（2）中间电路 中间电路由滤波环节和动力制动环节组成。对电压型变频器，需通过大容量电容对整流电路的输出进行滤波，以减小电压或电流的脉动。由于电容量比较大，一般采用电解电容。动力制动环节利用设置在直流回路中的制动电阻吸收电动机的再生电能。

（3）逆变器 逆变器产生可变电压、频率的变频交流电供给电动机，是变频器中的重要部件。逆变器主回路可由不同器件做成，如大容量变频器采用门极可关断晶闸管（GTO），中小型变频器用绝缘栅双极晶体管（IGBT）等。而随着智能电力电子模块（IPM）技术的发展应用，IPM 正在逐步取代普通 IGBT 模块。由于 IPM 内部既有 IGBT 的栅极驱动和保护逻辑，又有过流、过（欠）压、短路和过热探测以及保护电路，提高了变频器的可靠性和可维护性。另外，IPM 的体积与普通 IGBT 模块不相上下，价格也比较接近，因此，目前应用较为广泛。

（4）控制回路 控制回路将信号传给整流器、中间电路和逆变器，同时也接受其反馈信号，控制回路的形式取决于不同变频器的设计。由运算单元、驱动单元、保护单元、电压和电流检测单元、速度检测单元组成。在控制过程中，通过采样电动机转速反馈信号与给定转速比较，产生特定的 PWM 波，经放大后，驱动控制逆变器工作，为电动机馈送变频正弦波电流。

2. 微控制器

微电子技术的发展使变频调速的实现手段发生了根本的变化，从早期的模拟控制技术已发展到数字控制技术。单片机可以在一块芯片上集成 CPU、ROM、RAM、定时计数器、I/O、A/D、D/A 等芯片，具有丰富的硬件和软件资源，大大缩小了控制器的体积，降低了成本，发挥出很强的控制功能。而发展迅速的数字信号处理器(DSP)技术可以提高运算速度，使控制电路更简单，而控制功能更加强大。以目前应用比较广泛的美国某公司的 TMS320C240 为例，其具有 50Ns 的指令周期，544 字的 RAM，16K 的 EEP2ROM，12 个 PWM 通道，三个 16 位计数器，两个 10 位 A/D 转换，WATCHDOG，串行通信口，串行外围接口等。微机控制技术的发展已经成为变频器发展的一大法宝。

3. 变频压缩机的电动机

变频压缩机电动机主要分为交流异步电动机和直流无刷电动机两种。

异步电动机由定子绕组和转子导体组成。在定子绕组上加上三相交流电压时会产生一个旋转磁场，该磁场的旋转速度由定子电压的频率决定。当磁场旋转时，位于其中的转子绕组将切割磁力线，并产生感应电势和感应电流，该电流又受到旋转磁场的作用而产生电磁力，即转矩，使转子跟随旋转磁场旋转。交流异步电动机与直流电动机相比具有体积小、价格低、制造工艺简单、耐用易维修等优点。在变频调速的今日，已广泛应用于要求高精度、高速度控制的各个领域中，取代直流传动。

直流无刷电动机拖动由无刷电动机本身，转子位置传感器和电子换向开关组成。转子磁极为永磁体，电枢绕组采用自控式换流，定子旋转磁场与转子磁极同步旋转，通常采用按转子磁场定向的定子电流矢量变换控制，既有普通直流电动机良好的调速性能和起动性能，又从根本上消除了换向火花、无线电干扰的弊端，具有寿命长、可靠性高和噪声低、控制方便等优点，但这种压缩机电动机的价格较高。

开关磁阻电动机(SRM)是 20 世纪 80 年代新推出的变速传动系统，由磁阻电动机和控制器组成，是将传统的单相电容电动机改进为三相交流电动机，具有良好的调速性。

8.3.4 变频调速应用举例

制冷装置中变频调速技术的应用始于空调器，因为空调负荷波动较大，而人们对舒适及节能的要求又很高，变频空调恰好可以满足这些要求。

日本某公司 1981 年首先开发出变频空调机 RAV-46HT，与未采用变频能量调节时的原型机 RAV-45HT 相比，运行节能 20%；1982 年又在小型家用空调器上采用变频调速，节能达 40%，还使空调的舒适性程度明显提高；同时由于起动电流小，对电网的干扰也较小；并且压缩机大部分时间在低于额定转速下运转，避免了频繁起停，压缩机磨损少，寿命长，可靠性高。目前，空调市场中，变频式空调器已占相当大的比例。

如图 8-50 所示为一变频分体式空调器控制系统框图。控制系统分室内部分和室外部分。室内部分控制中枢由"室内微机"担任，其主要任务是监测室内温度和室内换热器表面温度，接收遥控器发来的空调器运行方式红外编码信号和"室外微机"发来的室外温度、压缩机运转速度等信息，通过程序运行判断向室内风扇、室外微机发出一定的控制指令。

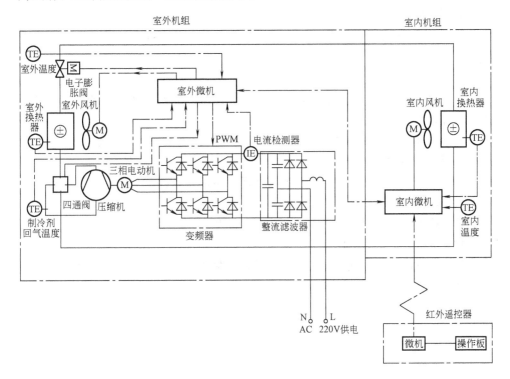

图 8-50　变频分体式空调器控制系统框图

室外控制部分由主电路与控制电路组成。控制电路的中枢由"室外微机"担任，其主要任务是监测室外温度、室外换热器表面温度、压缩机进气温度、压缩机电动机电流，接收室内微机发来的控制信号，经程序运行判断，对室外风扇、四通阀、电子膨胀阀发出控制指令，同时产生变频控制信号，控制六个大功率晶体管导通状态，从而改变压缩机电动机的供电频率。如果电源发生故障，或者由高压电泳之类的干扰进入系统，微机也会采取应急措施，保护大功率晶体管不受破坏。

随着电子工业的发展，变频器不断完善、成本大幅降低，而它的节能、速冷、温控精度高和易于实现自动控制的优点也受到越来越多的重视，已经应用于一般工业制冷系统中。

思 考 题

1. 制冷系统常用的控制阀件有哪些，其控制原理是什么？

2. 高压浮球阀、低压浮球阀各有何使用特点？直动式浮球阀与伺服式浮球阀各应用在什么场合？

3. 使用热力式液位调节阀时应注意什么？

4. 为什么要控制蒸发压力，常用控制方法有哪些？

5. 为什么要进行冷凝压力的控制，对应于不同的冷凝器，冷凝压力的调节方法有何不同？

6. 压力式温控器的工作原理是什么？

7. 为什么对压缩机要进行安全保护控制？包括哪些方面的安全保护，各采用什么方法？

8. 压缩机的能量控制方法有哪些？各有何特点，适用于什么场合？

9. 为什么对蒸发器要进行融霜控制？常用融霜方法有哪些？

10. 对氟利昂系统，如何解决回油问题？何时须设油分离器？

11. 氨制冷系统的回油方法有哪些？

12. 对于氟利昂制冷系统，如何处理积液和油？

13. 如何进行氨系统的气液分离控制？

14. 变频调速的原理是什么？变频调速有何优点？

15. 变频器主要由哪些部件构成？

第9章

溴化锂吸收式制冷

吸收式制冷机是一种以热能为主要动力的制冷机,也是目前常用的一种制冷方式。早期的吸收式制冷循环用氨水溶液作工质,其中氨为制冷剂,水为吸收剂,水蒸气为工作热源。它是一种蒸发温度较低的吸收式制冷循环,当热源温度在 100~150℃,冷却水温度为 10~30℃时,蒸发温度可达 −30℃。两级氨水吸收式制冷循环则可获得更低的蒸发温度。由于氨有毒,对人体有危害;氨水工质对沸点差小,氨水吸收式制冷机装置复杂,金属耗量大,加热蒸气的压力要求较高,冷却水消耗量多,热力系数较低等原因,使氨水吸收式制冷机的使用受到一定的限制。

溴化锂吸收式制冷循环以水为制冷剂,溴化锂溶液为吸收剂,工质对沸点差大,溴化锂制冷机装置简单,工质无毒,对人体无害。溴化锂制冷机可用低压蒸气或 60℃以上的热水作为热源,在利用低温热能及太阳能制冷方面也具有明显的优点,因而溴化锂吸收式制冷循环是目前最常用的吸收式制冷方式。

鉴于本专业特点,本章只讨论溴化锂吸收式制冷循环。

9.1 吸收式制冷循环基本原理及工质对

9.1.1 溶液及溶液特性

1. 溶液及浓度

由两种或两种以上物质所组成的均匀混合物称为溶体。溶体分三类:气态混合物、液态溶液、固态溶体。液态溶液简称为溶液。溶液由溶剂与溶质组成,而溶液的组分常用质量分数 ξ 及摩尔分数 x 表示。

(1) 质量分数 多元系统的工质可由几种组分组成,某一种组分的质量 m_i

与总质量 $\sum m_i$ 之比称为该组分的质量分数 ξ_i

$$\xi_i = \frac{m_i}{\sum m_i} \tag{9-1}$$

对二元溶液而言，常用 ξ 表示溶质的质量分数，如溴化锂溶液的质量分数

$$\xi_{LiBr} = \frac{m_{LiBr}}{m_{LiBr} + m_{H_2O}} \tag{9-2}$$

式中　ξ_{LiBr}——溴化锂溶液的质量分数(%)；

　　　m_{LiBr}——固体溴化锂(溶质)的质量(kg)；

　　　m_{H_2O}——水(溶剂)的质量(kg)。

（2）摩尔分数　多元系统中，某一组分的物质的量 n_i 与总的物质的量 $\sum n_i$ 之比称为该组分的摩尔分数 x_i

$$x_i = \frac{n_i}{\sum n_i} \tag{9-3}$$

对二元溶液，如溴化锂溶液的摩尔分数

$$x_{LiBr} = \frac{n_{LiBr}}{n_{LiBr} + n_{H_2O}} = \frac{\dfrac{m_{LiBr}}{M_{LiBr}}}{\dfrac{m_{LiBr}}{M_{LiBr}} + \dfrac{m_{H_2O}}{M_{H_2O}}} \tag{9-4}$$

式中，M_i 为某一组分的摩尔质量 kg/mol，m_i 为某一组分的质量(kg)。

2. 溶解热与溶液的比焓

溶解过程是一个复杂的物理化学过程。一般情况下，二组分互相溶解时均有热效应，即组成溶液时有热量的放出或吸收。当两组分溶解成溶液时，为保持温度不变，所加入或取出的热量称为溶解热或混合热 q_t。溶解热可以是正的，也可以是负。如果溶解热是正的，即各组分在混合时是吸热的，那么维持混合过程温度不变，就需要加入热量。反之，就需要放出热量。例如，水与氨或溴化锂混合时是放热的。

如果溶解前的压力和温度与溶解后的压力和温度相同，则溶解过程中加入的热量等于溶液的比焓减去溶解前各组分的比焓之和，即

$$q_t = h - [(1 - \xi)h_1^0 + \xi h_2^0] \tag{9-5}$$

式中　q_t——溶液溶解热(kJ/kg)；

　　　h——溶液的比焓(kJ/kg)；

　h_1^0、h_2^0——组分 1、2 在给定温度下的比焓(kJ/kg)；

　　　ξ——溶液的质量分数(%)。

当已知溶解热时，则可由上式确定溶液的比焓，即

$$h = q_t + [(1 - \xi)h_1^0 + \xi h_2^0] \tag{9-6}$$

3. 理想溶液与拉乌尔定律

理想溶液应满足下列假设条件：各组分在量上无论什么比例均能彼此均匀相溶；两种液体混合时无热效应也无容积变化，即溶液的容积是各组分容积之和。

拉乌尔(Raoult)定律指出：在一定温度下，理想溶液任一组分的蒸气压等于其纯组分的饱和蒸气压乘以该组分在液相中的摩尔分数。对于由组分 A 和 B 组成的二元溶液

$$p_A = p_A^0 x_A \tag{9-7}$$

$$p_B = p_B^0 x_B \tag{9-8}$$

式中　p_A、p_B——纯组分 A、B 的蒸气压(Pa)；

p_A^0、p_B^0——纯组分 A、B 的饱和蒸气压(Pa)；

x_A、x_B——溶液中 A、B 组分的摩尔分数。

由此可得溶液的总压

$$p = p_A + p_B = p_A^0 x_A + p_B^0 x_B \tag{9-9}$$

由于 $x_A + x_B = 1$，则

$$p = p_B^0 + (p_A^0 - p_B^0) x_A \tag{9-10}$$

由式(9-10)可知，在温度不变的条件下，理想二元溶液的蒸气压力与溶液中的摩尔分数成线性关系，如图9-1所示。

4. 实际溶液与理想溶液的偏差

大多数实际溶液由于不同分子之间的吸引力和同种分子之间的吸引力有着较大的差别，或者由于溶质和溶剂分子间存在着化学作用，因此，在溶液中各物质分子所处的情况与各物质单独存在时的情况是不一样的，所以在形成溶液时往往伴随有体积变化和热效应的发生，这些就是实际溶液的特征。

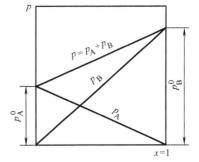

图9-1　理想二元溶液的
总压力与分压力

实际溶液中各组分的蒸气分压力，在应用拉乌尔定律时会产生偏差。当实际溶液的蒸气压力大于按理想溶液拉乌尔定律计算所得的蒸气压力时，称为正偏差。当实际溶液的蒸气压力小于按理想溶液拉乌尔定律计算所得的蒸气压力时，称为负偏差。产生正偏差时，溶液伴随有体积增大和温度下降，为了维持原有的温度，就得吸热。产生负偏差时，溶液伴随有体积的减少和温度升高，为了维持原来的温度，需要放热。

5. 吉布斯相律

任何多相平衡体系的组元数 C、相数 P 及自由度 F 是相互关联、相互制约

的，三者之间存在一定的数量关系，这一关系称为相律。相律是相平衡的基本规律，是英国化学家吉布斯(Gibbs)在1876年根据热力学理论推导出来的。一个多元和多相系统中确定状态的自由度 F 为

$$F = C + 2 - P \tag{9-11}$$

式中　F——系统中的自由度数；

　　　C——系统中的组元数；

　　　P——系统中的相数。

由此可知，在一个单元系统中如果液相与气相共存，根据式(9-11) $C = 1$ 和 $P = 2$，此时确定状态的自由度 $F = 1$。所以说，饱和状态的饱和压力 p_S 与饱和温度 t_S 具有对应关系。

9.1.2　溶液的气液相平衡图

二元溶液的气液相平衡图主要有压力-摩尔分数(p-x)图、温度-摩尔分数(T-x)图，以及比焓-质量分数图(h-ξ)等。

1. p-x 图与 T-x 图

二元溶液的 p-x 图，如图9-2所示。当液相成分是 x_1 时，与之对应的气相成分是 y_1。并且 y_1 与 x_1 在同一压力 p_1 的水平线上。同理，p_2 压力下 x_2 与 y_2 也同在一条水平线上，以此类推。连接不同压力下的点 x 得实线为饱和液体线，连接点 y 得虚线为干饱和蒸气线。在两端，气相、液相都是纯物质，故曲线两端重合，中间分开，呈鱼形曲线，且气相线位于液相线下方。曲线把图形分为三个区域，即实线左上方的液体区，虚线右下方的过热蒸气区，两曲线间的湿蒸气区。

同理可得 T-x 图鱼形曲线(图9-3)。由于纯组分蒸气压较高时，应有较低的沸点，故组分 B 的沸点低于组分 A，组分 B 的气相成分应大于它的液相成分。

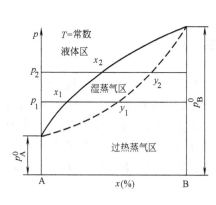

图9-2　溶液的 p-x 图

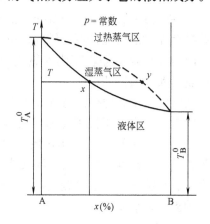

图9-3　溶液的 T-x 图

T-x图中表示的区域是气相线处于液相线的上方。图9-3中的右上方为过热蒸气区，右下方为液体区。

p-ξ图与T-ξ图的形状和性质与p-x图及T-x图相似，只是横坐标表示质量分数。

2. h-ξ图

利用溶液的T-ξ图与已知纯组分在气态和液态时的比焓值来制作溶液的h-ξ图。根据式(9-6)可得到二元溶液的液体的比焓h'和蒸气的比焓h''的计算式

$$h' = q_t' + \left[(1-\xi)h_A' + \xi h_B' \right] \tag{9-12}$$

$$h'' = q_t'' + \left[(1-\xi)h_A'' + \xi h_B'' \right] \tag{9-13}$$

式中　　q_t'、q_t''——溶液液体、蒸气的溶解热(kJ/kg)；

　　　　h_A'、h_B'——溶液中A、B两组分液体的比焓(kJ/kg)；

　　　　h_A''、h_B''——溶液中A、B两组分气体的比焓(kJ/kg)。

在给定的压力下，将式(9-12)、式(9-13)中所示关系所对应的不同温度t_1、t_2、t_3、…表示在h-ξ图上，便可得到两组等温线。对于蒸气而言，因q_t''很小，可以略去。故气相区中的等温线为一组直线，而液相区中的等温线则为向下弯曲的曲线(图9-4)。将同一压力下的T-ξ图画在h-ξ图上方。在T-ξ图上作等温线t_1、t_2、t_3、…可分别得到不同等温线与饱和曲线的交点$1'$、$2'$、$3'$、…及$1''$、$2''$、$3''$、…。作各交点的垂线与h-ξ图饱和线相交。连接相应的交点就可得到h-ξ图中湿蒸气区内的等温线t_1、t_2、t_3、…。

h-ξ图中饱和曲线在两端点时不相接，其坐标差即是两个纯组分A和B的汽化热r_A和r_B。h-ξ图也分成三个区域：右上方的过热蒸气区、左下方的液体区及两条饱和曲线之间的两相区。实际工程中使用的溶液h-ξ图利用辅助线来确定工质状态参数。

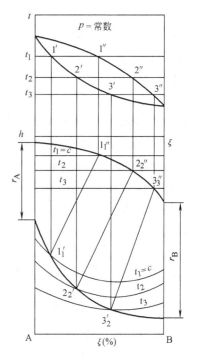

图9-4　溶液的h-ξ图

9.1.3　吸收式制冷的基本原理

吸收式制冷基本循环系统由发生器、吸收器、冷凝器、蒸发器以及溶液泵、节流器等组成(图9-5)，它采用由高沸点的吸收剂和低沸点的制冷剂混合组成的工质对。

吸收式制冷循环的基本工作过程是：在发生器 A 中工作热源(水蒸气、热水及燃气、燃油等)加热由溶液泵 D 从吸收器 C 输送来的溶液，使溶液中的大部分低沸点制冷剂汽化并输送到冷凝器 G 中被冷却介质冷却冷凝成制冷剂液体。冷凝后的液体经制冷剂节流器 F 降压至蒸发压力后进入蒸发器 E 中汽化吸收被冷却系统中的热量，成为蒸发压力下的低压制冷剂蒸气。在发生器 A 中经发生过程剩余的溶液(吸收剂以及少量未蒸发的制冷剂)由吸收剂节流器 B 降压至吸收压力进入吸收器 C 吸收来自蒸发器 E 的制冷剂低压蒸气，使溶液恢复原有的质量分数。吸收过程是一个

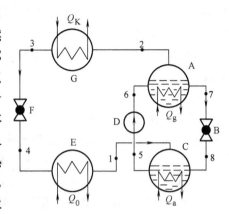

图 9-5　吸收式制冷基本循环
A—发生器　B—吸收剂节流器
C—吸收器　D—溶液泵　E—蒸发器
F—制冷剂节流器　G—冷凝器

放热过程，需在吸收器中用冷却水来冷却混合溶液。吸收后的溶液再经溶液泵 D 升压后送入发生器 A 中继续循环。

吸收式制冷循环包括制冷剂的升压过程、高压制冷剂蒸气的冷凝过程、制冷剂液体的节流过程及其在低压下的蒸发过程。吸收式制冷机依靠"发生器-吸收器组"的作用来完成制冷剂蒸气的升压过程，所以称发生器-吸收器组为"热化学压缩器"。

吸收式制冷循环是由一个逆向循环(制冷剂循环)和一个正向循环(热化学压缩器循环)组成。图 9-6 中的 p-h 图(纵坐标是对数坐标)表示了逆向循环 1—2—3—4—1，其中 1—2 是制冷剂蒸气在热化学压缩器中的升压过程；2—3 是制冷剂的冷却冷凝过程；3—4 是制冷剂的节流过程；4—1 是制冷剂的汽化吸热过程。p-T 图表示了正向循环 5—6—7—8—5，其中 5—6 和 7—8 分别是溶液泵的升压过程和吸收剂的节流过程；6—7 和 8—5 分别是发生过程和吸收过程。

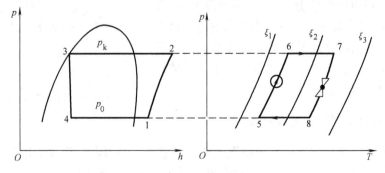

图 9-6　吸收式制冷基本循环 p-h 图及 p-T 图

吸收式制冷循环中，工质对在发生器中从高温的工作热源获得热量，在蒸发器中从低温热源获得热量，溶液泵消耗机械功；在吸收器和冷凝器中向外界环境放出热量。如忽略溶液泵的机械功和其他热损失，由热力学第一定律可得到吸收式制冷循环的热平衡关系式，即加入机组中的热量等于机组向外放出的热量

$$Q_0 + Q_g \approx Q_a + Q_K \tag{9-14}$$

式中　Q_0——蒸发器的热负荷，即制冷量（kW）；

$\quad\quad Q_g$——发生器的热负荷（kW）；

$\quad\quad Q_a$——吸收器的热负荷（kW）；

$\quad\quad Q_K$——冷凝器的热负荷（kW）。

吸收式制冷循环的经济性以热力系数作为评价指标。热力系数 ζ 是吸收式制冷循环中获得的制冷量 Q_0 与循环总能耗（工作热能 Q_g 与溶液泵耗功 $P_P = Q_P$ 之和）的比值。实际工程中，$P_P = Q_P \ll Q_g$，可忽略不计，即热力系数

$$\zeta = \frac{Q_0}{Q_g + Q_P} \approx \frac{Q_0}{Q_g} \tag{9-15}$$

热力系数 ζ 值可以小于 1，等于 1 或大于 1。

9.1.4　吸收式制冷循环工质对

1. 吸收式制冷循环工质对的选择要求

吸收式制冷循环采用沸点相差大的物质作为循环工质对，其中沸点低的物质作制冷剂，沸点高的物质作吸收剂。

（1）制冷剂的选择要求　吸收式制冷循环中制冷剂的选择要求同蒸气压缩式制冷循环。

（2）吸收剂的选择要求　对吸收剂的选择应符合如下基本要求：

1）吸收制冷剂的能力要强。吸收能力越强，所需要的吸收剂循环量就越少；发生器工作热源的加热量、吸收器中冷却介质带走的热量以及溶液泵的耗功率也随之减少。

2）吸收剂和制冷剂沸点差越大越好。吸收剂的沸点越高，越难挥发，在发生器中汽化的制冷剂蒸气纯度就越高，否则发生后的制冷剂蒸气中会夹带部分吸收剂蒸气。对于沸点差小的工质对，须使用精馏方法将吸收剂与制冷剂分开，这不仅需要专用的精馏设备，另外，由于精馏效率的存在会降低制冷循环的工作效率。

3）工质的热导率要大，密度、粘度及比热容要小，以提高制冷循环的工作效率。

4）工质的化学稳定性和安全性要好，要求无毒、不燃烧、不爆炸；对金属材料无腐蚀。

5) 吸收式制冷循环工质对所组成的溶液，必须是非共沸溶液。共沸溶液不能作为吸收式制冷循环的工质对。

2. 常见的吸收式制冷循环工质对

吸收式制冷循环的工质对随制冷剂的不同大致可分为四类。

（1）以水作为制冷剂的工质对 主要有水 + 溴化锂（$H_2O + LiBr$）及水 + 氯化锂（$H_2O + LiCl$）、水 + 溴化锂 + 硫氰酸锂（$H_2O + LiBr + LiSCN$）、水 + 溴化锂 + 氯化锌（$H_2O + LiBr + ZnCl_2$）、水 + 氯化钙 + 氯化锂 + 氯化锌（$H_2O + CaCl_2 + LiCl + ZnCl_2$）等。

（2）以氨为制冷剂的工质对 主要有氨 + 水（$NH_3 + H_2O$）、乙胺 + 水（$C_2H_5NH_2 + H_2O$）、甲胺 + 水（$CH_3NH_2 + H_2O$）以及硫氰酸钠 + 氨（$NaSCN + NH_3$）等。

（3）以醇作为制冷剂的工质对 主要有甲醇 + 溴化锂（$CH_3OH + LiBr$）、甲醇 + 溴化锌（$CH_3OH + ZnBr_2$）、甲醇 + 溴化锂 + 溴化锌（$CH_3OH + LiBr + ZnBr_2$）；乙醇 + 溴化锂（$C_2H_5OH + LiBr$）、乙醇 + 溴化锂 + 溴化锌（$C_2H_5OH + LiBr + ZnBr_2$）等。

（4）以氟利昂为制冷剂的工质对 主要有氯二氟甲烷 + 二甲替甲酰胺（R22 + DMF）、氯二氟甲烷 + 四甘醇二甲醚（R22 + E181）、氯二氟甲烷 + 酞酸二丁酯（R22 + DBP）等。

到目前为止，提出的吸收式制冷循环工质对的种类很多，在实际工程中使用的只是溴化锂 + 水溶液与氨 + 水两种，其他溶液工质对还处于试验中。氨水溶液 h-ξ 图见附图 15。

9.1.5 溴化锂吸收式制冷循环工质对性质及热力状态图

1. 溴化锂吸收式制冷循环工质对性质

（1）水 溴化锂吸收式制冷循环以水作为制冷剂，它无毒安全，汽化热大。常压下蒸发温度较高，水蒸气比体积大；水的凝固点高，在 0℃ 时会结冰，所以溴化锂制冷循环只能应用于 0℃ 以上的空调制冷系统中。

（2）溴化锂 溴化锂是由碱金属元素锂（Li）和卤族元素溴（Br）两种元素组成，其一般性质类似于氯化钠（NaCl），是一种稳定的物质。在大气中不变质、不挥发、不分解，极易溶解于水。常温下是无色粒状晶体，无毒、无臭、有咸苦味。其主要特性如表 9-1 所示。

表 9-1 溴化锂的特性

分子式	LiBr	密度	$3465kg/m^3$（25℃时）
相对分子质量	86.844	熔点	549℃
外观	无色粒状晶体	沸点	1265℃

（3）溴化锂溶液　溴化锂溶液的主要性质有：

1）溴化锂溶液中，水是制冷剂，溴化锂溶液是吸收剂。常压下，水的沸点为100℃，溴化锂的沸点为1265℃，两者相差甚大，发生效果好，发生器结构简单。用作溴化锂吸收式机组工质对的溴化锂溶液，应符合《制冷机用溴化锂溶液》（HG/T 2822—2005）标准中对溴化锂溶液所规定的技术要求（表9-2）。

表9-2　溴化锂溶液技术要求

成　　分	质量分数（%）		成　　分	质量分数（%）	
	I类（黄色透明液体）	II类（无色透明液体）		I类（黄色透明液体）	II类（无色透明液体）
LiBr ≥	50.0	50.0	铵盐（以NH_4计）≤	0.001	0.001
Li_2CrO_4	0.20~0.30		K和Na总质量分数 ≤	0.05	0.05
Li_2MoO_4		0.005~0.03	Ca ≤	0.005	0.005
氯化物（以Cl计）≤	0.15	0.15	Mg ≤	0.001	0.001
硫酸盐（以SO_4计）≤	0.04	0.04	Fe ≤	0.001	0.001
溴酸盐（以BrO_3计）≤	0.005	0.005	碳酸盐（以CO_3计）≤	0.04	0.04

注：pH = 9~10.5（100g/L）。

2）溴化锂在水中的溶解度随温度降低而减小，溴化锂溶液的结晶曲线如图9-7所示。图中曲线上的点表示溶液处于饱和状态。曲线的左上方表示溶液中不会有晶体存在，当溶液处于曲线右下方时，会有结晶体析出。溴化锂溶液的结晶取决于溶液的温度与质量分数，作为制冷装置的工质，溴化锂溶液必须处于液态，无论在运行或停机期间，都不允许有晶体析出。

3）溴化锂溶液的密度比水大，并随溶液的质量分数和温度而变化。

4）溴化锂水溶液的质量定压热容随温度的升高而增大，随质量分数的升高而减小，且比水的质量定压热容小得多。这有利于提高制冷机组的效率，减少在发生、吸收过程中的吸热量与放热量。

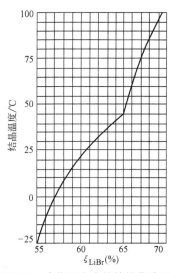

图9-7　溴化锂溶液的结晶曲线图

5）溴化锂溶液的动力粘度 μ 较大，对溶液的流动状态有很大影响，在设计时应予以充分考虑。

6）溴化锂溶液的表面张力 σ 大小与溶液的质量分数和温度有关。当温度一定时，随质量分数的增大而增加；当质量分数不变时，随质量分数的升高而降低。在溴化锂吸收式机组中，吸收器与发生器往往采用喷淋式结构，为了增大传质和传热效果，希望溶液在管壁表面呈薄膜状的扩张，也就要求溶液表面张力越小越好。

7）由于溴化锂溶液中的溴化锂沸点远高于水的沸点，因此，在与溶液达到相平衡时的气相中无溴化锂存在，全部是水蒸气，所以，溴化锂溶液的蒸气压也被称为溴化锂溶液的水蒸气压。溴化锂溶液的水蒸气压随质量分数的增大而降低，并远低于同温度下水的饱和蒸气压，所以溴化锂溶液的吸湿性很强。

8）有 O_2 时，溴化锂溶液对普通碳素钢、纯铜等具有较强的腐蚀性，这不但缩短了机组的运行寿命，而且会产生不凝性气体氢气（H_2），使机组难以保持高真空，直接影响制冷效果。为防止溶液对金属的腐蚀，一方面要确保机组的高度真空；另一方面在溶液中加入有效的缓蚀剂。常见的缓蚀剂有铬酸锂、钼酸锂、硝酸盐及和锑、铅、砷的氧化物；亦可采用有机物，如苯并三唑 BTA（$C_6H_4N_3H$）、甲苯三唑 TTA（$C_6H_3N_3HCH_3$）等。溴化锂水溶液是无色透明液体、无毒、有咸苦味，溅在皮肤上微痒。加入缓蚀剂铬酸锂后溶液呈淡黄色，pH = 9.5～10.5。由于溶液呈碱性，在空气中能吸收 CO_2 而析出碳酸锂沉淀，须密闭储运。

2. 溴化锂溶液的热力状态图

常用的溴化锂溶液热力状态图有 $p\text{-}t$ 图、$h\text{-}\xi$ 图等。

（1）$p\text{-}t$ 图 图9-8为溴化锂溶液的 $p\text{-}t$ 图，它表示溴化锂溶液的压力、温度和质量分数之间的关系。溴化锂溶液的 $p\text{-}t$ 图除了用于确定有关的状态参数外，还用于表示溴化锂溶液的热力变化过程。

图9-8中左上角第一条曲线表示纯水的压力与饱和温度关系；右下角的折线为结晶线，即不同温度下溶液的饱和质量分数。温度越低，饱和质量分数也越

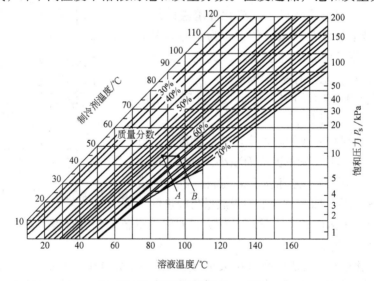

图9-8 溴化锂溶液的 $p\text{-}t$ 图

低，因此，溴化锂溶液的质量分数过高或温度过低时易形成结晶，这一特性在设计及运行中都是很重要的。更详细的溴化锂溶液 $p\text{-}t$ 图见附图 12。

【例 9-1】　已知溴化锂溶液 A 状态点的温度为 87.5℃，水蒸气压力为 9.3kPa（7mmHg），求 A 态溶液质量分数和等压加热至 B 点（$t_B = 95$℃）的溶液质量分数。

【解】　在 $p\text{-}t$ 上由等温线 $t = 87.5$℃与等压线 $p = 9.3$kPa 的交点 A 确定出此时溴化锂溶液的质量分数为 58%。

经 A 态等压加热至 B 态，$t_B = 95$℃，可沿等压线（$p_A = p_B = 9.3$kPa）交 $t_B = 95$℃线，查得质量分数 $\xi_B = 62\%$，这就是等压沸腾过程。

（2）$h\text{-}\xi$ 图　图 9-9 为溴化锂溶液的 $h\text{-}\xi$ 图，主要描述了溴化锂溶液的水蒸气压、温度、质量分数和比焓这四个参数之间的关系。纵坐标为溶液的比焓 h，横坐标为溶液的质量分数 ξ。

$h\text{-}\xi$ 图的下半部分为液相部分，由等温线簇（虚线）和等压线簇（实线）组成。在液相区，可借助于等压饱和液体线来判断溶液所处的状态。$h\text{-}\xi$ 图的上半部分是气相部分，图中只有辅助等压线簇。溴化锂溶液的气相为纯水蒸气，其状态点都集中在 $\xi = 0$ 的纵轴上，借助于辅助等压线可查得相应的状态值。更详细的溴化锂溶液 $h\text{-}\xi$ 图见附图 13 和附图 14。

【例 9-2】　饱和溴化锂溶液 A 点压力为 7mmHg（9.3kPa），温度为 40℃，求溶液及其液面上水蒸气各状态参数。

【解】　查图 9-9 液态区得 7mmHg 等压线与 40℃等温线的交点 A，得 A 点质量分数 $\xi_A = 59\%$，焓 $h_A = 255.6$kJ/kg。通过点 A 的等质量分数线 59% 与压力 7mmHg 的气相辅助等压线交点 B 作水平线与 $\xi = 0$ 的坐标相交于 C 点，此点是液面上水蒸气状态点，得水蒸气焓 $h_C = 2991.7$kJ/kg。由于压力为 7mmHg 的纯水饱和温度为 6℃，远低于 40℃，故液面上的水蒸气是过热蒸气。

【例 9-3】　已知 $p_D = 5.8$mmHg，$t_D = 42$℃，经 D 点进行等质量分数加热至 $p_E = 71.9$mmHg，借助于 $h\text{-}\xi$ 图求过程加热量。再将 E 态经 $p_E = 71.9$mmHg 等压加热至 $\xi_F = 64\%$，求 F 点状态参数。

【解】　同样根据图 9-9，求得

1）由 $p_D = 5.8$mmHg，$t_D = 42$℃，查图得 $\xi_D = 60\%$、$h_D = 279.9$kJ/kg。

2）沿等质量分数线 $\xi_D = \xi_E = 60\%$ 交等压线 $p_E = 71.9$mmHg，求得 $t_E = 91.8$℃，$h_E = 373.7$kJ/kg。

D—E 过程加入的热量为

$$q = h_E - h_D = (373.7 - 279.9)\text{kJ/kg} = 93.8\text{kJ/kg}$$

3）沿等压线 $p_E = 71.9$mmHg 交等溶液线 $\xi_F = 64\%$ 于 F 点，求得 $t_F = 100.8$℃，$h_F = 391.8$kJ/kg，由点 F 作垂直线与气相辅助等压线相交于纵轴 F' 点，得相应的水蒸气焓值 $h_{F'} = 3110.6$kJ/kg。

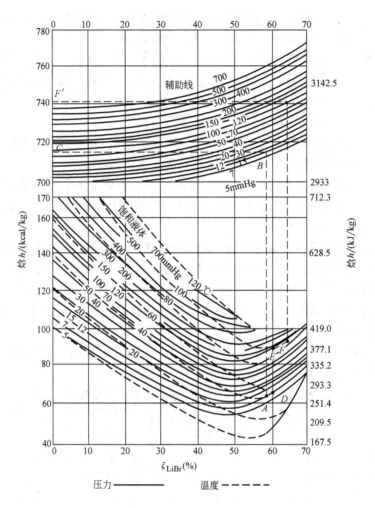

图 9-9　溴化锂溶液的 h-ξ 图

注：1mmHg = 133.322Pa

9.2　单效溴化锂吸收式制冷循环

单效溴化锂吸收式冷水机组是溴冷机的基本形式。单效溴冷机常采用0.03 ~ 0.15MPa(表压力)的饱和蒸汽或85 ~ 150℃的热水等低势热能。单效溴冷机的热力系数较低，约0.65 ~ 0.75。单效溴冷机可专配锅炉提供驱动热源，也可利用余热、废热、燃气、燃油等为能源，特别在热、电、冷联供中配套使用时，有着明显的节能效果。

9.2.1 单效溴化锂吸收式制冷循环工作原理

1. 单效溴化锂吸收式制冷循环的工作过程

只经过一次发生过程的溴化锂吸收式制冷循环称为单效循环。单效溴化锂吸收式冷水机组的正向循环回路主要由"热化学压缩器"的设备构成；制冷回路则由蒸发器、冷凝器、节流器等构成。

下面以双筒型单效溴化锂吸收式制冷循环(图 9-10)为例分析单效溴冷机工作原理。

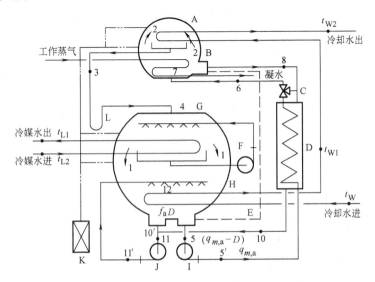

图 9-10 单效溴化锂吸收式制冷循环

A—冷凝器 B—发生器 C—三通阀 D—换热器 E—防晶管 F—蒸发器泵
G—蒸发器 H—吸收器 I—发生器泵 J—吸收器泵 K—抽气装置 L—U 形管

在单效溴化锂吸收式制冷循环中，从吸收器 H 来的溴化锂稀溶液首先由发生器泵 I 经换热器 D 吸热后送入发生器 B。在发生器 B 中，工作蒸汽(或热水)通过管束加热，使稀溶液中的水汽化成制冷剂水蒸气而逸出溶液(即发生过程)。发生后的溴化锂浓溶液经换热器 D 放热并送回吸收器 H。发生器 B 中逸出溶液表面的制冷剂水蒸气进入冷凝器 A 被冷凝器管束内的冷却水冷却冷凝成制冷剂水(或称冷剂水)。制冷剂水经过制冷剂节流器 U 形管 L 节流降压后进入蒸发器 G 吸收蒸发器管束内冷媒水的热量。未完全汽化的部分制冷剂水落于蒸发器水盘中，被蒸发器泵 F 送往蒸发器的喷淋装置均匀地喷淋于蒸发器管束外表面，继续吸热汽化。蒸发器管束内的冷媒水被冷却到所需的温度，送往被冷却系统。在蒸发器 G 中吸热汽化所形成的制冷剂水蒸气进入吸收器 H 中，被由吸收器泵 J 送来喷淋在吸收器管束外表面的中间溶液(从发生器来的浓溶液与吸收器中的稀溶液混合而成)所吸收。在吸收过程中,溶液向吸收器管束内的冷却水放出吸收热。中间溶液吸收了制冷剂水蒸气成为稀溶液,聚积在吸收器 H 的底部,再由发生器泵 I 送往发生器 B。从冷凝器 A、吸收器 H 中吸热后的冷却水将热量排向环境介质。如此就组成了一个连续的制冷循环。

2. 单效溴化锂吸收式制冷循环热力分析

(1) 单效溴化锂吸收式制冷理论循环 单效溴化锂吸收式制冷理论循环假定:工质流动时无流阻损失,各热力设备内进行的是等压过程;发生器压力 p_r 等于冷凝压力 p_K,吸收器压力 p_a 等于蒸发压力 p_0;发生和吸收终了的溶液状态,以及冷凝和蒸发终了的制冷剂状态都是饱和状态。循环过程无冷量和热量损失。

图 9-11 是单效溴化锂吸收式制冷理论循环 h-ξ 图和制冷剂水 p-h 图(纵坐标是对数坐标)。

图中 1—2—3—4—1 是制冷剂的逆向循环;5—5′—6—7—8—10—10′—11—11′—12—5 为"热化学压缩器"的正向循环。

在逆向循环中:

点 2 是在发生器中经工作热源加热汽化的制冷剂水蒸气的平均状态,其压力为发生压力 p_r,点 2 位于 $\xi = 0$ 纵轴上。

2—3 是发生器产生的水蒸气在冷凝器中等压(p_K)冷却冷凝成饱和制冷剂液体的过程。通过冷却水将冷却冷凝热排给环境。

3—4 是制冷剂水在 U 形管(制冷剂节流器)中的节流降压过程,压力由 p_K 降至 p_0。节流前后焓不变,故在 $\xi = 0$ 纵轴上,3、4 点重叠。节流后的制冷剂湿饱和蒸气 4 态,其液相为 p_0 下的 1′ 点,气相为 1 点。

4—1 是制冷剂水在蒸发器中等压(p_0)汽化吸热过程,从冷源制取冷量。1 点制冷剂出蒸发器并流向吸收器。

1—2 是制冷剂水蒸气经热化学压缩器的升压过程。

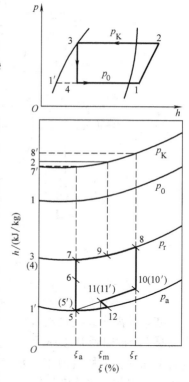

图 9-11 单效溴化锂吸收式
制冷理论循环 h-ξ、p-h 图

在正向循环中:

5 点是吸收器出口的溴化锂稀溶液的饱和状态,其质量分数为 ξ_a,压力为 $p_a = p_0$,温度为 $t_5 = t_0$。

5—5′ 是出吸收器的溴化锂稀溶液经发生器泵的等焓等质量分数升压过程。在该过程中，溶液压力由 p_0 升压至 $p_r = p_K$，溶液状态由 p_0 下的饱和液体 5 变成 p_K 下的过冷液体 5′。由于升压近似看做等焓等质量分数过程，故在 h-ξ 图中 5、5′两点重叠。

5′—6 是由发生器泵升压至 p_K 的稀溶液送入换热器内的吸热过程。未发生的稀溶液吸收发生后的浓溶液热量，温度由 t_5' 升至 t_6。

6—7—8 是溶液在发生器内被工作热源加热、发生的过程。送入发生器的状态 6 过冷溶液先等压 (p_K) 等质量分数 (ξ_a) 加热至饱和状态 7 时才有可能开始释放出制冷剂水蒸气。随溶液中水分的不断汽化，溶液质量分数逐渐增大，温度逐渐升高，发生状态 8 的质量分数为 ξ_r，温度为 t_8。设发生过程的溶液平均状态为 9 点。6—7—8 过程所产生的水蒸气状态，用开始发生的水蒸气状态 7′与发生终了的水蒸气状态 8′的平均点 2 表示，即点 9 所对应的水蒸气状态点。

8—10 是发生后的溴化锂浓溶液在换热器中的等压 (p_K) 等质量分数 (ξ_r) 放热过程。

10—10′是放热后的浓溶液进入吸收器时的降压过程，压力由 p_K 降至 p_0。由于 10、10′点等焓等质量分数，在 h-ξ 图中两点重叠。

10′(5)—11 降压后的浓溶液 10′与部分稀溶液 5 混合成中间质量分数 ξ_m 下中间溶液 11 的过程。在 h-ξ 图中点 11 位于点 10′与 5 点的连线上。

11—11′是混合后的中间溶液 11 经吸收器泵等焓等质量分数 (ξ_m) 升压至 11′的过程。由于 11、11′点等焓等质量分数，在 h-ξ 图中两点重叠。

11′—12 是中间溶液经吸收器喷嘴的降压过程。

12—5 是中间溶液继续吸收制冷剂水蒸气的过程。

若在循环中，送往发生器的稀溶液质量流量 $q_{m,a}$(kg/s)、质量分数为 ξ_a，在发生器中被加热后产生 D(kg/s) 的制冷剂水蒸气送入冷凝器，而剩下的 $q_{m,a} - D$(kg/s) 质量分数为 ξ_r 的浓溶液送至吸收器。根据物质守恒定律，即从发生器出来的浓溶液中所含溴化锂质量等于由吸收器送入发生器的稀溶液中所含溴化锂质量，即

$$\xi_a q_{m,a} = (q_{m,a} - D)\xi_r$$

两边除以 D，得

$$\xi_a \frac{q_{m,a}}{D} = \left(\frac{q_{m,a}}{D} - 1\right)\xi_r$$

令 $\frac{q_{m,a}}{D} = a$，则
$$a = \frac{\xi_r}{\xi_r - \xi_a} \tag{9-16}$$

a 称为循环倍率，表示在发生器中产生 1kg 制冷剂水蒸气所需要的溴化锂稀溶液循环量。$(\xi_r - \xi_a)$ 称为放气范围。

在吸收器中，为了吸收 1kg 制冷剂水蒸气，实际喷淋了 $a-1$(kg) 点 10′状态的浓溶液和 f_a(kg) 点 5 状态的稀溶液。通过增加喷淋密度，可以增强吸收效果。

f_a 称为吸收器稀溶液的再循环倍率，一般取 $f_a = 20 \sim 50$，即为了吸收 1kg 制冷剂水蒸气，需在 $a-1$(kg) 的浓溶液中加入 $20 \sim 50$kg 的稀溶液。

（2）单效溴化锂吸收式制冷实际循环 溴化锂吸收式制冷实际循环存在各种不可逆损失，如在发生器中，由于流动阻力的存在，水蒸气经过挡水板时压力有所降低，冷凝压力 p_K 低于发生压力 p_r，在加热温度不变的情况下将引起浓溶液质量分数的降低。另外，由于溶液液柱的影响，底部的溶液在较高压力下发生沸腾，同时又由于溶液与加热管表面的接触面积和接触时间的限制，使发生终了的浓溶液质量分数 ξ_r' 低于理想情况下的浓溶液质量分数 ξ_r，$(\xi_r - \xi_r')$ 称为发生不足。在吸收器中，吸收器压力 p_a 小于蒸发压力 p_0，在冷却水温度不变的情况下，它将引起稀溶液质量分数的增大。由于吸收剂与被吸收的水蒸气相互接触的时间很短，接触面积有限，加上系统内空气等不凝性气体的存在，都有可能降低溶液的吸收效果，吸收终了的稀溶液质量分数 ξ_a' 比理想情况下的稀溶液质量分数 ξ_a 高，$(\xi_a' - \xi_a)$ 称为吸收不足。发生不足和吸收不足均会引起工作过程中状态参数的改变，使放气范围减少，从而影响循环的经济性。

9.2.2 单效溴化锂吸收式制冷机结构

1. 单效溴化锂吸收式制冷机组结构举例

按驱动热源分，单效溴化锂吸收式制冷机组有蒸气型、热水型与直燃型等。按机组结构分，单效溴化锂吸收式制冷机组有单筒、双筒或多筒式等。

图 9-12 是一种常用的双筒蒸气型单效溴化锂吸收式制冷机组。该组将工作

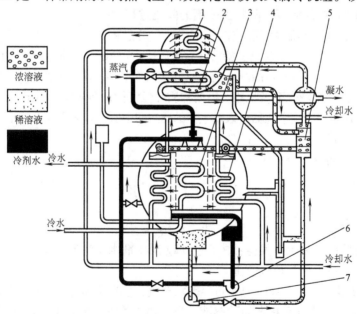

图 9-12 双筒蒸气型单效溴冷机组

1—冷凝器 2—发生器 3—蒸发器 4—吸收器 5—溶液换热器 6—蒸发器泵 7—发生器泵

压力较高的发生器-冷凝器组布置在上筒体内，工作压力较低的蒸发器-吸收器组布置在下筒体内。其具有结构简单、热应力和热损失小、制冷容量大，机组可分开运输、现场组装等优点。

2. 单效溴化锂吸收式制冷机组主要部件

单效溴化锂吸收式制冷机组主要部件有：发生器、冷凝器、蒸发器、吸收器、溶液换热器、发生器泵、吸收器泵、蒸发器泵等。

（1）发生器　单效溴化锂吸收式制冷机组的发生器采用管壳式结构，管程的蒸气（或热水）加热壳程的溴化锂溶液直至沸腾，产生制冷剂蒸气，同时将发生器内的稀溶液浓缩。

蒸气型单效溴冷机组发生器常采用沉浸式结构（图

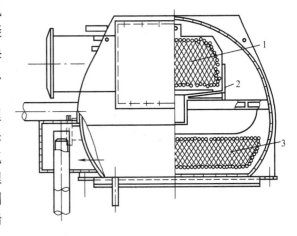

图 9-13　沉浸式发生器-冷凝器
1—冷凝器　2—水盘　3—沉浸式发生器

9-13）。在工作时，发生器的加热管束须沉浸在稀溶液中，以保证管壁的传热效率。为了减少溶液浸没高度对溶液沸腾过程的影响，沉浸式发生器的管束布置应增大横向排列，减少垂直向排列。余热利用的蒸气型和热水型单效溴冷机组的发生器可采用喷淋式结构（图 9-14）。喷淋式发生器中的稀溶液由管束上部喷淋而下，可消除溶液浸沉高度的影响，增大热流密度和传热温差，提高发生的传热、传质效果。为了保证喷淋式管束有充分的溶液润湿，应增大管束垂直向布置。另外，喷淋式发生器须设挡液装置来防止制冷剂水污染。

（2）冷凝器　溴冷机组的

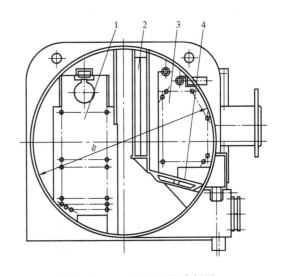

图 9-14　喷淋式发生器-冷凝器
1—发生器　2—挡液装置　3—冷凝器　4—水盘

冷凝器与发生器的压力相同，常布置在一个筒体内（图9-15）。溴冷机组冷凝器也采用壳管式结构，冷却水通过冷凝器的换热管束等压冷却冷凝制冷剂蒸气。为增强冷凝器的传热效果常采用光管或高效传热管。经冷却冷凝后获得的制冷剂水由管束下面的水盘收集，经节流后进入蒸发器。

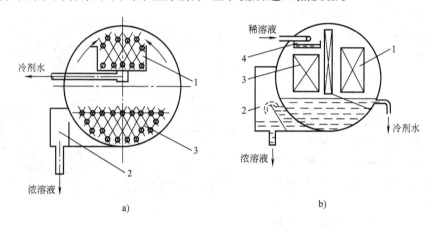

图9-15 发生器-冷凝器结构

a）上下布置形式 b）左右布置形式

1—冷凝器 2—液囊 3—发生器 4—布液水盘

（3）节流器 溴冷机组的节流装置可采用U形管式和孔板式（图9-16）。

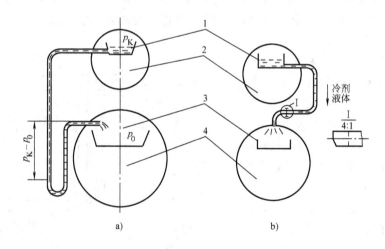

图9-16 溴冷机组制冷剂水的节流装置

a）U形管节流装置 b）孔板节流装置

1—冷凝器 2—发生器 3—蒸发器 4—吸收器

U形管节流装置是将冷凝器和蒸发器的连接水管做成U形管，通过蒸发器侧U形管足够高度（≈1m）的液封产生节流效应，并防止任何负荷下的高低压制冷剂窜通现象(图9-16a)。

孔板节流装置是在连接冷凝器和蒸发器的制冷剂水管中，设置节流孔板或节流小孔。通过节流孔板或节流小孔的流动阻力产生节流效应(图9-16b)。孔板节流装置也以制冷剂的流动阻力为液封，在低负荷时，由于制冷剂流量减少，冷凝器水盘内的液封会被破坏，制冷剂蒸气有可能未经冷凝而进入蒸发器，产生所谓的窜通现象。

(4) 蒸发器 溴冷机组的蒸发器一般采用壳管式结构，为增强传热效率，常用纯铜光管或高效传热管(如肋片管、C形管、大波纹管等)做换热管束。蒸发器内的制冷剂水蒸发压力很低，一般采用喷淋式换热方式，即从冷凝器来的制冷剂水，经节流后进入蒸发器，并汇集在蒸发器水盘内，由蒸发器泵通过喷淋管将制冷剂水送入喷嘴雾化后再喷淋在蒸发器管束上汽化吸热制冷，冷却管束内的冷媒水。另外，为了防止蒸发器中未汽化的制冷剂水滴直接进入吸收器，须设置挡液装置。

(5) 吸收器 溴冷机组吸收器是采用管壳式结构的喷淋式换热器。吸收器的传热管采用纯铜光管或高效传热管(如斜槽管、纵槽管、等曲率管等)。为增强传热与传质，管束采用直排、交错排、不等距排、曲面排等多种排列形式。为使制冷剂水和溴化锂溶液均匀分布在传热管外侧，形成均匀液膜，增加汽液两相的接触面积，吸收器的喷淋系统采用喷嘴喷淋和淋激式喷淋方式。

溴冷机组中蒸发器与吸收器的压力相同，通常被布置在一个筒体内。蒸发器-冷凝器可采用左右平行布置、左中右平行布置、上下重叠布置及双水盘结构(图9-17)等。

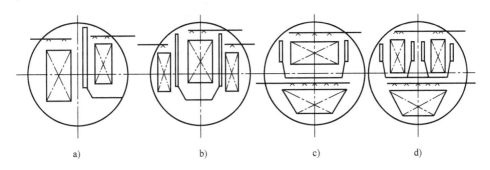

图9-17 蒸发器-吸收器结构

a) 左右平行布置 b) 左中右平行布置 c) 上下重叠布置 d) 双水盘结构

(6) 溶液换热器 溴冷机组的溶液换热器作用是将来自吸收器的稀溶液和发生器的浓溶液进行热交换，使进入发生器的稀溶液温度升高，降低发生器的热负荷；也使得进入吸收器的浓溶液温度降低，减少吸收器的热负荷；通过回热作用，提高循环的热力系数。溶液换热器结构采用管壳式、板式和螺旋管式；传热

管束采用纯铜管或碳钢管。溶液换
热器中的稀溶液与浓溶液以逆流或
交错流的方式换热（图9-18）。

（7）屏蔽泵 溴冷机组的吸收
器泵、发生器泵和蒸发器泵都采用结
构紧凑、密封性能好的屏蔽泵。屏蔽
泵的结构如图9-19所示。泵的叶轮
和电动机的转子装在同一根轴上，屏
蔽泵与电动机共用一个外壳。屏蔽
泵在电动机转子的外侧及定子的内侧各
设有圆筒形的屏蔽套，使电动机的绕
组与溶液隔开，防止溶液对电动机转
子、定子的腐蚀。屏蔽泵在工作时，
溶液由吸入口进入，经叶轮和蜗壳升

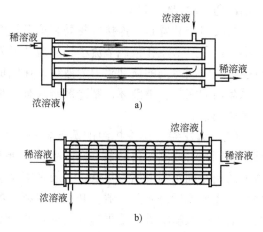

图 9-18　管壳式溶液换热器
a）对流换热方式　b）横掠管束换热方式

压后从出口排出。其中一部分液体由连通管进入电动机的后部，用来冷却和润滑轴
承，并通过转子和定子屏蔽套的间隙来冷却电动机，最后回到叶轮的吸入口。屏蔽泵
的安装位置应保证一定的静压高度，防止产生汽蚀、噪声和振动。

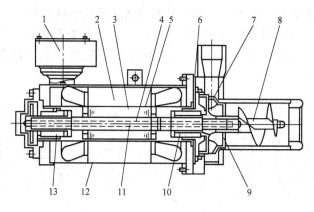

图 9-19　屏蔽泵
1—接线盒　2—电动机定子　3—定子屏蔽套　4—电动机转子　5—转子屏蔽套　6—密封环
7—叶轮　8—诱导轮　9—过滤网　10—前轴承　11—转子轴　12—机壳　13—后轴承

（8）自动熔晶管 溴冷机组的发生器出口溢流箱上部连接有套筒式或J形
管式自动熔晶管并通入吸收器（图9-20）。在制冷装置正常运转时，浓溶液从溢
流箱的底部流出，经溶液换热器降低温度后流入吸收器。当浓溶液在溶液换热器
出口处因温度过低而结晶时，会堵塞管道使溶液不能流通，导致溢流箱内的液位
升高。当液位高于自动熔晶管的上端位置时，高温的浓溶液由自动熔晶管直接流

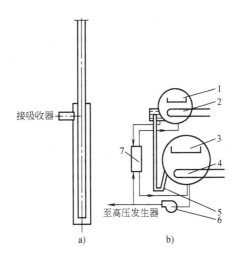

图 9-20　自动熔晶管

a）套筒式熔晶管　b）J 形管式熔晶管

1—冷凝器　2—低压发生器　3—蒸发器　4—吸收器

5—J 形熔晶管　6—溶液泵　7—低温换热器

入吸收器，引起吸收器的稀溶液温度升高，因而提高了溶液换热器出口处浓溶液的温度，促使结晶的溴化锂自动熔解。消除了结晶后，发生器中的浓溶液又重新从正常的回流管流入吸收器。

9.3　双效溴化锂吸收式制冷循环

为了充分利用能源，工程中采用更高温度的热源，如 0.25~1.0MPa 的蒸气或 160~200℃ 的高温热水，这时就必须采用有高压发生器、低压发生器的双效溴化锂吸收式制冷循环。双效溴化锂吸收式制冷循环的热力系数要大于单效溴化锂吸收式制冷循环，其热力系数一般为 1~1.4。

9.3.1　双效溴化锂吸收式制冷循环工作原理

1. 双效溴化锂吸收式制冷循环工作过程

双效溴化锂吸收式制冷循环的形式很多，有串流式、分流式等；而分流式又有稀溶液在低温换热器前、后分流式。图 9-21 为常见的三筒双效蒸汽型溴化锂吸收式制冷机组工作原理图，它是一种前分流式的双效循环。其工作过程与单效循环的最大区别在于：吸收器 J 出口的稀溶液，由发生器泵 L 分两路输送。一路经高温换热器 N 进入高压发生器 A，另一路经低温换热器 F、凝水回热器 E 进入低压发生器 C。高压发生器 A 由工作热源加热发生释放出高压水蒸气。低压发生器则由高压发生器产生的水蒸气加热发生释放出低压水蒸气。高压发生后的溴化锂浓溶液通过高温换热器 N 放热后流回吸收器 J；低压发生后的溴化锂浓溶液经低温换热器 F 放热后流回吸收器 J；其他工作过程与单效循环相同或相似。

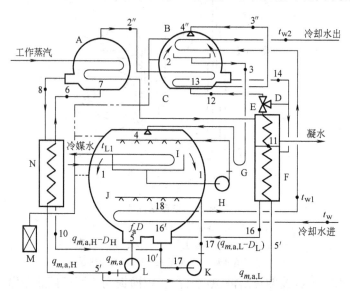

图 9-21　三筒双效溴化锂吸收式制冷循环原理图

A—高压发生器　B—冷凝器　C—低压发生器　D—溶液调节阀　E—凝水回热器

F—低温换热器　G—U 形管　H—蒸发器泵　I—蒸发器　J—吸收器

K—吸收器泵　L—发生器泵　M—抽气装置　N—高温换热器

2. 双效溴化锂吸收式制冷循环热力分析

图 9-22 是前分流式三筒双效溴化锂吸收式制冷循环 $h\text{-}\xi$ 图和制冷剂水 $p\text{-}h$ 图（纵坐标是对数坐标）。

图中 1—2″—3″—4″—3—4—1 是经高压发生器的制冷剂逆向循环；1—2—3—4—1 是经低压发生器的制冷剂逆向循环；5—5′—6—7—8—10—10′—17—17′—18—5 是高压热化学压缩器的正向循环；5—5′—11—12—13—14—16—16′—17—17′—18—5 是低压热化学压缩器的正向循环。以理论循环分析，设蒸发压力 p_0 等于吸收压力 p_a；冷凝压力 p_K 等于低压发生压力 $p_{r,L}$；$p_{r,H}$ 为高压发生压力。

在逆向循环中：

点 2″ 是在高压发生器中经工作热源加热汽化的制冷剂水蒸气的平均状态，其压力为高压发生压力 $p_{r,H}$，点 2″ 位于 $\xi=0$ 纵轴上。

2″—3″ 是高压制冷剂水蒸气在低压发生器中的放热过程，同时本身被冷却冷凝成 $p_{r,H}$ 压力下的饱和水。

3″—4″是高压制冷剂水在冷凝器中节流过程，压力由 $p_{r,H}$ 降压至 $p_K = p_{r,L}$。节流后的湿饱和蒸气与低压发生的水蒸气一起被冷却水冷却冷凝成 p_K 压力下的饱和水 3，存于冷凝器承水盘中。

点 2 是在低压发生器中经高压发生的水蒸气加热汽化所产生的制冷剂水蒸气的平均状态，其压力为低压发生压力 $p_K = p_{r,L}$，点 2 也位于 $\xi = 0$ 纵轴上。

2—3 是低压水蒸气在冷凝器中的等压却冷凝过程。被冷却水冷却冷凝成 p_K 压力下的饱和水。

3—4 是制冷剂饱和水经 U 形管节流降压过程，压力由 p_K 降至 p_0。节流后的湿饱和蒸气 4 其液相为蒸发压力 p_0 下的饱和水 1′，气相为干饱和蒸气 1。

4—1 是节流后的制冷剂在蒸发器中的汽化吸热过程，从冷媒水中制取冷量。1 点制冷剂蒸气出蒸发器并流向吸收器。

在正向循环中：

5 点是吸收器出口的溴化锂稀溶液的饱和状态，其质量分数为 ξ_a，压力为 $p_a = p_0$，温度为 $t_5 = t_0$。

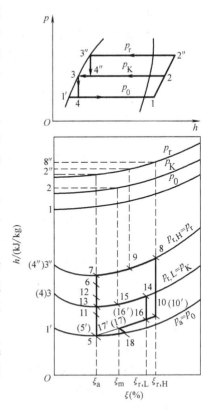

图 9-22　前分流式双效溴化锂吸收式制冷理论循环 h-ξ、p-h 图

5—5′是出吸收器的溴化锂稀溶液经发生器泵的等焓等质量分数升压过程，在 h-ξ 图中 5、5′两点重叠。升压后的溶液分两路分别供入高温、低温换热器。

5′—6 是一部分稀溶液在送入高压发生器前在高温热交换中与浓溶液的等压等质量分数换热过程。溶液温度由 t_5′升高至 t_6。

6—7—8 是稀溶液在高压发生器内的加热、发生过程。其中 6—7 是未饱和的稀溶液在高压发生器内被工作热源加热至饱和状态；溶液达到饱和状态 7 点后，开始汽化逸出水蒸气。汽化终了状态为 8 点，温度 t_8，质量分数 $\xi_{r,H}$。设 7—8 发生过程的溶液平均状态为 9 点。6—7—8 过程所产生的水蒸气状态，用开始发生的水蒸气状态(7″)与发生终了的水蒸气状态(8″)的平均点 2″表示，即点 9 所对应的水蒸气状态点。点 2″位于 $\xi = 0$ 纵轴上，$p_2″ = p_{r,H}$。

8—10 是高压发生后的溴化锂浓溶液在高温换热器中的等压($p_{r,H}$)等质量分数($\xi_{r,H}$)的放热过程。

10—10′是放热后的浓溶液进入吸收器时的降压过程，压力由 $p_{r,H}$ 降至 p_a。由于 10、10′点等焓等质量分数，故在 h-ξ 图中两点重叠。

5′—11 是另一部分稀溶液在送入低压发生器前在低温热交换中与浓溶液的等压等质量分数换热过程。溶液温度由 t_5' 升高至 t_{11}。

11—12 是经低温换热器加热后的稀溶液继续在凝水回热器中的等压等溶液加热过程。溶液温度由 t_{11} 升高至 t_{12}。相对于低压发生器内的压力 p_K，点 12 状态的稀溶液处于过热状态。

12—13 是稀溶液在低压发生器中的闪发过程。点 12 状态的稀溶液进入低压发生器后，会闪发出部分制冷剂水蒸气，溶液温度降低至 t_{13}，质量分数略有升高。

13—14 是稀溶液在低压发生器内的发生过程。点 13 状态的稀溶液被来自高压发生器的点 2″状态的制冷剂水蒸气加热产生平均状态为 2 点的制冷剂水蒸气。发生后出低压发生器的溶液状态为 14，温度 t_{14}，质量分数 $\xi_{r,L}$。图中 15 是 13—14 发生过程的平均状态，点 15 所对应的水蒸气状态点 2 也位于 $\xi = 0$ 纵轴上，$p_2 = p_K = p_{r,L}$。

14—16 是低压发生后的溴化锂浓溶液在低温换热器中的等压(p_K)等质量分数($\xi_{r,L}$)的放热过程。

16—16′是放热后的浓溶液进入吸收器时的降压过程，压力由 p_K 降至 p_a。由于 16、16′点等焓等质量分数，故在 h-ξ 图中两点也重叠。

点 17 是点 10′、16′状态的浓溶液与在吸收器中点 5 稀溶液的混合状态，混合过程终了溶液状态点 17 的温度 t_{17}，中间质量分数 ξ_m。点 17 位于点 5、16′、10′的连线上。

17—17′是中间溶液经吸收器泵的等焓等质量分数(ξ_m)升压过程，点 17、17′在 h-ξ 图中重叠。

17′—18 是中间溶液经吸收器喷嘴的降压过程。

18—5 是中间溶液继续吸收制冷剂水蒸气的过程。

9.3.2 双效溴化锂吸收式制冷机结构

1. 双效溴化锂吸收式制冷机组结构举例

按驱动热源分，单效溴化锂吸收式制冷机组有蒸气型、热水型与直燃型。常用的蒸气型双效溴化锂吸收式冷水机组有串流式、分流式和串分流式等形式，多采用多筒结构。

图 9-21 是分流式三筒双效溴化锂吸收式制冷循环原理图。图 9-23 表示了串流式双筒三泵双效溴化锂冷水机组的工作过程。在串流式蒸气型双效溴冷机组中，从吸收器出来的稀溶液，在发生器泵的输送下，以串联方式依次经过低温溶

液换热器、凝水换热器、高温换热器，最后进入高压发生器。从高压发生器流出的浓溶液，经过高温溶液换热器后进入低压发生器，再经低温溶液换热器流回吸收器。串流式蒸气型双效溴冷机循环，具有结构简单、操作方便等优点。

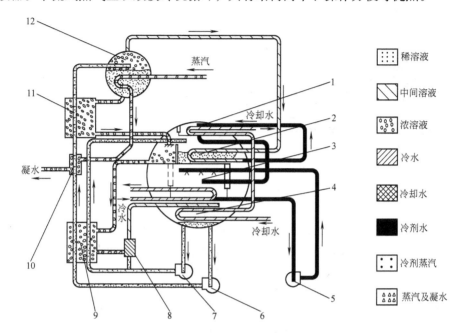

图9-23 串流式双筒三泵双效溴化锂冷水机组
1—冷凝器 2—低压发生器 3—蒸发器 4—吸收器
5—蒸发器泵 6—高压发生器泵 7—低压发生器泵 8—引射器
9—低温换热器 10—凝水换热器 11—高温换热器 12—高压发生器

2. 双效溴化锂吸收式制冷机组主要部件

双效蒸气型溴化锂吸收式制冷机组的主要部件是在单效机组的基础上增设高压发生器、高温溶液换热器和凝水换热器等部件。

（1）发生器 双效蒸气型溴化锂吸收式制冷机组中，有高、低压两个发生器。通常高压发生器采用沉浸式结构，而低压发生器采用沉浸式结构或喷淋式结构。

1）双效蒸气型溴冷机组的高压发生器通常是一个单独的筒体，主要由筒体、传热管、挡液装置、液囊、浮动封头、端盖、管板及折流板等部件组成（图9-24）。

在高压发生器中，由于蒸气温度高，考虑到腐蚀和强度等因素，传热管一般采用铜镍合金、钛合金及不锈钢管，以胀接或焊接方式固定在管板上。为了强化发生过程的传热、传质，减少设备体积，常采用外肋管、表面多孔管、滚花管或等曲率管形式的高效传热管。

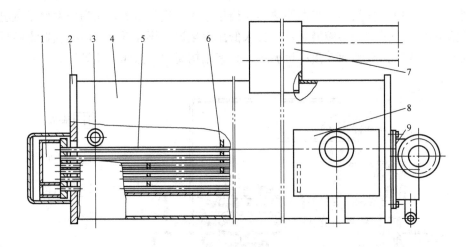

图9-24　高压发生器

1—浮动封头　2—管板　3—稀溶液进液管　4—筒体　5—传热管
6—折流板　7—汽包　8—液囊　9—蒸气端盖

高压发生器的筒体、管板和隔板用钢材制作的，筒体中间设隔板，既支撑住钢管的重量，又促使溶液产生扰动，增强换热效果。

高压发生器中，由于溶液沸腾剧烈，溴化锂溶液的微小液滴会被制冷剂蒸气带入冷凝器中，造成制冷剂水污染，引起机组蒸发温度升高、冷冻水出口温度升高及机组制冷量降低，所以需设置挡液装置来防止制冷剂水污染。常用的挡液装置有人字形、滤网形、交错板形及交错孔形等结构。

由于发生器筒体和传热管的热膨胀系数相差很大，在高压发生器的高温下易产生较大的热应力，可采用如图9-25所示的浮动封头、U形传热管或活动折流板等结构和对传热管进行预处理的方法来消除热应力。

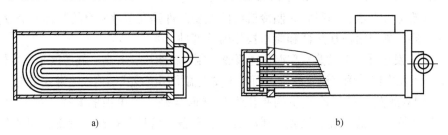

a)　　　　　　　　　　　　　　　b)

图9-25　浮动封头、U形传热管

a）U形传热管结构　　b）浮动管板结构

通常在高压发生器的浓溶液出口处设有液囊。液囊内设有限位板，以保持液位高度。限位板高度以保持液面之上暴露1~2排传热管为好，既有利于传热、传质，又可对溶液的飞溅起阻尼作用。限位板下部有溢流孔。

2）双效蒸汽型溴冷机组的低压发生器通常与冷凝器布置在一个筒体内，有沉浸式与喷淋式两种结构，并设有自动熔晶管和挡液装置，其结构与单效机组发生器相同。

（2）溶液换热器和凝水换热器 双效溴冷机组除了有高温、低温两个溶液换热器外，还有凝水换热器。溶液换热器的作用是将来自吸收器的稀溶液和来自发生器的浓溶液进行热交换，回收热量，提高循环性能系数。凝水换热器的作用是回收高压发生器中工作蒸汽的凝水余热，一般用于加热进入低压发生器的稀溶液。双效溴冷机组的溶液换热器结构与单效机组的相同。双效机组的凝水换热器也采用管壳式结构，其传热管采用纯铜管或镍铜管。

9.4 直燃式溴化锂吸收式冷、热水机组

直燃式溴化锂吸收式冷、热水机组以燃气、燃油为能源，通过燃气、燃油直接燃烧产生高温烟气作为机组的加热热源，完成机组循环来制取冷水或温水，供夏季制冷或冬季采暖之用。直燃式溴化锂吸收式制冷机组是在蒸气型双效溴化锂吸收式制冷机组的基础上开发的新机型。直燃式溴化锂吸收式冷、热水机组除了具有蒸汽型溴化锂吸收式制冷机组的特点外，还具有燃烧效率高；对大气环境污染小；体积小、占地省；既可用于夏季供冷，又可用于冬季采暖，必要时还可提供生活热水，使用范围广、机组热力系数高等优点。由于直燃式溴化锂吸收式制冷机组直接利用热能，机组的放热负荷较大，对冷却水的水质要求高。

9.4.1 直燃式溴化锂吸收式冷、热水循环工作原理

直燃式溴化锂吸收式制冷机的形式很多，下面以图 9-26 表示的直燃式溴化锂吸收式冷水、热水循环为例来说明其工作原理。

在循环中，直燃式循环的高压发生器是直燃式发生器，并且通过对高压发生后的水蒸气通路控制阀 V_1、V_2 的切换来达到夏季供冷水、冬季供热水的目的。其工作原理是：

夏季供冷水循环时，开启高压发生后的水蒸气通路控制阀 V_1，关闭控制阀 V_2，这就是普通的双效溴化锂吸收式制冷循环，故不赘述。

冬季供热水循环时，开启高压发生后的水蒸气通路控制阀 V_2，关闭控制阀 V_1，并同时关闭冷却水系统及蒸发器泵 G。这时，低压发生器 D 和冷凝器 C 是不工作的。供热水循环时，在高压直燃发生器 A 中产生的高温水蒸气经控制阀 V_2 所在的管路直接进入蒸发器 E，在此加热流经传热管中的热媒水使之升温。高压发生后的溴化锂浓溶液经高温换热器 L 放热后流回吸收器 F，吸收被热媒水凝结的水。稀释后的稀溶液由发生器泵 J 再次送入高压发生器 A 工作循环。冬季

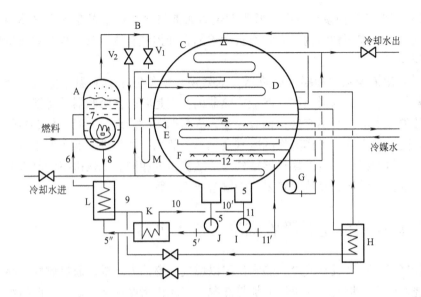

图 9-26　直燃式溴化锂吸收式冷、热水循环

A—高压发生器　B—控制阀 V_1、V_2　C—冷凝器　D—低压发生器　E—蒸发器

F—吸收器　G—蒸发器泵　H—低温换热器　I—吸收器泵　J—发生器泵

K—预热换热器　L—高温换热器　M—U 形管

供热水循环事实上是单效吸收式循环，其 h-ξ 图如图 9-27 所示。

图中：

5—5′是稀溶液经吸收器泵的等焓等质量分数升压过程，压力由 $p_a = p_0$ 升至 p_r。

5′—5″—6 是稀溶液分别在预热换热器、高温热交换中的等压等质量分数吸热过程，温度由 $t_5' \approx t_a$ 升至 t_6。

6—7—8 是稀溶液在高压发生器中的继续加热及发生的过程。点 8 是出高压发生器的溴化锂浓溶液，温度 t_8，质量分数 ξ_r。

8—9—10 是浓溶液分别在高温换热器、预热换热器中的等压等质量分数放热过程。温度分别降至 t_9、t_{10}。

10—10′是浓溶液在吸收器泵前的等质量分数等焓降压过程，在 h-ξ 图中两点重叠。

10′(5)—11 是浓溶液与部分稀溶液的混合过程，混合成中间溶液11。点 11 位于点 10′与 5 的连线上。

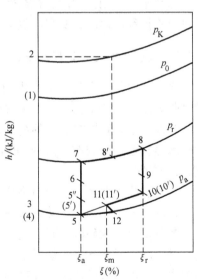

图 9-27　采暖循环 h-ξ 图

11—11′是中间溶液经吸收泵的等焓等质量分数的升压过程，在 h-ξ 图中两点重叠。

11′—12—5 是经吸收器升压后的中间溶液的喷淋、吸收过程。

9.4.2　直燃式溴化锂吸收式冷、热水机组结构

1. 直燃式溴化锂吸收式冷、热水机组结构

直燃式溴化锂吸收式冷热水机组常见的结构形式有热水和冷水采用同一回路的制冷采暖专用机、同时制冷和采暖（或供热水）冷热水机组、组合型冷热水机组、制冷采暖专用机组和同时制冷和采暖机组（详见有关专业文献）。

2. 直燃式溴化锂吸收式冷、热水机组主要部件

直燃式溴化锂吸收式冷、热水机组的低压发生器、冷凝器、蒸发器、吸收器、换热器、溶液泵及节流装置与蒸汽型或热水型溴冷机组基本相同，所不同的是，直燃式溴化锂吸收式冷、热水机组还设置了直燃型发生器（即高压发生器）、燃烧器等。

（1）直燃型发生器　大部分的直燃式溴化锂吸收式冷、热水机组按双效循环，其采用直燃型发生器作为高压发生器。工作时，作为燃料的燃油或燃气由燃烧器喷出，在炉筒中燃烧，形成高温烟气。烟气通过炉筒和传热管加热溴化锂稀溶液、经烟气余热回收装置通过烟囱排出。

直燃型发生器主要由燃烧设备和发生器本体组成。燃烧设备包括炉筒、对流换热器、余热回收装置及烟囱等。

1）炉筒是直燃式溴化锂吸收式冷、热水机组的燃料（燃油或燃气）燃烧设备。炉筒常采用圆筒形结构，炉筒上设有膨胀节以降低热应力。炉筒也可采用矩形、椭圆形等非圆结构。炉筒后部的烟气回流腔称为燃烧室，根据其辐射传热的结构特点分为干燃烧室（图 9-28）和湿燃烧室（图 9-29）两种形式。干燃烧室的烟室不与溴化锂溶液接触，炉筒的后部在筒体管板的外侧，与火焰接触的部分覆盖特殊的耐火绝热材料。干燃烧器发生器长度较短，前后烟室均可打开，便于维护清理。

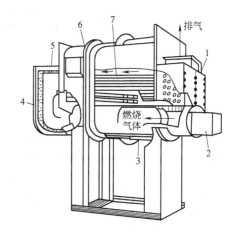

图 9-28　干燃烧室型高压发生器
1—前烟室　2—燃烧器　3—炉筒　4—耐火隔热材料
5—后烟室　6—高压发生器筒体　7—烟管

湿燃烧室型发生器的炉筒后部浸没在溴化锂溶液中，回流部分无需覆盖耐火绝热

材料，而且回流部分作为传热面参与换热，减少了对外的辐射热。湿燃烧室型高压发生器传热完善，结构简单，但前后烟室不能打开，维修保养不方便。

2）燃料燃烧后产生的高温烟气由炉筒流向对流换热器，用来加热溴化锂溶液，使其汽化发生。对流换热器采用液管式和烟管式结构。

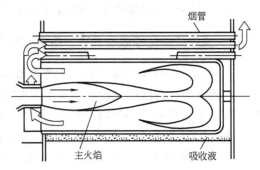

液管式对流换热器（图9-30）的传热管常采用光管、肋片管或螺纹管。一般在高温区采用光管，在低温区采用肋片管。溴化锂溶液在管内流过，高温烟气在管外加热。为促使蒸气的发生，传热管束一般采

图9-29　湿燃烧室型高压发生器

用立式结构。液管式对流换热器结构紧凑，换热效果较好，但热应力较大，检漏和清灰不方便。

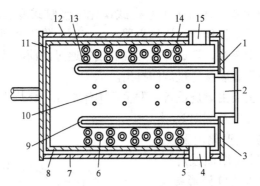

图9-30　具有液管式对流换热器的发生器

1、3、5、9、11、12—炉筒夹层　2—燃烧气体进口　4、15—烟气出口
6、13—烟气通道　7—筒体　8—炉筒角部　10—炉筒　14—水管

烟道式对流换热器（图9-28中由1、3、5、7组成）常采用传热性能好的螺纹管或内部设有螺旋片的光管，加热管被焊接固定在两端封头上。工作时，高温烟气在传热管内流动，经烟囱排出。溴化锂溶液在加热管外加热，发生后产生的制冷剂蒸气经高压发生器筒体顶部的分离室流入低压发生器。烟道式对流换热器容易检漏，维修和清灰方便。

根据工程需要，直燃型发生器的炉筒与对流换热器管群的布置可采用平行布置、垂直布置、同轴布置以及扁圆形布置等方式。

（2）燃烧器　燃烧器是直燃式溴化锂冷热水机组中重要的配套设备，主要由燃烧器本体、燃烧点火装置、送风装置及燃烧安全装置等构成。根据使用燃料

的不同, 分别采用燃油燃烧器, 燃气燃烧器和燃油—燃气两用燃烧器。

1) 燃油燃烧器的外形结构为手枪式。在齿轮油泵的作用下将燃油压力升高到 0.5 ~ 2.0MPa, 然后从喷嘴顶端小孔喷出, 并借助燃油的压力达到雾化。通过点火变压器的高压电极产生火花来引燃燃油。燃油燃烧器可选择角度为 60° 或 45° 的喷嘴。喷嘴喷出的油雾为实心或半实心锥体。油的雾化角大小取决于油压和油的粘度。

燃油燃烧器喷油量调节可采用非回油式或回油式。非回油式的油量调节范围极小, 应用不广。回油式燃油燃烧器(图 9-31)可将过量的燃油通过油量调节阀回流, 在喷油压力变化不大的情况下, 根据负荷调节燃油量; 并通过随动电动机, 根据油量调节阀的开度自动调节风门, 保证燃烧所需风量。

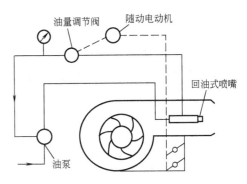

图 9-31 回油式燃油燃烧器

2) 燃气燃烧器有枪形和环形两种。燃气燃烧器设有主燃烧器和点火燃烧器。主燃烧器主要由燃烧器头、燃烧器风道、风机、电动机、风门、燃气管及点火变压器等组成(图 9-32)。

如图 9-33 所示, 主燃烧器采用离心式风机, 由电动机带动, 送风量由风门调节, 以便与燃气匹配。主燃烧器常采用预先混合型, 燃气燃烧时呈湍流状态。预先混合的燃气形成火焰高速向前喷燃, 不致造成低速逆火。燃烧器风道将风机送入的空气加以整流, 并从燃气管的中心将空气送到炉内。燃气从燃气管中的燃气孔喷向中间流动的空气, 混合后燃烧。燃气和空气混合气的一部分, 经过阻焰孔进入主火焰周围

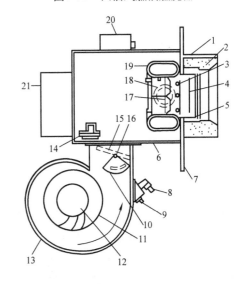

图 9-32 主燃烧器结构

1—燃烧器头 2—砖衬 3—燃气孔 4—阻焰孔 5—阻焰环
6—燃烧器风道 7—法兰 8—点火用引风口 9—风压开关
引出口 10—风门开度指示板 11—风机 12—电动机
13—风机本体 14—风压开关 15—风门 16—风门轴
17—燃气 18—旋转叶片 19—燃气管
20—点火用变压器 21—接线匣

的环状低速空间进行燃烧，可提高主火焰的燃烧速度，防止主火焰脱离燃烧器而被吹灭，并达到及时完成高负荷燃烧。

燃烧器的空气量和燃气量之间的调节机构通过连杆机构（图9-33）相连。随着负荷的变化，由控制电动机改变风门和燃气阀门的开度，确保在高、中、低负荷下都有相应的过量空气系数。

点火燃烧器的布置如图9-34所示。燃气经针阀引入，空气由点火用引风口引入。引入的空气量可由孔板设定，也可在引入空气的管道上设置针阀加以控制。火花塞位于点火板的中央，当空气与燃气的混合气体经点火板喷出时，点火板和火花塞之间所加的6000V的高压电就会引燃混合气体。点火燃烧器还设有紫外线光电管火焰监测器，利用火焰中的紫外线确定火焰的存在，以防止因炉内高温过高和点火失误而产生的误动作。

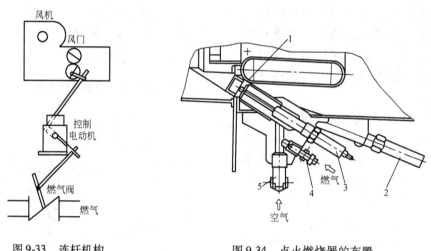

图9-33 连杆机构

图9-34 点火燃烧器的布置
1—点火板 2—火焰监测器 3—火花塞
4—针阀 5—点火空气调节器

3）燃油—燃气两用式燃烧器由燃油燃烧器和燃气燃烧器组合而成，供燃油和燃气交替燃烧，可有效利用能源。

燃油—燃气两用式燃烧器，可以是燃气与轻油交替燃烧，也可以是燃气与重油交替燃烧。轻油—燃气两用式燃烧器又可分为单级、双级、递增式和调节式四种。重油—燃气两用式燃烧器也有双级、递增式和调节式三种型式。燃油—燃气两用燃烧器可进行燃料间的自动转换。

9.5 溴化锂吸收式制冷循环的性能分析

溴化锂吸收式制冷循环性能主要受工作热源、冷却水、冷媒水、溶液及机组

等多方面因素的影响。本节以蒸汽型溴化锂吸收式制冷循环为例来分析影响溴化
锂吸收式制冷循环性能的因素及提高循环性能的措施。

9.5.1 影响溴化锂吸收式制冷循环性能的主要因素

1. 影响溴化锂吸收式制冷循环性能的主要因素

溴化锂吸收式制冷循环性能主要受工作热源特性、冷却水特性、冷媒水特性
及溶液特性、机组特性等因素的影响。

（1）工作蒸汽压力（温度）变化对循环的影响　在以水蒸气为工作热源的溴
化锂吸收式制冷循环中，当工作蒸汽压力下降时，会使得发生器出口的溴化锂浓
溶液温度、质量分数降低，随之引起吸收器中溴化锂溶液吸收制冷剂水蒸气的能
力下降，放气范围缩小，制冷量减少，如图9-35所示。

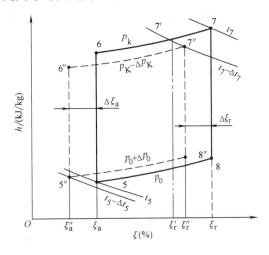

图 9-35　工作蒸汽压力变化对循环的影响

图中实线 5—6—7—8—5 为工作蒸汽压力变化前的循环，由于工作蒸汽压力
（温度）的降低，当其他条件不变时，发生器出口浓溶液的温度 t_7 降低，即由 t_7 下
降为 $(t_7 - \Delta t_7)$，该温度线与冷凝压力 p_K 线的交点 7′ 是不考虑循环中其他参数变化
的浓溶液出口状态。其质量分数由 ξ_r 降为 ξ_r'，放气范围 $(\xi_r' - \xi_a) < (\xi_r - \xi_a)$，因此
制冷量下降。随着制冷量的降低，制冷循环各状态点的参数也相应发生变化。例
如，冷凝压力由 p_K 降低为 $(p_K - \Delta p_K)$；蒸发压力由 p_0 升高至 $(p_0 + \Delta p_0)$；稀溶液出
口温度由 t_5 降低为 $(t_5 - \Delta t_5)$。这样，由实线 5—6—7—8—5 的制冷循环变成虚线
所示的制冷循环 5″—6″—7″—8″—5″。其结果，$\Delta \xi_r > \Delta \xi_a$，即 $(\xi_r'' - \xi_a'') < (\xi_r - \xi_a)$，
制冷量降低。随着放气范围的减小，单位蒸气耗量增加，热力系数下降。所以提高
工作蒸汽压力（或温度）可提高溴化锂制冷机组制冷量。有研究表明，工作蒸汽压
力每变化 0.01MPa，制冷量约变化 3%~5% 左右。

但是工作蒸汽压力升高也有不足之处：

1）当工作蒸汽压力超过设计值后，制冷量的提高幅度是有限的（图9-36）。

2）浓溶液的质量分数上升，机组在高质量分数下运行时，易产生结晶。

3）随着浓溶液温度的上升，高压发生器中的温差热应力增大，有可能造成换热管胀接处泄漏。

4）铬酸锂在高温下易分解而影响缓蚀效果。因此，工作蒸汽压力不宜过高，其上限以高压发生器出口浓溶液温度不超过160℃为原则。

（2）冷媒水出口温度变化对循环的影响　与蒸气压缩式制冷循环一样，溴冷机冷媒水出口温度的高低由被冷却系统的工艺要求决定。降低冷媒水的出口温度，需通过降低循环的蒸发压力（温度）来实现。冷媒水出口温度降低时，蒸发压力由 p_0 降低为 p_0'，稀溶液质量分数由 ξ_a 升高为 ξ_a'，放气范围相应由$(\xi_r - \xi_a)$减小为$(\xi_r - \xi_a')$，因此，制冷量 Q_0 降低。但在实际循环中，随着制冷量的降低，整个制冷循环还要发生下列变化，使 Q_0 有所回升。图9-37中，实线5—6—7—8—5表示了设计工况下的制冷循环，虚线5″—6″—7″—8″—5″表示了冷媒水出口温度降低时的制冷循环。

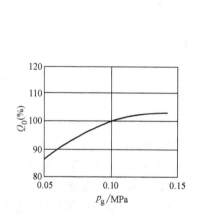

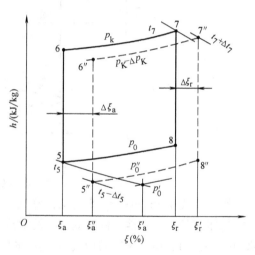

图9-36　工作蒸汽压力与制冷量的关系　　图9-37　冷媒水出口温度变化对循环的影响

1）蒸发压力 p_0 回升，吸收器出口稀溶液温度 t_5 下降。

因冷媒水量不变，Q_0 减少时冷媒水出口温度回升，蒸发压力也由 p_0' 回升到 p_0''。同样，由于 Q_0 的减少，吸收器的热负荷也随之下降。冷却水量不变，吸收器出口冷却水温度降低时，稀溶液温度由 t_5 降低为 $t_5 - \Delta t_5 = t_5''$。等温线 t_5'' 与等压线 p_0'' 的交点5″为吸收器出口稀溶液的实际状态。其质量分数实际变化为$\Delta \xi_a = \xi_a'' - \xi_a$。

2）冷凝压力 p_K 降低，发生器出口浓溶液的温度 t_7 升高。

由于 Q_0 减少，冷凝器的热负荷也减少，冷却水出口温度下降，因而冷凝压力 p_K 下降至 $(p_K - \Delta p_K)$。而在发生器中，由于工作蒸汽压力（温度）不变，随着 Q_0 的减少，发生器的耗热负荷降低，发生器出口浓溶液的温度由 t_7 升高为 $(t_7 + \Delta t_7)$。等压线 $(p_K - \Delta p_K)$ 与等温线 $(t_7 + \Delta t_7)$ 的交点 $7''$ 是发生器出口浓溶液的实际状态，其质量分数的实际变化为 $\Delta \xi_r = \xi_r'' - \xi_r$。

由于冷媒水出口温度变化，直接影响稀溶液质量分数变化，并且 $\Delta \xi_a > \Delta \xi_r$，实际的循环的放气范围 $(\xi_r'' - \xi_a'')$ 减小，导致制冷量的降低。一般当冷媒水出口温度变化 1℃ 时，制冷量约变化 6%~7%。冷媒水出口温度变化与制冷量的关系，如图 9-38 所示。

综上所述，在满足生产工艺的前提下，冷媒水出口温度不应太低，否则，会使循环的制冷量下降，能耗增大的同时，还会有产生溶液结晶的危险。作为空调用的溴化锂吸收式制冷机，冷媒水出口温度一般控制在 10℃ 左右为宜，最低不低于 5℃。

（3）冷却水进口温度变化对循环的影响　冷却水进口温度降低，首先引起吸收器稀溶液温度与冷凝压力降低，前者促使吸收效果增强，因此，稀溶液质量分数降低；而后者却将引起浓溶液质量分数升高；两者均使质量分数差加大，使制冷量增加。图 9-39 中粗实线 5—6—7—8—5 为设计工况时的循环，随着冷却水温度的降低，冷凝温度降低至 t_K'，其相应的冷凝压力为 p_K'，稀溶液温度降至 t_5'。如果不考虑循环中其他参数的变化，则循环变为细实线 $5'$—$6'$—$7'$—$8'$—$5'$。浓溶液质量分数增加，质量分数差由 $(\xi_r - \xi_a)$ 增至 $(\xi_r' - \xi_a')$，因而制冷量增加。

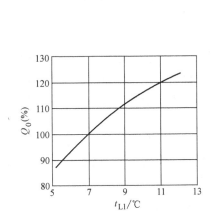

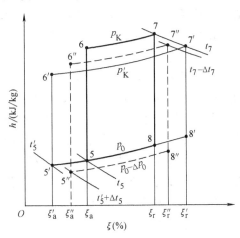

图 9-38　冷媒水出口温度与制冷量的关系　图 9-39　冷却水进口温度变化对循环的影响

　　随循环的继续进行，Q_0 的增大会导致吸收器热负荷增加，稀溶液温度由 t_5' 升高到 t_5''（$t_5'' = t_5' + \Delta t_5$）；而蒸发压力 p_0 则由于 Q_0 的增大而降低（机组负荷不变时）。等温线 t_5'' 与等压线（$p_0 - \Delta p_0$）的交点 5″ 为稀溶液的实际状态，其质量分数 ξ_a'' 比 ξ_a' 高。同样，随着 Q_0 的增大，冷凝器负荷和发生器负荷也会增大。这时，冷凝压力的升高会引起发生器出口浓溶液的温度 t_7 降低。等温线（$t_7'' = t_7 - \Delta t_7$）与等压线（$p_K' + \Delta p_K$）的交点 7″ 是发生器出口浓溶液的状态，其质量分数由 ξ_r' 下降为 ξ_r''。

$$(\xi_r' - \xi_a') > (\xi_r'' - \xi_a'') > (\xi_r - \xi_a)$$

因此
$$Q_0' > Q_0'' > Q_0 \tag{9-17}$$

式中　Q_0——冷却水温度降低前的制冷量（kW）；

　　　　Q_0'——考虑冷凝压力与稀溶液温度降低时的制冷量（kW）；

　　　　Q_0''——考虑制冷循环中各参数变化后的实际制冷量（kW）。

　　试验表明，在吸收器、冷凝器串联用冷却水的溴化锂吸收式制冷循环中，冷却水进口温度变化 1℃ 时，制冷量约变化 5%~6%，其变化特性如图 9-40 所示。

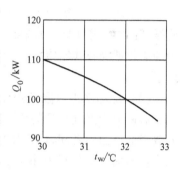

图 9-40　冷却水进口温度与制冷量的关系

　　在实际工程中，冷却水进口温度不宜过高，过高除了使吸收器吸收效果降低和抑制发生器作用外，还可能造成制冷剂输送管和消晶管被击穿，影响制冷系统的正常运行。同时冷却水进口温度也不宜过低，否则会产生浓溶液结晶或制冷剂水污染等故障。冷却水进口温度一般控制在 25 ~ 32℃ 范围为宜。

　　（4）冷却水量和冷媒水量变化对循环的影响　冷却水量减少会引起制冷量的降低（图 9-41）。不过冷却水量变化，除了引起循环中蒸发压力、冷凝压力、吸收器出口溶液温度和发生器出口浓溶液温度等参数变化外，还会引起吸收器、冷凝器中冷却水的流速变化，使传热性能发生变化。

　　冷媒水量变化对制冷量的影响不大（图 9-42）。这是因为冷媒水量变化，一方面使得蒸发器传热管内流速变化，使传热情况发生变化；另一方面，蒸发压力也发生变化，两者变化对制冷量的影响恰好相反。

　　应当注意的是，无论冷却水量，还是冷媒水量，都不要超过设计值太大，否则将使传热管内流速过高，影响机组的使用寿命。

　　（5）冷却水与冷媒水水质变化对循环的影响　溴化锂吸收式制冷机组在使用一段时间后，会在传热管内、外壁上产生污垢。换热管表面产生污垢前后的热

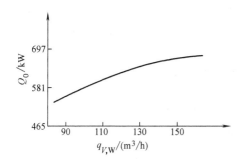

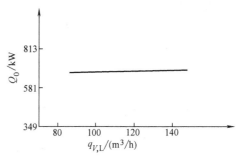

图 9-41 冷却水量与制冷量的关系　　　图 9-42 冷媒水量与制冷量的关系

阻值之差称为污垢系数。污垢系数越大，传热性能越差，制冷量随之下降，其影响可从表9-3看出。由于污垢系数对机组性能影响较大，因此在运转期间应经常注意水质的分析，特别在运转初期更为重要。若水质较差，应采取必要的净水措施，以保证一定的水质要求。

表 9-3　污垢系数与制冷量的关系

类　　别	污垢系数/(m² · s · K/kJ)		
	0.086	0.172	0.344
	制冷量(%)		
冷却水侧	100	89	74
冷冻水侧	100	92	—

（6）稀溶液循环量变化对循环的影响　制冷量与稀溶液循环量有如下关系式

$$Q_0 = \frac{q_{m,a}}{\alpha}q_0 \tag{9-18}$$

式中　Q_0——溴化锂吸收式制冷机组制冷量(kW)；

q_0——溴化锂吸收式制冷机组单位质量制冷量(kJ/kg)；

$q_{m,a}$——稀溶液循环流量(kg/s)；

α——溶液的循环倍率，见式(9-16)。

当溶液的循环倍率 α 保持不变时，由于单位制冷量变化不大，制冷循环的制冷量与稀溶液循环量成正比。

（7）不凝性气体对循环的影响　外部渗入的空气及溴冷机内部因腐蚀而产生的氢气等，均属不凝性气体。这类气体数量极微，但严重影响机组的性能。有人曾用氮气进行过试验（图9-43）。若在机组中加入30g

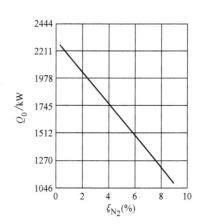

图 9-43　不凝性气体对制冷量的影响

$N_2(\xi_{N_2}=8\%)$，就会使机组的制冷量由原来的 2268kW 降为 1163kW，几乎下降了 50%。不仅如此，随着不凝性气体的积累，机组的真空最终将完全被破坏致使机组无法正常运行。

少量不凝性气体的存在，引起制冷量大幅度下降的原因有两个：一是当吸收器内存在不凝性气体时，在总压力（蒸发压力）不变的情况下，制冷剂水蒸气的分压力降低，传质推动力减小，影响了吸收器的吸收速度；二是由于不凝性气体的存在，制冷剂水蒸气与溶液的接触面积减小，也影响了吸收速度。由于上述两个原因，造成制冷剂蒸气被溶液所吸收的量大幅度下降，结果制冷量必然大幅度下降。

2. 提高溴化锂吸收式制冷循环的性能、减少制冷量衰减的途径

可通过下列途径来提高溴化锂吸收式制冷循环的性能、减少制冷量的衰减。

（1）及时抽除不凝性气体 保持溴化锂吸收式制冷系统高度真空，及时排除机组内的不凝性气体是提高溴化锂吸收式制冷循环性能的根本措施。常用的抽气装置有机械真空泵抽气装置和自动抽气装置。

1）机械真空泵抽气装置的工作原理如图 9-44 所示。不凝性气体分别由冷凝器上部和吸收器上部抽出，由于抽出的不凝性气体中仍含有一定量的制冷剂水蒸气，若将它直接排走，会降低真空泵的抽气能力及减少系统内制冷剂水量；同时，制冷剂水和真空泵油接触后会使真空泵油乳化，使油的粘度降低、恶化甚至丧失抽气能力。所以，应将抽出的制冷剂水蒸气加以回收。在抽气装置中设有水气分离器，让抽出的不凝性气体进入水气分离器。在分离器内，采用来自吸收器泵的中间溶液喷淋，吸收不凝性气体中的制冷剂水蒸气，吸收了水蒸气

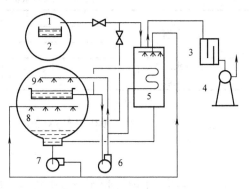

图 9-44 机械真空泵抽气装置
1—冷凝器 2—发生器 3—阻油器 4—旋片式真空泵 5—水气分离器 6—蒸发器泵 7—吸收器泵 8—吸收器 9—蒸发器

的稀溶液由分离器底部返回吸收器，吸收过程中放出的热量由在管内流动的制冷剂水带走，未被吸收的不凝性气体由分离器顶部排出，经阻油室进入真空泵，压力升高后排至大气。阻油室内设有阻油板，防止真空泵停止运行时大气压力将真空泵油压入制冷机系统，引起油对溶液的污染。

2）自动抽气装置的工作原理如图 9-45 所示，其利用溶液泵抽出的高压流体作为抽气动力，通过引射器引射不凝性气体，使其随溶液一起进入储气室（又称气液分离器）。在储气室内，不凝性气体与溶液分离后上升至顶部，溶液则由储

气室返回吸收器。当不凝性气体积聚到一定数量时，关闭回流阀，依靠溶液泵将不凝性气体压缩，使压力升高。当不凝性气体被压缩至大气压力以上时，自动打开放气阀而排出机外。

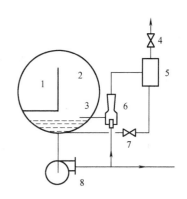

图 9-45　自动抽气装置原理图
1—蒸发器　2—吸收器　3—抽气管　4—放气阀
5—储气室　6—引射器　7—回流阀　8—溶液泵

（2）调节溶液的循环量　系统运行时，如果进入发生器的稀溶液量调节不当，会导致循环性能下降。发生器热负荷一定时，如果循环量过大，一方面使溶液的质量分数差减小，产生的制冷剂水蒸气量减少；另一方面，进入吸收器的浓溶液量增大，吸收剂温度升高，影响吸收效果。两者均使循环的制冷量下降，热力系数降低。如果循环量过小，机组处于部分负荷下运行，制冷能力得不到充分发挥。而且循环量过小会导致溶液的质量分数差增大，浓溶液质量分数过高，有产生结晶的危险。因此系统运行时，应合理调节溶液的循环量，以获得最佳的制冷效果。

（3）防止制冷剂水污染　发生器中的溴化锂溶液随制冷剂水蒸气进入冷凝器、蒸发器的现象称为制冷剂水污染，制冷剂水污染会使制冷量下降。试验表明，当制冷剂水的密度大于 1.1kg/L 时，制冷量将明显下降。这是因为制冷剂水含溴化锂后会呈稀溶液状态，纯水的蒸气压力下降，传质推动力减小，吸收过程减弱，制冷量降低。运行中，当制冷剂水密度超过 1.04kg/L 时，应找出污染的原因，杜绝污染根源，并进行制冷剂水再生处理，使系统保持良好的运转状态。

（4）添加能量增强剂　为了提高热交换设备的热、质交换能力，在溴化锂制冷机中广泛采用了能量增强剂。用于溴化锂溶液中的能量增强剂有异辛醇、正辛醇等。试验证明，添加辛醇后，制冷量约提高 10%～15%，对处理过的传热管，甚至能提高 40% 以上。能量增强剂提高机组性能的机理是：

1）添加辛醇能使溶液的表面张力大幅度下降，使溶液与水蒸气的结合能力增强，吸收率增加。另外，添加辛醇后，溴化锂水溶液的分压力降低，吸收推动力增大，吸收能力增加。

2）添加能量增强剂后，冷凝器由膜状凝结变为珠状凝结，提高了冷凝效果。由于辛醇几乎可使铜管表面完全润湿，含有辛醇的水蒸气与铜管表面接触后，很快形成一层液膜，水蒸气在辛醇液膜上呈珠状凝结。珠状凝结时的放热系数可比膜状凝结高两倍以上，增加了冷凝时的传热效果。

能量增强剂辛醇的添加量一般为溴化锂溶液的 0.1%～0.3%。辛醇的密度约为 0.83kg/L，基本上不溶于水或溴化锂溶液，随机组的运行，辛醇将积聚在蒸发器和吸收器中的液面上，逐渐失去了提高制冷量的作用。为此，须定期将蒸发器水盘中的制冷剂水旁通至吸收器，采用加热或冲击的方法，使辛醇与溶液重新混合，发挥作用。

9.5.2 溴化锂吸收式制冷循环热力分析

溴化锂吸收式制冷循环热力计算内容主要包括设计参数的确定、各设备热负荷的计算、循环热平衡和热力系数的计算和各工作介质的计算。

1. 设计参数的确定

溴化锂吸收式制冷循环的设计参数包括给定参数和选定参数两部分。

(1) 给定参数　给定参数是设计计算的依据；主要包括机组的制冷量 Q_0、蒸发器出口冷媒水温度 t_{L1}、冷却水进机温度 t_w、工作热源参数等。

1) 制冷量 Q_0 由生产工艺或产品规格要求确定，同时还需考虑系统冷量损失、制造条件、运转的经济性等因素。

2) 蒸发器出口冷媒水温度 t_{L1} 由制冷工艺温度要求或机型要求确定。为保证溴冷机高效工作及避免低温下的结晶产生，要求溴冷机蒸发器出口的冷媒水温度不低于 7～5℃。

3) 冷却水进机温度 t_w 根据我国大部分地区所能提供的冷却水条件确定，设计时冷却水温度取 32℃；也可根据使用场所条件确定。冷却水温低，可提高循环效率；但冷却水温太低（如低于 20℃），会造成溶液结晶（冷却水先进入吸收器时）或造成制冷剂水污染（冷却水先进入冷凝器时）。冷却水进机温度一般以 t_w = 25～32℃为宜。

4) 溴冷机的工作热源可采用 0.1MPa（绝对压力）以上的蒸汽以及 75℃ 以上的热水等低品位热能。当采用压力较低的蒸汽和低温热水作工作热源时，通常设计成单效溴冷机组；当工作蒸汽压力较高或直接燃油、燃气作工作热源时，一般设计成双效溴冷机组。我国目前蒸汽压力为 0.15～0.20MPa（绝对压力）的单效溴冷机组和 0.4～0.6MPa 双效溴冷机组应用较为广泛。

(2) 选定参数　选定参数根据机组使用条件确定，主要包括蒸发温度(t_0)、冷凝温度(t_K)、吸收压力(p_a)、吸收器和冷凝器出口冷却水温度(t_{w1}、t_{w2})、低压发生器压力($p_{r,L}$)、高压发生器的压力($p_{r,H}$)或单效机发生器压力(p_r)、吸收器出口稀溶液质量分数(ξ_a)、高压发生器出口浓溶液质量分数($\xi_{r,H}$)或单效机发生器出口浓溶液质量分数(ξ_r)、低压发生器出口浓溶液质量分数($\xi_{r,L}$)、发生器的放气范围、换热器出口浓溶液温度等(详见有关文献)。

(3) 吸收器中喷淋溶液的焓值和质量分数　在溴化锂吸收式制冷循环中，设由发生器泵输送的稀溶液为 $q_{m,a}$，在发生器中汽化制冷剂水蒸气为 D，则返回发生器的浓溶液为$(q_{m,a} - D)$。因为浓溶液量小，为增加吸收效果，常采用喷淋的办法来强化吸收过程，即在$(q_{m,a} - D)$浓溶液中，再混入$f_a D$的稀溶液量。称f_a为吸收器的再循环倍数，表示在吸收器中吸收1kg制冷剂水蒸气，必须与浓溶液混合的稀溶液的量。由此可见，吸收器的喷淋溶液是由$(q_{m,a} - D)$的浓溶液和$f_a D$的稀溶液混合而成。

1）单效溴冷机可根据图9-10、图9-11列吸收器能量平衡式和质量平衡式

$$[f_a D + (q_{m,a} - D)] h_{11} = f_a D h_5 + (q_{m,a} - D) h_{10}$$

及

$$[f_a D + (q_{m,a} - D)] \xi_{11} = f_a D \xi_a + (q_{m,a} - D) \xi_r$$

得到吸收器中喷淋溶液的焓值h_{11}与质量分数$\xi_{11} = \xi_m$

$$h_{11} = \frac{f_a h_5 + (a - 1) h_{10}}{f_a + a - 1} \tag{9-19}$$

及

$$\xi_{11} = \xi_m = \frac{f_a \xi_a + (a - 1) \xi_r}{f_a + a - 1} \tag{9-20}$$

式中　h_5、ξ_a——吸收器出口稀溶液的焓值(kJ/kg)和质量分数(%)；

　　　　h_{10}、ξ_r——换热器出口浓溶液的焓值(kJ/kg)和质量分数(%)；

　　　　a——溶液的总循环倍率，$a = \dfrac{q_{m,a}}{D} = \dfrac{\xi_r}{\xi_r - \xi_a}$；

　　　　f_a——吸收器的再循环倍数，f_a与吸收器的喷淋密度、喷嘴的形式、吸收器泵的功耗等因素有关，取$f_a = 20 \sim 50$。

2）分流式双效溴冷机可根据图9-21、图9-22列吸收器能量平衡式和质量平衡式

$$[f_a D + (q_{m,a} - D)] h_{17} = f_a D h_5 + (q_{m,a,H} - D_H) h_{10} + (q_{m,a,L} - D_L) h_{16}$$

及

$$[f_a D + (q_{m,a} - D)] \xi_{17} = f_a D \xi_a + (q_{m,a,H} - D_H) \xi_{r,H} + (q_{m,a,L} - D_L) \xi_{r,L}$$

得吸收器中喷淋溶液的焓值h_{17}与质量分数$\xi_{17} = \xi_m$

$$h_{17} = \frac{f_a D h_5 + (q_{m,a,H} - D_H) h_{10} + (q_{m,a,L} - D_L) h_{16}}{f_a D + (q_{m,a} - D)}$$

$$= \frac{f_a h_5 + \dfrac{D_H}{D}\left(\dfrac{q_{m,a,H}}{D_H} - 1\right) h_{10} + \dfrac{D_L}{D}\left(\dfrac{q_{m,a,L}}{D_L} - 1\right) h_{16}}{f_a + \left(\dfrac{q_{m,a}}{D} - 1\right)}$$

及

$$\xi_{17} = \frac{f_a D \xi_a + (q_{m,a,H} - D_H) \xi_{r,H} + (q_{m,a,L} - D_L) \xi_{r,L}}{f_a D + (q_{m,a} - D)}$$

$$= \frac{f_a\xi_a + \frac{D_H}{D}\left(\frac{q_{m,a,H}}{D_H}-1\right)\xi_{r,H} + \frac{D_L}{D}\left(\frac{q_{m,a,L}}{D_L}-1\right)\xi_{r,L}}{f_a + \left(\frac{q_{m,a}}{D}-1\right)}$$

即

$$h_{17} = h_m = \frac{f_a h_5 + b_1(a_1-1)h_{10} + b_2(a_2-1)h_{16}}{f_a + (\alpha-1)} \tag{9-21}$$

及

$$\xi_{17} = \xi_m = \frac{f_a\xi_a + b_1(a_1-1)\xi_{r,H} + b_2(a_2-1)\xi_{r,L}}{f_a + (a-1)} \tag{9-22}$$

式中 h_5、ξ_a——吸收器出口稀溶液的焓值(kJ/kg)和质量分数(%);

  h_{10}、$\xi_{r,H}$——高温换热器出口浓溶液的焓值(kJ/kg)和质量分数(%),并 $h_{10} = h'_{10}$;

  h_{16}、$\xi_{r,L}$——低温换热器出口浓溶液的焓值(kJ/kg)和质量分数(%),并 $h_{16} = h'_{16}$;

  f_a——双效溴冷机吸收器的再循环倍数,取 $f_a = 20 \sim 50$;

  a——双效溴冷机溶液的总循环倍率,$a = \dfrac{q_{m,a}}{D} = \dfrac{\xi_r}{\xi_r - \xi_a}$;

  a_1、a_2——高、低压发生器环路的溶液循环倍率,$a_1 = \dfrac{q_{m,a,H}}{D_H}$,$a_2 = \dfrac{q_{m,a,L}}{D_L}$;

  b_1、b_2——高、低压发生器发生的水蒸气比例,$b_1 = \dfrac{D_H}{D}$、$b_2 = \dfrac{D_L}{D}$;

  $q_{m,a,H}$、$q_{m,a,L}$——高、低压发生器环路稀溶液质量流量,并 $q_{m,a} = q_{m,a,H} + q_{m,a,L}$;

  D_H、D_L——高、低发生器发生的制冷剂水蒸气量,并 $D = D_H + D_L$。

2. 各设备热负荷的计算

(1) 单效溴冷机 单效溴冷机热力分析状态点见图 9-10、图 9-11,各设备热负荷的计算方式为:

1) 蒸发器的热负荷计算。进入蒸发器的焓值为 h_4 的制冷剂水量 D(kg),吸取在蒸发器管内流动的冷媒水的热量 Q_0(制冷量)而汽化,形成焓值为 h_1 的制冷剂蒸气。列蒸发器热平衡式(图 9-46)

$$Q_0 + Dh_4 = Dh_1$$

等式两边同除以 D,整理得

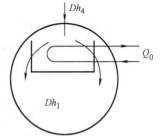

图 9-46 蒸发器的热平衡

$$q_0 = h_1 - h_4 \tag{9-23}$$

式(9-23)中 q_0(kJ/kg)称为蒸发器的单位热负荷(单位制冷量),它表示在蒸发器中汽化 1kg 制冷剂水所得到的制冷量。

蒸发器的热负荷(kW)

$$Q_0 = Dq_0 \qquad (9\text{-}24)$$

2）吸收器的热负荷计算。进入吸收器的焓值为 h_1 的制冷剂水蒸气 D，被来自溶液换热器的焓值为 $h_{10} = h'_{10}$、质量流量为 $(q_{m,a} - D)$ 浓溶液所吸收，成为焓值为 h_5、质量流量为 $q_{m,a}$ 的稀溶液，然后流出吸收器，吸收过程中放出的热量由冷却水带走，若冷却水带走的热量为 Q_a。列吸收器热平衡式(图 9-47)

$$Q_a + q_{m,a}h_5 = Dh_1 + (q_{m,a} - D)h_{10}$$

两边同除以 D，整理得

$$q_a = h_1 + (a - 1)h_{10} - \alpha h_5 \qquad (9\text{-}25)$$

其中，q_a(kJ/kg) 称为吸收器的单位热负荷。它表示在吸收器中吸收 1kg 制冷剂水蒸气时冷却水所带走的热量。

吸收器的热负荷(kW)

$$Q_a = Dq_a \qquad (9\text{-}26)$$

3）发生器的热负荷计算。进入发生器的稀溶液(质量分数为 ξ_a，焓为 h_6) $q_{m,a}$，吸收工作热 Q_g 而汽化产生焓值为 h_2(平均值)的制冷剂蒸气 D，剩余的浓溶液 $(q_{m,a} - D)$ 流出发生器 $(h_8 \text{、} \xi_8 = \xi_r)$，列发生器能量平衡式(图 9-48)

$$Q_g + q_{m,a}h_6 = Dh_2 + (q_{m,a} - D)h_8$$

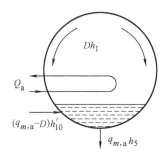

图 9-47 吸收器的热平衡　　图 9-48 发生器的热平衡

等式两边同除以 D，整理得

$$q_g = (\alpha - 1)h_8 + h_2 - ah_6 \qquad (9\text{-}27)$$

其中，q_g(kJ/kg) 称为发生器的单位热负荷，它的意义是在发生器中产生 1kg 制冷剂蒸气所需要的加热量。

发生器的热负荷(kW)

$$Q_g = Dq_g \qquad (9\text{-}28)$$

4）冷凝器的热负荷计算。质量为 D 的制冷剂水蒸气(h_2)在冷凝器中被等压冷却冷凝成焓值为 h_3 的制冷剂水，并向冷却水放出冷却冷凝热 Q_K(kW)。列冷凝器热平衡式(图 9-49)

$$Q_K = D(h_2 - h_3) = Dq_K \qquad (9\text{-}29)$$

及单位冷凝器负荷(kJ/kg)

$$q_K = h_2 - h_3 \qquad (9\text{-}30)$$

5) 溶液换热器的热负荷计算。在换热器中，来自发生器的$(q_{m,a} - D)$浓溶液$(h_8 、 \xi_r)$向来自吸收器的$q_{m,a}$稀溶液$(h_5 、 \xi_a)$放热(图9-50)，忽略热损失，溶液换热器的热负荷$Q_t(\mathrm{kW})$为

$$Q_t = (q_{m,a} - D)(h_8 - h_{10}) = q_{m,a}(h_6 - h_5) \qquad (9\text{-}31)$$

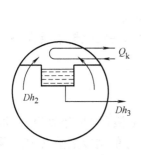

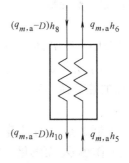

图 9-49　冷凝器的热平衡　　　　图 9-50　溶液换热器的热平衡

溶液热交换器的单位热负荷

$$q_t = (a - 1)(h_8 - h_{10}) = a(h_6 - h_5) \qquad (9\text{-}32)$$

其中，$q_t(\mathrm{kJ/kg})$它的意义是产生1kg制冷剂蒸气时，溶液换热器所回收的热量。

(2) 分流式双效溴冷机　分流式双效溴冷机热力分析状态点见图9-21、图9-22。

1) 蒸发器的热负荷计算。

单位制冷量(kJ/kg)

$$q_0 = h_1 - h_4$$

蒸发器的热负荷(kW)

$$Q_0 = Dq_0$$

2) 吸收器的热负荷计算。双效溴冷机中，进入吸收器质量为D的制冷剂水蒸气(焓值为h_1)，被来自高温换热器的焓值为$h_{10} = h'_{10}$、质量为$(q_{m,a,H} - D_H)$的浓溶液和来自低温换热器的焓值为$h_{16} = h'_{16}$、质量为$(q_{m,a,L} - D_L)$的浓溶液所吸收，成为焓值为h_5、质量流量为$q_{m,a}$的稀溶液，然后流出吸收器。吸收过程中放出的热量由冷却水带走，若冷却水带走的热量为Q_a。由分流式双效溴冷机吸收器列热平衡式

$$Q_a + q_{m,a}h_5 = Dh_1 + (q_{m,a,H} - D_H)h_{10} + (q_{m,a,L} - D_L)h_{16}$$

两边同除以D，整理得

$$q_a = h_1 - \alpha h_5 + b_1(\alpha_1 - 1)h_{10} + b_2(\alpha_2 - 1)h_{16} \qquad (9\text{-}33)$$

吸收器的热负荷(kW)

$$Q_a = Dq_a$$

3) 高压发生器的热负荷计算。进入高压发生器的稀溶液(质量分数为 ξ_a,焓为 h_6)$q_{m,a,H}$(kg/s),吸收工作热 Q_g 而汽化产生焓值为 h_2''(平均值)的制冷剂蒸气 D_H,剩余的浓溶液$(q_{m,a,H} - D_H)$(kg/s)流出高压发生器$(h_8$、$\xi_8 = \xi_{r,H})$,列高压发生器能量平衡式

$$Q_g + q_{m,a,H}h_6 = D_H h_2'' + (q_{m,a,H} - D_H)h_8$$

等式两边同除以 D,整理得高压发生器的单位热负荷(kJ/kg)

$$q_{g,H} = q_g = b_1(a_1 - 1)h_8 + b_1 h_2'' - b_1 a_1 h_6 \qquad (9\text{-}34)$$

高压发生器的热负荷(kW)

$$Q_{g,H} = Q_g = Dq_{g,H} = Dq_g \qquad (9\text{-}35)$$

4) 低压发生器的热负荷计算。进入低压发生器的稀溶液(质量分数为 ξ_a,焓为 h_{12})$q_{m,a,L}$(kg/s),吸收高压发生器中产生的水蒸气凝结放热量 $D_H(h_2'' - h_3'')$,而汽化产生焓值为 h_2(平均值)的制冷剂蒸气 D_L(kg/s),剩余的浓溶液$(q_{m,a,L} - D_L)$(kg/s)流出低压发生器$(h_{14}$、$\xi_{14} = \xi_{r,L})$,列低压发生器能量平衡式

$$D_H(h_2'' - h_3'') + q_{m,a,L}h_{12} = D_L h_2 + (q_{m,a,L} - D_L)h_{14}$$

即得低压发生器的热负荷(kW)

$$Q_{g,L} = D_H(h_2'' - h_3'') = D_L h_2 + (q_{m,a,L} - D_L)h_{14} - q_{m,a,L}h_{12} \qquad (9\text{-}36a)$$

等式两边同除以 D,整理得低压发生器的单位热负荷(kJ/kg)

$$q_{g,L} = b_1(h_2'' - h_3'') = b_2 h_2 + b_2(\alpha_2 - 1)h_{14} - b_2 \alpha_2 h_{12} \qquad (9\text{-}37)$$

或低压发生器的热负荷(kW)

$$Q_{g,L} = Dq_{g,L} \qquad (9\text{-}36b)$$

5) 冷凝器的热负荷计算。在冷凝器中,来自低压发生器的 D_L(kg/s)制冷剂水蒸气(h_2)和来自高压发生器并在低压发生器中放热后的 D_H(kg/s)制冷剂水$(h_3'' = h_4'')$共同向冷却水放出冷却冷凝热 Q_K,并被等压冷却冷凝成 D(kg/s)制冷剂水(h_3),供给蒸发器。由此列能量平衡式

$$Q_K + Dh_3 = D_L h_2 + D_H h_4''$$

等式两边同除以 D,得单位冷凝器负荷(kJ/kg)

$$q_K = b_2 h_2 + b_1 h_4'' - h_3 \qquad (9\text{-}38)$$

冷凝器的热负荷(kW)

$$Q_K = Dq_K$$

6) 溶液换热器的热负荷计算。溴冷机的热交换器有高温换热器、低温换热器和凝水回热器。

a. 高温换热器负荷(kW)

$$Q_{t,H} = q_{m,a,H}(h_6 - h_5') = (q_{m,a,H} - D_H)(h_8 - h_{10}) \tag{9-39a}$$

$$q_{t,H} = b_1 a_1 (h_6 - h_5') = b_1 (a_1 - 1)(h_8 - h_{10}) \tag{9-40}$$

或

$$Q_{t,H} = D q_{t,H} \tag{9-39b}$$

b. 低压换热器负荷(kW)

$$Q_{t,L} = q_{m,a,L}(h_{11} - h_5') = (q_{m,a,L} - D_L)(h_{14} - h_{16}) \tag{9-41a}$$

$$q_{t,L} = b_2 a_2 (h_{11} - h_5') = b_2 (a_2 - 1)(h_{14} - h_{16}) \tag{9-42}$$

或

$$Q_{t,L} = D q_{t,L} \tag{9-41b}$$

c. 凝水回热器热负荷(kW)

$$Q_w = q_{m,a,L}(h_{12} - h_{11}) \tag{9-43a}$$

$$q_w = b_2 a_2 (h_{12} - h_{11}) \tag{9-44}$$

或

$$Q_w = D q_w \tag{9-43b}$$

3. 溴化锂吸收式制冷循环热平衡式及热力系数

(1) 溴化锂吸收式制冷循环的热平衡式　不管是单效还是双效溴冷机,从外界获得能量($Q_0 + Q_g + P_p$),其中双效机 Q_g 中包含 Q_w;同时向外界放热($Q_a + Q_K$)。在稳定工况下,忽略泵功,溴化锂吸收式制冷循环的热平衡式

$$Q_0 + Q_g = Q_a + Q_K \tag{9-45}$$

或者

$$q_0 + q_g = q_a + q_K \tag{9-46}$$

在设计计算时应满足下式要求

$$\frac{|(q_g + q_0) - (q_K + q_a)|}{(q_g + q_0)} \leqslant 1\% \tag{9-47}$$

根据有关标准规定,运行时所测得的热负荷也应满足下式要求

$$\frac{|(q_g + q_0) - (q_K + q_a)|}{(q_g + q_0)} \leqslant 7.5\% \tag{9-48}$$

或

$$\frac{|(Q_g + Q_0) - (Q_K + Q_a)|}{(Q_g + Q_0)} \leqslant 7.5\% \tag{9-49}$$

(2) 热力系数　溴化锂吸收式制冷循环的热力系数 ζ 是系统所获得制冷量 Q_0 与总耗能($Q_g + P_p$)的比值,但 $P_p \ll Q_g$,所以热力系数 ζ 为

$$\zeta = \frac{Q_0}{Q_g + P_p} \doteq \frac{Q_0}{Q_g} \tag{9-50}$$

4. 各种工作介质的流量计算

（1）冷媒水流量

$$q_{V,L} = \frac{Q_0}{1000c_w(t_{L2} - t_{L1})} \times 3600 \qquad (9\text{-}51)$$

式中　$a_{V,L}$——冷媒水流量（m^3/h）；

　　　Q_0——制冷量（kW）；

　　　c_w——冷媒水平均比热容[$kJ/(kg \cdot K)$]；

t_{L2}、t_{L1}——冷媒水进出口温度（℃）。

（2）冷却水流量　吸收器、冷凝器采用串联冷却方式时，冷却水流量的确定先计算吸收器冷却水流量（m^3/h）

$$q_{V,w1} = \frac{Q_a}{1000c_w(t_{w1} - t_w)} \times 3600 \qquad (9\text{-}52)$$

冷凝器冷却水流量（m^3/h）

$$q_{V,w2} = \frac{Q_K}{1000c_w(t_{w2} - t_{w1})} \times 3600 \qquad (9\text{-}53)$$

计算结果应使 $q_{V,w1} \approx q_{V,w2}$，如果两者相差较大，则应重新考虑冷却水总温升的分配，直至两者相近。

（3）稀溶液循环量（或发生器泵流量）

$$q_{V,g} = \frac{q_{m,a}}{\rho_a} \times 3600 \qquad (9\text{-}54)$$

式中　$q_{V,g}$——发生器泵流量（m^3/h）；

　　　$q_{m,a}$——稀溶液循环量（kg/s）；

　　　ρ_a——稀溶液在 5 状态时的密度（kg/m^3）。

（4）吸收器喷淋溶液量（吸收器泵流量）

$$q_{V,a} = \frac{(f_a + a - 1)D}{\rho_m} \times 3600 \qquad (9\text{-}55)$$

式中　$q_{V,a}$——吸收器泵流量（m^3/h）；

　　　f_a——吸收器再循环倍率；

　　　a——溶液的总循环倍率；

　　　D——制冷剂循环量（kg/s）；

　　　ρ_m——喷淋（中间质量分数）溶液的密度（kg/m^3）。

（5）蒸发器制冷剂水喷淋量（蒸发器泵流量）

$$q_{V,0} = \frac{f_0 D}{\rho_0} \times 3600 \qquad (9\text{-}56)$$

式中　$q_{V,0}$——蒸发器器泵流量（m^3/h）；

　　　f_0——蒸发器中制冷剂水喷淋的再循环倍率，取 $f_0 = 5 \sim 10$。

　　对于不同工作热源的溴冷机还需计算工作介质耗量(工作蒸汽量、工作热水量、燃油耗量、燃气耗量等)。

思 考 题

　　1. 分析吸收式制冷循环的特点、基本工作原理。

　　2. 如何选择吸收式制冷循环工质对(吸收剂和制冷剂)?

　　3. 分析溴化锂水溶液的性质和 p-T, h-ξ 图。

　　4. 分析单效溴化锂水溶液吸收式制冷机的工作流程、工作原理与主要设备结构,并利用 h-ξ 图进行循环热力分析。

　　5. 分析双效三筒三泵溴冷机的工作流程、工作原理与主要设备结构,并利用 h-ξ 图进行循环热力分析。

　　6. 分析直燃式溴冷机制冷循环和供暖循环的工作流程、工作原理与主要设备结构,并利用 h-ξ 图进行循环热力分析。

　　7. 什么是循环倍率、再循环倍率?有何意义?

　　8. 什么是放气范围?它对溴冷机循环有何影响?

　　9. 吸收器和蒸发器中为什么采用淋激式换热器?

　　10. 试述溴化锂吸收式制冷机中不凝性气体的来源和危害性。采用什么措施排除?

　　11. 溴化锂吸收式制冷机在什么地方容易产生结晶?为什么?如何防止或缓解?

　　12. 试分析影响溴化锂吸收式制冷循环性能的主要因素和提高循环性能的基本方法。

10

第 10 章

热 泵 技 术

10.1 热泵的基本知识

热泵是把处于低温位的热能输送至高温位的设备。由热力学第二定律可知：热量是不会自动从低温区向高温区传递的，因此，热泵要实现这种传递就必须要消耗能量作为补偿，以实现这种热量的传递。图 10-1 描绘了热泵系统的基本能量转换关系。热泵工作的原理与制冷机实际上是相同的，它们都是从低温热源吸取热量并向高温热源排放，在此过程中消耗一定的能量。两者的不同在于使用的目的：使用制冷机的目的是获取冷量，而使用热泵的目的则是获取热量；制冷机是从低于环境温度的物体中吸取热量后排放到环境中，而热泵是从环境中吸取热量后排放到温度高于环境到物体中。因此，从原理上讲，所有制冷机都可用作热泵，但实际上热泵作为一种专门设备，还具有许多自身的特点。本章针对空调行业，对热泵的相关知识及应用进行介绍。

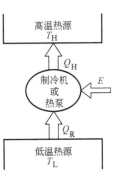

图 10-1　制冷与热泵系统的基本能量转换关系

10.1.1 热泵分类

热泵的分类方式很多，可按以下特征进行简单分类。

1. 按工作原理分

按热泵的工作原理可分为：气体压缩式热泵、蒸气压缩式热泵、蒸气喷射式热泵、吸收式热泵、吸附式热泵、热电式热泵、化学热泵等。

2. 按低温位热源分

热泵的热源往往是低温位的，按这种方式分类可分为：①大气；②地表水；③地下水；④城市自来水；⑤土壤；⑥太阳能；⑦生活或生产废热（水、气）等。

3. 按供热温度分

①低温热泵，供热温度小于100℃；②高温热泵，供热温度大于100℃。

4. 按驱动方式分

分为电动机驱动和热驱动两种，热驱动又可分为热能驱动（如吸收式、蒸气喷射式热泵）及发动机驱动（如内燃机、汽轮机驱动等）两种。

5. 按热泵机组的安装形式分

①单元式热泵机组；②分体式热泵机组；③现场安装式热泵机组。

10.1.2　热泵的经济性评价

经济性评价是热泵循环经济性的一个重要指标，其经济性评价指标通常采用性能系数来反映。热泵的性能系数为热泵获得的收益（制热量）与付出的代价（所耗的能量）的比值。即

$$\mathrm{COP} = \frac{Q_\mathrm{h}}{E} \tag{10-1}$$

式中　COP——热泵的性能系数；

　　　Q_h——热泵的制热量（kW）；

　　　E——热泵所耗能量（kW）。

对于压缩式热泵，输入的能量为电能或机械能，其性能系数 COP 通常用供热系数 ε_h 表示。即

$$\varepsilon_\mathrm{h} = \frac{Q_\mathrm{h}}{W} \tag{10-2}$$

由于制冷系数为

$$\varepsilon = \frac{Q_\mathrm{o}}{W} \tag{10-3}$$

由热力学第一定律便可得到

$$\varepsilon_\mathrm{h} = \varepsilon + 1 \tag{10-4}$$

可见 ε_h 值恒大于 1，即：在热泵利用中获得的热能总是大于消耗的能量，这正是发展热泵的意义所在。

对于以热能为动力的吸收式热泵，性能系数 COP 常用热力系数 ξ 来反映，即为供热量 Q_h 与输入热量 Q_g 的比值。

对于不同制热方式运行的热泵（如电动压缩式热泵与吸收式热泵），其经济性不能用同一个性能系数来比较，因为其所消耗的能源的品位是不同的，如电动压缩式热泵消耗的是高温位的电能，而吸收式热泵消耗的是低温位的热能。因此，在考虑热泵装置是否经济时，通常用一次能源利用率 PER（Primary Energy

Ratio）来表示。对于电动压缩式热泵，则一次能源利用率为

$$PER = \eta_p \eta_f \eta_d \eta_c \varepsilon_h \qquad (10-5)$$

式中　η_p——发电厂效率；

　　　η_f——输配电效率；

　　　η_d——电动机效率；

　　　η_c——压缩机效率。

实践表明，对于电动压缩式热泵　$PER \approx 1$。

对于发动机驱动的压缩式热泵，因可以回收部分余热　$PER \approx 1.4 \sim 1.5$。

对于吸收式热泵，$PER = \eta \xi$

式中　η——蒸气锅炉的热效率，其值为 0.8 ~ 0.9；

　　　ξ——吸收式热泵的热力系数。

10.2　热泵循环

从原理上讲，热泵循环与制冷循环是相同的。因此，以前在工程热力学中学过的理想制冷循环（如逆卡诺循环）、空气压缩制冷循环（如逆布雷顿循环），以及在本书第 3 章中介绍的蒸气压缩制冷循环均属于热泵循环，这里不在赘述。下面仅对蒸气喷射式热泵循环、吸收式热泵循环以及吸附式热泵循环进行简单介绍。

10.2.1　蒸气喷射式热泵循环

蒸气喷射式热泵系统流程如图 10-2 所示。理想情况下该系统循环温熵图见图 10-3。

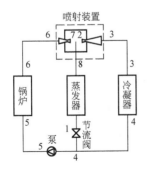

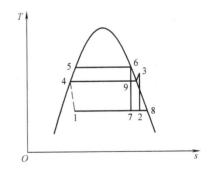

图 10-2　蒸气喷射式热泵系统流程图　　　　图 10-3　蒸气喷射式热泵

蒸气喷射式热泵的工作过程如下：在锅炉中被定压加热后的制冷剂（状态 6）进入喷嘴，等熵膨胀至状态 7 形成高速低压气流，因而从蒸发器中吸入处于状态

8 的制冷剂，二者在混合器中混和为状态 2 后，进入扩压器增压、升温达状态 3，然后再进入冷凝器，向高温热源定压放出热量，制冷剂则被冷凝成处于状态 4 的液体。部分液态制冷剂经节流阀降温降压至状态 1 后流经蒸发器，从环境中定压吸取热量（成状态 8）后重新被吸入混合器。另一部分液态制冷剂则被泵送（加压至状态 5 后）进入锅炉，再次被定压加热并回复至状态 6。

蒸气喷射式热泵的特点是结构简单，几乎没有机械运动部件，因此经久耐用，维修工作量极少，可靠性高。它的主要缺点是实际循环的性能系数低。

从蒸气喷射式热泵系统的循环过程可以看出，热泵系统由两部分组成。第一部分是提供机械能的动力循环，制冷剂按照顺时针的动力循环 4—5—6—7—2—3—9—4 进行；第二部分是热泵循环，制冷剂按逆时针的供热循环 1—8—3—4—1 进行。两个循环使用的制冷剂是相同的，二者质量流量比为

$$\alpha = \frac{q_{m1}}{q_{m2}} \tag{10-6}$$

式中　α——动力循环与热泵循环中制冷剂质量流量之比；

q_{m1}——动力循环中制冷剂质量流量（kg/s）；

q_{m2}——热泵循环中制冷剂质量流量（kg/s）。

令热泵循环制冷剂的循环量 q_{m2} 为 1，则动力循环制冷剂的循环量 q_{m1} 为 α，由此得制冷剂在锅炉中吸收的热量为

$$q_g = \alpha(h_6 - h_5) \tag{10-7}$$

式中　h_5、h_6——制冷剂在锅炉进、出口处的焓值。

制冷剂在蒸发器中吸收的热量为

$$q_0 = h_8 - h_1 \tag{10-8}$$

制冷剂在冷凝器中放出的热量（热泵的制热量）为

$$q_c = (1+\alpha)(h_3 - h_4) \tag{10-9}$$

水泵耗功为

$$w_p = \alpha(h_5 - h_4) \tag{10-10}$$

如果忽略水泵功耗，则　　　　　$h_5 = h_4$

据此可求得蒸气喷射式热泵循环的供热系数为

$$\varepsilon_h = \frac{q_h}{q_g} = \frac{q_c}{q_g} = \frac{(1+\alpha)(h_3 - h_4)}{\alpha(h_6 - h_5)} = \frac{\left(\dfrac{1}{\alpha}+1\right)(h_3 - h_4)}{h_6 - h_5}$$

$$= \frac{(u+1)(h_3 - h_4)}{(h_6 - h_5)} \tag{10-11}$$

式中　ε_h——蒸气喷射式热泵循环的供热系数；

u——喷射系数，$u = \dfrac{1}{\alpha}$。

对图 10-2 中的喷射装置的虚线部分(视为开口系统)列出能量方程，则有

$$\alpha h_6 + h_8 = (1 + \alpha) h_3 \tag{10-12}$$

即

$$\alpha = \frac{h_3 - h_8}{h_6 - h_3} \tag{10-13}$$

将式(10-13)代入式(10-11)，则蒸气喷射式热泵循环的供热系数又可写为

$$\varepsilon_{\rm h} = \frac{(h_6 - h_8)(h_3 - h_4)}{(h_3 - h_8)(h_6 - h_5)} \tag{10-14}$$

10.2.2 吸收式热泵循环

吸收式热泵根据其在三个热源之间进行热量转换的形式可分为两种类型。第一类吸收式热泵，其输出热量的温度低于驱动热源(加热发生器的热源)的温度；第二类吸收式热泵，其输出的热量的温度高于驱动热源(加热发生器)和蒸发器热源的温度，如图 10-4 所示。

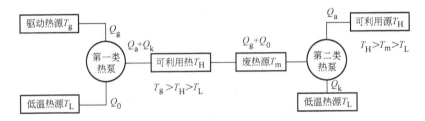

图 10-4　吸收式热泵能量转换示意图

1. 第一类吸收式热泵循环

最简单的第一类吸收式热泵如图 10-5 所示。其工作过程与单效吸收式制冷机的循环一样，稀溶液在发生器中被加热，消耗热能 $Q_{\rm g}$，部分制冷剂蒸气由稀溶液中气化，使发生器内稀溶液变为浓溶液，浓溶液通过节流阀降压后进入吸收器。在吸收器中，浓溶液吸收了来自蒸发器的制冷剂蒸气，再次变为稀溶液，同时释放出吸收热 $Q_{\rm a}$，最后稀溶液又被溶液泵送往发生器。从而完成溶液循环。

在发生器中汽化的部分制冷剂蒸气进入冷凝器被冷却介质冷凝成液态制冷剂，并放出冷凝热 $Q_{\rm k}$。液态制冷剂通过节流阀降温降压后送入蒸发器，并在蒸发器中自低温热源(环境介质)中吸取热量 Q_0后，汽化成气态制冷剂，再次被送往吸收器，与来自发生器的浓溶液混合成为稀溶液，并送回发生

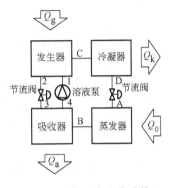

图 10-5　第一类吸收式热泵系统示意图

器，以备再次加热汽化，从而完成制冷剂循环。

在理想情况下，假如不考虑热泵的散热损失，则根据热力学第一定律，吸收式热泵的能量平衡式为

$$Q_g + Q_0 = Q_k + Q_a \tag{10-15}$$

式中　Q_g——吸收式热泵消耗的热量(kW)；

$\quad\quad Q_0$——吸收式热泵从低温热源吸取的热量(kW)；

$\quad\quad Q_k$——吸收式热泵冷凝器放出的热量(kW)；

$\quad\quad Q_a$——吸收式热泵吸收器放出的热量(kW)。

第一类吸收式热泵的供热主要是依靠冷凝和吸收过程的放热量 Q_k 和 Q_a 来提供。而热泵消耗的热能为 Q_g。因此，第一类吸收式热泵的性能系数(又称热力系数)为

$$\xi_{h1} = \frac{Q_a + Q_k}{Q_g} \tag{10-16}$$

显然，这种吸收式热泵属增热型热泵，旨在增加供热量。

2. 第二类吸收式热泵

第二类吸收式热泵系统如图 10-6 所示。这种吸收式热泵可利用中温的废热作为驱动热源。其持点是，热泵循环中发生器的压力低于吸收器的压力，冷凝器的压力低于蒸发器的压力。溶液在发生器中被驱动热源加热(消耗废热 Q_g)，部分制冷剂因此而汽化，使它由稀溶液变为浓溶液。浓溶液通过溶液泵升压后进入吸收器。在吸收器中，浓溶液吸收来自蒸发器的气态制冷剂，再次变为稀溶液，所释放的吸收热量(输出热量) Q_a 提供给高温热源，最后稀溶液又经节流阀降压后返回发生器，完成溶液循环。

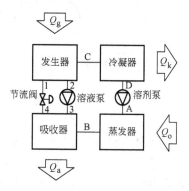

图 10-6　第二类吸收式热泵
系统示意图

在发生器中产生的压力较低的制冷剂蒸气进入冷凝器，向环境介质放出冷凝热 Q_k 而冷凝成液体，液态制冷剂由泵加压送入蒸发器，它在蒸发器中也被驱动热源加热(消耗 Q_0)，蒸发汽化成压力较高的气态制冷剂，再被送往吸收器，来自发生器的浓溶液将其吸收后成为稀溶液，并经节流阀回到发生器，从而完成制冷剂循环。

与第一类吸收式热泵相同，在理想情况下，第二类吸收式热泵的能量平衡式为

$$Q_g + Q_0 = Q_a + Q_k \tag{10-17}$$

该类热泵主要是利用吸收过程输出热量 Q_a 作为供热量，消耗的热能为 $Q_g +$ Q_0，因此，第二类吸收式热泵的热力系数为

$$\xi_{h2} = \frac{Q_a}{Q_g + Q_0} \tag{10-18}$$

显然，第二类热泵属于升温型，供热系数总小于1，其优点是可以提高供热温度。

10.2.3 吸附式热泵循环

吸附式热泵的工作原理为：一些固体吸附剂对某些制冷剂具有吸附作用，且吸附能力随吸附剂温度的不同而不同。周期性地加热和冷却吸附剂，使之周期性地吸附和解析。解析时释放气态制冷剂，并使之凝为液体，对外提供热量；吸附时液体制冷剂蒸发，从环境中吸收热量如此交替进行，从而达到提升热量温位的目的。

吸附式热泵的工作原理如图10-7所示。此装置由发生—吸附器、冷凝器、蒸发器以及加热、冷却装置等组成。大量用以吸附气态制冷剂的、颗粒状多孔性物料被储存于发生—吸附器中，加热物料时，气态制冷剂便从多孔性物料中解析出来形成高压而脱附，通过止回阀2输向冷凝器，在冷凝器中被冷凝为液体同时放出液化热量。当发生—吸附器中多孔性物料所吸附的气态制冷剂被完全解析后，停止加热，开始冷却，发生—吸附器也因此由高压力降为低压力，产生吸附效应。这时，冷凝器内的液态制冷剂，流经节流阀降压降温后进入蒸发器，在蒸发器中从环境吸热而汽化为低压气态制冷剂，然后通过止回阀1返回发生—吸附器，被冷却了的、具有吸附效应的多孔性物料所吸附。当发生—吸附器中吸附剂达到饱和状态后，又再次加热脱附。这种脱附和吸附过程的交替进行，在冷凝器中可以间歇性的提供热量。

上述吸附式热泵装置，制冷剂的吸放热过程只能是交替间歇进行。为了使吸附式热泵能够连续不断地供热，可采用图10-8所示的系统。图中，当加热右侧的发生—吸附器(处于高压)开始脱附过程时，冷却左侧的发生—吸附器(处于低压)开始吸附过程。当图中右侧的发生—吸附器中物料所吸附的制冷剂气体完全脱附时，图中左侧的发生—吸附器中的物料因为不断吸附有蒸发器来的制冷剂气体而趋于饱和。此时右侧的发生—吸附器由加热状态切换至冷却状态而开始吸附过程，同时左侧的发生—吸附器则由冷却状态切换至加热状态而开始脱附过程。于是制冷剂流经冷凝器的冷凝过程、节流阀的节流过程以及蒸发器的发蒸过程就能够在左右两个发生—吸附器周期性地脱附和吸附交替过程中连续不断地进行，保障了连续供热。

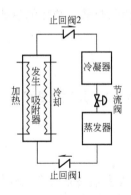
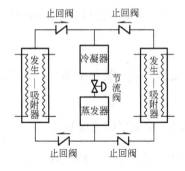

图 10-7　吸附式热泵　　　　　　图 10-8　连续制热的吸附式
工作原理图　　　　　　　　　热泵工作原理图

根据热力学第一定律，吸附式热泵的能量平衡式为

$$Q_{ga} + Q_{oa} = Q_{ka} + Q_{aa} \qquad (10\text{-}19)$$

式中　Q_{ga}——发生—吸附器中脱附过程所需热量(kW)；

$\quad\quad Q_{aa}$——蒸发器从低温热源(环境介质)吸取的热量(kW)；

$\quad\quad Q_{ka}$——冷凝器向高温热源(供热介质)放出的热量(kW)；

$\quad\quad Q_{oa}$——发生—吸附器中吸附过程放出的热量(kW)。

由此可知吸附式热泵的热力系数为

$$\xi_{ha} = \frac{Q_{ka}}{Q_{ga}} \qquad (10\text{-}20)$$

10.3　热泵热源及驱动方式

热泵的热源是指自然界中可利用的低温位能源和生活、生产中排放的废热源，这些热源的特点是：温位低但数量大。热泵的驱动方式主要有电驱动、热能驱动和发动机机械驱动等方式。

10.3.1　热泵热源的种类

热泵可利用的热源分为两大类：其一为天然热源，如：空气、水(地下水、地表水等)、土壤、太阳能等，其特点是热源温度较低但数量巨大。另一种热源为生产或生活中的废热，如建筑物内部的废热、工厂生产过程中的废热、城市管网下水、垃圾焚烧工厂的排热等，其特点是热源温度较高，但数量有限。

1. 天然热源

(1) 空气　空气是取之不尽用之不竭的能源，同时具有对换热设备无腐蚀，对环境无污染等优点，故一直是热泵装置的主要热源。空气热源的主要缺点是：

①空气的比热小，为获得足够的热量并满足热泵的工作温差，其室外侧蒸发器所需的风量较大，从而导致热泵的体积庞大；②在给定室内温度的条件下，当室外环境温度降低时，设备供热量与室内热负荷将不相匹配。一方面室内外温差增大，相应的室内热负荷增大，需要热泵提供较多的热量，但另一方面由于室内外温差增大，热泵的循环效率和供热系数却减小，热泵所能提供的热量反而减小；③当室外温度处于零度以下时，蒸发器外表面出现结霜。蒸发器一旦结霜不仅流动阻力增大，而且因热阻增加，致使系统性能大大下降。因此，以空气为热源的热泵，常设置辅助加热器。

(2) 水源 可供热泵作为低温热源用的水有地表水(河川水、湖水、海水等)和地下水(深井水、泉水、地下热水等)。水的比热容大，传热性能好，所以换热设备较为紧凑。另外，水温一般也较稳定，有利于热泵的运行。其缺点是：必须靠近水源，或设置蓄水装置；其次，水质必先经过水质分析和处理方可使用，以避免对换热器的腐蚀。因此，水作为低温热源时初投资较大。下面对水源进行简单介绍。

1) 地表水。一般来讲，只要地表水冬季不结冰，均可作为热泵的低温热源使用。我国有丰富的地表水资源，如能作为热泵的热源，可获得很好的经济效果。

2) 地下水。无论是深井水，还是地下热水都是热泵的良好低温热源。地下水位于较深的地层中，因地层的隔热和蓄热作用，水温随季节性的波动较小，特别是深井水的水温常年基本恒定，对热泵运行十分有利。深井水的水温一般约比当地年平均气温高 1 ~ 2℃。我国华北地区深井水温为 14 ~ 18℃，上海地区为 20 ~ 21℃。值得注意的是大量使用深井水将导致地面下沉，且可能造成水源的逐渐枯竭。因此，采用深井水应采取相应的回灌措施。如：采用双井制，一个为取水井，另一个为回灌井。即使如此，回灌井溢出或堵塞的问题仍是多数地下水源热泵都会出现的问题。这是因为通常把水回灌到地下要比从地下取水困难得多的缘故。

另外，有些地区地下蕴藏有 60 ~ 80℃ 的热水，可以从地下直接抽取热水，我国天津、北京、福州等一些地区具备此地理条件。目前，人们常把地下热水直接作为供热的热媒水。若把直接供热利用后的地下热水再作为热泵的低位热源使用，可增加使用地下热水的温差，提高地热的利用率。

3) 土壤。通过地表水的流动和太阳的作用可将土壤的表层加热。因此，热泵可以将土壤表层作为低温热源。土壤的持续吸热率(能源密度)为 20 ~ 40W/m^2，一般在 25W/m^2 左右。土壤热源的主要优点是温度稳定，缺点是土壤的传热性能差，需要较多的传热面积，导致占地面积较大。一台供热量为 10kW 的热泵，当制热系数为 3.0 时所需地面面积达 250m^2。此外，在地下埋设管道时，成本较高，且运行中一旦发生故障不易检修。图 10-9 为河北省怀来县土壤温度的季节性波动规律。由图可以看出，在 10m 深以下土壤温度全年几乎一样，但深度在 1.5~2m 时，土壤温度的季节性波动仍较明显。随着深度增加，土壤温度的波动进一步减小，且波动有滞后现象，十分有利于供暖运行。主要供暖期的地温还比较高，到春季地温才达到最低，但这时供暖旺季已过，所需热量减小，热泵运行时间也相应缩短。有关土壤热泵的设计施工涉及到许多关键技术，可参阅有关文献，这里不再冗述。

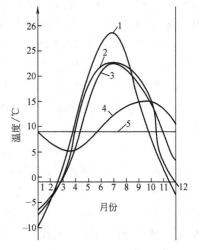

图 10-9　河北省怀来县土壤温度的季节性波动
1—地面温度　2—气温
3—地面以下 0.8m 处温度
4—地面以下 3.2m 处温度
5—地面以下 14m 处温度

4）太阳能。太阳能穿过大气层而辐射到地球表面的过程中，一部分能量被大气中的粒子云层反射回宇宙空间，一部分被大气层本身吸收，一部分被大气中粒子云层阻挡而产生散射，因此，地表接受到的辐射能量已大为减少，其辐射强度最多不超过 $1000W/m^2$，并且受日、地距离和太阳方位角以及高度角的影响，使一天的早、晚和一年的四个季节的辐射强度有很大差别。按全年辐射总能量计算，我国有三个高值区：青藏高原、塔里木盆地至内蒙西部、辽河中游地带。太阳能的集热和利用比其他几种热源复杂，设备投资也较高。

太阳能作为热泵热源的应用实际上是指热泵与太阳能供热的联合运行，因为单纯用太阳能供热时，往往日照强度足以使水温达到有效采暖温度的时间很短，所以利用热泵不仅可使水升温，而且可通过蓄热来延长大阳能供暖的使用时间。

2. 废热回收热源

（1）建筑物内部热源　除以上介绍的各种自然界所具有的热源外，还可以有效地利用建筑物内部的热源。由于现代建筑物的规模庞大，加之建筑物内区照明、自动化办公机器设备的增加，使建筑物内区的发热量增大。甚至在冬季一些办公楼的内区也需供冷，因此，可将内区取出的余热通过热泵提高热位后补偿建筑物外区的耗热量。此外，从建筑物排出的空气中热量，也可以由热泵升温后用于加热空调系统的新风。

（2）生活废水与工业废水　生活热水是指洗衣房、浴池、旅馆等排出的废水，废水温度较高，是可利用的低位热源，但存在问题是：如何储存足够的水量以应付热负荷的波动，以及如何保持换热器表面的清洁和防止水对设备的腐蚀。

工业废水形式多、数量大、温度高，有的可直接再利用，如冶金和铸造工业的冷却水。又如从牛奶厂冷却器中排出的废水可以回收，用来清洗牛奶器皿，从溜冰场制冷装置中吸取的热量经热泵提高温度后可以用于游泳池的水加热等。

（3）垃圾热量 现代化城市的垃圾处理是一项重要的市政设施。垃圾经分类后将可燃垃圾焚烧可以获得大量废热。垃圾焚烧热的利用与其他热能不同，受季节变化的影响，尚需借助其他辅助能源。我国对垃圾能量的利用处于初步阶段，上海市已考虑在浦东和浦西筹建可进行废热回收的垃圾焚烧工场，这将为日后日益推进的垃圾热量利用创造有益的经验。

3. 选择热源应考虑的问题

作为热泵的热源，应尽量满足以下要求：

1）热源温度尽可能高，以使热泵的工作温升尽可能小，提高热泵的供热系数。

2）热源应尽可能提供所需的热量，最好不需附加加热装置，以减少投资。

3）用以分配热源热量的辅助设备（如风机、水泵等）的能耗应尽可能小，以减少热泵的运行费用。

4）热源对换热器设备应无腐蚀作用，尽量避免产生污染和结垢现象。

10.3.2 热泵的驱动方式及特点

热泵的吸热热源是低温位热量，要提升温位需采用驱动设备和驱动能源。对于压缩式热泵，常用于热泵的驱动能源有电力驱动、燃料发动机驱动（柴油机、汽油机或燃气轮机等），对于吸收式、蒸气喷射式热泵则以热能作为驱动能源。

电能与燃料燃烧产生的热能相比，虽都是能源，但其温位不同。电能是由其他初级能源转变而成的，在转换中有效率损失，是二次能源。因此，采用电力和燃料发动机驱动热泵时，两者的经济性是不能用供热系数 ε_h 来评价的，通常采用一次能源利用率 PER 来评价。两种驱动方式的能量转换过程如图 10-10 所示。图中没有考虑电动机及压缩机自身的损失，根据现有设备情况：ε_h 取 3.0，η_p、η_f 取 0.35，燃料发动机的效率 η 取 0.37，废热利用率取 40%。可见采用燃料发动机驱动时，热泵的一次能源利用率要高，但装置较复杂。

1. 电动机驱动方式

电动机是一种方便可靠、技术成熟、价格较低的原动机。大、中型电动机的效率也较高，可达 93% 左右；小型单相电动机的效率较低，一般为 60%~80%；如果采用变频器控制，既可减小起动电流，又可经济地实现压缩机的能量调节。但目前，大、中型的变频调速装置价格较贵。小型热泵均采用全封闭式或半封闭式压缩机。电动机与压缩机装在一个壳体中，使温度低的气体制冷剂通过电动机起到冷却作用，提高工作效率。不仅将电动机的热量全都成为热泵的有效供热

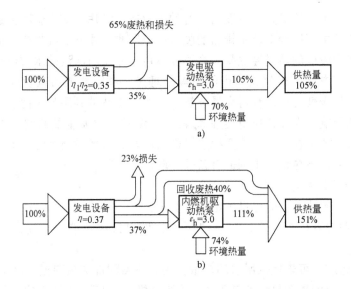

图 10-10　电能驱动热泵和带热回收的内燃机驱动热泵的能流图

a）电能驱动的热泵　b）带热回收的内燃机驱动热泵

量,同时又可使气态制冷剂获得过热而实现干压缩过程,提高热泵装置的安全性。开启式压缩机目前仅在大容量装置上使用,由于制冷剂与电动机绕组不接触,因而,对于当前替代制冷剂的应用也提供了一些方便。

2. 燃料发动机驱动方式

燃料发动机按热机工作原理可分为内燃机和燃气轮机两种。从机器结构形式上分,有往复式和涡轮式两种。内燃机可用液体燃料或气体燃料,根据采用的燃料不同,有柴油机、汽油机、燃气机之分。产品成熟,通常效率均在30%以上。柴油机驱动的热泵,一般认为比其他燃料驱动的热泵效率高、寿命长、可靠性好。燃气轮机(燃气透平)的容量较大,国外工业用燃气轮机的容量在 500 ~ 10MW。燃气轮机具有噪声小、运行平稳的优点。

值得一提的是,近年来微型透平发电机组的效率有了极大的提高,其发电容量为 25 ~ 100kW。非常适合于单栋大楼内实现冷、热、电三联供的运行方式。这种方式大约有 40% 的能量转换为电能,60% 的能量转换为高温位的热能。用电力驱动制冷机热泵,制冷时一次能源利用率 PER 达 1.6,供热时一次能源利用率 PER 达 1.8。高温位的热能通过吸收式冷热水机组制冷供热,又可使一次能源利用系率 PER 增加 0.65 左右。因此,其全年一次能源利用系数率 PER 可达到 2.35。因此,冷、热、电三联供系统是空调行业值得重视的一个方向。

3. 汽轮机驱动

汽轮机(蒸气透平)直接驱动的压缩式热泵,属热驱动热泵(非吸收式)。在区域供热工程中,目前广泛使用的是背压式热电站供热系统,即由蒸气锅炉产生的高压、高温蒸气进入背压式汽轮机进行发电,从汽轮机中排出的 0.8 ~ 1.3MPa 的蒸气进入凝汽器,加热热用户的回水。对于无需供电的场合,为了提高系统的经济性,可使汽轮机直接驱动压缩式热泵,并自低温热源(如河水)中汲取热量,构成如图 10-11 所示的汽轮机驱动的热泵系统。由图 10-11 可以看出:假如供给锅炉的一次能源为 100%,锅炉的热效率为 90%,汽轮机的排热为 65%,且在汽轮机凝汽器中全部被回收,则汽轮机输出的用于驱动热泵用的机械能仅为一次能源的 25%。若热泵的供热系数为 2.5,则热泵供热为 62.5%,其中相当于一次能源 37.5%(25% × 1.5)的能源是从河水中吸取的。再追加上在汽轮机凝汽器中回收的 65% 的能源,最终该系统可提供的热量为一次能源的 127.5%,即一次能源利用率 PER 为 1.275。显然具有较好的经济性。

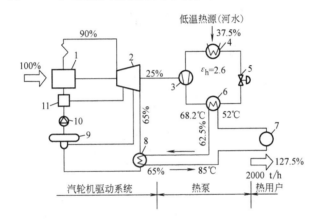

图 10-11 汽轮机驱动热泵的方案

1—锅炉 2—汽轮机 3—压缩机 4—蒸发器 5—节流阀 6—冷凝器
7—热用户 8—凝汽器 9—凝结水箱 10—水泵 11—预热器

10.3.3 热泵与能源价格的关系

虽然热泵供热比锅炉供热在理论上是先进的,但由于前者消耗的是高温位电能,而后者消耗的是普通燃料,电能价格和燃料价格各地不同,因此在衡量各种供热方式的运行经济性时,常采用费用进行比较。

设电价 X(元/kJ),燃料热价 Y(元/kJ),实际耗能的价格比为

$$J = \frac{\dfrac{X}{\eta_d}}{\dfrac{Y}{\eta_b}} = \tau \frac{\eta_d}{\eta_b} = 0.82\tau \qquad (10\text{-}21)$$

式中 J——实际耗能的价格比;

τ——电价与燃料热价之比；

η_b——供热锅炉的效率，一般为 0.7；

η_d——热泵的电动机效率，一般为 0.85。

若热泵的供热系数为 ε_h，则只有在 $\varepsilon_h = J$ 时，供热用户获得相同热量时费用才相等。例如，$\tau = 4$，即电价为燃料价格的 4 倍，此时热泵的供热系数 $\varepsilon_h > 3.3$ 时，采用热泵供热才是合理的。在进行费用比较时，常采用图 10-12 所示的线算图进行分析。

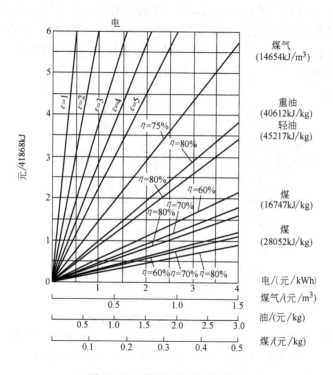

图 10-12　热泵动力费用线算图

【例 10-1】　欲为某建筑提供 418680kJ 的热量，轻油、燃气、煤以及电的相关参数如下，设备的热效率或供热系数见表 10-1。试用线算图确定采用各种热源时所需的费用并填入表 10-1。

轻油的热值和单价为：45217kJ/kg，2.4 元/kg；燃气的热值和单价为：14654kJ/m³，0.8 元/m³；煤的热值和单价为：28052kJ/kg，0.3524 元/kg；电的单价为：0.5 元/(kW·h)。

【解】　据给出的相关数据，查线算图 10-12，即可得到四种方案所需的费用（见表 10-1 中费用一行）。

表 10-1 各种方案的费用比较

	轻 油	燃 气	煤	电 动 热 泵
热效率或供热系数	0.8	0.75	0.7	4
费用/万元	2.78	3.05	0.75	1.46

由计算结果可知，用煤取暖最便宜，而用燃气最贵。热泵的动力费用居中。需要说明的是各方案的费用与电价以及燃料的价格有直接关系，在实际工作中应以各种能源的实际价格为准。

10.4 热泵机组及其应用

在建筑领域，常用的热泵机组可简单划分为单元式热泵机组、风冷热泵式冷热水机组，和水源热泵。前者多用于家庭、商店等场所，具有使用安装方便的特点，后两种多用于较大型空调工程。

10.4.1 单元式热泵机组

随着国民经济的发展与人民生活水平的日益提高，以空气为吸热源或排热源的热泵型房间空调器与热泵型单元式机组已广泛用于家庭、商店、医院、宾馆、饭店等各种场所。下面以家用分体热泵型空调及大型商用单元式热泵机组为例予以介绍。

1. 家用分体热泵型空调器

家用分体热泵型空调器的制冷或制热量范围一般为 2500～7000W 左右。电源为 220V，50Hz。它由单独分开的室内机组和室外机组两部分组成。安装使用时，用制冷剂配管把室内机组和室外机组连接起来，用电线将室内外机组的控制部分连接起来。室内机设有操作开关、室内换热器、贯流风机、电器控制箱等。室外机则设有压缩机、轴流风机，室外换热器、换向阀、毛细管或膨胀阀等。分体式空调器与窗式空调器相比主要有以下特点：

1) 压缩机单独设在室外，故室内噪声很小。

2) 只有制冷剂配管和电线穿过外墙或外窗，故外墙或外窗的开口面积小。

3) 室内机组体积较小，机组大多采用微型计算机控制，故热泵制热效果较好。

4) 由于制冷剂管道安装时采用纳子接头连接，故不可避免地存在着制冷剂的渗漏问题，因此，每隔 3～5 年就需充注一次制冷剂。同时，相对于窗机而言价格较高。

分体式家用空调器按其结构形式主要分为壁挂壁式、落地式、吊顶式和立柜式等。其功能也大大增强，如除湿、定时、静电过滤、自动送风、睡眠运行、热风起动等。

如图 10-13 所示为分体壁挂机的工作原理。在制冷循环中，制冷剂的流向如图 10-13 中实线箭头所示，制冷剂在室内换热器内吸热蒸发后经连接管（低压管）到室外机组，被在室外机组中的压缩机升压升温后排至室外换热器中散热，散热后制冷剂凝结成液体，之后经过滤器、毛细管、止回阀和消声器、截止阀及连接管（高压管）进入室内蒸发器。在制热循环中，制冷剂的流向如图中虚线箭头所示，低温低压的液体制冷剂在室外机组换热器（此时作为蒸发器）内蒸发吸热后，经换向阀被压缩机吸入并将高温高压气体通过截止阀、连接管排入到室内机组，在室内换热器（此时作为冷凝器）放热后制冷剂冷凝成液体，经连接管进入室外机组。历经截止阀、消声器、过滤器、副毛细管、主毛细管、过滤器进入换热器再吸热，完成制热循环，达到从室外吸热并将其排至室内的目的。

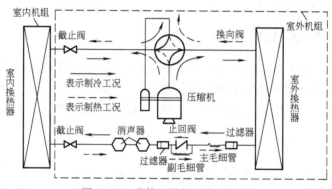

图 10-13　分体壁挂机工作原理图

由图中可以看出，两个循环（制热循环与制冷循环）过程中节流用的毛细管是不同的。即制热循环中制冷剂通过主、副两个毛细管，而制冷循环时则只通过主毛细管。原因是对同一个系统来说，制冷剂的流量在制冷与制热时是不同的。在额定工况下，机组的制热量往往大于制冷量，而制冷剂的质量流量则相反。此时，如只用一根毛细管不能实现制冷与制热运行时均获得最佳的制冷剂流量。这种制冷制热采用两套毛细管的方式称为"双回路"系统。而制冷制热采用一套毛细管的方式则称为"单回路"系统。因此，大分体式热泵空调器多采用"双回路"系统。有些厂商为了节约成本，在分体式热泵空调器中也采用"单回路"系统。

2. 大型商用分体热泵机组

大型商用分体热泵机组指以空气为吸热源或排热源的热泵型单元式空调机

组，其形式有：立柜式、天花板嵌入式、天花板悬吊式和屋顶式等。其制冷及制热量一般为 7 ~ 100kW，电源为 380V，50Hz。下面以立柜式为例介绍大型热泵式空调机组的工作原理。

大型商用分体热泵机组的工作原理与家用分体式热泵型空调器原理类似，与小型机组相比，结构复杂一些，同时压缩机的放置位置也不尽相同，有的放在室内，有的放在室外。图 10-14 所示为某公司生产的、压缩机放置室内、冷凝器放在室外的风冷式热泵型空调机组的流程图。制冷循环如图中实线箭头所示，压缩机排出的高温高压蒸气经换向阀从室内机组排到室外换热器中冷凝成液体，再经分液器、止回阀进入过冷器，制冷剂过冷后流回到室内机组，经干燥过滤器、止回阀、热力膨胀阀、分液器进入室内换热器吸收热量，进行制冷。最后经换向阀通过气液分离器进入压缩机完成制冷循环。

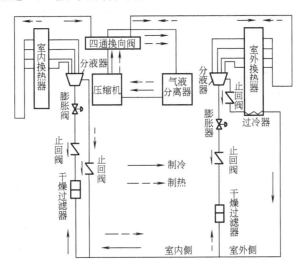

图 10-14 大型商用分体热泵机组的流程图

制热循环如图中虚线箭头所示，借助于换向阀完成制冷剂的流向变换。其流向为：高温高压的气态制冷剂经换向阀在室内换热器冷凝成液体，经止回阀到室外机组，再经干燥过滤器、单向阀、膨胀阀至分液器，然后进入室外换热器吸热汽化，最后经气液分离器进入压缩机完成制热循环。

10.4.2　风冷热泵冷热水机组

风冷热泵冷热水机组是以空气作为低温热源为空调系统提供冷热水的机组，相对于水冷而言，它安装使用方便，插上电源即可使用，无需冷却水系统和锅炉加热系统，特别适用于夏季需制冷，冬季需供热的地区。但由于空气的比热容小，传热性能差，所以空气侧换热器的体积较为庞大。另外，由于空气中含有水分，当空气侧表面温度低于0℃时，翅片管表面上会结霜，结霜后传热能力会下降供热量减小，所以风冷热泵机组在制热工况下工作时要定期除霜。

1. 风冷热泵冷热水机组的形式和结构

风冷热泵冷热水机组所采用的压缩机有往复式制冷压缩机和螺杆式制冷压缩机，机组结构类型可分为组合式热泵冷热水机组和整体式热泵冷热水机组。组合式热泵冷热水机组，由多个独立回路的单元机组组成，每个单元机组有一台压缩机、一台空气侧换热器和一台水侧换热器，几个单元组合起来后将水管连接起来成为一台独立机组。如：某制冷厂生产的风冷热泵冷热水机组系列就属于这种类型。每个单元用一台全封闭往复式压缩机，功率18kW，额定制冷量64.5kW，额定制热量65.6kW。一个机组由5个单元组成，额定制冷量321.5kW，额定制热量328kW。整体式热泵冷热水机组，由一台压缩机或多台压缩机为主机，但共用一台水侧换热器。

风冷热泵冷热水机组的整体结构有如下特点：

（1）空气侧换热器的排列方式和通风形式　大部分产品的通风都采用顶吹式轴流风机，小型机组也采用侧吹形式。换热器则基本上采用铝翅片套铜管组成的排管，其排列方式有直立式、V形、L形和W形多种，其中W形用于大容量机组。

（2）水侧换热器的形式　目前大容量机组基本上都以壳管式换热器为主，有单回路、双回路和多回路形式。回路数由制冷压缩机的数量而定。换热器都属于干式蒸发器类型。小容量机组多采用板式换热器，板式换热器由于体积小、重量轻，已引起许多厂商的重视，但在防冻方面比壳管式要求高。

（3）膨胀阀系统的形式　目前，多数产品都采用独立设置制冷、制热膨胀阀的形式，以满足制冷与制热循环制冷剂流量不同的需求，也有很多中小型产品采用单一膨胀阀，在制热时串联一毛细管来控制流量。随着技术的发展，电子膨胀阀和双向热力膨胀阀已开始被采用。由于电子膨胀阀控制系统具有精度高，反应灵敏，工况稳定等特点，在大容量机组中已取代两只不同规格的热力膨胀阀，此时，不仅流程简单，而且能充分发挥制冷效能，在新型热泵机组中已普遍被采用。

（4）带热回收功能的机组　带热回收功能风冷热泵冷热水机组是在一般常规风冷热泵机组中，增加了一套壳管式辅助冷凝器。该机组可在制热的同时制取45~65℃的热水，节能效果良好。

2. 风冷热泵冷热水机组系统与工作原理

采用螺杆压缩机的风冷热泵冷热水机组的典型流程见图10-15。该系统采用的螺杆压缩机是半封闭螺杆压缩机。齿间润滑采用压差式供油，从而使压缩机运

行时省去一套庞大的油处理装置。制冷剂采用 R22，在制冷工况时，电磁阀 11
开启，电磁阀 10 关闭，从螺杆压缩机排出的高温高压 R22 气体经止回阀 3、四
通换向阀 1，进入空气侧翅片管换热器 2，冷凝后的 R22 液体经止回阀 6 进入储
液器 14。从储液器出来的高压液体经气液分离器 15 中的换热器得到过冷，过冷
后的 R22 液体分两路，一路经电磁阀 7、膨胀阀 5 降为低压低温的 R22 液体，并
喷入螺杆压缩机压缩腔内进行冷却。另一路经干燥过滤器 9、电磁阀 11 和制冷
膨胀阀 12 进入水侧壳管式换热器 16，在额定工况下，将冷水从 12℃冷却到 7℃，
同时 R22 液体吸热蒸发后转变为低温低压的 R22 蒸气。低温低压的 R22 气体再
经四通换向阀 1 进入气液分离器 15，分离后的 R22 气体入压缩机。制热工况时，
四通换向阀换向，电磁阀 11 关闭，电磁阀 10 开启，从螺杆压缩机排出的高温高
压 R22 气体直接进入壳管式水换热器 16，将热水从 40℃加热到 45℃，送入空调
系统。在换热器中冷凝后的液体，经止回阀 13，进入储液器 14。从储液器出来
的 R22 液体经气液分离器中的换热器过冷后，再经干燥过滤器 9、电磁阀 10 和
制热膨胀阀 8 进入翅片管空气换热器 2，蒸发后的 R22 气体经四通换向阀 1 进入
气液分离器 15。在气液分离器中分离后的 R22 气体吸入压缩机。冬季机组在制
热工况下运行时，室外温度在 5～7℃以上时，翅片管换热器不结露，传热系数
较高。在 0～5℃范围翅片管换热器表面就会结霜。除霜运行时机组的四通换向
阀换向，采用热气融霜方式，从制热工况转向制冷工况，让压缩机的排气直接进
入空气侧换热器，使翅片管表面霜融化，除霜时间一般在 10～20min。

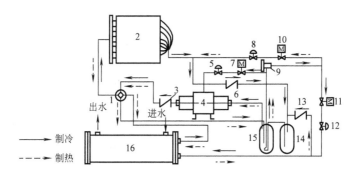

图 10-15　用螺杆压缩机的风冷热泵冷热水机组的制冷剂流程
1—四通换向阀　2—空气侧换热器　3—止回阀　4—双螺杆压缩机
5—喷液膨胀阀　6—止回阀　7、10、11—电磁阀　8—制热膨胀阀
9—干燥过滤器　12—制冷膨胀阀　13—止回阀　14—储液器
15—气液分离器　16—壳管式换热器

3. 风冷热泵冷热水机组的除霜及控制方法

风冷热泵冷热水机组采用的除霜方法都是通过四通换向阀将制热循环转入制
冷循环，使压缩机排出的高温高压气体直接进入翅片管换热器来融解翅片表面的

霜层而达到除霜之目的。不同产品机组使用不同的控制方法，大致可归纳为以下两种：

（1）采用温度-时间控制器进行除霜控制　当机组进入制热工况后，低压低温的制冷剂进入翅片管换热器吸收低温热源热量。当换热器表面结霜后热阻增大，低温热源与换热器盘管（管内是蒸发温度）间温差加大，蒸发温度及其对应的吸气压力下降。霜层越厚，换热器盘管温度（或吸气压力）越低，温度降到设定值 t_1 时，由温控器的感温包将信号输入时间继电器开始计时，进入除霜模式（制冷循环）。进入除霜模式后，首先是四通换向阀动作、然后室外风机停转，随之压缩机的高温气体进入盘管，使翅片盘管表面上的霜融化。当霜层融化完后，盘管表面温度开始上升，当盘管温度（或排气压力）上升到设定值 t_2、或除霜执行时间达到设定的最低除霜时间时，除霜模式即告终止，机组又恢复制热循环。当制热循环中翅片盘管的温度又第二次下降到设定值 t_1，或者超过设定的制热周期 $a(\min)$ 时又进入第二次除霜阶段。这样循环往复，保障机组在低温结霜工况下稳定运行。

图 10-16 显示出由感温包测得的盘管温度在机组除霜模式和制热工况下随时间的变化。如果机组在制热工况下，盘管温度下降较快，到达 t_1 的时间缩短，也就是说距离上一次除霜的时间间隔（AD）小于除霜间隔时间 $a(\min)$，则机组仍将继续制热，直至时间继电器到达设定点 C，与上一次除霜时间间隔到达 a 后，机组才进入除霜模式，见图 10-17。

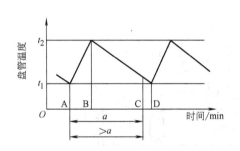

图 10-16　盘管温度随时间的变化

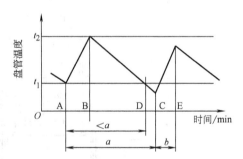

图 10-17　盘管温度早于除霜周期
达到设定值时的情况

（2）采用温差-时间控制器控制除霜　温差-时间控制器控制除霜的原理与温度-时间控制器相似，不同的是这里采集的参数是翅片盘管表面与低温热源（室外空气）之间的温差，而不是盘管表面的温度。具体控制过程不再赘述。

10.4.3　水源热泵

水源热泵是相对空气源热泵而言的，它是以水作为低温热源而提供热量。目前，水源热泵的分类并不完全一致。经查阅文献，参照美国 ARI 标准将水源热泵进行分类，水源热泵分为水环热泵（Water Loop Heat Pump）、水源热泵（Water Source Heat Pump）和地源闭环热泵（Ground Source Closed Loop Heat Pump）三大类。其中水源热泵又可细分为地下水（如深井水）热泵和地表水（如江、河、湖、海水等）热泵。下面介绍这三类水源热泵各自的特点。

1. 水环热泵

（1）水环热泵空调系统的原理及特点　水环热泵空调系统是指水—空气热泵联成一个封闭的水环路，以建筑物内部余热为低温热源的热泵系统。其原理如图 10-18 所示。在制热时，以水为加热源，在制冷时以水为排热源。机组供冷运行时，水侧换热器作为冷凝器用，风侧换热器作蒸发器用；机组供热运行时，二者作用恰好相反。若空调房间达到设定温度时，热泵中的压缩机就停止工作，机组既不供冷也不供热。当水源热泵空调机组制冷运行的放热量大于制热运行的吸热量时，环路中水的温度上升，当超过一定值时，通过冷却塔将热量放出。当水源热泵空调机组制冷运行的放热量小

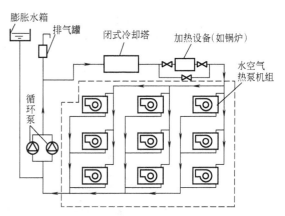

图 10-18　水源热泵空调系统的组成

于制热运行的吸热量时，环路中水的温度将下降，当其低于一定值时，通常使用加热装置对循环水进行加热。只有当建筑物内区的余热与外区需要的热量相等时，通过水环热泵空调系统将建筑物内的余热量转移到需要热量的外部区域，此时，既不起动冷却塔，也不起动加热装置，系统才能在最佳状态下运行。这时系统将获得最佳的节能效果。事实上，在不同的季节不可能完全达到这种效果，下面将就四个季节的运行情况进行分析。

不同季节水环热泵空调系统的运行工况分析见图 10-19。图 10-19a 是夏季运行情况，此时所有房间均需制冷，水-空气热泵空调机组放给循环水的热量，通过冷却水塔散出，使水环路的水温保持在 35℃ 以下。图 10-19b 是冬季运行情况，此时所有房间均需供热，这时分散安装于各房间的水-空气热泵空调机组从循环水中吸收热量，而这些热量由加热设备补给。图 10-19c 是春、秋季时运行的情况，此时水-空气热泵空调机组有约 40% 制冷、60% 制热，水循环系统接近于热平衡，无需开动加热设备和冷却设备，系统的水温保持在 13 ~ 35℃ 之间。图 10-19d 所示是建筑物的内区由于灯光、人体和设备的散热量，

使这些房间全年需要制冷的情况。而该建筑物周边的房间在冬季时需要制热，此时可利用内区的房间放出的热量加热循环水，再通过循环水加热周边房间，其不足部分可起动加热设备补充。在图 10-19c、d 两种工况下，建筑物内的余热通过闭式环路得到了转移，减少了冷却塔和加热设备的运行时间，节约能耗，从这种意义上说，水环热泵空调系统是一种热回收系统。对于有多余热量或内区面积较大的建筑物，利用水环热泵空调系统不仅可以取得良好的节能效果，也可以获得良好的经济效益。

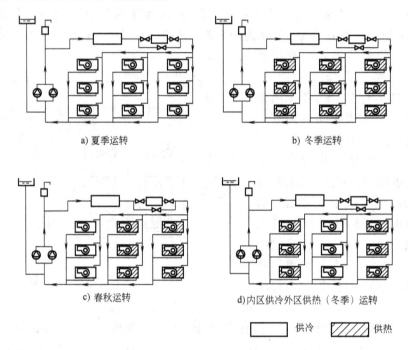

图 10-19　水环热泵在不同季节中的运行状况

（2）水环热泵空调系统的加热与冷却装置　水环热泵空调系统在冬季运行时，尤其在气温较低而要求有一定供暖时间的地区，当水系统的温度不足以维持水环路所规定的最低温度（一般为 15℃）时，就必须要投入加热装置。加热装置的容量大小应视具体工程、具体地区而定。一般应先计算出建筑物的热负荷，然后扣除水-空气热泵机组的总压缩功、回收冷凝热，最后乘以适当的同期使用系数即可得出加热装置的容量。通常使用的加热装置有电锅炉、燃气锅炉、燃油锅炉等。

当水源热泵空调机在夏季使用时，要将冷凝热量排入循环水系统，根据标准，当水温超过 32℃ 时，要起动冷却水系统将热量排入大气。冷却塔的形式有两种，即封闭式冷却塔和开式冷却塔。在封闭式冷却塔中，冷却塔的喷淋循环水与水源热泵空调系统中的循环水不接触，循环水降温是通过冷却塔中的换热器进行的。在开式冷却塔中，由于循环水经喷淋冷却后，会有部分灰尘和杂质混入水中，容易引起热泵空调机的冷凝套管堵塞。因此，为了避免热泵空调机的冷凝套管的堵塞，工程上常采用开式冷却塔加板式换热器的方式。这样，水源热泵空调系统中的循环水便成为闭式循环水系统。

2. 水源热泵

水源热泵可分为地下水（如深井水）热泵和地表水（如江、河、湖、海水等）热泵，现分别予以介绍。

（1）地下水源热泵系统　地下水源热泵是以深井水为换热介质的热泵系统，它利用深井水直接或间接与热泵机组进行热量交换，热交换后的水再回灌到另一口井内，以保持地下水位的平衡。地下水源热泵从所使用的水源温度可划分为低温水源热泵和高温水源热泵两类。低温水源热泵的水温一般为 14～22℃ 左右，高温水源热泵的水温一般为 30～60℃ 左右。从深井水与热泵机组的连接方式可划分有两种，一种是直接连接方式，另一种是间接连接的方式。

1）低温水源热泵。这种水源热泵应用较为广泛，它以储存在地下的温度为 14～22℃ 左右的水作为热泵的热源和热汇。根据热泵与地下水的换热形式可分为两种连接方式，即直接连接方式和间接连接方式。

a. 直接连接方式。直接连接的方式如图 10-20 所示。自深井中抽取的水首先进行处理，之后利用三通阀使一部分水回流，以便使热泵机组的流量达到其额定值。此系统设备简单，机房面积小，但水质不可靠，水质处理工作量大，且仅适合于一个压力分区。

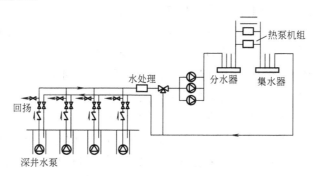

图 10-20　直接连接系统图

b. 间接连接方式。间接连接方式如图 10-21 所示。深井水与闭式水环系统用板式换热器隔开，形成一次水和二次水系统。一次水系统是指由深井泵和板式换热器组成的水回路；二次水系统是指由板式换热器和热泵机组构成的回路。由一次水和二次水系统组成的水系统设备较多，占用机房面积较大。同时，增加一台板式换热器还会增大温差，从而将降低地下水的利用温差。但这种系统的优点是水处理工作量小，且水质有保证，同时可根据楼层高度进行压力分区。具体采用哪种方式，应视具体情况而定。

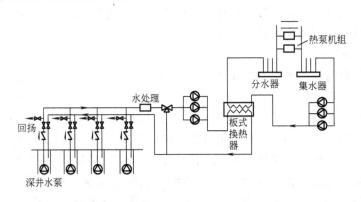

图 10-21　间接连接系统图

地下水源热泵中央空调系统成败的关键是深井水源。文献显示，提升的深井水含有 1/10000 的细砂，长期运行就会将回灌井壁的网眼堵塞，使回灌量下降直到报废。解决的方法是使取水井和回灌井都安装深井泵，取水井和回灌井轮换运行，且回灌井要定期"回扬"。所谓"回扬"是将由回灌井中提升上来的含有细砂的水排掉，"回扬"的目的是使回灌井的网眼不致堵塞。一般每运行 15 天左右就应回扬一次，时间 10~20min。

2）高温水源热泵。高温水源热泵，是指以温度为 30~60℃ 左右的地下水作为热泵的低温热源，为供暖系统提供 70~90℃ 热水的装置。如：实际工程应用的高温水源热泵机组，采用高温环保制冷剂直接把 30~60℃ 的低温地热水加热到 70~90℃，可用以取代燃煤锅炉解决高寒地区的地热供暖问题。这种热泵还可用于地热采暖尾水的能量回收系统中，以降低地热尾水的排水温度。高温热泵研究主要集中在制冷剂选择以及在此基础上的系统优化匹配。

（2）地表水源热泵系统　地表水源热泵就是利用江、河、湖、海的地表水作为热泵机组的热源。当建筑物的周围有大量的地表水域可以利用时，可通过水泵和输配管路将水体的热量传递给热泵机组或将热泵机组的热量释放到地表蓄水体中。根据热泵机组与地表水连接方式的不同，可将地表水源热泵系统分为两类，即：开式地表水源热泵系统和闭式地表水源热泵系统。

图 10-22 为这两种形式的示意图。在开式地表水源热泵系统中，水泵从蓄水体底部将水通过管道输送到热泵机组中，进行热量交换后，再通过排水管道又将其输送回湖水表面，但水泵的吸入口与排放口的位置应相隔一定的距离。开式系统的优点是：可有效利用地表水与热泵机组的换热温差，因为

没有中间换热器；缺点是热泵机组的结垢问题。为此可采用可拆卸的板式换热器，并定期对其进行清洗或对机组进行定期的反冲洗等。另外，在冬季制热时，如湖水温度较低时，会有冻结机组换热器的危险，因此开式系统只能用于温暖气候的区域。

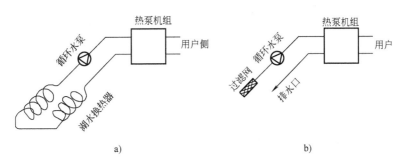

图 10-22 地表水源热泵示意图

a) 闭式系统 b) 开式系统

在闭式地表水源热泵系统中，热泵机组用的循环水（或防冻液）与湖水不接触，因此机组结垢的可能性很小，并可保持洁净。湖水换热器是闭式地表水源热泵系统的关键，制作湖水换热器最常用的材料是高密度聚乙烯塑料管，在美国也有采用铜管来制作的。铜管导热性能比聚乙烯管要好，但它的使用寿命不如聚乙烯管，且价格昂贵。

3. 地源闭环热泵

地源闭环热泵（也称土壤源热泵或土壤耦合热泵）的工作原理是：通过土壤换热器中循环的介质吸收土壤中的热量，然后将热量传递给热泵的蒸发器，为热泵提供低温位热源。再通过热泵的运行，提升热能的温位，为热用户供热。地源闭环热泵还能改善土壤的温度场和动植物的生存条件。土壤热量的采集要通过土壤换热器进行，土壤换热器通常有水平埋管和垂直埋管两种形式。水平埋管又分为单层布置和双层布置两种，单层水平布置是最早也是最常用的一种形式，一般设计管埋深为 0.5 ~ 2.5m。管间距大于 1.5m。双层布置盘管系统第一层埋深约为 1.2m，第二层埋深约为 1.9m。垂直埋管热泵系统分浅埋和深埋两种。浅埋深度为 8 ~ 10m，深埋的钻孔深度由现场钻孔条件及经济条件决定，一般介于 33 ~ 180m 之间。溶液在垂直的 U 形弯管中循环，在垂直埋管系统中管道深入地下，土壤热特性不会受地表温度影响，因此，能确保冬季散热与夏季得热土壤的热平衡。垂直埋管中，常用的环路构成方式见图 10-23。图 10-24 和图 10-25 分别是垂直和水平布置的土壤换热器的典型示例。

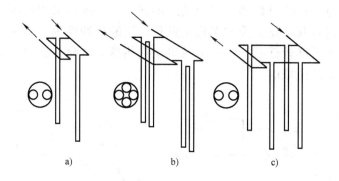

图 10-23 垂直式换热器典型环路构造

a) 单竖井/环路, 单 U 形管/竖井 b) 单竖井/环路, 双 U 形管/竖井

c) 多竖井/环路, 单 U 形管/竖井

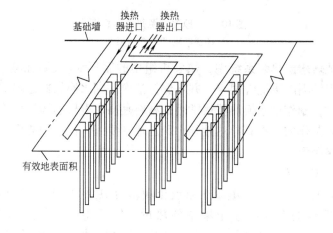

图 10-24 垂直式换热器示例

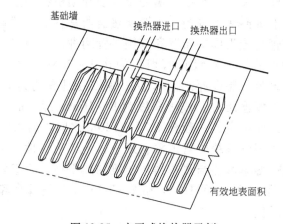

图 10-25 水平式换热器示例

土壤换热器的材料多采用热熔性塑料，包括聚乙烯管、聚丁烯管和聚氯乙烯管（PVC）。尽管金属管材具有良好的导热性，但一般不采用，因为金属管材的抗腐蚀能力差，且造价高，而高密度聚乙烯则具有高强度和抗腐蚀能力，寿命长达 50 年之久。由于土壤热交换与管径并没有很明显的关系，所以管径的选择主要考虑循环制冷剂的阻力损失和管道造价等因素，通常直径为 20 ~ 50mm。

10.4.4 太阳能热泵

太阳能热泵是以太阳能为热源的热泵系统，由于太阳能的辐射强度较小，当供热所需的热量较大时，就需要很大的太阳能集热器，因此实际工程中很少单独使用太阳能作为热泵的热源。通常采用太阳能与土壤源联合工作的方式作为热泵的热源，即：太阳能-土壤源热泵。

太阳能-土壤源热泵是以太阳能和土壤热为复合热源的热泵系统，是太阳能和土壤热综合利用的一种形式。在寒冷地区，太阳能集热器与埋地盘管的组合，具有很大的灵活性，可弥补单独热源热泵的不足，一年四季均可以利用，可提高装置的利用系数。冬季供暖运行时，当太阳能集热器所提供的热量能满足建筑物的热需求时，可以由太阳能集热器直接将热量供给太阳能热泵供热，当太阳能集热器供给的热量不足以为建筑物供热时，则由土壤源热量来补充，如图 10-26 所示。这样，土壤源热泵就可实现间歇运行，使土壤温度场得到一定程度的恢复，以提高土壤源热泵的性能系数。另外，在我国北方地区，冬季土壤温度较低，而且以供热负荷为主。若完全采用地源热泵来供暖，则地热换热器及机组的初投资均比较高，连续运行的效率也较

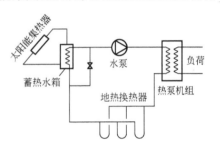

图 10-26 利用太阳能辅助加热的地源热泵系统

低。而在夏季运行时，机组的容量又显得过大，造成浪费。因此，可利用太阳能集热器作为辅助能源，在白天的时间，完全依靠地源热泵供暖，夜间利用太阳能集热器储存的热量，使土壤换热器与太阳能集热器联合工作。研究结果表明，太阳能-土壤源热泵比完全用土壤源热泵供暖更经济。

思 考 题

1. 何谓热泵的性能系数？供热系数？三者关系如何？
2. 何谓一次能源利用率？引入此概念有何意义？
3. 第一、二类吸收式热泵在工作原理上有何区别？

4. 以发动机驱动的热泵有何优点？在什么条件下使用较为合理？

5. 空气源热泵、水源热泵、地源闭环热泵各有什么优缺点？

6. 在大型热泵机组中，制冷和制热运行时为何要独立设置节流装置？

7. 水环热泵为什么节能？什么条件下使用其节能效果最为显著？

8. 太阳能是取之不尽的，但到目前为止其利用率却不高，原因何在？

第 11 章

制冷技术应用

11.1　空调冷水机组设计

11.1.1　空调冷水机组设计内容

在空调冷水机组中，活塞式、螺杆式制冷压缩机以单级压缩循环工作；离心式制冷压缩机以单级、双级或三级压缩循环工作。

空调冷水机组的设计内容主要有制冷工艺设计、机组电气与自动控制设计、机组结构设计等。空调冷水机组的制冷工艺设计主要包括制冷机及电动机选配设计、换热器设计、节流装置的选配设计及其他辅助设备的选配设计等。

11.1.2　空调冷水机组制冷压缩机与电动机的选配

1. 制冷剂的选择

选配制冷压缩机之前首先应根据工程需要选择制冷剂。冷水机组常用的制冷剂有 R22、R123、R134a、R407C、R410A 等。选择时应考虑制冷剂的热力学性能、物理化学方面性能、安全性与经济性、全球环境影响方面的性能等，根据设计工况要求来择定高温、中温或低温制冷剂。

2. 制冷压缩机的选配设计

制冷压缩机选配设计的主要步骤包括制冷压缩机的种类选择和规格选配。

（1）制冷压缩机种类选择　在设计冷水机组中，首先根据应用要求和产品要求选择制冷压缩机的种类。目前冷水机组常选用的制冷压缩机有开启式、半封闭式、全封闭式活塞式制冷压缩机；开启式、半封闭式、全封闭式螺杆式制冷压缩机，单螺杆式、双螺杆式制冷压缩机；单级、双级、三级离心式制冷压缩机。另外，根据要求确定制冷压缩机是单机头或多机头的组合形式。

（2）制冷压缩机规格选配　工程中使用的空调冷水机组具有一定的规格、

型号，在设计时应根据冷水机组要求来选配制冷压缩机的规格、型号、台数及生产厂家。

3. 电动机的选择

根据上述选定的制冷压缩机，应用前几章计算电动机功率的公式确定制冷压缩机所配备的电动机功率、规格和型号。

对于开启式机组还需确定制冷压缩机与电动机的连轴方式。

11.1.3 空调冷水机组冷凝器和蒸发器

冷凝器和蒸发器是空调冷水机组的主要换热器。机组冷凝器和蒸发器的设计内容主要有换热器的设计参数确定、换热器的热力计算和换热器的结构设计等。

1. 冷凝器与蒸发器的设计参数确定

冷凝器与蒸发器的设计参数包括热力参数和几何参数。在这些参数中又分为给定参数、选择参数和结果参数。

（1）给定参数　冷凝器和蒸发器设计的给定参数主要是机组的制冷量、由标准规定的蒸发温度，冷凝温度和冷冻水、冷却水在名义工况下的进出水温度。

（2）结果参数　设计的结果参数是蒸发器和冷凝器的传热系数，传热面积或传热管束的管数和水侧总的流动阻力。

（3）选择参数　除给定参数外在进行传热计算和阻力计算时还缺乏一些必要的参数，这些参数要根据制造厂的具体情况来进行选择，即选择参数。主要的选择参数有：

1）换热器中水温升的选择。

2）换热器传热管材料及特性确定。

3）传热管内水速的选择。

4）根据冷却水或冷冻水的理化性质，参考水质标准来确定换热器的污垢系数。

2. 冷凝器和蒸发器的热力设计要点

冷凝器和蒸发器的热力设计要点主要包括：

（1）冷凝器和蒸发器热负荷的计算　通过制冷循环热力分析，由制冷压缩机的产冷量来确定冷凝器的热负荷 Q_K 和蒸发器的制冷量 Q_0。Q_K 与 Q_0 的计算方法可参见前几章制冷循环热力分析。另外，冷凝器的热负荷与冷却水的吸热量相平衡；蒸发器的热负荷与冷冻水的放热量相平衡。

（2）冷凝器与蒸发器的初步结构设计计算　在卧式壳管式冷凝器与蒸发器的传热计算中，要考虑管排布置对换热的影响，因此，在传热计算之前须对冷凝器与蒸发器进行初步结构设计。初步结构设计内容主要是选取冷凝器与蒸发器热流密度 $q_A(W/m^2)$，确定传热管总长 $L(m)$；以及根据合理的长径比 l/D_i 确定冷凝器与蒸发器的流程数 N、每一流程管数 Z、有效单管长 $l(\mathrm{m})$ 及壳体内直径 D_i（m）。

（3）传热流体的放热系数计算　　根据各种类型冷凝器与蒸发器的传热特性来确定制冷剂侧的放热系数和水侧放热系数。另外还需计算传热管的油膜热阻 R_{oil} 与污垢热阻 R_S。上述传热的具体计算方法参见相应的换热器设计手册和传热设计手册。

（4）卧式壳管式冷凝器与蒸发器的传热面积计算

例如，卧式壳管式冷凝器的传热面积计算式为

$$A_K = \frac{Q_K}{K_K \Delta t_m} = \frac{Q_K}{q_A} \tag{11-1}$$

卧式壳管式蒸发器的传热面积计算式为

$$A_0 = \frac{Q_0}{K_0 \Delta t_m} = \frac{Q_0}{q_A} \tag{11-2}$$

式中　A_K、A_0——冷凝器、蒸发器传热面积($\mathrm{m^2}$)；

$\quad\quad Q_K$、Q_0——冷凝器负荷、制冷量(W)；

$\quad\quad K_K$、K_0——冷凝器、蒸发器的传热系数$[\mathrm{W/(m^2 \cdot \mathcal{C})}]$；

$\quad\quad q_A$——换热器的热流密度($\mathrm{W/m^2}$)。

3. 冷凝器和蒸发器的水侧总流阻计算

卧式壳管式冷凝器的冷却水和干式壳管式蒸发器的冷冻水的总流动阻力可用经验公式求得，即

$$\Delta p = \frac{1}{2}\omega^2 \rho \left[fN\frac{l}{d_i} + 1.5(N+1) \right] \tag{11-3}$$

式中　Δp——水在换热器内的总流动阻力(Pa)；

$\quad\quad N$——换热器流程数；

$\quad\quad l$——换热器内单根传热管长度(m)；

$\quad\quad d_i$——传热管内径(m)；

$\quad\quad \omega$——水在传热管内的流速(m/s)；

$\quad\quad \rho$——水的密度($\mathrm{kg/m^3}$)；

$\quad\quad f$——流动阻力系数，$f = 0.178bd_i^{-0.25}$，式中 b 是系数，钢管取 0.098，
　　　　铜管取 0.075。

11.1.4　单元式空气调节机组节流装置的选配

冷水机组的节流器根据机组实际情况选用，常用的有外平衡式热力膨胀阀、节流孔板等。各节流器通径可根据通过孔口的制冷剂流量和节流前后的焓差来计算，也可利用经验公式或图表确定。

11.2　空调冷冻机房制冷工艺设计

11.2.1　空调冷冻机房制冷工艺

冷冻机房是提供和调节空调系统冷源的场所。冷冻机房内的制冷机系统、冷却水系统和冷媒水系统组成了空调工程的冷源系统。图 11-1 是采用压缩式冷水机组的空调冷源系统工作原理示意。

制冷机系统的工作过程是：制冷机消耗功(或热能)使制冷剂升压并输入冷凝器；在冷凝器中制冷剂向冷却介质(水或空气)放出冷却冷凝热并凝结成制冷液体；在节流装置中制冷剂由冷凝压力降压至蒸发压力，并由液态转变为湿蒸气后输入蒸发器；在蒸发器中制冷剂汽化吸热，使冷媒水降温。

冷媒水系统的工作过程是：空调系统吸热后的各环路冷媒水经集水器汇集后，由冷媒水泵输入制冷机组的蒸发器。冷媒水在蒸发器中经制冷剂吸热而被冷却，再由分水器分配给各空调系统环路吸收热量。

冷却水系统的工作过程是：经冷却塔向环境放热后的冷却水通过冷却水泵输入冷凝器；在冷凝器中，冷却水吸收制冷剂放出的冷却冷凝热，吸热后的冷却水再进入冷却塔向环境放热。

11.2.2　空调冷冻机房常用冷水机组

根据制冷装置的形式，空调冷冻机房制冷系统可分为现场组装式和机组式。现场组装式制冷装置根据设计购进相应的制冷压缩机、冷凝器、蒸发器等设备，在施工现场进行单体安装，并用管道把各设备连接起来组成机房制冷系统。机组式制冷装置则是直接应用整体冷水机组来组成机房制冷系统。现代空调工程主要采用冷水机组作为冷源系统。常用的冷水机组有：活塞式冷水机组、螺杆式冷水机组、离心式冷水机组、溴化锂吸收式冷水机组与风冷热泵型机组等。

1. 活塞式冷水机组

活塞式冷水机组是应用较早的机型之一。活塞式制冷压缩机装置简单，对材料要求低，加工容易，造价较低。活塞式制冷压缩机的单机制冷量较小(58 ~ 580kW)，采用多机头、高速多缸、短行程、大缸径后容量有所增大，机组制冷性能可得到改善。活塞式制冷压缩机的容量调节性好，在变工况下运行时，性能系数的影响较小。活塞往复运动的惯性力大，制冷机转速较低，运转时振动较大。活塞式制冷机湿冲程敏感，机器结构复杂，易损件多，维修工作量大。

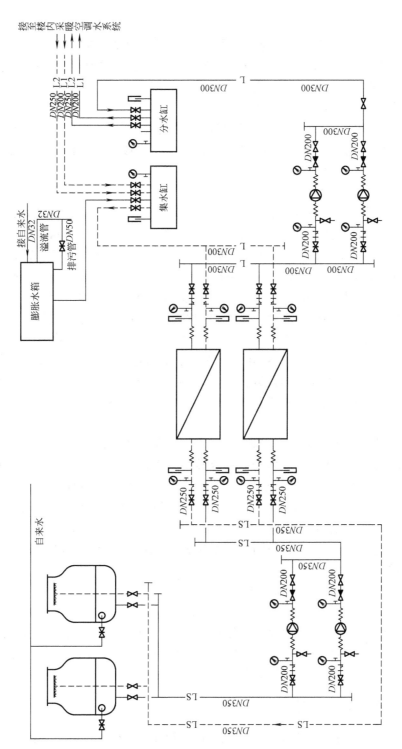

图 11-1 采用压缩式冷水机组的空调冷源系统工作原理

2. 离心式冷水机组

离心式冷水机组是中大型空调工程中应用较广的机型。离心式制冷机转速高，单机制冷量大（350～3500kW）、COP 高。离心式制冷机组结构紧凑、质量轻，占地面积小。离心式制冷机无往复运动部件，运转平稳、振动小，工作可靠、操作方便、维护费用低。离心式制冷机的制冷量在 15%～100% 的范围内能方便、经济地实现无级调节。当采用多级压缩时，可提高效率和改善低负荷时的喘振现象。离心机循环时，制冷剂与润滑油基本不接触，油分离装置简单，换热器传热效果好。离心式冷水机组对变工况的适应性较弱，在变工况和低容量下工作时易产生喘振。

3. 螺杆式冷水机组

螺杆式冷水机组兼有活塞式和离心式冷水机组两者的特点，是目前空调工程中应用较广泛的机型之一。螺杆式制冷压缩机结构简单紧凑、质量轻、占地面积少。螺杆式制冷机无往复运动部件，运转平稳、振动小，调节方便，转速高，单机制冷能力较大（580～1000kW）。螺杆式制冷机湿冲程不敏感，输气量不受排气压力影响，输气脉动小，排气均匀，小流量时无喘振现象。螺杆机单级压缩的升压比较大，排气温度低，高升压比下仍能保持较高的容积效率。螺杆式制冷机的容量调节性好，尤其在变工况运行时 COP 较大。大多数的螺杆式制冷机采用喷油冷却，需设置高效油分离器和油冷却器；大容量螺杆机组的运转噪声较大。同一台机组，由于具有固定的内容积比（具有可调内容积比的机组除外），适应工况范围不及活塞式制冷机那样宽广。

4. 溴化锂吸收式机组

溴化锂吸收式机组也是目前空调工程中常用的机型之一，有蒸气型、热水型、直燃型以及冷水型、冷（热）水型等形式。溴化锂吸收式机组以低位热能（余热、废热等）为主要动力，耗电量少，并可实现冷、热、电联供的综合能源利用。溴化锂吸收式机组运动部件少，制造简单、振动小。溴冷机工质对无毒无害，机组负压运行，安全性好。溴化锂吸收式机组的热力系数低，冷却负荷大，冷却水用量大。当溴化锂吸收式机组的密封性破坏时，会产生严重的制冷量衰退；溴化锂吸收式机组使用寿命比压缩式短。

5. 风冷热泵型冷（热）水机组

风冷热泵型冷（热）水机组以空气作为冷热源，使用方便，系统简单，应用灵活。但由于空气的比热容小与室外侧蒸发器的传热温差小等原因，所以机组配风量较大，机组的体积也较大。风冷热泵型机组的制冷（热）量受环境条件（室外空气温度、室外换热器表面状态等）影响较大。

11.2.3 冷水机组的选择

在选择冷水机组时应充分了解工程特征和各项条件，综合考虑建筑物的用途、各类冷水机组的性能和特征、当地水文气象条件与能源条件、建筑物全年空调冷负荷的分布规律、建设初投资和运行费用等因素。

1. 空调用冷水机组工况

空调冷水机组的实际工作(或设计)工况由实际工作温度条件决定,与机组的名义工况可能相同,也有可能不相同。对于一台制冷压缩机来说,当使用的制冷剂一定时,不同工况下的制冷量和轴功率间的换算公式可按式(11-4)、式(11-5a)、式(11-5b)计算

$$Q_{0,b} = Q_{0,a}\frac{\lambda_b q_{v,b}}{\lambda_a q_{v,a}} \tag{11-4}$$

$$P_{e,b} = P_{e,a}\frac{q_{m,b}}{q_{m,a}} \cdot \frac{w_{0,b}}{w_{0,a}} \cdot \frac{(\eta_i\eta_m)_a}{(\eta_i\eta_m)_b} \tag{11-5a}$$

或

$$P_{e,b} = P_{e,a}\frac{(\lambda w_v)_b}{(\lambda w_v)_a} \cdot \frac{(\eta_i\eta_m)_a}{(\eta_i\eta_m)_b} \tag{11-5b}$$

式中　$Q_{0,a}$、$Q_{0,b}$——工况 a、b 时的制冷量(kW);

$q_{v,a}$、$q_{v,b}$——工况 a、b 时的单位容积制冷量(kJ/m³);

λ_a、λ_b——工况 a、b 时输气系数;

$P_{s,a}$、$P_{s,b}$——工况 a、b 时制冷压缩机轴功率(kW);

$q_{m,a}$、$q_{m,b}$——工况 a、b 时制冷剂循环量(kg/s);

$w_{0,a}$、$w_{0,b}$——工况 a、b 时单位理论功(kJ/kg);

$\eta_{i,a}\eta_{m,a}$、$\eta_{i,b}\eta_{m,b}$——工况 a、b 时指示效率和机械效率;

$w_{v,a}$、$w_{v,b}$——工况 a、b 时单位容积理论功(kJ/m³)。

2. 冷水机组容量、台数的确定

冷水机组的容量根据制冷系统的总制冷量来确定。制冷系统的总制冷量包括系统耗冷量和冷损失,可按下式计算

$$Q_0 = (1+A)Q = \sum K_i Q_i \tag{11-6}$$

式中　Q_0——制冷系统的总制冷量(W 或 kW);

Q——用户实际所需要的制冷量(W 或 kW);

A——冷损失附加系数,对于间接供冷系统,当空调工况制冷量小于 174kW 时,取 0.15~0.20;当空调工况制冷量为 174~1744kW 时,取 0.15~0.15;当空调工况制冷量大于 1744kW 时,取0.05~0.07;对于直接供冷系统,取 0.05~0.07。

Q_i——各个冷用户所需最大制冷量(W 或 kW);

K_i——各个冷用户同时使用系数,根据工程实际确定。

冷水机组台数的确定应考虑保证系统可靠运行和适应空调负荷的变化。当选

择多台冷水机组时，需综合考虑空调系统的设计负荷和过渡季负荷、空调分区负荷特征。

3. 冷水机组的 IPLV 或 NPLV

对于空调系统来说，冷水机组在较长时间内是处于部分负荷工况下运行，所以在分析冷水机组性能时，不但要比较名义工况下的性能，还应比较部分负荷时的性能。所以，综合部分负荷工况值(IPLV)或非标准部分负荷工况值(NPLV)更能反映机组运行的经济性。在规定的工况条件下，IPTV 或 NPLV 的计算公式为

$$IPTV \text{ 或 } NPLV = 0.01A + 0.42B + 0.45C + 0.12D \tag{11-7}$$

式中　A——100% 负荷工况点时的 COP；

　　　B——75% 负荷工况点时的 COP；

　　　C——50% 负荷工况点时的 COP；

　　　D——25% 负荷工况点时的 COP。

11.2.4　机房冷冻水系统设计

根据工程应用不同，机房冷冻水系统有闭式系统与开式系统、并联系统与串联系统、单式泵系统与复式泵系统。

1. 闭式系统与开式系统

闭式冷冻水系统和开式冷冻水系统的基本工作原理如图 11-2 和图 11-3 所示。

闭式系统(图 11-2)常采用壳管式蒸发器，不设置冷水箱或回水箱，占地面积小，系统水容量小，蓄冷能力小，系统简单。闭式系统供水泵需要设置定压设备，水泵扬程小。闭式系统与外界空气接触少，管道腐蚀性小，系统寿命长。目前舒适性空调系统常采用闭式冷冻水系统。

开式系统(图 11-3)需要设置冷水箱和回水箱，系统水容量大，蓄冷能力大，运行稳定，控制简便。开式系统的供水泵扬程大，泵吸入侧须保证足够的静水压头，管道腐蚀性较大。开式系统常应用于喷水室和冷水池等系统。

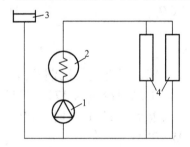

图 11-2　闭式冷冻水系统
1—水泵　2—蒸发器
3—膨胀水箱　4—用户

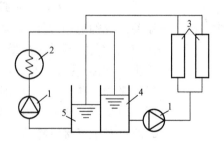

图 11-3　开式冷冻水系统
1—水泵　2—蒸发器　3—用户
4—冷水箱　5—回水箱

2. 并联系统与串联系统

根据各蒸发器之间连接方式的不同，冷冻水系统又可分为并联系统与串联系统，其基本工作原理如图 11-4、图 11-5 所示。

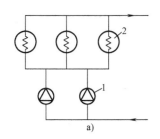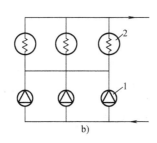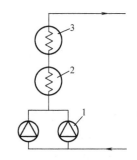

图 11-4　并联式冷冻水系统

1—水泵　2—蒸发器

图 11-5　串联式冷冻水系统

1—水泵　2—第一级蒸发器　3—第二级蒸发器

图 11-4a 所示系统，全部蒸发器共用几台循环水泵，各水泵的备用性好，适合改变冷冻水供水温度以适应用户负荷变化的定流量系统。图 11-4b 所示系统，每台蒸发器各有独立的循环水泵，可根据负荷减少，停用部分蒸发器及循环水泵，适应变流量调节。

图 11-5 为串联式冷冻水系统。在该系统中，蒸发器由第一级、第二级串联布置，这样不仅可以增加蒸发器的水流量，提高蒸发器的传热效果，同时第一级蒸发器的冷冻水温度较高，其蒸发温度也有所提高，从而改善系统性能参数。串联式冷冻水系统适用于定流量及冷冻水供、回水温差较大的系统。

3. 单式泵系统与复式泵系统

根据空调系统冷源侧、末端侧负荷的分布情况，在工程中分别采用单式泵(一次泵)系统或复式泵(二次泵)系统。

图 11-6 表示了单式泵冷媒水供水系统工作原理。单式泵供水具有系统简单，节省投资，水泵台数及流量与制冷机台数和设计工况流量相对应的优点。由于冷媒水供水泵设置在冷源侧，并通过分水器分配于各空调分区，

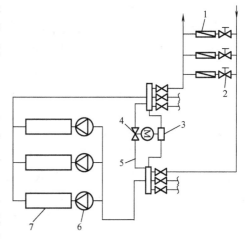

图 11-6　单式泵冷冻水系统

1—空调末端设备　2—二通调节阀　3—压差控制器　4—电动调节阀　5—旁通管　6—冷冻水泵　7—冷水机组

所以单式泵系统适用于各分区负荷较平衡的中小型建筑的空调系统。

图 11-7 表示了复式泵冷媒水供水系统工作原理。在冷源侧设置初级泵，使回水器的冷媒水经冷水机组吸热后供给分水器；在末端侧设置次级泵，将来自分水器的冷媒水供入管路和空调末端设备循环，吸收被冷却系统的热量，再汇合到回水器循环。根据各环路冷负荷的分布选配复式泵的流量和扬程，并可根据工况变化调节冷媒水的流量和温度。复式泵系统的变工况调节性好，工程适应性强，但系统较复杂，设备投资较大，所以复式泵系统适用于各分区负荷变化较大的大中型建筑的空调系统。

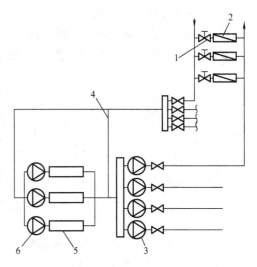

图 11-7　复式泵冷媒水系统
1—二通调节阀　2—空调设备　3—二次泵
4—旁通管　5—冷水机组　6—一次泵

11.2.5　空调系统冷却水系统

空调系统中的冷却水系统是冷水机组向热源（环境）放热的传热介质。根据冷却水使用的情况有直流式、循环式等。

1. 直流式冷却水系统

直流式冷却水系统是直接供水系统，是将在冷凝器中吸热升温后的冷却水直接排出，不再重复使用。根据当地水质情况，直流式冷却水可采用地面水（江河、湖泊或水库中的水）、地下水或自来水。直流式冷却水系统水温低，制冷系统冷凝温度较低，制冷装置的 COP 较高，但用水量大，适用于水源水量充足的地区。

2. 循环式冷却水系统

循环式冷却水系统是将在冷凝器中吸热升温后的冷却水进行散热冷却后再重复使用。循环式冷却水系统的水温较直流式高，所以制冷系统的冷凝温度相对较高些，制冷装置的 COP 略有下降。但循环式冷却水系统的耗水量少，鉴于城市水资源的缺乏以及机组冷却水用量较大，目前空调系统主要采用循环水冷却方式。

循环式冷却水系统主要由冷凝器、冷却水泵、冷却塔和相应的管路组成，空调工程中使用的循环式冷却水系统的基本工作原理如图 11-8 所示。

常用的机械通风式水冷却塔是逆流式玻璃钢冷却塔，是一种靠空气强制对流来使水冷却的设备，结构如图 11-9 所示。机械通风式水冷却塔主要由塔体、通风机、电动机、布水器、填料、支架和进、出水管道等部件组成。塔体分上、中、下三部分，上塔体起着风筒的作用，其顶部装有轴流风机；中塔体内设置多层呈斜交错排列的填料，填料上方装有布水器。下塔体的上部周围有挡水的百叶窗，下部有集水盘。集水盘底部有进水管、出水管、溢水管、排水管及补水管等。冷却塔工作时，将需要冷却的水从进水管供入布水器，利用布水器将水均匀地喷洒在由多层凹凸斜交错的波纹状填料层上。水呈膜状沿填料表面自上而下流动，形成较大的换热水膜面积。空气从冷却塔下部百叶窗进入，由顶部通风机排出，自下而上地与水呈逆向流动，在填料层中反复与水膜、填料间隙中的水滴及飞溅水滴接触吸热，同时伴有少量水蒸发，综合结果使水获得冷却。在静音式与超静音式水冷却塔中，还设有进风消声装置与排风消声装置。机械通风式水冷却塔具有结构紧凑、体积小、占地少、质量轻、安装方便、不受外界风力影响、冷却效果可靠和冷却水吹散损失少等优点，是目前应用广泛的水冷却设备。

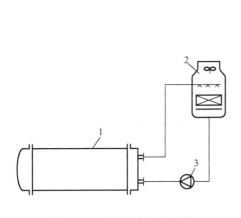

图 11-8　循环式冷却水系统
1—冷凝器　2—机械通风式冷却塔　3—水泵

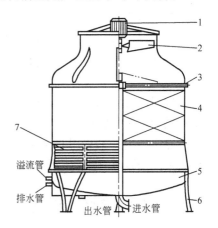

图 11-9　机械通风式水冷却塔
1—电动机　2—通风机　3—布水器　4—波纹状填料层　5—集水盘　6—支架　7—百叶窗

11.2.6　空调冷冻机房设计与布置基本要求

空调冷冻机房的设计与布置不仅要满足制冷工艺的要求，同时还要考虑与建筑、结构、给排水、建筑电气等专业工种的配合。基本要求有：

1）机房应尽可能靠近冷负荷中心。高层建筑有地下室可资利用时，宜设在地下室中。机房建筑结构应具有足够的承重能力。

2）机房内设备力求布置紧凑，节省建筑面积。设备布置和管道连接应符合工艺流程要求，便于安装、操作和维修。

3）中央空调机房各设备布置的间距要符合设计要求（表11-1）。兼作检修用的通道宽度，应根据设备的种类及规格确定。布置壳管式换热器冷水机组和吸收式冷水机组时，在机组一端要尽可能地留出与机组长度相当的空间，方便清洗或更换换热器管束。

表 11-1　空调冷冻机房设备布置间距要求

项　　目	净间距/m	项　　目	净间距/m
主要通道和操作通道宽度	>1.5	机组与墙面之间的距离	>1.0
非主要通道	>1.0	机组与上方管道、烟道或电缆桥架距离	>1.0
机组突出部分与配电盘的间距	>1.5	溴冷机组与机组侧面突出部分的间距	>1.5
机组与机组或其他设备的间距	>1.2	溴冷机组与墙面之间的距离	>1.2

4）空调冷冻机房应采用二级耐火材料或不燃材料建造，墙面应有隔声和消声措施。

5）采用氟利昂压缩式冷水机组时，机房高度应不低于3.6m；采用吸收式冷水机组时，设备顶部距屋顶或楼板的距离不小于1.2m。

6）机房应有良好的通风条件，地下层机房应设机械通风，必要时设置事故通风。

7）机房应设给水与排水设施，满足水系统冲洗、排污要求。

8）设置集中采暖的制冷机房，其室内温度不宜低于16℃。

9）氨机房内严禁采用明火采暖，并设置事故排风装置，换气次数每小时不小于12次，排风机选用防爆型。

11.3　冷冻冷藏系统设计

11.3.1　冷冻冷藏系统概述

1. 冷藏库与食品冷藏基本原理

冷藏库是保持食品或物品低于环境温度的储藏库。食品冷藏库是实现食品冷藏链的主要环节之一。合适的食品冷加工，能使食品在较长的保藏期间内尽可能地减少食品变化，尽可能地保持食品原有的营养成分、味道和色泽。

食品冷藏库的分类方式很多：按使用性质分有生产性冷藏库、分配性冷藏库、中转性冷藏库和经营性冷藏库。按储藏能力分有大、中、小型冷藏库。按储藏温度分有高温库（库温在 −2 ~ +5℃，主要用于储藏新鲜水果、蔬菜和鲜蛋等）、低温库（库温在 −15 ~ −30℃，主要用于储藏水产品、肉类、禽类等）。另外，还有活动冷藏库、装配性冷藏库、气调冷藏库、夹套式冷藏库、全自动高货架冷藏库及地下冷藏库等。

众所周知，微生物的污染繁殖和食品中酶的作用、氧化作用、呼吸作用是引起食品腐败的主要原因。低温储藏食品原理是：低温能抑制微生物的生长繁殖，低温能减缓食品中酶的作用，低温能减缓食品的氧化作用，低温能降低食品的呼吸强度，从而达到保藏食品的目的。

食品的冷加工工艺主要包括食品的冷却、冻结、冷藏和升温解冻。食品的冷却是将食品温度降低到不低于食品汁液冻结点的过程。食品的冻结是将食品温度降低至其冻结点以下，使食品中所含的汁液大部分冻结成冰晶的过程。食品的冷藏是保持食品冷却或冻结终温进行低温储藏的过程。食品的升温解冻则是冷却、冻结的逆过程，其目的是尽可能保持食品原有质量，减少出库时食品的质量变化。

2. 冷藏库建筑特点

（1）冷藏库组成　冷藏库主要由主体建筑与附属建筑组成。冷藏库的主体建筑包括冷加工及冷藏用房、冷加工辅助用房与交通运输设施部分等。冷加工及冷藏用房主要有预冷间与冷却间、冻结间、冷却物冷藏间（即高温库）、冻结物冷藏间（即低温库）、储冰库等。冷藏库的附属建筑包括冷冻机房、制冰间、泵房、配电间等。

（2）冷藏库建筑的特点　冷藏库是特殊的工业建筑，其具有独特的建筑特征：

1）为减少热量传递，保持库内低温，冷藏库的围护结构须设置隔热层，同时还需防止建筑结构与管道穿过隔热层时产生"冷桥"现象。

2）为保持冷藏库围护结构隔热层的隔热性能，免于水或水蒸气侵袭，必须在隔热层的热侧（单侧或双侧）设置隔气结构层。

3）冷藏库的隔热层、隔气层必须完整严密、冷藏门密封。

4）冷藏库的地面和楼板的载荷大，须保证基础和墙体坚固性和稳定性。

5）为防止低温对建筑物结构的破坏，必须做好冷藏库的围护结构的抗冻与地坪防冻等措施。

3. 冷藏库制冷工艺设计的基本内容

冷藏库制冷工艺设计的基本内容包括：冷藏库制冷工艺方案的确定；冷藏库冷负荷的计算；冷藏库制冷机、制冷设备与管道的选择计算；冷藏库制冷机、制冷设备与管道的布置设计等。

11.3.2　冷藏库的冷负荷计算

冷藏库的设计冷负荷是满足制冷系统常年稳定运行所需的冷负荷，是选配制冷系统机器、设备与管道的依据。冷藏库设计冷负荷计算前须充分了解生产工艺要求(冷加工温度、相对湿度、进货量、加工时间等)、制冷系统方案、当地气象水文资料和冷藏库建筑施工图。

冷藏库冷负荷计算包括冷间热量计算、冷间冷却设备负荷计算和系统机械负荷计算。应用下列公式时应根据《冷库设计规范》(GB 50072—2001)和冷藏库设计手册的要求选用相应参数值。

1. 冷藏库冷间热量计算

冷藏库冷间热量主要有冷间的围护结构传热量 Q_1、货物热量 Q_2、通风换气热量 Q_3、电动机运转热量 Q_4 和冷间操作管理热量 Q_5。

(1) 围护结构传热量 Q_1　冷藏库围护结构传热量计算式

$$Q_1 = K_w A_w (t_w - t_n) a \tag{11-8}$$

式中　Q_1——围护结构的热流量(W);

K_w——围护结构的传热系数[W/(m^2·℃)];

A_w——围护结构的传热面积(m^2);

t_w——围护结构外侧的计算温度,计算时采用夏季空气调节日平均温度(℃);

t_n——围护结构内侧的计算温度(℃),由冷藏间室内计算温度确定;

a——围护结构两侧温差修正系数。

在计算式(11-8)时,围护结构传热系数 K_w[W/(m^2·℃)]可按下式计算

$$K_w = \frac{1}{R_0} = \frac{1}{\dfrac{1}{\alpha_w} + \sum \dfrac{\delta_i}{\lambda_i} + \dfrac{1}{\alpha_n}} \tag{11-9}$$

式中　R_0——围护结构的总传热阻[m^2·℃/W];

α_w、α_n——围护结构外侧、内侧的放热系数[W/(m^2·℃)];

δ_i、λ_i——围护结构各结构层的厚度(m)、热导率[W/(m·℃)]。

(2) 货物热量 Q_2　冷间货物热量计算式

$$Q_2 = Q_{2a} + Q_{2b} + Q_{2c} + Q_{2d}$$
$$= \frac{1}{3.6} \left[\frac{m(h_1 - h_2)}{T} + m B_b \frac{(t_1 - t_2) c_p}{T} \right] + \frac{m(q_1 - q_2)}{2} + (m_z - m) q_2 \tag{11-10}$$

式中　Q_2——货物热流量(W);

Q_{2a}、Q_{2b}——食品热流量(W)、包装材料和运载工具热流量(W);

Q_{2c}、Q_{2d}——货物冷却时的呼吸热流量(W)、货物冷藏时的呼吸热流量(W);

m、m_z——冷间每日进货量(kg)、冷却物冷藏间的冷藏量(kg);

h_1、h_2——进、出库时食品的比焓(kJ/kg);

T——货物冷却时间(h),冷藏间24h,对冷却间、冻结间取设计冷加工时间;

B_b——货物包装材料或运载工具质量系数；

c_p——包装材料或运载工具的比热容[kJ/(kg·℃)]；

t_1、t_2——包装材料或运载工具进、出冷间时的温度(℃)；

q_1、q_2——进、出库时货物呼吸热(W/kg)；

1/3.6——1kJ/h 换算成 1/3.6W 的数值。

（3）通风换气热量 Q_3 通风换气热量计算式

$$Q_3 = Q_{3a} + Q_{3b} = \frac{1}{3.6}\left[\frac{(h_w - h_n)nV_n\rho_n}{24} + 30n_r\rho_n(h_w - h_n)\right] \tag{11-11}$$

式中 Q_3——通风换气热流量(W)；

Q_{3a}、Q_{3b}——冷间换气热流量(W)、操作人员需新鲜空气热流量(W)；

h_w、h_n——冷间外、内空气的比焓(kJ/kg)；

n——每日换气次数，可采用 2 ~ 3 次/日；

V_n——冷间内净体积(m^3)；

ρ_n——冷间内空气密度(kg/m^3)；

24——1d 换算成 24 小时数；

30——每个操作人员每小时需要的新鲜空气量[m^3/(h·人)]；

n_r——操作人员数量(人)。

（4）电动机运转热量 Q_4 电动机运转热量计算式

$$Q_4 = 1000\sum P_d\xi b \tag{11-12}$$

式中 Q_4——电动机运转热流量(kW)；

P_d——电动机额定功率(kW)；

ξ——热转化系数，电动机在冷间内时应取 1；电动机在冷间外时应取 0.75；

b——电动机运转时间系数，对空气冷却器配用电动机时取 1，对冷间内其他设备配用的电动机可按实际情况取值，如按每昼夜操作 8h 计，则 $b = 8/24$。

（5）操作热量 Q_5 操作热量计算式

$$Q_5 = Q_{5a} + Q_{5b} + Q_{5c}$$
$$= q_dA_d + \frac{1}{3.6} \times \frac{n_k'n_kV_n(h_w - h_n)M\rho_n}{24} + \frac{3}{24}n_rq_r \tag{11-13}$$

式中 Q_5——操作热流量(W)；

Q_{5a}、Q_{5b}、Q_{5c}——照明热流量(W)、每扇门开门热流量(W)、操作人员热流量(W)；

q_d——每 m^2 地板面积照明热流量。冷却间、冻结间、冷藏间、冰库和冷间内穿堂可取 2.3W/m^2，操作人员长时间停留的加工间、

包装间等可取 4.7W/m^2；

A_d、V_n、ρ_n——冷间地板面积(m^2)、冷间公称容积(m^3)、冷间空气密度(kg/m^3)；

h_w、h_n——冷间外、内空气的比焓(kJ/kg)；

n_k'、n_k、n_r——门楣数、每天开门换气次数、操作人员数量；

M——空气幕效率修正系数，可取 0.5；如不设空气幕时，应取 1；

$3/24$——每日操作时间系数；

q_r——每个操作人员的热流量(W)，冷间设计温度高于或等于 -5℃ 时，宜取 279W；冷间设计温度低于 -5℃ 时，宜取 395W。

2. 冷间冷却设备负荷计算

库房冷却设备负荷主要用于冷间冷却设备的选配，应用式(11-14)时以每一冷间来汇总各部分热量。冷间冷却设备负荷计算式为

$$Q_S = Q_1 + PQ_2 + Q_3 + Q_4 + Q_5 \tag{11-14}$$

式中　Q_S——冷间设备负荷(W)；

P——货物热流量系数，冷却间、冻结间和货物不经冷却而进入的冷却物冷藏间，取 1.3，其他冷间取 1。

3. 系统机械负荷计算

系统机械负荷主要用于制冷机与制冷设备的选配，应用式(11-15)时以相同蒸发温度所属的冷间来汇总各部分热量。制冷机机器负荷计算式为

$$Q_j = \left[n_1 \sum Q_1 + n_2 \sum Q_2 + n_3 \sum Q_3 + n_4 \sum Q_4 + n_5 \sum Q_5 \right] R \tag{11-15}$$

式中　Q_j——系统机械负荷(W)；

n_1——围护结构热流量的季节修正系数，宜取 1；

n_2——货物热流量折减系数，应根据冷间的性质确定。冷却物冷藏间宜取 $0.3 \sim 0.6$(冷间公称容积大时取小值)，冻结物冷藏间宜取 $0.5 \sim 0.8$(冷间公称容积大时取大值)，冷加工间和其他冷间应取 1；

n_3——同期换气系数，宜取 $0.5 \sim 1.0$；

n_4、n_5——冷间用电动机同期运转系数、冷间同期操作系数(表11-2)；

R——制冷系统冷损耗补偿系数，直接冷却系统取 1.07，间接冷却系统取 1.12。

表11-2　冷间用电动机同期运转系数 n_4 和冷间同期操作系数 n_5

冷间总间数	1	2 ~ 4	≥5
n_4 或 n_5	1	0.5	0.5

注：1. 冷却间、冷却物冷藏间、冻结间 n_4 取 1；其他冷间按本表取值。

　　2. 冷间总间数应按同一蒸发温度且用途相同的冷间数计算。

11.3.3　冷藏库主要制冷设备选择

冷藏库主要制冷设备的配置包括制冷压缩机的选择、冷凝器的选择、冷间换热器的选择以及供液方式的确定。另外，制冷系统还必须包括其他辅助设备的选择。

1. 制冷压缩机的选择

（1）单级压缩系统制冷机选择　单级压缩制冷压缩机选型时，需先将制冷系统机械负荷换算成制冷机的名义工况制冷量，然后选定制冷机的规格。不同工况下的制冷量与轴功率换算公式见式（11-4）、式（11-5a）、式（11-5b）。单级制冷压缩机的电动机功率以最大功率工况选配或校核。

（2）双级压缩系统制冷机选择　实际工程中常应用双级压缩热力循环计算来选择双级制冷压缩机。但在校核制冷压缩机电动机功率时需考虑冷藏库制冷系统的特点。对于冻结能力较大的冷藏库制冷系统，由于食品在冻结降温的最大冰结晶生成温度带（-10 ~ -2℃）下释放热量较多，在选配或校核电动机时，低压级制冷压缩机的轴功率按两倍的指示功率和一倍的摩擦功率确定

$$P_{s,L} = 2P_{i,L} + P_{m,L} \tag{11-16}$$

式中　$P_{s,L}$——低压级轴功率（W 或 kW）；

$P_{i,L}$——低压级指示功率（W 或 kW）；

$P_{m,L}$——低压级摩擦功率（W 或 kW）。

高压级压缩机轴功率则按最大功率工况进行确定

$$P_{s,H} = P_{i,H} + P_{m,H} \tag{11-17}$$

式中　$P_{s,H}$——高压级轴功率（W 或 kW）；

$P_{i,H}$——高压级指示功率（W 或 kW）；

$P_{m,H}$——高压级摩擦功率（W 或 kW）。

并由计算得到的轴功率来确定电动机功率

$$P_{mot} = 1.14 \frac{P_S}{\eta_{mot}} \tag{11-18}$$

式中　P_{mot}——电动机功率（W 或 kW）；

P_s——制冷压缩机轴功率（W 或 kW）；

η_{mot}——电动机传动效率。

2. 冷凝器的选择

冷藏库制冷系统根据实际工程需要，分别选用立式壳管式冷凝器、卧式壳管式冷凝器、淋激式冷凝器和蒸发式冷凝器。选择时需计算冷凝器的面积、冷凝器的冷却水量与补水量、冷凝器的冷却风量等。

3. 其他辅助制冷设备的选择

　　为了使冷藏库的制冷系统安全、高效地运行，还需要根据制冷系统的工程特点选择中间冷却器、高压储液器、油分离器、空气分离器、集油器、制冷剂气液分离器、低压循环储液器、制冷剂液泵等。请读者参考有关冷藏库设计手册及资料，本书篇幅有限，故不冗述。

11.3.4 冷间设备制冷工艺设计

　　1. 制冷系统冷间设备供液方式

　　根据工程需要，冷间设备常采用直接膨胀供液、重力供液和制冷剂液泵供液三种方式。

　　(1) 直接膨胀供液　直接膨胀供液方式利用冷凝压力与蒸发压力间的压力差，制冷剂液体经节流器降压后直接供入蒸发器。其工作原理如图 11-10 所示。

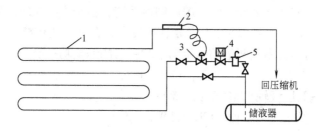

图 11-10　直接膨胀供液制冷系统
1—蒸发器　2—感温包　3—热力膨胀阀　4—电磁阀　5—过滤器

　　直接节流膨胀供液方式简单、方便、投资小；节流降压后的制冷剂蒸气与液体共同进入蒸发器，流动阻力较大，所需制冷剂流动截面较大；另外，制冷压缩机易产生"湿冲程"。直接膨胀供液方式适于小型制冷系统或单体供液的制冷设备。

　　(2) 重力供液　重力供液方式借助于气液分离器，将节流后的制冷剂蒸气与液体进行分离。制冷剂液体借助于重力(静压力)供入蒸发器，分离后的制冷剂气体直接由制冷压缩机吸入。其工作原理如图 11-11 所示。

　　重力供液方式制冷效果较好，制冷系统安全，制冷压缩机不易产生湿冲程，另外气液分离器安装需有 1~2m 的静压高度，安装、操作不便。重力供液适于中、小型冷藏库制冷系统。

　　(3) 制冷剂液泵供液　制冷剂液泵供液方式借助于低压循环储液器，将节流后的制冷剂蒸气与液体进行分离。制冷剂液体由制冷剂液泵强制供入蒸发器内吸热汽化；分离后的制冷剂气体直接由制冷压缩机吸入。其工作原理如图 11-12 所示。

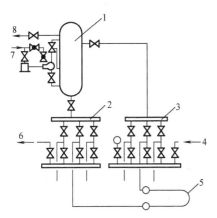
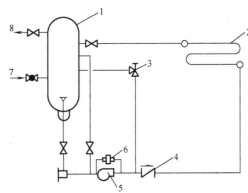

图 11-11　重力供液制冷系统
1—气液分离器　2—液体分调节站　3—气
体分调节站　4—热氨(氟)融霜管
5—蒸发器　6—排液管　7—供液管
8—制冷压缩机吸入管

图 11-12　制冷剂液泵供液制冷系统
1—低压循环储液器　2—蒸发器　3—自动
旁通阀　4—止回阀　5—制冷剂液泵
6—制冷剂液泵压差控制器　7—供液
管　8—制冷压缩机吸入管

采用制冷剂液泵供液方式时,蒸发器内的制冷剂循环倍率高,流速大,蒸发器内不存油,换热效果好;制冷压缩机安全运转,不易产生湿冲程;制冷系统便于集中安装、控制。制冷剂液泵供液方式适于大、中型冷藏库制冷系统。

2. 冷间冷却设备选择

冷藏库的冷间制冷设备一般采用冷却排管、冷风机和直接冻结设备等。

(1) 冷却排管的设计计算　冷间冷却排管的设计计算内容主要有传热系数 K 值、换热面积 A 与管长 L 的计算。

1) 冷却排管的传热系数 K 值计算

冷却排管的传热系数 K 值计算式为

$$K = K'C_1C_2C_3 \tag{11-19}$$

式中　K——冷却排管在设计条件下的传热系数[W/(m²·℃)];

K'——冷却排管在特定条件下的传热系数[W/(m²·℃)];

C_1——构造换算系数(表 11-3、表 11-4)(和管间距 S 与管外径 d_w 之比有关);

C_2——管径换算系数(表 11-3、表 11-4)S/d_w;

C_3——供液方式换算系数(表 11-3)。

表 11-3 氨用冷却排管

换算系数 排管形式	C_1		C_2	C_3	
	$S/d_w = 4$	$S/d_w = 2$		非氨泵供液	氨泵供液
单排光滑蛇形墙排管	1.0	0.9873	$(0.038/d_w)^{0.16}$	1.0	1.1
单层光滑蛇形顶排管	1.0	0.9750	$(0.038/d_w)^{0.18}$	1.0	1.1
双层光滑蛇形顶排管	1.0	1.0000	$(0.038/d_w)^{0.18}$	1.0	1.1
光滑 U 形顶排管	1.0	1.0000	$(0.038/d_w)^{0.18}$	1.0	1.0

表 11-4 氟利昂用冷却排管

换算系数 排管形式	C_1		C_2
	$S/d_w = 4$	$S/d_w = 2$	
单排光滑蛇形墙排管	1.0	0.9870	$(0.038/d_w)^{0.18}$
单层光滑蛇形顶排管	1.0	0.9750	$(0.038/d_w)^{0.18}$
双层光滑蛇形顶排管	1.0	1.0000	$(0.038/d_w)^{0.18}$

2）换热面积 A、管长 L 与根数 n 计算

a. 冷却排管传热面积

$$A = \frac{Q_q}{K\Delta t} \tag{11-20}$$

式中 A——冷却排管换热面积(m^2)；

Q_q——冷却排管换热量(W)；

K——冷却排管的传热系数[$W/(m^2 \cdot ℃)$]；

Δt——冷却排管计算温差(℃)，宜按算术平均温差取值，一般取≤10℃。

b. 冷却排管总长度

$$L = \frac{A}{f} \tag{11-21}$$

式中 L——冷却排管总管长(m)；

f——每米管长外表面积(m^2/m)；

c. 冷却排管根数

$$n = \frac{L}{l} \tag{11-22}$$

式中 n——冷却排管根数(取整数)；

l——冷却排管单根管长(m/根)。

（2）冷风机的选择 冷藏库冷却间和冷却物冷藏间选用冷却用冷风机(KLL型)，冻结间选用冻结用冷风机(KLJ型)，食品有包装的冻结物冷藏间选用冻藏

用冷风机(KLD 型)。

冷风机选择计算包括冷风机的传热面积计算、冷风机风量计算、融霜水量计算等。

1）冷风机冷却传热面积计算

$$A = \frac{Q_{\mathrm{q}}}{K \Delta t} \qquad (11\text{-}23)$$

式中　A——冷风机换热面积($\mathrm{m^2}$)；

　　　K——冷风机的传热系数$[\mathrm{W/(m^2 \cdot ℃)}]$，参见表 11-5、表 11-6；

　　　Δt——冷风机计算温差(℃)，宜按对数平均温差确定。冷却间、冻结间和冻结物冷藏间宜取 10℃，冷却物冷藏间宜取 8～10℃。

表 11-5　氨用冷风机传热系数

蒸发温度/℃	管间气流/(m/s)	传热系数/$[\mathrm{W/(m^2 \cdot ℃)}]$
−40	4～5	11.6
−20	4～5	12.8
−15	4～5	13.9
≥0	4～5	17.4

表 11-6　氟利昂用冷风机传热系数

制冷剂	传热系数/$[\mathrm{W/(m^2 \cdot ℃)}]$		
	$t_0 = -23℃$	$t_0 = -15℃$	$t_0 = 0℃$
	$\Delta t = 10℃$	$\Delta t = 10℃$	$\Delta t = 15℃$
R12(热力膨胀阀)	9	9～11	11～13
R22(热力膨胀阀)	11	11～13	13～16

2）冷风机风量计算

$$q_V = \beta Q_{\mathrm{q}} \qquad (11\text{-}24)$$

式中　q_V——冷风机风量($\mathrm{m^3/h}$)；

　　　β——配风系数$[\mathrm{m^3/(W \cdot h)}]$，冻结间取 0.9～1.1，冷却间、冷藏间取 0.5～0.6。

3）融霜水量计算

$$q_{\mathrm{w}} = 0.035 A \tau \qquad (11\text{-}25)$$

式中　q_{w}——融霜水量($\mathrm{m^3/h}$)；

　　　A——冷风机换热面积($\mathrm{m^2}$)；

　0.035——冷风机每 $\mathrm{m^2}$ 冷却面积所需融霜水流量$[\mathrm{m^3/(m^2 \cdot h)}]$；

τ——冷风机融霜时间，1/3 ~ 1/4h。

3. 冷藏库各冷间气流组织

冷却间与冷却物冷藏间的温度在满足所要求的温度基础上，温度波动范围也应控制在 ±1 ~ 0.5℃之间。冷却间和冷却物冷藏库采用冷风机和喷口式矩形或条缝式矩形送风道来组织冷间气流。冷藏间还需设置通风换气装置。冻结间冷风机一般以隧道式布置，采用导风装置。冷风机送风温度 -23 ~ -30℃，冷空气流速在 2 ~ 4m/s 左右，根据冷间建筑结构的不同采用纵向吹风或横向吹风，并要求库内气流均匀。冻结间采用吊顶式冷风机时，可以充分利用建筑空间。冷间设备布置要考虑提高冷间的制冷效果，提高冷间容积利用率，降低产品干耗，便于施工操作等诸方面。

11.3.5 冷藏库机房制冷设备布置要求

1. 机房的总体布置

（1）机房的布置原则 机房布置时应考虑下列因素：

1）机房内制冷压缩机及其他设备的布置必须符合制冷工艺流程要求，在保证制冷工艺合理、流向通畅的前提下，尽量缩短和简化管道连接。

2）布置时要便于施工，方便操作与维护检修，同时应合理紧凑，节省建筑面积。

3）机房应尽量靠近冷库库房设置，同时应避开库区的主要通道。

4）机房通风良好，能及时排除制冷压缩机运行中产生的热量和泄漏的制冷剂气体。

5）机器和设备上的压力表、温度计和其他仪表的安装应面向主要操作通道，应便于操作和观察。

（2）机房平面布置基本要求

1）机房内主要通道的宽度在 1.5 ~ 2.5m，非主要通道宽不小于 0.8m。

2）设备间内主要通道的宽度不小于 1.5m，非主要通道宽度不小于 0.8m。

3）制冷压缩机突出部件之间的距离不小于 1m，制冷压缩机突出部分至配电盘或分配站之间的距离不小于 1.5m，以保证制冷压缩机检修间距。

4）设备之间操作通道间距不小于 0.8m。不作操作通道的设备间距不小于 0.2m。设备（包括隔热层）与墙面间距不小于 0.2m。

2. 制冷压缩机的布置

1）制冷压缩机的压力表及其他操作仪表应面向主要操作通道。

2）制冷压缩机操作阀门应位于或接近于主要操作通道。制冷压缩机进气、排气阀的设置高度宜在 1.2 ~ 1.5m 之间。制冷压缩机与墙面间距不小于 0.5m。

3. 制冷设备的布置

制冷设备的其他设备的布置包括：冷凝器、中间冷却器、油分离器、高压储液器、低压循环储液器、制冷剂液泵、空气分离器、集油器等，请参阅国家标准与规范。

11.4 制冷系统管道设计

当确定了制冷系统的冷负荷(总冷负荷、冷间冷负荷、机器冷负荷、各支路冷负荷)；确定了制冷机、制冷设备的规格和台数；确定了制冷系统分区和功用后，应根据设计规范的基本要求进行制冷系统管道设计。

制冷系统管道设计的原则是：符合国家规范，保证系统安全可靠运行，不产生误操作，尽可能使制冷系统简单、管路流动阻力小，并便于系统安装、操作、维修。

制冷系统管道设计的主要内容是：制冷剂管道材料与连接方式的确定；管径与管长的确定；管路的水力计算与校核；管道分布与管道支架的设计；管道的隔热与隔汽设计等。

11.4.1 制冷系统管道材料与连接方式的确定

1. 氨制冷系统管道的材料与连接

(1) 管道要求 氨制冷系统的制冷剂管道一律用无缝钢管，直接与氨接触的管壁不允许镀锌。为保证安全生产，要求氨制冷系统管道的壁厚需满足耐压要求。

(2) 阀件要求 氨系统所应用的各种阀门(如截止阀、节流阀、止回阀、电磁阀、安全阀等)都要求是氨专用的，并要有耐压、耐腐蚀等要求。氨用阀体的材质采用灰铸铁、可锻铸铁或铸钢。阀体强度试验压力 3.0~4.0MPa，密封性试验压力 2.0~2.5MPa。氨用阀门应有倒关阀座，防止在更换阀门填料时制冷剂泄漏。氨专用压力表的量程不得小于系统工作压力的 1.5 倍，精度等级不低于 2.5 的精度。

(3) 管道连接方式 氨制冷系统管道宜采用焊接连接，管道与设备或阀件之间宜采用法兰连接。

2. 氟利昂制冷系统管道的材料与连接

(1) 管道要求 氟利昂制冷系统的制冷剂管道可采用无缝钢管或无缝铜管。直径小于 25mm 时常用铜管，直径大于 25mm 时常用钢管。所用管道的管壁厚度决定于制冷系统的工作压力、管径、管材的应力。

(2) 阀件要求 由于氟利昂制冷剂的渗透性强，泄漏时不易发现，所以氟利昂专用阀件采用紧固螺纹的结构。氟利昂用阀门不设手轮，而加防漏盖帽。

(3) 管道连接方式 氟利昂制冷系统管道的连接宜采用焊接连接，但铜管连接时需采用胀管套接的方式。对于拆卸的部位需采用喇叭口连接或法兰连接。

11.4.2 制冷剂管道的管径确定

制冷剂管道直径应根据管内制冷剂的种类、流态、流动速度及管道压力损失的许可值来确定。常用的方法有公式计算法和计算图表法。

1. 公式计算法

制冷剂管道所需直径计算公式为

$$d = \sqrt{\frac{4q_m v}{\pi \omega}} = 1.128 \sqrt{\frac{q_m v}{\omega}} \tag{11-26}$$

式中　　d——管内径(m);

　　　　q_m——管内制冷剂质量流量(kg/s);

　　　　v——管内制冷剂比体积(m^3/kg);

　　　　ω——管内制冷剂流速(m/s)。

上式计算得到的管道,再根据管材规格确定所选管道的公称直径。

2. 图表计算法

为了简化设计过程,可采用管径计算图表来确定管道的直径。现有的制冷剂管道管径计算图的形式很多,图11-13、图11-14、图11-15、图11-16只是较为简便的一种形式,详细的计算图可参见有关的设计手册或文献。

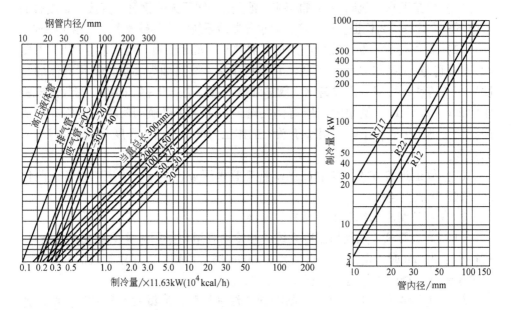

图 11-13　R717 管径计算图

图 11-14　冷凝器至储液器的
R717 液体管管径计算图

（1）氨管管径计算图　图 11-13、图 11-14 是 R717 管径计算图。

（2）氟利昂管管径计算图　图 11-15、图 11-16 是 R22 管径计算图。

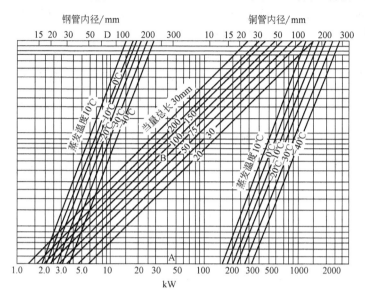

图 11-15　R22 管吸气管计算图

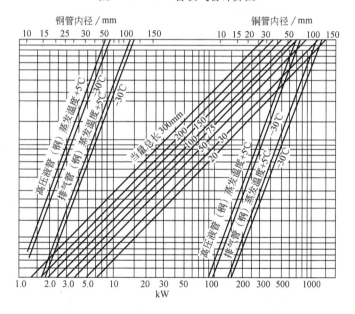

图 11-16　R22 排气管与高压液体管管径计算图

11.4.3 制冷剂管道设计

制冷剂管道的设置应符合制冷工艺要求，并按规范要求进行正确设计。

1. 制冷剂在管道内的允许流速及允许压力损失

制冷剂管路的管径根据制冷剂在管道内允许流速和允许压力损失来确定。制冷剂在管道内的流速大小影响了制冷系统的管径大小、流动阻力以及经济性、工作效率、安全性。制冷剂管道的允许流速和允许压力损失值可参考表11-7选用。

表 11-7　常用制冷剂管道的允许流速和允许压力损失值

管道名称		制冷剂	允许速度/(m/s)	允许压力损失/kPa
制冷压缩机吸气管	$t_0 = 5℃$	R12	8 ~ 15	12
		R22		18
		R502		20
	$t_0 = 0℃$	R12	8 ~ 15	10
		R22		17
		R502		18
	$t_0 = -15℃$	R12	8 ~ 15	7
		R22		11
		R502		12
	$t_0 = -25℃$	R12	8 ~ 15	5
		R22		8
		R502		9
	$t_0 < -25℃$	R12、R22、R502	8 ~ 15	<7
	$t_0 = 0 \sim -30℃$	R717	10 ~ 20	20 ~ 5
	$t_0 < -30℃$	R717	10 ~ 20	<5
制冷压缩机排气管		R12	10 ~ 18	14 ~ 28
		R22、R502	10 ~ 18	21 ~ 41
		R717	12 ~ 25	14 ~ 28
储液器至节流器之间的液体管		R12、R22、R717	0.5 ~ 1.5	<20

2. 氨制冷系统管道设计基本要求

（1）氨制冷系统管道的坡度坡向要求　为保证制冷系统能有效、安全地工作，对制冷系统的各种管道要有一定的坡度和坡向要求。管道的坡度依靠管架进行调整，氨制冷系统管道的坡度和坡向要求可参见表11-8选用。

表 11-8　氨制冷剂管道坡度与坡向要求

项　目	坡　向	坡　度
制冷压缩机排气管至油分离器水平管段	油分离器	1%~2%
与安装在室外冷凝器相连接的排气管	冷凝器	1%~2%
制冷压缩机吸气管水平管段	低压循环储液器或氨液分离器	2%~3%
冷凝器储液器的出液管其水平管段	储液器	2%~3%
液体分配站至蒸发排管的供液管水平管	排管	1%~2%
蒸发排管至气体分配站的回气管水平管	排管	2%~3%
气体分配站至低压循环桶或氨液分离器水平管	低压循环储液器或氨液分离器	2%~3%

（2）供液管设计　蒸发器供液管设计基本要求是：

1）制冷系统中的各蒸发器应尽量单独供液。

2）各蒸发器供液回路的流动阻力应尽量相同，保持系统的水力平衡是获得各蒸发器良好制冷效果的前提。

3）需要控制各供液回路的单通路长度，控制回路的压力降 Δp 和温度降 Δt。

（3）吸气管设计　氨制冷压缩机吸气管设计基本要求是：

1）为防止吸气管中的制冷剂液体流入压缩机产生液击事故，首先应保证水平吸气管的坡度与坡向要求，并在制冷压缩机吸气管和水平吸气总管连接时，宜在水平吸气总管水平轴线上方呈45°角处连接。

2）采用重力供液的系统，为防止制冷压缩机产生液击事故，在各蒸发系统的回气管上尽可能设置机房氨液分离器。

（4）排气管设计　氨制冷压缩机排气管设计基本要求是：

1）每台压缩机的排气管要正确设置，以防止制冷压缩机较长时间停车后排气管内沉积冷凝液及润滑油倒流回压缩机，造成制冷压缩机起动时液击。

2）制冷压缩机排气管与水平排气总管连接时，应从排气总管顶部接入且接出，沿气流方向呈小于45°角连接。

3. 氟利昂制冷系统管道设计基本要求

（1）氟利昂制冷系统管道的坡度与坡向要求　由于氟利昂与润滑油互溶，为使系统中的润滑油能顺利地回到制冷压缩机内，氟利昂制冷系统的管道的坡度与坡向设置与氨系统不同。主要表现在氟利昂制冷压缩机的吸气管坡向制冷压缩机，水平管段的坡度应大于1%~2%；排气管应坡向冷凝器或油分离器，坡度为1%~2%。

（2）供液管设计　氟利昂系统的供液管设计基本要求是：

1）各蒸发器管路要尽可能保证均匀供液。与氨制冷剂相比，氟利昂制冷剂的流动阻力较高，所以说各蒸发器的均匀供液是保证氟利昂制冷系统正常工作的前提之一。保证各蒸发器管路均匀供液的措施有：每个节流器只向一台蒸发器回路供液，避免一个节流器向多个蒸发器回路供液；正确设置分液器；正确设置分液集管。

2）热力膨胀阀宜靠近蒸发器布置，减少节流降压后制冷剂的制冷量损失和压降损失。

3）氟利昂制冷液体管路上应设置干燥过滤器，防止冰塞故障产生。

（3）吸气管设计 氟利昂制冷压缩机吸气管设计基本要求是：

1）设置上升立管和回油弯。考虑到氟系统中的润滑油须回到制冷压缩机内，在氟利昂制冷压缩机的吸气管设计时应正确设置回气上升立管。一般在上升立管的底部设置存油弯，在重力的作用下，使润滑油积存在油封内。油封形成后，润滑油在油封前后的压力差推动下回到制冷压缩机。上升回气立管的管径选择还应考虑其最小带油速度。图 11-17 表示了 R12、R22 上升回气立管的最小带油速度。如果按允许压力降确定的上升回气立管管径的速度小于图中数值时，则应相应减小立管管径，并相应增大水平管的管径，这样既满足了回油速度的要求，也减少了管路的压力降。

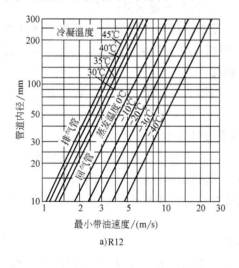
a)R12

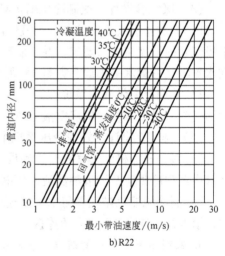
b)R22

图 11-17 R12、R22 上升回气立管的最小带油速度

2）设置双上升立管。对于变负荷系统中的上升回气立管，如果保证最小负荷时的流速，势必导致在最大负荷时阻力太大；反之，如果保证最大负荷时的流速，则在最小负荷时难以满足回油所必需的速度。当负荷可能变化至全负荷的 25% 以下的氟利昂制冷系统，可采用如图 11-18 所示的双上升回气立管布置。其中 A 管的直径按最小负荷确定，A、B 管的总截面积应满足最大负荷时最低流速

的要求。在满负荷时，A、B 两管同时工作。当负荷降低，其中流速不足以带走润滑油时，油就在存油弯中积聚，最终形成油封。B 管内流动被隔断，A 管单独工作，从而保证了 A 管内流动具有一定的上升速度。如果负荷转而增大，A 管内的流动阻力增加，则在压差的作用下，存油弯内的润滑油被带走。双上升回气立管应从上部接入水平回气管，以避免 A 管工作时，润滑油流回 B 管。

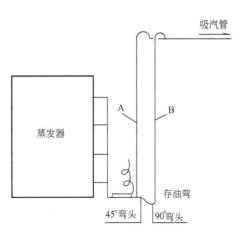

图 11-18 双上升回气立管

3）回气管与多组并联的蒸发器连接时，应考虑到各个蒸发器负荷不同或安装位置不同等因素，防止相互间回气与回油的干扰。

（4）排气管设计 氟利昂制冷压缩机排气管设计基本要求是：

1）氟利昂制冷压缩机排气管设计与氨系统基本相同。另外，在负荷变化较大的系统中，可考虑设置存油弯，防止较长时间停机后积存的润滑油在下一次开机时流回压缩机而产生油击故障。

2）氟利昂制冷压缩机的排气管路上设置油分离器时，应在油分离器与制冷压缩机之间设置回油管，保证在油分离器中分离的润滑油能顺利返回制冷压缩机。

思 考 题

1. 理解空调冷水机组的制冷压缩机组与电动机选配设计的方法。

2. 理解空调冷水机组的冷凝器与蒸发器设计的主要内容和方法。

3. 空调冷冻机房常用冷水机组（活塞式冷水机组、离心式冷水机组、螺杆式冷水机组、溴化锂吸收式机组、风冷热泵冷水机组等）的主要特点是什么？在工程中如何应用？

4. 在实际工程中如何选择冷水机组？同一台制冷压缩机采用相同制冷剂时，不同工况下的制冷量和轴功率间如何换算？

5. 什么是空调冷水机组的 IPLV 或 NPLV？

6. 冷冻水的闭式系统与开式系统、并联系统与串联系统、单式泵系统与复式系统的特点是什么？实际工程中应如何选用？

7. 分析循环式冷却水系统组成，分析机械通风式冷却塔的主要结构和工作原理。

8. 冷藏库建筑主要有哪几部分组成？与普通建筑物相比，冷藏库建筑有哪些特点？

9. 冷藏库制冷工艺设计的基本内容主要包括哪些？

10. 如何计算冷藏库冷间热量？如何计算冷间冷却设备负荷和系统机械负荷？

11. 冷藏库冷间设备的直接膨胀供液、重力供液、制冷剂液泵供液方式有什么特点？工程中如何应用？

12. 如何选配冷间冷却设备(冷排管、冷风机)？

13. 理解冷藏库冷间、机房制冷机、制冷设备的布置方法与基本要求。

14. 说明制冷系统管材与连接方式。

15. 如何确定制冷剂管道的管径？

16. 制冷剂管道设计的主要方法与基本要求是什么？

第 12 章

空调用蓄冷技术

12.1 蓄冷技术基本知识

蓄冷技术就是将制冷机组制取的冷量以显热或潜热的方式予以储存，在需要的时候再将其冷量释放出来进行应用的技术。在常规空调系统中，增设蓄冷系统，即可使空调系统的高峰用电负荷与其他用户的高峰用电负荷错开，从而对电力负荷实施"移峰填谷"。此技术对缓解电力紧张，合理利用电力系统资源有着重大的现实意义。

12.1.1 蓄冷的意义

电力公司总希望用户的用电负荷是稳定的，然而不同的用户用电性质不同，最大负荷出现的时间也不同。当用户用电集中到某一时间时就形成了用电的高峰负荷；反之，当用户用电较少时就构成了用电的低谷负荷。因此，电网负荷便出现了高峰期和低谷期，并呈现出波浪型的变化规律。由于交流电本身是不能储存的，因此高峰负荷的大小决定了电网必须投入的发电设备容量。为保证电网的安全、合理和经济运行，就需要进行负荷调整。调整负荷包括调峰和调荷两个方面。调峰是针对电力系统而言的，即：调整各发电厂在不同时间的发电出力，以适应系统用电总负荷在不同时间的需求。其措施主要有：利用水力发电站常规机组或抽水蓄能机组、火力发电站汽轮发电机组或燃气轮机发电机组、热水蓄能电站或压缩空气蓄能电站等进行调峰。调荷是针对用电单位而言的，即：调整用户的用电负荷和时间，使用户在不同时间的用电需求和电力系统的发电出力相适应。随着人们生活水平的提高，人们对室内环境的要求也逐渐提高，因此在夏季空调的使用率也逐年提高。目前夏季空调用电已成为高峰用电的大户，许多城市商业建筑的空调用电已占到高峰负荷的 20%~40%。

由于空调耗电主要集中在温度最高的中午时间区段内，这就使得波浪型电力负荷的高峰与低谷间的负荷差值更大。大多数城市电网均面临着高峰期电力不足、低谷期电力过剩的局面，并呈现逐年严重的趋势。逐年增加的峰谷差给电站的调峰运行带来了相当大的困难。要满足如此高的负荷必须投入大机组进行调峰。所以，仅仅依靠电力系统自身进行调峰难以满足要求。如果通过用户侧的调荷来实现"移峰填谷"、均衡负荷，可以缓解这一问题。蓄冷技术就是针对这种局面而提出的。它是让制冷机组在电力负荷处于低谷期的夜间运行，并将制取的冷量储存起来，在次日需要时再将冷量释放出来以满足生产和生活用冷负荷的需求。利用冷量的生产和使用在时间上相分离的方法进行调荷，以实现用户侧冷负荷用电的"移峰填谷"，达到均衡电网负荷的目的。

现举例说明对用户侧实施移峰填谷的原理。若某一电网有 100kW 的高峰空调负荷，如采用常规空调，则同期电力公司必须投入 100kW 的装机容量来满足这个负荷要求，但大部分时间用户又达不到这个负荷；如果使用分量蓄冷策略，将 50kW 的高峰负荷移至低谷使用，则高峰期用电需求就只有 50kW，这样电力公司只需投入 50kW 的发电容量就可以满足用户的用电需求，从而可节约 50kW 的装机容量。其原理如图 12-1 所示。

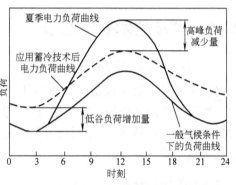

图 12-1 电力负荷变化的基本特征和应用昼夜蓄冷调荷技术的效果

12.1.2 蓄冷技术的分类

蓄冷技术的形式很多，可以按蓄冷的原理、蓄冷持续的时间、蓄冷使用的材料、蓄冷的策略等进行简单的分类。

1. 按蓄冷的原理分类

蓄冷材料在吸热或放热过程中，必然会引起其温度或相态的变化。蓄冷就是利用蓄冷材料状态变化过程中所具有的显热、潜热效应或化学反应中的反应热来进行冷量储存的。主要有显热蓄冷、潜热蓄冷和化学蓄冷。

2. 按蓄冷持续的时间分类

主要有昼夜蓄冷和季节性蓄冷两种。昼夜蓄冷是靠制冷机组在电力低谷期的夜间运行制取冷量，并以显热或潜热的形式储存冷量，以便为次日白天的用电高峰期提供冷量。季节性蓄冷是将冬季形成的冷量(以冰或冷水的形式)储存在特定的容器或地下蓄水层中，等到夏季再将其冷量释放出来以提供空调冷负荷。

3. 按蓄冷使用的材料进行分类

按蓄冷使用的材料可以分为水蓄冷、冰蓄冷和共晶盐蓄冷。

4. 按蓄冷的策略分类

按蓄冷的策略可分为分量蓄冷策略、全量蓄冷策略。对于分量蓄冷策略又可分为均衡负荷与限定负荷两种方式。

12.1.3　蓄冷的基本方法

1. 显热蓄冷

显热蓄冷是靠蓄冷介质的温度变化来储存冷量的。并且在工作温度范围内蓄冷的介质不发生任何相变和化学反应。因此，蓄冷量取决于材料的比定压热容、蓄冷材料的质量和温差，即

$$Q = \int_{T_2}^{T_1} mc_p dT = m \bar{c}_p (T_1 - T_2) \tag{12-1}$$

式中　Q——蓄热材料的蓄热量（kW）；

　　　m——蓄冷材料的质量（kg）；

　　　c_p——蓄冷材料的即时比热容（kJ/(kg·K)）；

　　　$\bar{c}_p$——蓄冷材料的平均比热容（kJ/(kg·K)）；

　T_1，T_2——蓄冷材料的温差（K）。

原则上讲，固体、液体、气体均可作为蓄冷材料，但由于气体的容积热容值远低于固体和液体，因此很少被采用。例如，空气在常压 0℃ 时其容积热容只有 1.3kJ/(m³·K)。而在相同情况下，水的容积热容为 4.2×10^3 kJ/(m³·K)，相当于空气的数千倍。在空调工程中液态蓄冷材料较为常用，常用的液态蓄冷材料为水以及乙二醇-水溶液、NaCl-水溶液等。至于固态蓄冷材料，无论是金属还是非金属，它们的质量热容都比较小。因此，固态的蓄冷材料一般做成填料床的形式。为使流体流过填料床时不产生过大的压降，填料床应有较大的孔隙率。

2. 潜热蓄冷

众所周知，当物质发生固-液、固-气、液-气相变时均要吸热，而与此相反的过程均要放热。这种热量被称为潜热。有时，固体内一种晶体结构转变为另一种晶体结构时，也要吸收或放出转变热。原则上讲，这些相变过程均可用于蓄冷，所以潜热蓄冷又称为相变蓄冷。但对空调工程来说，应用最多的还是固-液相变。用于潜热蓄冷的材料被称为相变材料。固液相变材料的蓄冷量主要取决于其融解热 Δh_m、融化份额 α_m 和材料的质量 m。在一般情况下，蓄冷过程总有一定的温度区间，如由 T_1 降到 T_2，这里 $T_1 > T_m$（融点温度）$> T_2$。所以相变蓄冷过程也会利用一定的显热。如全部材料均完成此相变（即 $\alpha_m = 1$），则其蓄冷能力可以表示为

$$Q = m \left(\Delta h_m + \int_{T_2}^{T_m} c_p dT + \int_{T_m}^{T_1} c_p dT \right)$$

$$= m\left[\Delta h_{\mathrm{m}} + \bar{c}_{p,s}(T_{\mathrm{m}} - T_2) + \bar{c}_{p,1}(T_1 - T_{\mathrm{m}})\right] \qquad (12\text{-}2)$$

式中　　T_{m}——相变材料融点温度(K)；

　　　　$\bar{c}_{p,s}$——相变材料固相平均比热容[kJ/(kg·K)]；

　　　　$\bar{c}_{p,1}$——相变材料液相平均比热容[kJ/(kg·K)]；

　　　　Δh_{m}——相变材料融解热 Δh_{m}(kJ/kg)。

通常，相变蓄冷比显热蓄冷有效。以水为例，0℃ 的冰的融解热约为334.9kJ/(kg·K)。而水的比热容为4.2kJ/(kg·K)，可见对于相同的质量而言，冰的相变蓄冷能力约相当于温差高达80℃的水的显热蓄冷能力。

冰蓄冷对空调技术是很有利的，且已得到了广泛的应用。但从充分利用现有空调设备的角度考虑，那些融点稍高于0℃(如4~8℃)的相变材料更为理想，此时蓄冷时所需的冷水机组与原空调系统相同，释冷时获得的冷媒水温度也与原空调系统相吻合。这类相变材料主要由一些添加其他盐的盐水化合物组成，如硫酸钠10水化合物溶液添加氯化钾、氯化钠和氯化铵等成分所形成的混合物等，即 $Na_2SO_4 \cdot 10H_2O/KCl(NaCl)/NH_4Cl$。此时蓄冷材料属多组分的固液两相系统，其蓄冷过程要比冰水系统复杂一些。

3. 热化学蓄冷

在一定的温度范围内，某些物质吸热时会产生某种热化学反应。利用这一特性构成的蓄冷系统就称为热化学蓄冷，其蓄冷量取决于材料的化学反应热、反应份额和材料的质量。因此，其蓄冷量可表示为

$$Q = m_{\mathrm{r}}\alpha_{\mathrm{r}}\Delta h_{\mathrm{r}} \qquad (12\text{-}3)$$

式中　　m_{r}——热化学蓄冷材料的质量(kg)；

　　　　α_{r}——热化学蓄冷材料的反应份额；

　　　　Δh_{r}——热化学蓄冷材料的化学反应热(kJ/kg)。

通常，热化学反应的反应热比相变热更大，因此存在着很好的应用前景。目前已在化学热泵、化学热管等方面有所进展。对空调蓄冷来说，关键是要寻找能适应于相应温度区域的热化学反应，而且要求此反应的参与物和生成物对结构材料均无腐蚀作用，对环境和人体无害。

12.1.4　相变蓄冷对蓄冷材料的要求

1. 对热力学性质的要求

1)材料必须具有适当的相变温度。

2)相变潜热值要大。这样可减少所用蓄冷材料的数量，降低成本。亦可缩小蓄冷设备的体积，减少占地面积。

3)较低的蒸气压、较高的密度，而且相变前后体积变化比较小。

4)与传热有关的热物理性质良好。如热导率、比热容、粘度、普朗特

数等。

2. 对化学性质的要求

要求化学性质稳定，与结构材料能兼容，不燃、无毒、对环境无污染等。

3. 对相变动力学特性的要求

1）要有很好的相平衡性质，不会产生相分离。

2）在凝固过程中，不发生大的过冷现象。由于过冷会带来许多麻烦，故可通过在相变材料中添加某些核化剂来降低材料的过冷度。

3）有较高的固化结晶速率。

4）取材方便、价格低廉。

12.1.5　水的结冰过程及冰的热物理性质

在相变蓄冷中，冰蓄冷是较为常用的一种蓄冷方式。现将水的结冰过程及冰的热物理性质进行简要说明。

1. 水的结冰过程

将一个内盛纯水的容器置于降温槽内。当槽内温度以等速下降时，温度变化情况如图 12-2 所示。图中的虚线表示槽内空气的温度，实线表示水温。纯水在标准大气压下的冰点是 273.15K（即 0℃），但在一般情况下，纯水只有被冷却到低于 0℃ 的某一温度时才开始结冰。这种现象被称为过冷。相平衡冻结温度与开始出现冰晶的温度之差，称为过冷度。在过程 abc 中，水以释放显热的方式降温；当过冷到点 c 时，由于冰晶开始形成，释放的相变潜热使样品的温度迅速回升到 0℃，即过程 cd。在过程 de 中，水在平衡的条件下，继续析出冰晶，不断地释放大量固化潜

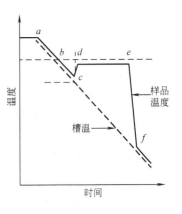

图 12-2　纯水的降温曲线

热。在此阶段中，样品温度保持恒定的平衡冻结温度 0℃。当全部水被冻结后，固化的样品以较快速率降温。

2. 水的过冷和冰成核机理

冰晶的成核过程主要由热力学条件决定，而冰晶的生长过程主要由动力学条件决定。欲产生液相向固相转变（即结冰）的自发过程（如图 12-2 中 cd 段所示），实现液相向固相的转变，必须使液体过冷到某一低于 T_b 的温度 T_c。过冷度为 $\Delta T = T_b - T_c$。

当水处于过冷态（亚稳态）时，可能以两种形式形成冰晶核心，即均匀成核和非均匀成核。均匀成核是指在一个体系内各处的成核几率均相等。由于热起伏

可能使原子或分子一时聚集成为新相的集团(又称为新相的胚芽),当胚芽尺寸 r 大于临界尺寸 r^* 时成为晶核。图 12-3 表示形成冰相胚芽和晶核过程时所需形成能的变化规律;在临界尺寸 r^* 处出现峰值。若液相分子热起伏聚集成的冰相集团尺寸 r 大于 r^*,则结冰过程就成为自发过程。我们将热起伏形成的新相尺寸 $r > r^*$ 的区域称为晶核区。当水的过冷度增加时,偏离平衡态的程度增加;冰晶核的临界尺寸 r^* 及其形成能就迅速降低,如图 12-4 所示。这样就极大地提高了形成冰晶核的几率。

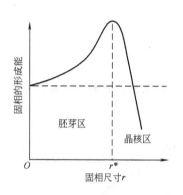

图 12-3　稳定的晶核区与
不稳定的胚芽区

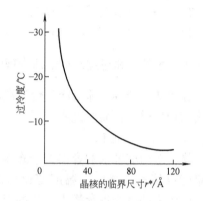

图 12-4　形成冰晶核的临界尺寸
r^* 与过冷度的关系

非均匀成核亦称异相成核,是指水在尘埃、容器表面及其他异相表面等处形成晶核。对于均匀成核,要求有较大的过冷度。例如,对纯水的微小水滴,已发现在 -40℃ 或更低的温度还未结冰。对于非均匀成核,所要求的过冷度比均匀成核要小得多。对于体积较大的水,一般均具有异相成核的条件,因此只要温度比 0℃ 稍低就能形成冰晶核。

由于异相成核可减少液体的过冷度,因此人们努力寻找可使相变材料形成异相晶核的成核剂。虽然从理论上可以分析可作为成核剂的材料,但目前主要的途径还是通过试验的方法进行确定,并已找到许多有效的成核剂。结晶过程由晶核形成和晶粒生长两个过程构成。成核速率是指在一定温度下,单位时间内、单位容积内所生成的晶核数;而晶粒生长速率是指在一定温度下,晶体的线增长速率。结晶放出的凝固热若不能被及时带走,晶体生长就受到阻碍。如果在结晶面处的传热速率很高,那么结晶过程是动力学控制的过程,即晶体生长速率主要由结晶动力学特性所决定。反之,如传热速率不很高,那么结晶过程是热控制的过程,即晶体生长速率主要由传热速率决定。

对于冰的结晶与传热过程,还有一个必须注意的问题,就是容器和冰界面之间的热接触是否良好。因为在许多情况下冰和容器表面之间可能出现间隙或裂缝,致使传热速率降低。因此,固体表面和冰界面的热接触热阻是冰蓄冷必须考虑的问题。

3. 冰的热物理性质

冰的热物理性质见表 12-1 ~ 表 12-4。

表 12-1　冰的密度 ρ

温度 t/℃	0	−25	−50	−75	−100	−125	−150	−175
密度 ρ/ (10^3kg/m^3)	0.917	0.921	0.924	0.927	0.930	0.932	0.933	0.935

表 12-2　冰的比热容 c_p

温度 t/℃	0	−10	−20	−30	−40	−50	−60	−70	−80	−100	−120
比热容 c_p/ $[\text{kJ/(kg·K)}]$	2.12	2.04	1.96	1.88	1.80	1.73	1.65	1.57	1.49	1.34	1.18

表 12-3　冰的热导率 λ

温度 t/℃	0	−10	−20	−30	−40	−50	−60	−70	−90	−100	−120
热导率 λ/ $[\text{W/(m·K)}]$	2.24	2.32	2.43	2.55	2.66	2.91	3.05	3.18	3.31	3.47	3.81

表 12-4　冰的热扩散系数 α

温度 t/℃	0	−25	−50	−75	−100	−125
扩散系数 α/ $(10^{-6}\text{m}^2/\text{s})$	1.15	1.41	1.75	2.21	2.81	3.21

12.1.6　盐和盐水化合物溶液的固液相变

1. 溶液的组成和二元稀溶液的冻结特性

两种或多种物质均匀混合而且彼此呈分子状态分布均匀的物系称为溶体。溶体可以是液态、气态和固态。这里讨论的是由水和一种或多种物质组成的液态溶体(或溶液),且将水称为溶剂,将其他物质称为溶质。

由水和某种不挥发性非电解质的溶质组成的二元溶液,在相同的外压下,当温度降低时,若水和溶质不生成固溶体,而且生成的固态是纯冰,则稀溶液中水的冰点 T_f 要低于纯水的冰点 T_f^0,其冰点的降低值正比于溶液中溶质的质量摩尔浓度,即

$$\Delta T_f = T_f^0 - T_f = K_f m_s \qquad (12\text{-}4)$$

$$K_f = \frac{R_0 M_{H_2O}(T_f^0)^2}{L_f} \qquad (12\text{-}5)$$

式中 T_f——稀溶液中水的冰点(K);

T_f^0——纯水的冰点(K);

m_s——质量摩尔浓度,即 1kg 水所含某种溶质的物质的量(mol/kg);

K_f——凝固点降低常数;

R_0——气体常数, $R_0 = 8.314 J/(mol \cdot K)$;

M_{H_2O}——常数, $M_{H_2O} = 18.0 g/mol$;

L_f——冰在 T_f^0 温度下的摩尔融化热(kJ/mol)。

当 $T_f^0 = 273.15K$ 时、$L_f = 6.003 kJ/mol$,这样便可得出 $K_f = 1.86K(kg(水)/mol)$。

稀溶液的上述性质,称为稀溶液的依数性质。当溶剂的种类和数量确定后,这些性质只取决于所含溶质分子的数目,而与溶质的性质无关。

2. 二元稀溶液的冻结特性

现以含盐的水溶液为例,说明冻结过程中溶液的温度和浓度变化关系。图12-5 所示为 $NaCl + H_2O$ 二元溶液相图的左半部分(即低浓度部分), A 点代表在一个标准大气压下纯水的冰点,即 273.15K; E 是低共融点,是液相和两种固相的三相共存点。曲线 AE 就反映了溶液的冰点降低的性质。现在来看溶液的冻结曲线。设溶液的初始浓度为 W_1,由室温 T_{a1} 开始被冷却。在液相区,其温度降低但浓度不变,即沿垂直线 $a_1 b_1$ 下行。当温度降到 T_{b1} 时($T_{b1} < T_A$,其差值决定于溶液的初始质量摩尔浓度),溶液中开始析出固相的冰,从此体系的物系点就进入了 ABE 的固液两相

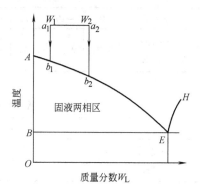

图 12-5 NaCl 水溶液的冻结曲线

共存区。固相冰的状态用 AB 线(浓度为 0)上的点来表示,如 b_1 点的冰点温度就是 T_{b1};液相混合物的状态由 AE 线上的点表示。对两相共存的体系进行降温,由于固相冰的不断析出,使剩余的液相溶液的浓度不断提高,冰点不断降低,降至低共融点 E 后,剩余的液相全部变成固态,成为共融体。

若在室温 T_{a1} 下,溶液的初始浓度由 W_1 提高到 W_2,则溶液中液相部分的状态变化将沿着 $a_2 b_2 E$ 的曲线进行。

上述讨论的是在一般的降温速率时所发生的平衡冻结情况。如果初始浓度较大,且降温速率极高,溶液来不及析出冰,溶液温度被降至低于 T_E,就会使溶液发生非晶态固化现象。

3. 盐溶液的固液相变

在蓄冷空调应用中，大多数材料的盐或盐水化合物具有很高的浓度，此时已不再能简化为稀溶液，而必须研究在高浓度范围内的相图。现以 $NaCl - H_2O$ 溶液为例。表 12-5 给出了在常压下此溶液凝固温度（融点温度）与质量分数（重量百分浓度）的关系。图 12-6 所示为其固液相图。

表 12-5　$NaCl - H_2O$ 溶液的凝固点与质量分数的关系

NaCl(%)	0	1	2	3	4	5	6	7	8	9
融点/℃	0	-0.58	-1.13	-1.72	-2.35	-2.97	-3.63	-4.32	-5.03	-5.77
NaCl(%)	10	11	12	13	14	15	16	17	18	19
融点/℃	-6.54	-7.34	-8.17	-9.03	-9.94	-10.88	-11.9	-12.93	-14.03	-15.21
NaCl(%)	20	21	22	23	23.3(E)	24	25	26	26.3	
融点/℃	-16.46	-17.78	-19.19	-20.69	-21.13	-17	-10.4	-2.3	0	

注：E 点为低共融点。其低共融温度为 $-21.13℃$。低共融质量分数为 23.3%。

当温度低于共融温度后，NaCl 的 2 水化合物，即 $NaCl \cdot 2H_2O$ 从低共融溶液中析出。

4. 低共融点、相融点与不相融点

一般说来，不同浓度的溶液被降温凝固时，可能出现四类主要的结果：

（1）形成低共融混合物　属于此类的有 $NaCl - H_2O$，$KCl - H_2O$，$CaCl_2 - H_2O$，$NH_4Cl - H_2O$ 等。

（2）形成稳定的化合物　形成的化合物只有一定的融点，在此融点上固液相有相同的成分。这个融点称为同成分融点，又称相合融点。

（3）形成不稳定的化合物　这种化合物在其融点以下就分解为融化物和一种固体。所以在此融点处，液相的组成和固态化合物的组成是不同的。此时对应的温度称为异成分融点或不相合融点或称转融温度。

（4）形成完全互融或部分互融的固融体　对空调工况的蓄冷而言，最关心的是低共融点和异成分融点。对于同一类二元系统，可以同时出现上述两种融点。以图 12-6 中 $NaCl - H_2O$ 体系为例，图中 B 点是低共融点，C 点的温度就是不相合融点（转融温度）。

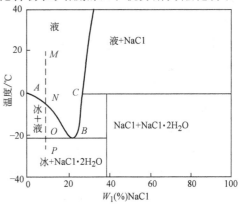

图 12-6　$NaCl - H_2O$ 二元系统的固液相图

由此可以看出，虽然其低共融温度低至 $-21.1℃$，但其转融温度却在0℃附近，再添加其他盐类，可以使其转融温度控制在 $4\sim8℃$ 范围内，以满足空调工况的要求。

盐水化合物相变材料，大多具有很大的融解热，而且传热性也很好。它们具有安全、不可燃的特性，能与工程材料兼容。盐水化合物冻结过程中的过冷是个问题，故一般要添加核化剂。为了保证长期的稳定性，要加稳定剂。为了防止沉淀凝离，需添加增稠剂或凝胶剂以使溶液加稠或凝胶化。这些添加剂大多是无毒的。虽然某些添加剂有些毒性，但因其含量极低，不致产生实际的危害。表12-6给出了一些盐水溶液的低共融组分和低共融温度，表12-7给出了一些化合物的融点 T_p 和融解热 Δh_p。

表 12-6 一些盐水溶液的低共融组分和低共融温度

物　　质	$BaCl_2$	$CaCl_2$	KCl	$MgCl_2$	$MgSO_4$	NH_4Cl	NaCl	Na_2SO_4
质量分数(%)	22.5	29.8	19.75	21.6	19	18.6	23.3	12.7
低共融温度/℃	-7.8	-55	-11.1	-33.6	-3.9	-15.8	-21.13	-3.55

表 12-7 一些化合物的融点 T_p 和融解热 Δh_p

盐水化合物	$CaCl_2 \cdot 6H_2O$	$NaCO_3 \cdot 10H_2O$	$Na_2SO_4 \cdot 10H_2O$	$Na_2HPO_4 \cdot 12H_2O$
转融温度 $T_p/℃$	29	32	32	35
融解热 $\Delta h_p/(kJ/kg)$	193	247	251	264

12.1.7　蓄冷系统的蓄冷策略及运行策略

蓄冷技术可以使制冷设备的运行和冷负荷的供应在时间上相分离，使其运行具有较大的灵活性。从经济性角度考虑，蓄冷系统蓄冷策略的选择也关系到蓄冷系统设备的选型和蓄冷槽容积的确定。蓄冷系统的蓄冷策略主要有分量蓄冷策略和全量蓄冷策略，下面将分别予以说明。蓄冷系统的运行策略主要有分量蓄冷冷水机组优先的运行策略、全量蓄冷冷水机组不工作的运行策略、分量蓄冷蓄冷槽优先的运行策略以及并联式的运行策略等。其具体的运行方式，将在本章12.4中予以介绍。

1. 分量蓄冷策略

高峰期的冷负荷一部分由蓄冷器来满足，其余部分由制冷机组实时运行直接提供。该策略又可进一步细分为均衡负荷和限定需求两类。所谓均衡负荷是指制冷机组全天24h满负荷或接近满负荷运行。在此期间，当冷负荷低于制冷机组生产的冷量时，多余的冷量储存起来。当冷负荷超过制冷机组容量时，附加的需求由蓄冷量来满足。该策略运用时，制冷机组容量和蓄冷量均可减小。它特别适合于高峰冷负荷远大于平均冷负荷的场合。所谓限定需求是指在用电高峰期,电力公司对一些用户提出了限电要求,这些用户必须使制冷机组在较低的容量下运行。与均衡负荷策略相比,这种策略具有较大的移峰能力,所需制冷机组容量也较大。

2. 全量蓄冷策略

全量蓄冷策略也称为全移峰策略,它是将整个用电高峰期负荷转移到非高峰期。制冷机组在非高峰期(低谷和平峰期)全负荷运行,在高峰期停机。高峰期的冷负荷完全由储存的蓄冷量供应。在用电高峰期,只有一些附属设备使用高峰电。这样的蓄冷系统要求制冷机组和蓄冷器的容量均较大。适合于高峰期持续时间较短的场合。

下面列举一实例对各种情况分别予以说明。图 12-7 表示一个 9000m² 商业建筑的空调负荷和制冷机运行负荷,在采用常规空调系统和在采用分量蓄冷与全

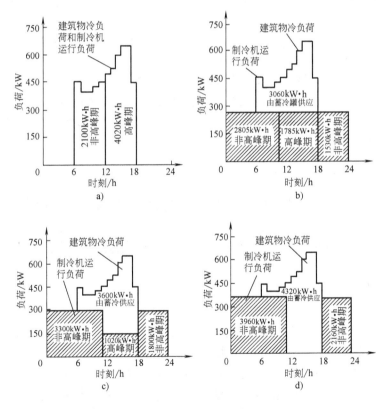

图 12-7 某建筑物空调负荷和采用不同蓄冷策略下制冷机运行的比较
a) 常规系统(无蓄冷系统) b) 分量蓄冷系统(均衡负荷)
c) 分量蓄冷系统(限定需求) d) 全量蓄冷系统

量蓄冷策略时的变化情况。它同时也说明了蓄冷系统对制冷机组容量的要求，以及蓄冷系统运行所实现的"移峰填谷"能力。该建筑物昼夜空调需求量为 6120kW·h，高峰负荷为 660kW。如采用常规空调系统，应采用容量为 660kW 的制冷机组来满足高峰期的冷负荷需求。若采用分量蓄冷均衡负荷策略。需要容量为 255kW 的制冷机组（机组 24h 运行），若采用全量蓄冷策略则需要容量为 360kW 的制冷机组（高峰用电的 7h 里制冷机停机）。若采用分量蓄冷限定需求策略（高峰用电的 7h 里制冷机低负荷运行），制冷机组容量介于两者之间，在本例中约为 300kW，高峰期的负荷只有非高峰期的 48.6%（参照图 12-7）。由此可见，所需制冷机组容量的顺序从大到小依次为常规制冷系统、全量蓄冷系统、分量蓄冷（限定负荷）、分量蓄冷（均衡负荷）。"移峰填谷"能力则正好相反。

12.2 水蓄冷原理及系统

水蓄冷系统是利用水的显热来储存冷量的，水经冷水机组冷却后储存于蓄冷罐中用于次日的冷负荷供应。储存冷量的大小取决与蓄冷罐储存冷水的数量和蓄冷温差。所谓蓄冷温差是指空调负荷回流水与蓄冷罐供冷水之间的温度差。设计良好的蓄冷系统可以通过维持较高的蓄冷温差来储存较多的冷量。典型的水蓄冷系统其蓄冷温度在 4~7℃ 之间，此温度和大多数非蓄冷的冷水机组是相匹配的。

12.2.1 水蓄冷的方法

为了提高蓄冷罐的蓄冷能力并满足供冷时的负荷要求，提高水蓄冷系统蓄冷效率，应维持尽可能大的蓄冷温差并防止储存冷水与回流热水的混合。水蓄冷方式可简单概括为四种方式：即自然分层蓄冷、多罐式蓄冷、迷宫式蓄冷和隔膜式蓄冷。

1. 自然分层蓄冷

自然分层蓄冷是一种结构简单、蓄冷效率较高、经济效益较好的蓄冷方法，目前应用得较为广泛。其原理是：水的密度与其温度密切相关，在 0~4℃ 的范围以内，温度升高、密度增大；大于 4℃ 时，温度升高、密度减小。自然分层蓄冷就是依靠密度大的水自然会聚集在蓄冷罐的下部，形成高密度水层的趋势进行的。在分层蓄冷中，使温度为 4~6℃ 的冷水聚集在蓄冷罐的下部，而 10~18℃ 的热水（空调回水）自然地聚集在蓄冷罐的上部，实现冷热水自然分层的。

自然分层单蓄冷罐的结构形式如图 12-8 所示。在蓄冷罐中设置上下两个均匀分配水流的散流器。为了实现自然分层的目的，要求在蓄冷和释冷过程中，热水始终是从上部散流器流入或流出，而冷水是从下部散流器流入或流出，并尽可能形成分层水的上下平移运动。

在自然分层水蓄冷罐中，斜温层是一个影响冷热分层和蓄冷罐蓄冷效果的重要因素。它是由冷热水之间的自然导热作用而形成的、冷热温度的过度层，如图12-9 所示。它会因为通过该水层的导热、水与蓄冷罐壁面以及沿罐壁的导热、随着储存时间的延长而增厚，从而减少蓄冷罐的蓄冷量。蓄冷罐储存期内斜温层的变化是衡量蓄冷罐蓄冷效果的主要指标。一般希望斜温层厚度在 0.3 ~ 1m 之间。为了防止水的流入和流出对储存冷水的影响，在自然分层蓄冷罐中采用的散流器应使水流以较小的流速均匀地流入蓄冷罐，以减少对蓄冷水的扰动和对斜温层的破坏。因此，分配水流的散流器也是影响斜温层厚度变化的重要因素。

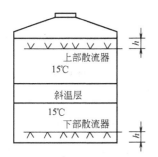

图 12-8　自然分层蓄冷罐原理图　　　　图 12-9　斜温层的概念

在自然分层水蓄冷罐蓄冷循环中，冷水机组送来的冷水从下部散流器进入蓄冷罐，而热水则从上部散流器流出，进入冷水机组降温。随着冷水体积的增加，斜温层将被向上推移，而罐中总水量保持不变。在释冷循环中，水流动方向相反，冷水由下部散流器流至空调负荷，而回流热水则从上部散流器进入蓄冷罐。

2. 多蓄冷罐/空罐方法

在蓄冷系统中设置多个蓄冷罐，将冷水和热水分别储存于不同的蓄冷罐中，并保证在蓄冷和释冷开始时有一个罐是空的。利用设置的空罐实现冷热水的分离，从而保证送至负荷的冷水温度维持不变。系统构成如图 12-10 所示。在蓄冷循环中，随着蓄冷进行，蓄冷罐由左至右逐个充满。与此同时右侧蓄冷罐中的热水由下部阀门控制将热水抽

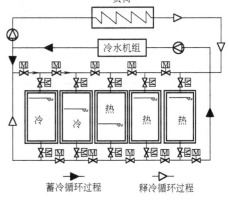

图 12-10　多蓄冷罐/空罐方法原理图

出，送至冷水机组冷却后进入蓄冷罐。当蓄冷罐中的冷水充满时，相临的右侧罐中的热水则刚好倒空。依次类推，当蓄冷结束时，最右边的一个是罐空的。在释冷循环中，方向相反。运行过程中，多罐系统中的任何一个蓄冷罐都可以通过关闭进出阀门而与系统隔离进行检修维护。多罐蓄冷系统阀门较多，故系统控制较为复杂。

3. 迷宫法

采用隔板把大蓄水槽分成很多个小单元格，水流按照设计的路线依次流过每个单元格。蓄冷罐的结构如图 12-11 所示。该方法的缺点在于：在蓄冷和释冷过程中，水交替地从顶部和底部进口进入单元格，每两个相邻的单元格中就有一个是热水从底部进口进入或冷水从顶部进口进入，这样会因浮力造成混合。另外，水的流速过高会导致扰动及冷热水的混合；流速过低会在单元格中形成死区，降低蓄冷系统的有效容量。

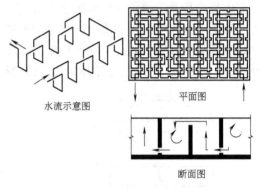

图 12-11 迷宫式蓄冷罐示意图

4. 隔膜法

在蓄冷罐中部安装一个活动的柔性隔膜或可移动的刚性隔板，将蓄冷罐分成储存冷热水的两个空间，来实现冷热水的分离。为了减少热水对冷水的影响，一般冷水放在下部。通常隔膜是用橡胶布制成的，布置方式主要是水平布置，如图 12-12 所示。这样的蓄冷罐可以不用特殊的散流器，但通过隔膜的导热同样会导致有效蓄冷量的减少。采用隔膜或隔板的初投资和运行维护费用与散流器相比并不占优势。因此隔膜方法较少被应用。

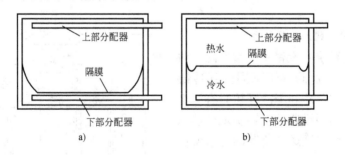

图 12-12 隔膜式水蓄冷罐示意图

a）释冷结束时隔膜的位置　b）蓄冷中期时隔膜的位置

12.2.2 水蓄冷系统的形式

常用的水蓄冷空调系统有以下三种形式：

1）简单自然分层水蓄冷空调系统见图 12-13。

2）压力控制直接供冷分层水蓄冷空调系统见图 12-14。

3）换热器间接供冷分层水蓄冷空调系统见图 12-15。

当水蓄冷罐有与环境相通的通风口时，系统有时需要增设压力控制，以便冷水分配系统能够运行在高于蓄冷罐的静压头下。压力的控制可以采用稳压阀和水泵，或者采用换热器、通过调整其基础标高与蓄冷罐的水位高度来实现。

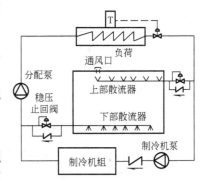

图 12-13　简单自然分层水蓄冷空调系统构成示意图

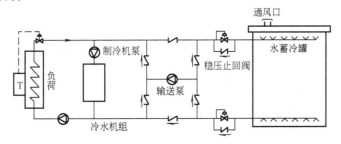

图 12-14　压力控制直接供冷分层水蓄冷空调系统

当然，在系统中布置中间换热器会降低蓄冷系统的可用温差，且增加蓄冷罐的容积和投资。

限于篇幅，本书不涉及水蓄冷器的具体设计方法，需要时读者可参阅有关文献。

12.2.3 水蓄冷系统的应用实例

首都体育馆建成于 1968 年，体育馆内的观众座位 18000 个。原设计中，空调冷源利用北京西郊较丰富的地下水，由两口深井汲取 12℃ 的深井水，这在初投资和经常费用两方面都比较经济。事隔 20 多年，北京的地下

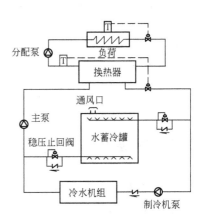

图 12-15　换热器间接供冷的分层水蓄冷系统

水资源日益紧张,继续以深井水作为空调冷源已经不可能。且 20 世纪 80 年代灯光改造后,主馆的空调负荷增加约 4550kW。因此,首都体育馆决定改造冷冻机房作为空调冷源,而且要求设置蓄冷水池。设计日空调冷负荷为 13650kW·h (体育馆每天活动一场,每场活动持续时间按 3h 计算),计划由蓄冷供应 50% 的负荷,设计水槽的容积效率为 90%,蓄水温差为 8℃(7 ~ 15℃),蓄冷槽的蓄冷效率为 95%。设计水槽的体积为 856m³。制冷机组选用 3 台螺杆式冷水机组,单机制冷量为 1116kW。

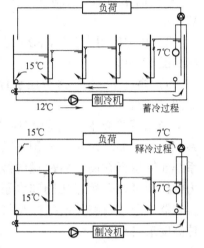

图 12-16　北京首都体育馆水蓄冷系统运行过程示意图

水蓄冷系统及其蓄冷、释冷的过程如图 12-16 所示。蓄冷水槽被分隔成若干个小分格,在隔墙上设置孔口,并由飘浮的带伸缩性的连通管连接。

由于设置了水蓄冷系统,制冷机组由 5 台减少为 3 台,主冷媒水泵、冷却塔和冷却水泵等附属设备减少了 40%。蓄冷过程中,制冷设备均在满负荷下工作,因而降低并均衡了电网负荷。经济效益情况如表 12-8 所示。

表 12-8　首都体育馆水蓄冷系统建设的经济效益

项　　目	金额/万元
增加蓄冷系统水池建设	69.3
减少建筑基础	7.5
减少制冷设备、低压配电柜、控制箱	66.1
减少制冷机房面积(等价值)	26.8
减少供电设施建设	140
节省投资	171.4

注:表中的经济效益不包括二次冷媒水侧因温差加大、流量减少而对管路和二次水泵方面的投资减少。

12.3　冰蓄冷原理及系统

冰蓄冷是一种利用相变热蓄冷的方法,其蓄冷能力与水蓄冷相比大大增加。在水蓄冷系统中,一般蓄冷温差为 5K(7 ~ 12℃)。若取水的质量热容为 4.2kJ/(kg·K),则每公斤水的蓄冷量约为 21kJ。与此同时,冰的相变热为 335kJ/kg,如蓄冷器的容积相同时,冰的蓄冷量约为水蓄冷量的 17 倍。另外,与水蓄冷相比，冰蓄冷释冰时提供的冰水温度低，在相同的空调负荷下可减少冷媒水供应量或减少空调送风量，因此可减少冷媒水泵或送风机的功率。缩小管道和风管的尺寸。同时低温冷媒水还具有较强的除湿能力，可降低空调区域内相对湿度。

冰蓄冷系统也存在一些缺点，主要有：在冰蓄冷制冷过程中制冷剂的蒸发温度较低，这将导致压缩机的制冷量下降，制冷系数也将下降。另外，由于管道、容器温度较低，因此相应的保温也应增强。

12.3.1 冰蓄冷技术的基本概念

1. 制冰率

在冰蓄冷系统中，蓄冰槽（罐）内的水并不一定全部结冰，常采用制冰率来衡量蓄冰槽内冰所占有的体积份额，定义为

$$IPF = \frac{V_i}{V_0} \times 100\% \tag{12-6}$$

式中   IPF（Ice Packing Factor）——蓄冰槽的制冰率；

V_i——蓄冰槽内冰所占有的体积（m^3）；

V_0——蓄冰槽的有效体积（m^3）。

目前，冰蓄冷系统中蓄冰槽的 IPF 值一般为 20%~75%。

2. 冰蓄冷量的确定方法

蓄冰槽的蓄冷量可以根据蓄冷槽的体积和其制冰率来确定，其计算方法如下

$$Q_i = V_i(c_w \rho_w \Delta t_s + \rho_i L \cdot IPF) \tag{12-7}$$

式中 Q_i——蓄冰槽的蓄冷量（kJ）；

V_i——蓄冰槽的有效容积（m^3）；

c_w——水的比热容[kJ/（kg·K）]；

ρ_w——水的密度（kg/m^3）；

Δt_s——蓄冰槽的利用温差（K）；

ρ_i——冰的密度（kg/m^3）；

L——冰的融解热（kJ/kg）。

3. 冰蓄冷系统的分类及其特性

冰蓄冷系统的种类和制冰方式有很多。根据制冰方法，可以将冰蓄冷系统分为静态制冰和动态制冰两类。

1）静态制冰：冰的制备和融化在同一位置进行，蓄冰设备和制冰部件为一体结构。具体形式有冰盘管式（外融冰式管外蓄冰），见图 12-18；完全冻结式（内融冰式管外蓄冰），见图 12-19；密封件蓄冰，见图 12-22 和图 12-23。

2）动态制冰：冰的制备和储存不在同一位置，制冰机和蓄冰槽相对独立。

如制冰滑落式，见图12-21；冰晶式系统等，见图12-25。

　　从制冷系统构成上考虑，有直接蒸发式和间接冷媒式。所谓直接蒸发式，是指制冷系统的蒸发器直接用作制冰元件，如盘管外蓄冰、制冰滑落式等；而间接冷媒式是指利用制冷系统的蒸发器冷却冷媒，再用冷媒来制冰，如图12-17所示。常用冰蓄冷系统及其特性的比较见表12-9。

a)　　　　　　　　　　　　　　b)

图 12-17　直接蒸发式和间接冷媒式蓄冰方式
a）制冷剂直接蒸发制冷　b）通过载冷剂制冷

表 12-9　冰蓄冷系统及其特性的比较

系统类型	冰盘管式	完全冷冻式	制冰滑落式	密封件式	冰晶式
制冷方式	直接蒸发载冷剂间接	载冷剂间接	直接蒸发	载冷剂	载冷剂直接蒸发冷却混合溶液
制冰方式	静态	静态	动态	静态	动态
结冰融冰方向	单向结冰异向融冰	单向结冰同向融冰	单向结冰全面融冰	双向结冰双向融冰	
制冷机类型	往复式螺杆式	往复式、螺杆式离心式、涡旋式	往复式螺杆式	往复式、螺杆式离心式、涡旋式	往复式螺杆式
制冰率IPF	20%~40%	50%~70%	40%~50%	50%~60%	45%
蓄冷空间/[m³/(kW·h)]	2.8~5.4	1.5~2.1	2.1~2.7	1.8~2.3	3.4
蒸发温度/℃	-4~9	-7~9	-4~7	-8~10	-9.5
蓄冰槽出水温度/℃	2~4	1~5	1~2	1~5	1~3
释冷速率	中	慢	快	慢	极快
适用范围	工业制冷空调	空调	空调食品加工	空调	小型空调食品加工

12.3.2　典型的冰蓄冷系统

1. 冰盘管直接蒸发式蓄冰系统

　　典型的冰盘管制冷剂直接蒸发式蓄冰系统如图12-18所示，蓄冰时制冷剂在金属盘管内直接蒸发并吸收热量，将金属盘管外表面的水凝结成冰，结冰厚度一般控制在40~60mm，完成蓄冰过程。在释冰过程中，则将空调系统的回水送入蓄冰槽，与金属盘管外的冰接触融化，融冰后水温下降至 $1 \sim 3℃$，然后通过冷媒水泵送到空调负荷端使用。

由于直接蒸发式冰盘管蓄冰系统的制冷剂用量大，盘管的焊接质量要求高。盘管的焊接处多，常发生制冷剂泄漏问题，且维修非常困难，故近年来已逐渐采用载冷剂间接冷却的系统。

2. 完全冻结式间接蓄冰系统

完全冻结式冰蓄冷系统大多由一组模块化蓄冰罐并联组成。蓄冰罐内的盘管为 PVC 塑料管，塑料管内通以载冷剂（如 25% 的乙二醇水溶液），管外侧为水，通过 PVC 塑料管进行热量交换。典型的蓄冰罐结构如图 12-19 所示。

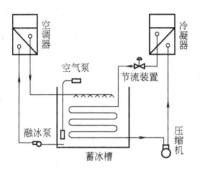

图 12-18 典型冰盘管蓄冰系统流程

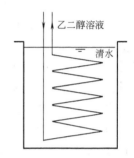

图 12-19 典型完全冻结式蓄冰罐结构

制冰时，制冷机组产生的冷量经换热器将载冷剂降温，然后将载冷剂送入蓄冰罐中的 PVC 管内，使管外的水完全冻结成冰。融冰时将从空调负荷端流回的载冷剂送入蓄冰罐的 PVC 管内，使管外的冰融化，完成释冷过程。此方式的蓄冷系统使用载冷剂作为工作介质，载冷剂经过制冰机组降温后进行蓄冰。蓄冰罐内的水被完全封闭于罐内，不与空调回水或回流载冷剂直接接触。完全冻结式属于外融冰方式。工作时，蓄冰罐内的水静止不动，可根据 PVC 塑料管内载冷剂的温度变化进行制冰、融冰过程的控制，故不需要设结冰厚度控制器和搅拌器，这样也就降低了发生故障的机会。典型的蓄冰系统如图 12-20 所示。

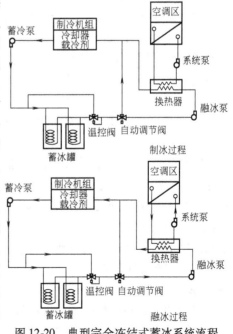

图 12-20 典型完全冻结式蓄冰系统流程

3. 制冰滑落式

制冰滑落式冰蓄冷系统属于动态制冷方式,它由制冷系统及蓄冰槽组成。在制冷系统中,制冷剂由制冷系统流入蒸发器,与蒸发器外表面上的水或冰层进行热交换,吸热蒸发后再被制冷机组中的压缩机吸入,经压缩、冷凝和节流过程后再供应给蒸发器,完成制冷剂循环。蒸发器多采用垂直板片的形式以利于融冰。

在冰水侧,冰水管路在蒸发器上方将冷水喷淋在蒸发器表面上,再落入到蓄冰槽内,部分冷水流过蒸发器板表面时受到制冷剂的冷却作用而结冰。当蒸发器上的冰层具有一定厚度(约6~8mm)时,即被除下并放入其他容器内。除冰多采用制冷剂热气除霜的原理,即将压缩机出口的高温高压气态制冷剂导入蒸发器,使紧贴在蒸发器表面的冰融化,从而使外部冰块从蒸发器表面上脱落,落入其下部放置的蓄冰槽中。

制冰滑落式制冰机的制冰量取决于制冰的厚度和热气除冰的频率。当结冰层厚度增大时,会使制冰机的蒸发温度降低,从而使制冷机制冰时的制冷系数下降,当热气除冰频率太高时,会使制冷机损失增大。可见,为使制冷机工作在最佳状态,必须对上述两者进行优化。一般冰层厚度控制在6~8mm,制冰时间为20~30min,热气除冰时间为20~60s时较为合理。典型的制冰滑落式冰蓄冷系统如图12-21所示。

因为制冰滑落式系统结冰厚度控制得较薄,融冰时释冷速率极快,故特别适合空调负荷变化较大的场合,如医院和车站等。

4. 密封件式冰蓄冷系统

密封件式冰蓄冷系统由密封件和蓄冷槽组成,它是将众多密封件放在蓄冷槽内。利用制冷系统的低温载冷剂(如25%乙二醇水溶液)与蓄冰槽内的密封件进行热交换,使密封件内的水结冰而储存冷量。密封件式系统与完全冻结式系统的工作原理大致相同,不同点在于载冷剂在外,结冰水在密封件的内部。

密封件多采用高密度聚乙烯材料制作,内部装填水及冰的成核剂。其形状有圆球形、哑铃形、长方块形等。为防止结冰后体积增大对密封件壳体的破坏,通常在密封件壳体上(或密封件内)顶留结冰膨胀所需的膨胀空间。将大量的密封件置于一钢制的压力容器内,便成为密封件式蓄冰器。蓄冰器的形状主要有卧式钢制圆桶形密封槽、立式钢制密封槽和钢制立方体形密封槽等。常用的冰球有单蕊心冰球和双金属蕊心冰球。单蕊心冰球如图12-22所示,双金属蕊心冰球如图12-23所示。

典型的密封件式蓄冷系统如图12-24所示。在制冰过程,载冷剂被送至制冷机组降温,之后送入蓄冰槽并与密封件进行热交换,将其内部的水溶液降温至

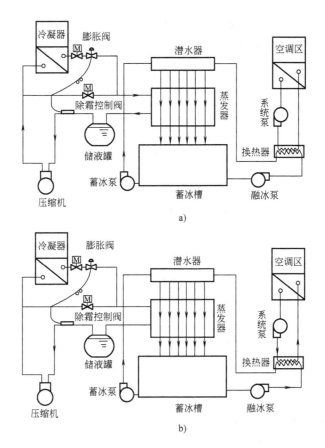

图 12-21　典型制冰滑落式系统流程

a）制冰过程　b）融冰过程

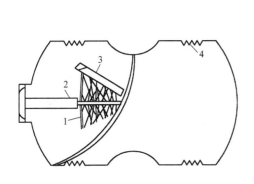

图 12-22　单蕊心冰球

1—刷状物　2—金属蕊心　3—金属配重　4—摺箱

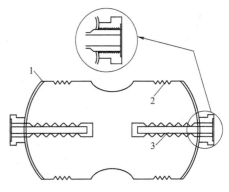

图 12-23　双金属蕊心冰球

1—PE 外壳　2—伸缩摺箱　3—铝鳍片

0℃以下；水溶液开始发生相变化而结冰，而载冷剂升温后离开蓄冰槽，再用泵将其送入制冷机组降温。密封件按载冷剂的流动顺序先后结冰。当蓄冰槽内密封件完全冻结时，载冷剂离开蓄冰槽的温度约降至 −5℃，制冷机组停机，完成制冰过程。在融冰时，由融冰泵将蓄冰槽中的载冷剂抽送至换热器与空调回水进行热交换来满足空调负荷的需求。在以分量蓄冷策略构成的蓄冷系统中，制冷机组和蓄冰槽可同时提供冷负荷。此时一部分回流载冷剂由蓄冰泵送入制冷主机降温；而另一部分载冷剂则进入蓄冰槽融冰降温，之后汇流并由融冰泵送入换热器。

冰球式蓄冷系统空间利用率高，冰球的容器尺寸和数量不受限制，结构简单，可靠性高，换热性能好，广泛应用于大型空调系统中。

5. 冰晶式蓄冷系统

冰晶式冰蓄冷空调系统，采用特殊设计的制冷机组（也称超冰机），将低浓度载冷剂溶液（通常为水与乙二醇溶液）冷却至冻结点温度以下，使载冷剂溶液形成细小而均匀的冰晶（其直径约为 $100\mu m$），冰晶与载冷剂形成泥浆状的物质，此泥浆状的物质被称为冰泥。冰泥经泵输送至蓄冰槽而储存其相变热，以提供尖峰负荷的需求。超冰机可连续不断产生冰泥而无需热气脱冰装置；蓄冰槽内也无需特殊的储冰元件，此系统主要设备费用是制冰机。蓄冰槽构造简单，只需足够空间，作适当防水保温即可。此类蓄冷方式适合于小容量制冰机长期连续运转的场所。典型的冰晶式冰蓄冷空调系统如图12-25所示。

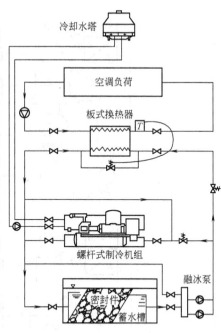

图 12-24　冰球式蓄冷系统流程示意图

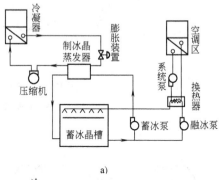

a)

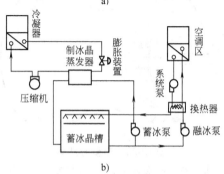

b)

图 12-25　典型冰晶式冰蓄冷空调系统流程
a) 制冰过程　b) 融冰过程

12.4 共晶盐蓄冷技术

12.4.1 共晶盐蓄冷的原理及特点

共晶盐蓄冷是利用固液相变特性蓄冷的一种蓄冷方式。蓄冷介质主要是由无机盐、水、成核剂和稳定剂组成的混合物，也称优态盐。目前使用效果较好的有两种，一种相变温度为8.3℃，相变热为95.3kJ/kg，密度为1473.7kg/m³；另一种相变温度为5℃。该系统的基本组成与水蓄冷相同，采用常规空调用冷水机组作为制冷设备。但是，蓄冷槽内采用共晶盐作为蓄冷介质，利用封闭在塑料容器内的共晶盐的相变热进行蓄冷（共晶盐可以在较高的温度下进行相变）。蓄冷时，从制冷机出来的冷媒水流过蓄冷槽内的共晶盐塑料容器，如图12-26所示，使塑料容器内的糊状共晶盐冻结进行蓄冷。

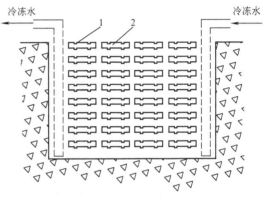

图 12-26 共晶盐蓄冷槽示意图
1—共晶盐容器 2—共晶盐溶液

空调使用时，再将从空调负荷端流回的冷媒水送入蓄冷槽，塑料容器内的共晶盐融化，将水温度降低，送入空调负荷端继续使用，其系统如图12-27所示。由于冷媒水系统一般为开式系统，水泵的扬程必须考虑静压头，在蓄冷槽的入口和出口要分别加装稳压阀和阀，防止停泵时系统高处的水回流。当采用相变温度为8.3℃的共晶盐时，其相变热不到水的1/3，

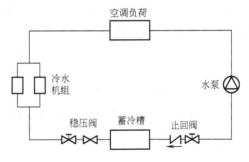

图 12-27 共晶盐蓄冷系统流程示意图

因此需要的蓄冷槽体积也较冰蓄冷槽大，但比水蓄冷槽的体积小一半以上。

共晶盐蓄冷系统的特点为：①该系统与常规空调系统基本相同，可以采用高效冷水机组，同时可并入已有的空调系统；②制冷设备耗电与常规空调系统相同或相近，但因提高了制冷设备的使用效率，比常规空调系统中的制冷设备节电10%左右；③蓄冷槽适合做在建筑物基础内，或埋于室外，不占用有效空间；

④维护保养工作与一般空调系统相同。

12.4.2 共晶盐蓄冷系统的布置方式及运行策略

1. 共晶盐蓄冷系统的布置方式

共晶盐空调蓄冷系统可以按全量蓄冷和分量蓄冷策略进行设计，根据共晶盐蓄冷槽和冷水机组在蓄冷系统中的相对位置，可以实现冷水机组上游布置和冷水机组下游布置两种方式，其原理如图12-28所示。

2. 共晶盐蓄冷系统的运行策略

共晶盐蓄冷系统释冷时所能提供的冷媒水温度为9~10℃，高于常规空调冷媒水的供水温度，所以在全量蓄冷系统中的应用受到一定限制。对那些需要较低温度的场合，可采用冷水机组放在蓄冷系统下游（即蓄冷系统优先）的分量蓄冷系统。这样冷媒水先经蓄冷槽降温，再经冷水机组降温。此方案的冷水机组必须在较低的温度条件下工作，故其制冷系数会有所降低。

蓄冷系统的控制可以通过选择冷水机组优先还是蓄冷系统优先来进行。冷水机组优先方案是指冷水机组提供基本负荷要求，超出的负荷由蓄冷系统提供。此时冷

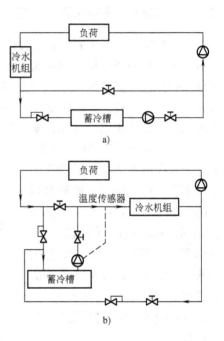

图12-28 共晶盐蓄冷系统
a）冷水机组上游布置方式
b）冷水机组下游布置方式

水机组在最佳工况下工作。当空调区回水温度超过冷水机组设定的进水温度时，先使一部分空调回水流入蓄冷槽被预冷，之后再与另一部分空调回水混合，从而使得进入冷水机组的水温达到进水温度要求。而蓄冷系统优先方案是指蓄冷槽提供基本负荷，超出的负荷由冷水机组提供，这需要预测白天的总负荷，以防蓄冷系统运行以后不久就发生冷量枯竭。

在蓄冷过程的后期，蓄冷系统的温差将逐渐降低，当通过蓄冷系统的温差降至3℃或更小时，冷水机组的负荷下降（如果冷水机组的出口温度保持为定值）。对于多台冷水机组联合工作的情况，当回到冷水机组的温度较低时，为了使冷水机组在整个蓄冷过程中能尽量在满负荷下工作，此时可使部分冷水机组停止工作。当然，通过每一个冷水机组的流量不允许超过产品所推荐的最大值。常用的运行控制策略有以下几种。

1）分量蓄冷冷水机组优先的运行策略：这种运行策略的流程如图12-29所

示,空调回水先经冷水机组降温,超出冷水机组容量部分是由蓄冷槽来承担。在这种工作方式下,冷水机组在较高的负荷下工作,同时空调回水温度较高,冷水机组在这种较高的温度下工作,其实际制冷系数也较高。该模式对蓄冷量的要求较小,故冷水机组在夜间工作时间可以缩短。

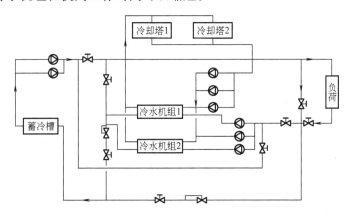

图 12-29   分量蓄冷冷水机组优先的释冷过程

2) 全量蓄冷的运行策略:这种运行策略的流程如图 12-30 所示,在这种运行策略下,白天空调用冷量完全是由蓄冷槽提供。该模式要求冷水机组在夜间的工作时间较长,以便为蓄冷槽提供足够的冷量。

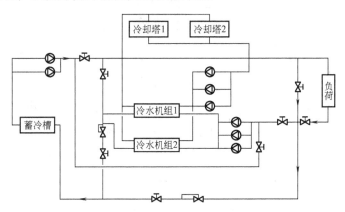

图 12-30   全量蓄冷的释冷过程

3) 分量蓄冷蓄冷槽优先的运行策略:这种运行策略的流程如图 12-31 所示,空调回水先经过蓄冷槽降温,超出蓄冷槽能力部分由冷水机组提供。因空调回水先经蓄冷槽降温,故可使蓄冷槽释出大部分的冷量。这种模式要求较大的蓄冷量,故冷水机组蓄冷的时间较长。就冷水机组而言,因其在较低的负荷和较低的温度下工作,故制冷系数较低。

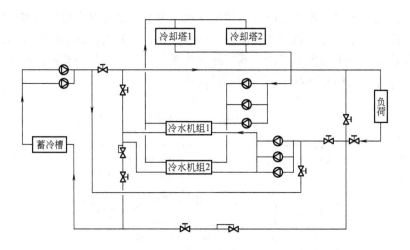

图 12-31　分量蓄冷的释冷过程

4）并联式释冷过程运行策略：这种运行策略的流程如图 12-32 所示，空调回水一部分经冷水机组降温，另一部分经蓄冷槽降温，两者汇合以后再送到空调区。在此工作方式下，因冷水机组在较高温度下工作，其制冷系数较高，并且当冷水机组或蓄冷槽的任何一侧发生故障或检修时，系统仍然可以提供一半的冷量。这种工作模式具有运行策略 1）和 3）的优点。

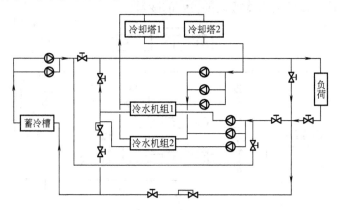

图 12-32　并联式释冷过程

思 考 题

1. 应用蓄冷技术的意义是什么？是为了节约能源吗？

2. 冰蓄冷、水蓄冷、共晶盐蓄冷各有什么优缺点？在实际工程中如何根据实际情况确定蓄冷的方案？

3. 叙述冰结晶的过程和机理。

4. 冰蓄冷系统释冷过程获得的冷媒水温度较低，这对于空调工程的设计将带来哪些优势？应注意哪些问题？

5. 在分层水蓄冷器的设计中，为什么要控制进出蓄冷器水流的速度？

6. 何谓全量蓄冷、分量蓄冷的策略？在实际工程设计中如何确定蓄冷策略？

7. 共晶盐蓄冷空调系统中，冷水机组可以上游布置和下游布置，各有何特点？

第 13 章

制冷空调新技术简介

近十年来，制冷空调技术得到了飞速的发展，使传统制造行业与信息产业得到了有效的结合，制冷空调技术和产品日新月异，改进的热力循环得到了应用，新型制冷压缩机性能得到了提高，自动控制和电子技术已经应用到制冷领域的各个角落，仿真技术在制冷空调系统设计中得到了广泛的应用。

目前，制冷空调领域中应用的新技术很多，书中前几章已对一些新技术进行了一定的介绍，包括制冷空调 CFCs 和 HCFCs 制冷剂的替代，变频技术在制冷空调中的应用，各类热泵技术在制冷空调中的应用，蓄冷技术在空调中的应用。本章主要介绍二氧化碳（CO_2）制冷技术以及制冷空调系统仿真技术的发展。

13.1　二氧化碳制冷技术

在环境保护与制冷剂替代的研究进程中，水、氨、碳氢化合物以及 CO_2 等自然制冷剂成为人们关注的焦点，前国际制冷学会主席挪威的 G. Lorentzen 认为，自然制冷剂是解决环境问题的最终方案。CO_2 制冷剂具有环保、易购买、安全性以及容积制冷量大等优点，适用于常规的制冷温度范围（$-50 \sim 10{}^\circ\!C$），几乎适宜于制冷空调领域的所有场合，是最具有应用前景的自然制冷剂，并有望成为21 世纪理想的环保自然制冷剂之一，因此国内外对以 CO_2 作为制冷剂的制冷循环进行了广泛的研究，并取得了一些研究成果。

13.1.1　二氧化碳制冷循环

二氧化碳的热物理特性在第 2 章已作了叙述。作为制冷剂，应使其在安全性、循环效率、价格等方面均佳，但实际上并不存在一种十全十美的制冷剂，与其他制冷剂相比，CO_2 有其优势与不足。表13-1 列出了二氧化碳（CO_2）与几种常见制冷剂性质的比较。

表 13-1　二氧化碳与常见制冷剂的特性比较

项　目	R12	R22	R134a	R717	R744
分子式	CCl_2F_2	$CHCl_2F_2$	CH_2FCF_1	NH_3	CO_2
摩尔质量/(kg/mol)	120.93	86.48	102.0	17.03	44.01
气体常数/[J/(kg·K)]	68.7	96.1	81.5	488.2	188.9
等熵指数 κ	1.14	1.20	1.12	1.31	1.30
臭氧层消耗指数	1.0	0.055	0	0	0
全球变暖潜能值(20 年)	7100	1600	1200	0	1
临界温度/℃	112.0	96.2	101.7	133.0	31.1
临界压力/MPa	4.113	4.974	4.055	11.42	7.372
标准大气压下沸点/℃	−29.8	−40.8	−26.2	−33.3	−78.4
0℃的蒸发比焓/(kJ/kg)	152.2	204.9	198.4	1261.7	231.6
0℃时的容积制冷量/(kJ/m³)	2740	4344	2860	4360	22600
0℃时的热导率/[W/(m·K)] 饱和液体/饱和气体	0.078 0.008	0.100 0.009	0.092 0.012	0.539 0.022	0.105 0.023
0℃时的比热容/[kJ/(kg·K)] 饱和液体/饱和气体	0.93 0.65	1.17 0.72	1.34 0.90	4.76 2.50	2.42 0.58
可燃性	否	否	否	是	否

CO_2 作为制冷剂的优势在于：①对环境无害，是自然界天然存在的物质，臭氧层消耗指数(ODP)为 0，全球变暖潜能值(GWP)为 1。由于 CO_2 大多为化工副产品，用它做制冷剂正好回收了本来要排向大气的废物；②来源广泛，价格低廉，又无回收问题，良好的安全性和化学稳定性，无毒、不可燃；③适应各种润滑油及常用机械零部件材料，即便在高温下也不分解产生有害气体；④单位容积制冷量高(22.6MJ/m³，约为传统制冷剂的 5～8 倍)，这样压缩机的工作容积可以大大减小，系统质量可以减轻，适用于制冷空调的各种场合；⑤有良好的输运和传热性质。CO_2 较高的热导率，较低的粘度和较大的比热值都对其换热性能十分有利。CO_2 优良的流动和传热特性，可减小压缩机与系统的尺寸，使制冷系统非常紧凑。

CO_2 作为制冷剂的缺点是：①运行压力较高。CO_2 运行压力可达 10MPa，运行压力高常被人们认为安全性差，高压力可能导致爆炸，实际上，设备的破裂强度和压力与容积的乘积有关。由于 CO_2 的单位容积冷量比常规制冷剂大很多，因此在相同制冷量下，其压力与容积的乘积和常规制冷剂差别并不大，设备内气体的爆炸能量也基本相同。②循环效率较低。CO_2 临界温度高，其跨临界循环的节流损失较大，CO_2 单级压缩跨临界循环的 COP 要低于 R22、R134a 等传统制冷剂的循环效率。

CO_2 临界点温度为 31.1℃，处于常温范围，因此 CO_2 制冷循环的高压侧将接近临界点或超过临界点，而无法像常用制冷剂那样实现远临界循环。CO_2 制冷循环包括亚临界循环、跨临界循环和超临界循环三种。图 13-1 为三种循环方式在 T-s 图和 p-h 图（纵坐标为对数坐标）上的表示。图 13-2 所示是 CO_2 制冷循环流程图，循环主要部件有压缩机、气体冷却器、回热器（或称内部换热器）、膨胀阀、蒸发器和储液器。下面分别对 CO_2 制冷循环的几种典型流程过程和应用进行阐述。

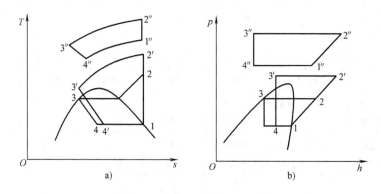

图 13-1 　CO_2 制冷的三种循环方式在 T-s 图和 p-h 图上的表示

a）T-s 图　b）p-h 图

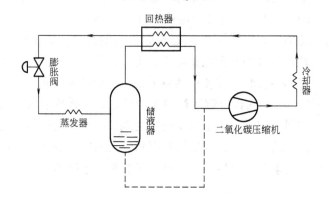

图 13-2 　CO_2 制冷循环流程示意图

1. 亚临界制冷循环（Subcritical Cycle）

CO_2 亚临界制冷循环的流程与普通的蒸气压缩式制冷循环完全一样，其循环过程如图 13-1 中的 1—2—3—4 所示。此时压缩机的吸、排气压力都低于临界压力，蒸发温度、冷凝温度也低于临界温度，循环的吸、放热过程都在亚临界条件下进行，换热过程主要依靠潜热来完成。早期的 CO_2 制冷循环多为亚临界循环，目前在复叠式制冷循环中也有应用。

2. 跨临界制冷循环(Transcritical Cycle)

CO_2 跨临界制冷循环的流程与普通的蒸气压缩式制冷循环略有不同，其循环过程如图 13-1 中的 1—2′—3′—4′—1 所示。此时压缩机的吸气压力低于临界压力，蒸发温度也低于临界温度，循环的吸热过程仍在亚临界条件下进行，换热过程主要是依靠潜热来完成。但是压缩机的排气压力高于临界压力，制冷剂的冷凝过程与在亚临界状态下完全不同，换热过程依靠显热来完成。此时高压换热器不再称为冷凝器，而称为气体冷却器。跨临界制冷循环是当前 CO_2 制冷循环研究中最为活跃的循环方式。

3. 超临界循环(Hypercritical Cycle)

CO_2 超临界制冷循环的流程与普通的蒸气压缩式制冷循环完全不同，所有的循环都在临界点以上，制冷剂的循环过程没有相变，实际上是气体循环，如图 13-1 中的 1″—2″—3″—4″—1″所示。完全超临界的 CO_2 制冷循环，只有在原子能发电时采用，制冷空调应用中采用的是跨临界制冷循环而不采用超临界循环。

4. CO_2 跨临界制冷循环的技术和应用

目前 CO_2 跨临界制冷循环的技术和应用主要集中在以下几个方面：

(1) 汽车空调系统　CO_2 跨临界制冷循环由于排热温度高，气体冷却器的换热性能好，因此比较适合汽车空调这种恶劣的工作环境。CO_2 跨临界制冷循环的压缩比很低，压缩机的效率相对较高，同时流体的传热和热力学特性较好，使得换热器的效率高，加上 CO_2 在气体冷却器中大的温度变化，使气体冷却器进口空气温度与出口制冷剂温度可能非常接近，可减少高压侧不可逆传热引起的损失，使整个制冷系统的能效比较高。

(2) 热泵系统中的应用　CO_2 跨临界循环气体冷却器所具有的较高排气温度和较大的温度滑移与冷却介质的温升过程相匹配，使其在热泵循环中的供热系数方面具有其他制冷剂亚临界循环没有的优势。CO_2 跨临界循环用于热泵系统时，可使被加热流体的温升达到 15～20℃，甚至更高，因而可以较好地满足不同空调、供热和生活热水系统所需温度品质的要求。因此 CO_2 跨临界循环在热泵热水器中得到了很好的应用。

(3) 复叠式制冷系统中的应用　CO_2 在低温条件下的粘度非常小，传热性能较好，与 NH_3 两级压缩系统相比，低温级采用 CO_2 的复叠制冷机，其压缩机体积可减小到原来的 1/10，CO_2 制冷温度可到达 -45～-50℃，再通过加工成为干冰粉末温度可降低到 -80℃。目前，欧洲的超市中已出现以 CO_2 做低温制冷剂的复叠式制冷系统，运行数据表明技术上是可行的。这种系统还适用于低温冷冻干燥过程。

13.1.2 CO₂制冷系统设备研究

1. CO₂压缩机

CO_2压缩机对整个制冷系统的效率和可靠性影响很大。设计出高效、可靠、体积小、质量轻的CO_2压缩机是CO_2跨临界循环压缩机研究的目标。CO_2压缩机具有其特殊的结构和特性，应根据不同的应用场合和原理，开发出适合CO_2制冷剂的往复活塞式、滑片式和涡旋式压缩机。关于CO_2压缩机的介绍详见本书第5章。

2. CO₂换热器

CO_2制冷系统的换热器主要是指气体冷却器和蒸发器。CO_2换热器应满足CO_2物性特点和跨临界CO_2制冷循环的特点。由于CO_2制冷系统工作压力高，因此对换热器材料的承压能力有一定要求，在缺少标准的情况下，普通的最小耐爆压力可取系统最大承受压力的$2.5 \sim 3$倍。

早期汽车空调用气体冷却器采用管翅式换热器（图13-3），但是这种设计存在"热短路"问题，即热量通过翅片从热管道传向冷管道，而使用CO_2制冷剂的气体冷却器中的高温度梯度使这个问题比使用常规制冷剂的冷凝器更为严重。

由于CO_2换热系数高、流动性好，使得系统中需要的制冷剂体积流量小，因此在小型CO_2制冷装置中常采用小管径的微通道换热器。微通道换热器包括微通道气体冷却器和微通道蒸发器。

微通道气体冷却器由两个积液管和许多在两个积液管之间沿水平方向展开的扁平微通道换热器组成。传热管插入积液管的夹槽中，折叠翅片安装在微通道传热管之间。积液管中装有隔板，制冷剂得以在两个积液管中来回流动。气体冷却器积液管的横截面积通常是圆形，内径略大于微通道，为$15 \sim 20mm$左右。由于CO_2系统中的高压，需要

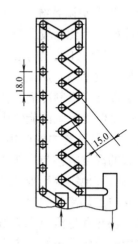

图13-3　汽车空调用CO_2气体冷却器

减小内径以节约材料和节约空间，为此设计"双入口"积液管，如图13-4所示。这个方法可大大减小积液管质量、尺寸和换热器内部面积，从而减少爆炸能量。

微通道蒸发器使液体在积液管的每个通道中可重新分配，使制冷剂沿回路的流量变化更灵活。更重要的是微通道蒸发器具有蒸发器宽管道所需的紧凑、质量轻、能承受较高压的积液管。整体结构如图 13-5 所示。

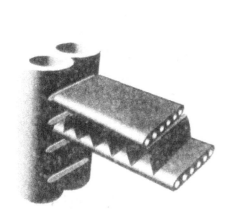

图 13-4　平行流式微通道气
　　　体冷却器的结构图

图 13-5　CO_2 平行流式微通道蒸发器结构图

3. 压缩机润滑油及密封材料

（1）CO_2 与润滑油的混合性　在超临界情况下 CO_2 对于各种类型的碳氢化合物来说都是一种有效的溶剂。因为 CO_2 制冷压缩机的排气在超临界状态下，不管选择什么样的润滑油，都会由于超临界的 CO_2 对油的溶解能力而携带润滑油。为了不影响其传热特性，必需保证润滑油能流回压缩机中去。因此，CO_2 的低温流动性和混合性显得较重要。

CO_2 的粘度很小，当它溶解在润滑油中时，溶液的粘度与纯润滑油相比将会显著地降低，因此选择润滑油应依据稀释后的粘度而不是名义粘度。但 CO_2 对 PAG 和 AN 润滑油的负载容量没有什么负面影响。POE 润滑油对 CO_2 表现出良好的混合性，而当 CO_2 的浓度很高的时候，PAG、烷基苯、PAO 和矿物油就与 CO_2 不能混合。

（2）润滑油的稳定性　润滑油老化会导致腐蚀、堵塞过滤器和系统效率下降，因此润滑油的稳定性非常重要。PAO 和 AN 在 CO_2 环境中是稳定的，润滑油既不老化也不和催化剂发生反应。PAG 中为提高润滑能力加入的添加剂磷酸盐抗磨剂会老化，和 PAG 发生反应生成烷基磷酸盐，并腐蚀铝，且老化的产物可能会和钢与铜发生反应，导致金属表面生锈。POE 会发生严重老化，POE 老化而产生的酸性物可能与金属反应，由于酸性物能促进脂的水解，而 CO_2 溶解在酯润滑油的水分而生成碳酸，有可能加速 POE 的老化。因此在 CO_2 压缩机中不适合采用 POE。

(3) 润滑油对密封性能的影响 通过在软管套头或封层上的弹性材料的泄漏量，以及在系统显著释压之后，在合成橡胶表面上可能会出现起泡和破裂现象，在制冷剂损失方面对 CO_2 循环的运行有着极大的影响。对于橡胶来说，与其他气体如 N_2、O_2 甚至 H_2 相比，由于 CO_2 有很强的溶解性，所以它的泄漏量要大得多，而在同样的橡胶中的扩散率很低，这导致了爆发性减压后材料的破坏。临近40℃的临界点时，渗透系数比预料的要高许多，而这种效应可以用出现在流体临界点附近的密度波动来解释，而这个密度波动加强了热传导和热扩散。氟化橡胶中的 CO_2 的渗透过程比其他橡胶中扩散的作用大。因此，必须将精力集中在降低溶解率和提高扩散率上面。因为渗透过程是由溶解率和扩散率的乘积来决定的，所以只要溶解性能缩小同样的倍数，在材料中扩散系数的增加就不会影响到渗透系数，但是爆发性减压效应发生的可能性就会大大增加。

13.1.3 CO_2 制冷跨临界循环应用前景和研究重点

自从将 CO_2 作为制冷剂以来，由于其友好的环境特性、热力性质和传热学特点，世界各国都对 CO_2 跨临界循环投入了大量的人力、物力进行了研究。到目前为止，在 CO_2 用于各个领域的研究结果表明，CO_2 制冷循环在热泵、空调、商用制冷装置、食品冷藏冷冻、洗衣机干燥器等方面都具有良好的应用前景，性能都相当于甚至好于原来采用 R22、R12 或 R134a 制冷剂的制冷装置。跨临界 CO_2 制冷循环特别适合于温度差变化大的场合，而且在较低的蒸发温度下性能较好。在 CO_2 的各个应用领域中，跨临界 CO_2 汽车空调特别引人注目。美国、挪威、欧洲各国、日本等国，都对跨临界 CO_2 汽车空调进行了样机的实验研究和理论分析。跨临界 CO_2 汽车空调的可行性和性能都得到了充分的论证，用它来替代氟立昂制冷系统指日可待。但是对 CO_2 制冷循环的研究许多方面尚不完善，目前的研究多针对系统，较少针对部件的优化设计。仅有的部件研究要么就是设计简单，是在原 R134a、R12、R22 的部件基础得到的，很少是针对 CO_2 进行优化设计；要么只是理论上的研究，尚无样机生产和实验验证。因此系统和部件的各个方面都还有很大的改进余地。

针对 CO_2 制冷剂本身的特性，进行系统装置的结构部件设计和优化，提高系统循环效率，是 CO_2 跨临界循环系统应用研究的关键。研究的方向和重点有：高效率压缩机、换热器的开发；能够良好控制系统运行状态的节流部件开发，对膨胀机的结构设计和优化，进行膨胀机内两相流动过程的研究；开展 CO_2 超临界流动传输特性的研究；开展 CO_2 跨临界循环系统的压比控制和容量调节方法的研究；进一步开展 CO_2 跨临界循环热泵系统应用领域的研究。除此之外，进行系统装置的安全可靠性和降低系统及部件的成本，也是系统应用中应解决的问题。

13. 2　制冷空调系统仿真技术

经过几十年的发展，仿真技术在制冷、空调领域得到了很好的应用，它对制冷空调系统的运行特性研究及产品技术创新起到了重要的作用。尽管传统的制冷空调装置仿真技术已有了相当的发展，但在面对实际装置的多样性和复杂性时，在仿真精度和适应性方面仍显得不足。为了进一步提高制冷空调系统仿真技术的精度和适应性，并将之逐步推向实用化，需发挥学科交叉的优势，在传统的经典方法的基础上，将现代人工智能技术引入到制冷空调系统仿真中来，研究和发展制冷空调系统的智能仿真技术是一个新的发展方向。

13. 2. 1　仿真技术的概念和特点

1. 仿真技术概念

仿真技术是计算机技术的一种，它的产生和发展有着浓厚的工程实际应用背景。所谓仿真，就是指通过研究一个能代表所研究对象的模型，来代替对实际对象的研究。仿真技术就是将建立工程对象的数学模型和利用数字计算方法相结合，借助计算机技术来完成对实际工程对象特性的研究。传统的制冷、空调产品开发模式可以用"经验 + 试验 + 理论预测"来概括，但多以"经验 + 试验"为主。技术研发人员根据经验提出系统设计方案，并研制出样机，然后在试验台上进行测试，通过试验台的测试数据对产品性能进行改进。理论上说，试验设计方法是一种严谨的科学研究方法，但试验设计方法受试验的条件、测试精度、经济成本以及开发周期等的限制，使其无法对产品的实际运行性能进行较全面的预测和改进。仿真技术可以帮助技术研发人员有效地利用计算机手段，改进和优化开发产品的性能。通过计算机仿真技术，原来需要在测试台上的试验测试，可以利用计算机进行仿真计算得以实现。这样不仅可以节省测试费用，而且可以缩短开发周期。

2. 仿真技术特点

计算机仿真技术应用在产品设计研发方面，具有以下优点：

（1）提高产品研发效率，缩短研发周期　利用计算机仿真技术替代传统的试验研究方法，节省大量的人力和物力，可以仿真多种工况下的产品性能，提高研发效率和缩短研发周期。

（2）加强实际工程过程特性的研究和分析　以动态分析方法取代传统的静态分析方法，使模型分析更加接近系统实际运行过程，提高准确性和精度。

（3）既可对单个部件仿真，也可对整个系统进行仿真　利用计算机仿真技术，设计研发人员对部件特性和系统特性均能进行比较详尽的研究，可对产品开发和改进提供方向性指导。

（4）实现优化设计　应用最优化方法，可以进行最优化设计和最佳工况的调节和控制等。

（5）全过程设计　可以将以往的典型工况设计，改变为全工况设计，提高系统的可靠性和可调性。

13.2.2　制冷空调系统仿真技术的研究现状及发展

1. 仿真技术处于模型的精确性和计算复杂性的矛盾

制冷空调系统仿真技术在早期的研究工作中，主要用显式算法求解联立微分方程组。为了保证计算稳定性，须采用很小的时间步长（相对于动态特性模型），为了减少计算时间，只能采用简单的全集中参数模型，精度受到影响。后来，采用全隐的差分格式来提高计算的稳定性和增大时间步长，才有可能建立分布参数模型来提高对实际对象的描述能力。但考虑计算速度和实效性，忽略了一些被认为是相对次要的因素。到了 20 世纪 90 年代，集中参数和分布参数模型的研究都得到了一定的发展，研究开始向实用化方向转化，并针对不同的实际对象做了大量的工作。上述基于纯数值计算的制冷空调系统传统仿真技术，至今虽已取得了相当程度的发展，但进一步的实用化却遇到了一定的阻力，模型与算法过于复杂影响其实用性，而简单的模型又无法保证精度与适用性。因此要进一步使得仿真实用化，必须在方法上寻求突破和创新。

2. 仿真技术受制于模型描述实际对象特性的能力

目前，许多现象尚未能从理论上加以精确的阐述，如两相流问题等。也有许多研究问题对外界环境条件（如生产工艺、使用条件等）很敏感，理论上理想的研究结果很难直接应用于实际对象，如传热系数关联式等。研究者大都采用"优选"的方法，即试用前人的基础研究结果，在比较了计算结果和试验结果后，选择与试验结果最接近者。

为了仿真实用化，应当选择尽可能简单的模型和算法，同时保证模型有很好的对于实际对象的描述能力。

3. 研究对象在不断地扩展

长期以来，蒸气压缩式制冷系统一直是制冷空调装置的主流，所以制冷空调系统的仿真研究主要集中在蒸气压缩式制冷装置。随着 CFCs 替代的研究开展和节能意识的加强，制冷空调系统的发展呈现出多元化趋势：多种新型环保替代制冷剂的蒸气压缩式制冷循环，吸收式制冷机的应用，吸附式制冷机、涡流管制冷器、热电制冷机等凭借各自的特点也在不同场合得到了应用。各类制冷机在改进和研发时不约而同地选择了计算机仿真技术作为研发的重要技术手段。因此，从制冷空调系统计算机仿真研究的角度来看，研究对象在不断扩展。

4. 研究方法不断更新，学科交叉的特征越来越明显

传统的研究方法获得了很大的成功，然而同时也在许多实际问题面前遇到了比较多的障碍。设计研发人员越来越意识到必须走学科交叉道路。一方面基于热力学、流体力学、传热传质学的基本定律为建立工程模型、促使仿真技术的成熟和提高仿真精度提供了良好的基础。另一方面，人工智能中的专家系统、人工神经网络和模糊系统对非常复杂且缺乏理论模型支持的对象问题的求解，将传统仿真技术与人工智能相结合的智能化仿真，是制冷空调系统仿真技术的发展方向。两者可以取长补短，充分发挥两者的优势。

13.2.3 制冷空调系统仿真的模型和算法

部件与系统模型的建立是系统仿真的核心问题。以占据着市场的主要份额和具有传统优势的蒸气压缩式制冷循环为例，对制冷空调系统仿真计算的模型和算法进行介绍。制冷空调系统是由压缩机、换热器、节流装置等部件相互连接构成的一个封闭系统。作为系统仿真的基本单元，部件模型和算法的研究一直是研究者研究的重点，而系统仿真模型及其算法，因为制冷空调系统的特殊性，也存在着不同。

1. 压缩机的模型与算法

压缩机既有传热传质，又有复杂的机械运动过程，对系统仿真而言，压缩机的热力性能是研究的主要目的，相关的参数主要是输气量、输入功率和排气温度。根据仿真的实际需要，进行相应的简化建模。出于不同的理解，不同的研究者建立了不同的模型，主要有全动态、全稳态、两结点及神经网络四类模型。

（1）全动态模型 这类模型主要用于压缩机性能的研究和改进，将各个传热传质环节置于同等的地位，没有进行应有的分析简化，模型计算比较复杂，不适合系统仿真，现已较少采用。

（2）全稳态模型 这类模型只需确定压缩过程的多变指数、输气系数和电效率这几个经验参数的计算方法，就可以计算压缩机的热力性能，模型的计算都是显式的，不需要迭代计算，这类模型实际上就是一般教材中介绍的压缩机热力计算过程，如果是稳态仿真，此模型非常适合。但如果是动态仿真，由于压缩机输气过程的时间常数（对于转速近3000r/min的压缩机，其时间常数约为0.02s）比换热器的时间常数要小得多，仍可以采用稳态模型描述该准稳态过程。不过，应该注意的是，压缩机的起动（从0转速到全速）需要一定的时间，如果将之处理成线性环节或一阶惯性环节，则不仅有助于改善开机瞬态过程的仿真效果，而且也可以提高算法的稳定性，保证了参数变化的连续性。对于小型制冷空调装置，这一点是值得强调的。此外，压缩机换热环节的时间常数较大（因为压缩机本身具有较大的热容），如果不考虑其动态特性，将对吸气和排气温度的准确计算造

成一定的影响。因此，这种稳态、准稳态和动态的相互渗透和处理提高了仿真效果。

关于变频压缩机的模型研究，现仍以类似于定速压缩机的效率法为主。该方法将输气系数取为定值，均以线性改变理论输气量的方法来模拟压缩机的频率变化，其本质是认为变频压缩机的制冷能力和输入功率与频率呈线性变化。

（3）两结点模型　这类模型将压缩机模型处理成两个环节，即稳态的输气环节和动态的换热环节。对于不同类型的压缩机，输气环节的模型结构是相同的，所不同的是理论输气量的计算方法。换热环节的模型结构可分为两类：一类是压缩机壳侧的容积与吸气管相连，模型必须同蒸发器模型联合求解的低压结构，例如小型全封闭往复式压缩机；另一类是压缩机壳侧的容积与排气管相连，模型必须同冷凝器模型联合求解的高压结构，例如，小型全封闭滚动转子式压缩机。

（4）神经网络模型　从总体上看，目前的神经网络模型属于全稳态模型的一种，但由于其在建模方式上与传统模型不同，所以将其单独列为一类新模型。此外，神经网络模型也可以作为两结点模型中的输气环节模型使用。

2. 换热器的模型与算法

换热器的模型涉及到的输入和输出参数较多，算法也较为复杂。换热器模型最初只是采用集中参数法建立模型，随着对精度要求的不断提高，出现了分段法模型，将冷凝器分为过热气体、两相流体及过冷液体三个区段，将蒸发器分为两相流体和过热流体两个区段。由于两相流体与单相流体在换热与流动特性上有着很大的差别，很多工作都围绕分界点而展开。随着研究的深入，发现两相区内不同干度，制冷剂的流动与换热仍相差很大，更为细致的分布参数法模型也就应运而生。总的来说，换热器模型可划分为动态模型和稳态模型两类。

（1）动态模型　根据动态过程的不同特点，换热器动态模型又可以分为两类：

1）长瞬态模型。这类模型主要用于描述装置的开、停机状态过程，常用于系统动态仿真。在装置的开、停机动态过程中，由于参数变化的幅度很大，模型中的一些非线性项难以忽略，导致模型的求解只能采用数值计算方法。

2）短瞬态模型。这类模型主要用于描述换热器在运行过程中，因边界条件发生变化而做出的动态响应，常用于系统状态量（如过热度）的控制。在换热器的短瞬态响应过程中，一些参数变化幅度不大，所以模型中的一些非线性项可以被线性化，使得模型的求解可以简化，甚至显式化，如简化为传递函数模型。

从理论上讲，长瞬态和短瞬态模型可以用统一的模型来描述，但由于统一的模型较为复杂，不便于求解，所以研究者习惯于结合具体对象或过程的特点对模型进行相应的简化，从而达到模型求解过程的简化。

根据模型的参数集中程度，换热器动态模型也可分为以下三类：

1）单结点模型（集中参数模型或水箱模型）：这类模型将整个换热器看作一个结点，所有分布参数都被平均化，因此这类模型是最简单的一类换热器动态模型。在早期的制冷空调系统仿真研究中，由于计算机的软硬件水平较低，这类模型常被研究者所采用。在今天，这类模型多被用于定性仿真研究或教学中。

2）多结点模型（分布参数模型）：这类模型将换热器划分为许多个控制容积，对每个控制容积按集中参数建模，或者直接对偏微分方程进行离散化。在分布参数模型中，根据研究的换热器类型或研究目的，仍可细分为一维、二维或三维分布参数模型。从系统动态仿真的角度来看，分布参数模型的计算量大、计算稳定性差，可用于研究，但不适合实用化目的的仿真软件或实时控制系统。

3）分区模型：这类模型是目前应用最广的一类模型。对于冷凝器，按过热气体、汽液两相流体及过冷液体三个区段分别建立集中参数模型。对于蒸发器，按汽液两相流体和过热流体两个区段分别建立集中参数模型。由于单相区（过热气体区或过冷液体区）的参数变化幅度不大，而两相区的制冷剂温度近似不变（如果忽略压降），使得参数的集结成为可能，故分区模型可以建立与分布参数模型相近的计算精度。与分布参数模型相比，分区模型的计算量下降，计算稳定性得到改善。因此，无论是长瞬态研究，还是短瞬态研究，分区模型都被研究者广泛采用。然而，分区模型也存在一个明显的不足之处，即相边界随时间的移动使得壁面能量方程的求解变得复杂。

（2）稳态模型　与动态模型不同，换热器的稳态模型主要用于描述并预测换热器的稳态性能，为换热器设计和选型提供依据。根据模型的参数集中程度，换热器稳态模型可分为四类：

1）单结点模型，或称为集中参数模型：对于没有相变的换热器，可以采用对数平均温差法来计算换热器的稳态性能。对于有相变的换热器，对数平均温差法已不再适用，期望通用单结点模型来准确预测换热器的稳态性能，则需要有相当准确的传热系数公式和流动阻力系数公式。考虑到换热器结构的多样性，准确的经验公式往往需要通过大量的实验获得。即使是获得了大量的实验数据，建立合适的多变量回归公式仍不是一件容易的事情。从传统方法来看，都采用线性公式进行回归，这与实际的非线性特性在机理上也不吻合。

2）多结点模型，又称分布参数模型：与动态分布参数模型相比，稳态分布参数模型少了时间项，计算量明显下降且稳定性大为提高，故在系统稳态仿真中得到了应用。

3）分区模型：有研究表明，分区模型与分布参数模型的计算偏差可以很小。此外，稳态分区模型不存在动态分区模型求解时的移动相边界问题。因此，为了提高计算速度，特别是在敏感性分析或优化计算时，可以考虑用分区模型替代分布参数模型。

4）神经网络模型：近年来，研究者提出采用人工神经网络辨识和预测换热器稳态特性的方法，可以获得较传统方法更好的回归精度。这方面研究工作正在逐渐受到关注。

3. 节流装置模型

制冷空调系统中的节流装置基本为毛细管、热力膨胀阀及电子膨胀阀。毛细管主要用于小型制冷空调系统中；热力膨胀阀在大中型制冷空调系统中得到了广泛地应用；电子膨胀阀在结构上可视为节流机构与电动阀的有机结合，通过控制器进行调节，在机组起动、负载变化、除霜、停机以及故障保护等情况下体现其控制功能的多样性和优越性，现在主要应用于变频制冷空调系统中。

毛细管具有结构简单、价格便宜、运行可靠等优点，得到了越来越多的应用。与此同时，毛细管的研究在实验和理论两方面得到很大的发展。对各种替代制冷剂在毛细管内流动特性的研究是近 10 年来毛细管研究方向的主流。其中，R134a、R600a 和 R152a 是被研究最多的纯制冷剂，而 R407C 和 R410A 是被研究最多的混合制冷剂。但因毛细管内存在两相流动，使对其建模变得较为复杂。毛细管的研究一直以绝热毛细管为主，近年来对非绝热毛细管的研究开始受到高度重视。

（1）分布参数模型 毛细管的模型以均相平衡流模型（HEM）为主。该类模型假设气液两相充分混合，没有相间速度滑移，并且满足热力学平衡。HEM 与毛细管内的真实流动情况相比，存在很多的近似性。研究表明，HEM 的预测精度在 ±15% 以内，基本可以满足工程精度的要求。但是，近年来的研究分相流模型的结果表明，采用分相流模型可以更准确地模拟毛细管沿程的制冷剂参数（温度和压力）分布。最近有研究者发现，由于亚稳态流动的影响，毛细管的流量不仅取决于工况参数，而且与到达该工况的途径有关，即同一工况下可能存在两个流量，这是一例典型的非平衡态下的分岔现象。

（2）经验关联模型 由于制冷剂在毛细管内部的流动，是伴随着相变的气液两相流动，准确而通用的毛细管模型是比较复杂的，特别是对于设备设计研发人员而言，不容易掌握和使用。因此，毛细管流量特性的关联方法的研究开始受到重视。关联模型的最大优点是计算简单，不需要像复杂模型那样进行复杂的算法设计和迭代计算，故而对使用者的技术要求较低，适用于广泛的生产实践；主要缺点是通用性较差，表现在两个方面：一是适用参数范围（指毛细管结构参数和运行参数）较窄；二是不同制冷剂的关联系数不同，这就意味着对不同制冷剂需要分别关联。另外，关联方法的研究和关联模型的建立必须以大量的试验数据或通用模型的计算数据为关联对象。由于一定要求下的以常用制冷剂的毛细管流量特性关联模型可以通过公开发表的文献资料查得，因此关联方法的上述缺点一般不会造成关联模型使用上的困难。毛细管流量特性的关联模型，主要是针对绝热毛细管的。这是因为绝热（或近似绝热）毛细管的应用场合更广，而且其流量特性的影响因素也较少。

从关联数据的来源来看，有的模型是基于试验数据，有的则是基于通用模型的计算数据。基于试验数据的优势是关联的结果可以得到直接验证，但试验数据的范围和数量有限，且不同研究者获得试验数据的一致性不是很高，导致关联式难有公认的精度。

纵观现有的毛细管流量特性关联方法，可以发现都是基于传统的思路，先通过大量尝试和显著性分析，确定关联模型的形式，然后对关联系数进行回归。然而大量实践表明，这一关联方法具有很大的局限性，特别是对于复杂的非线性对象，确定合适的关联模型的难度较大，在理论上也缺乏通用的方法。热力膨胀阀的结构比毛细管复杂得多，其模型可近似简化为等效节流孔板，只是进口可能为单相流或两相流。

电子膨胀阀是局部阻力可以变化的节流机构，通过步进电动机等手段，使阀芯产生连续位移，从而改变制冷剂流通面积的节流装置，在一定的升程下，通过电子膨胀阀制冷剂流量和节流前后压差的平方根成正比，这点同一般的节流机构完全一样。借鉴热力膨胀阀的研究成果，用热力膨胀阀的建模方法对电子膨胀阀进行建模分析。

13.2.4 智能技术在制冷空调系统仿真中的应用

将传统的制冷空调装置仿真理论与现代人工智能技术结合起来，就形成了制冷空调装置智能仿真方法。以专家系统、人工神经网络和模糊理论为代表的现代人工智能技术在制冷空调行业已得到初步应用，从这些研究和应用现状中可以看到：

1. 采用现代人工智能技术来研究传统理论难以解决的工程应用问题，可以收到较好的实际效果

由于制冷空调装置的实际特性和人工智能技术的相应优势，使得人工智能技术在缺乏合适的数学模型支持的研究方向上较早地得到了应用，如：在过程辨识与控制，故障监控和诊断，负荷预测等方向上。另外，在制冷空调行业的其他一些方面，针对实际问题的复杂性，开始采用人工智能技术来研究传统理论难以解决的问题。

2. 在处理传统理论和现代人工智能技术关系上，基本上绕过了传统理论而直接应用人工智能技术

这种应用方式未必对于所有的问题都合适。有的实际问题，在理论研究上已相当深入，但由于理论模型总是基于理想假设的，因此理论与实际之间存在一定

的偏差，而这种偏差难以通过传统理论手段统一地修正。这种情况下，如果绕过传统理论，完全采用人工智能技术解决问题，则效果未必最佳。因为人工智能的形成过程需要不断的学习和调整，本身也存在一个效率和效果问题。而且，纯粹的人工智能模型反映的只是研究对象的外部行为，从中很难深入分析研究对象的内部特性。

3. 在制冷空调装置系统仿真方面

近年来国际上开始尝试将人工智能方法引入到制冷空调装置的性能预测中，但这只是作为一种无模型的简化建模方法进行简单应用，而未能对这一方法在本领域的发展问题作更深入的分析和阐述。

思 考 题

1. 试叙述二氧化碳的热物理特性。
2. 二氧化碳作为制冷剂的优缺点有哪些？
3. 二氧化碳亚临界循环、跨临界循环和超临界循环的热力学特点是什么？
4. 试总结二氧化碳跨临界制冷循环的应用及其待解决的问题。
5. 试比较二氧化碳制冷循环设备与常规制冷剂循环设备的区别。
6. 什么是仿真技术？其特点是什么？
7. 制冷空调系统的仿真模拟特点有哪些？其研究现状和应用前景如何？
8. 分别总结和叙述制冷系统各个部件的仿真模型和算法。
9. 智能技术在制冷空调系统仿真中是如何应用的？

附　　录

附录 A　附　　表

附表 1　ASHRAE 制冷剂的标准符号表示

代　号	化 学 名 称	分 子 式	代　号	化 学 名 称	分 子 式
氟利昂			**共沸混合工质**		
R10	四氯化碳	CCl_4	R500	R12/R152a，(73,8/26.2)	
R11	一氟三氯甲烷	$CFCl_3$	R501	R22/R12，(75/25)	
R12	二氟二氯甲烷	CF_2Cl_2	R502	R22/R115，(48.8/51.2)	
R13	三氟一氯甲烷	CF_3Cl	**碳氢化合物**		
R13B1	三氟一溴甲烷	CF_3Br	R50	甲烷	CH_4
R14	四氟化碳	CF_4	R170	乙烷	CH_3CH_3
R20	氯仿	$CHCl_3$	R290	丙烷	$CH_3CH_2CH_3$
R21	一氟二氯甲烷	$CHFCl_2$	R600	丁烷	$CH_3CH_2CH_2CH_3$
R22	二氟一氯甲烷	CHF_2Cl	R600a	异丁烷	$CH(CH_3)_3$
R23	三氟甲烷	CHF_3	R1150	乙烯	$CH_2=CH_2$
R30	二氯甲烷	CH_2Cl_2	R1270	丙烯	$CH_3CH=CH_2$
R31	一氟一氯甲烷	CH_2FCl	**有机氧化物**		
R32	二氟甲烷	CH_2F_2	R610	乙醚	$C_2H_5OC_2H_5$
R40	氯甲烷	CH_3Cl	R611	甲酸甲脂	$HCOOCH_3$
R41	氟甲烷	CH_3F	**烯烃类的卤代物**		
R110	六氯乙烷	CCl_3CCl_3	R1112a	二氟二氯乙烯	$CF_2=CCl_2$
R111	一氟五氯乙烷	CCl_3CFCl_2	R1113	三氟一氯乙烯	$CFCl=CF_2$
R112	二氟四氯乙烷	$CFCl_2CFCl_2$	R1114	四氟乙烯	$CF_2=CF_2$
R112a	二氟四氯乙烷	CCl_3CF_2Cl	R1120	三氯乙烯	$CHCl=CCl_2$
R113	三氟三氯乙烷	$CFCl_2CF_2Cl$	R1130	二氯乙烯	$CHCl=CHCl$
R113a	三氟三氯乙烷	CCl_3CF_3	**无机物（低温工质）**		
R124	四氟一氯乙烷	$CHFClCF_3$	R702	氢	H_2
R124a	四氟一氯乙烷	CHF_2CF_2Cl	R704	氦	He
R125	五氟乙烷	CHF_2CF_3	R720	氖	Ne
R123	三氟二氯乙烷	$CHCl_2CF_3$	R728	氮	N_2
R134a	四氟乙烷	CH_2CF_4	R729	空气	
R140a	三氯乙烷	CH_3CCl_3	R732	氧	O_2
R142b	二氟一氯乙烷	CH_3CF_2Cl	R740	氩	Ar
R143a	三氟乙烷	CH_3CF_3	**无机物（非低温工质）**		
R150a	二氯乙烷	CH_3CHCl_2	R717	氨	NH_3
R152a	二氟乙烷	CH_3CHF_2	R718	水	H_2O
R160	氯乙烷	CH_3CH_2Cl	R744	二氧化碳	CO_2
R218	八氟丙烷	$CF_3CF_2CF_3$	R744A	氧化二氮	N_2O
环状有机物			R764	二氧化硫	SO_2
RC316	六氟二氯环丁烷	$C_4F_6Cl_2$	**脂肪族胺**		
RC317	七氟一氯环丁烷	C_4F_7Cl	R630	甲胺	CH_3NH_2
RC318	八氟环丁烷	C_4F_8	R631	乙胺	CH_5NH_2

附表 2　制冷剂的一般特性

制冷剂符号	相对分子质量	凝固温度/℃	标准沸点/℃	液体密度/(kg/m³) 20℃时	汽化热/(kJ/kg) 1.013bar①时	临界温度/℃	临界压力①/bar	临界密度/(kg/m³)	蒸气压①/bar 20℃时	气体常数/[J/(kg·K)]	ODP值	GWP值 100年	500年
CFC类													
R11	137.38	−111	23.7	1479	182	198.0	44.0	554	0.89	60.525	1.0	3500	1500
R12	120.91	−158	−29.8	1486	166	112.0	41.2	558	5.669	68.764	1.0	7300	4200
R13	104.46	−181	−81.4	1522	150	28.8	38.7	578	21.77	79.593	1.0	—	—
R113	187.38	−5	47.7	1510	145	214.1	34.1	576	0.364	44.371	1.07	4200	2100
R114	17.92	−94	3.6	1520	136	145.7	32.6	582	1.82	48.644	0.8	6900	5500
R115	154.47	−106	−39	1548	125	80.0	31.4	613	—	53.825	0.52	6900	7400
HCFC类													
R21	102.92	−135	8.9	1405	239	178.4	51.7	524	0.59	80.788	<0.05	—	—
R22	86.47	−160	−40.8	1412	234	96.1	49.8	515	9.17	96.154	0.055	1500	510
R123	152.92	−107	27.8	1455	170	185	36.1	538	0.76	54.37	0.02	85	29
R141b	116.95	−103.5	32.1	1215	225	208	43.4	436	0.65	71.09	0.11	440	150
R142b	100.50	−131	−9.5	1195	221	137	41.3	435	2.11	82.37	0.065	1600	540
R124	136.48	−199	−11	1373	163	122.5	36.3	554	3.27	60.9	0.022	430	150
哈龙类													
1301	148.93	−168	−57.8	1992	118	67	39.7	745	14.27	55.83	12.7	—	—
1211	165.38	−160	−3.6	1899	133	154.5	42.0	713	2.29	50.268	4.96	—	—
2402	259.85	−111	47.5	2087	101	214.5	33.7	790	—	31.998	6.39	—	—
HFC类													
R23	70.01	−155	−82.1	1460	239	25.6	48.5	527	41.81	118.75	3.9×10^{-4}	—	12000

（续）

制冷剂符号	相对分子质量	凝固温度/℃	标准沸点/℃	液体密度/(kg/m³) 20℃时	汽化热/(kJ/kg) 1.013bar①时	临界温度/℃	临界压力/bar①	临界密度/(kg/m³)	蒸气压/bar① 20℃时	气体常数/[J/(kg·K)]	ODP值	GWP值 100年	GWP值 500年
R32	52.02	-136	-51.8	980	393	78.4	58.3	430	14.74	—	0	—	220
R125	120.02	-102	-48.1	1219	165	66.25	36.6	572	12.1	69.3	3×10⁻⁵	2500	860
R134a	102.03	-101	-26.5	1378	216	101.1	40.6	510	5.72	81.49	1.5×10⁻⁵	1200	420
R143a	84.04	-111	-47.6	1166	230	73.1	37.6	434	—	98.933	0	2900	1000
R227	170.03	-127	-17.3	1417	131	101.9	29.5	592	3.99	—	0	—	—
R152a	66.05	-117	-24.7	1011	325	113.5	44.9	365	5.13	125.88	0	140	47
烃类													
R290	44.1	-188	-42	500	430	96.7	42.5	220	8.38	188.5	0	3	3
R600	58.12	-134.8	-0.5	578	385	152.0	38.0	228	2.06	143.1	0	3	3
R600a	58.12	-159.2	-11.8	557	367	135.0	36.5	221	3.06	143.0	0	3	3
戊烷	72.15	-130	36.1	626	352	196.6	33.7	237	1.35	115.1	0	—	—
丙酮	58.08	-95.35	-56.2	789	502	234.95	47.0	278	0.233	143.4	0	—	—
异丙醇	60.11	-88.5	-82.3	786	663	235.15	47.6	273	1.3588	138.2	0	—	—
二甲基醚	46.07	-141.5	-25.0	667	467	126.85	52.4	259	1.3585	176.2	0	—	—
其他物质													
氨	17.03	-77.7	-33.3	682	1369	132.3	113.4	234	8.57	488.19	0	0	0
水	18.02	0	100.0	958	2258	374.2	221.2	314	0.0234	461.52	0	0	0
二氧化碳	44.01	-56.6	-78.5	1520	—	30.95	73.8	469	57.3	188.8	0	0	1

① 1bar=10^5Pa。

附表3 一个大气压下饱和湿空气的热力性质

温度/℃	水蒸气分压力/kPa	含湿量/(kg/kg)	比体积/(m³/kg)	比焓/(KJ/kg)	温度/℃	水蒸气分压力/kPa	含湿量/(kg/kg)	比体积/(m³/kg)	比焓/(KJ/kg)
-40	0.01283	0.000079	0.6597	-44.040	26	3.36090	0.021440	0.8763	80.777
-35	0.02233	0.000138	0.6740	-34.808	27	3.56490	0.022790	0.8811	85.263
-30	0.03798	0.000234	0.6884	-29.600	28	3.77970	0.024220	0.8860	89.952
-25	0.06324	0.000390	0.7028	-24.187	29	4.00550	0.025720	0.8910	94.851
-20	0.10318	0.000637	0.7173	-18.546	30	4.24310	0.027320	0.8961	99.977
-18	0.12482	0.000771	0.7231	-16.203	31	4.49280	0.029000	0.9014	105.337
-16	0.15056	0.000930	0.7290	-13.795	32	4.75520	0.030780	0.9068	110.946
-14	0.18107	0.001119	0.7349	-11.314	33	5.03080	0.032660	0.9124	116.819
-12	0.21716	0.001342	0.7409	-8.745	34	5.32010	0.034640	0.9182	122.968
-10	0.25971	0.001606	0.7469	-6.073	35	5.62370	0.036740	0.9241	129.411
-8	0.30975	0.001916	0.7529	-3.285	36	5.94230	0.038950	0.9302	136.161
-6	0.36846	0.002280	0.7591	-0.360	37	6.27640	0.041290	0.9365	143.239
-4	0.43716	0.002707	0.7653	2.724	38	6.62650	0.043760	0.9430	150.660
-2	0.51735	0.003206	0.7716	5.991	39	6.99350	0.046360	0.9497	158.445
0	0.61072	0.003788	0.7781	9.470	40	7.37780	0.049110	0.9567	166.615
1	0.65660	0.004070	0.7813	11.200	41	7.78030	0.052020	0.9639	175.192
2	0.70550	0.004380	0.7845	12.978	42	8.20160	0.055090	0.9713	184.200
3	0.75750	0.004710	0.7878	14.807	43	8.64240	0.058330	0.9790	193.662
4	0.81300	0.005050	0.7911	16.692	44	9.10360	0.061760	0.9871	203.610
5	0.87190	0.005420	0.7944	18.634	45	9.58560	0.065370	0.9954	214.067
6	0.93470	0.005820	0.7978	20.639	46	10.08960	0.069200	1.0040	225.068
7	1.00130	0.006240	0.8012	22.708	47	10.61610	0.073240	1.0130	236.643
8	1.07220	0.006680	0.8046	24.848	48	11.16590	0.077510	1.0224	248.828
9	1.14740	0.007160	0.8081	27.059	49	11.74020	0.082020	1.0322	261.667
10	1.22720	0.007660	0.8116	29.348	50	12.33970	0.086800	1.0424	275.198
11	1.31190	0.008200	0.8152	31.716	52	13.61760	0.097200	1.0641	304.512
12	1.40170	0.008760	0.8188	34.172	54	15.00720	0.108870	1.0879	337.182
13	1.49690	0.009370	0.8225	36.719	56	16.51630	0.121980	1.1141	373.679
14	1.59770	0.010010	0.8262	39.362	58	18.15310	0.136740	1.1429	414.572
15	1.70440	0.010690	0.8300	42.105	60	19.92630	0.153410	1.1749	460.536
16	1.81730	0.011410	0.8338	44.955	62	21.84470	0.172280	1.2105	512.391
17	1.93670	0.012180	0.8377	47.918	64	23.91840	0.193720	1.2504	571.144
18	2.06300	0.012990	0.8417	50.998	66	26.15650	0.218250	1.2953	638.003
19	2.19640	0.013840	0.8457	54.205	68	28.57010	0.246380	1.3462	714.531
20	2.33730	0.014750	0.8498	57.544	70	31.16930	0.278840	1.4043	802.643
21	2.48610	0.015720	0.8540	61.021	75	38.55620	0.385870	1.5925	1092.010
22	2.64310	0.016740	0.8583	64.646	80	47.36700	0.552010	1.8792	1539.414
23	2.80860	0.017810	0.8626	68.425	85	57.80960	0.836340	2.3633	2302.878
24	2.98320	0.018960	0.8671	72.366	90	70.11400	1.416040	3.3412	3856.547
25	3.16710	0.020160	0.8716	76.481					

附表 4　R410a 的饱和热力性质表

温度/℃	压力/bar[①]	比体积/(dm³/kg)		比焓/(kJ/kg)		比熵/[kJ/(kg·K)]	
		液态	气态	液态	气态	液态	气态
-70	0.356	0.695	640.39	100.60	390.14	0.5830	2.0082
-69	0.379	0.696	604.15	101.94	390.72	0.5896	2.0041
-68	0.403	0.698	570.34	103.29	391.29	0.5961	2.0000
-67	0.428	0.700	538.77	104.65	391.86	0.6027	1.9959
-66	0.455	0.701	509.27	106.00	392.43	0.6093	1.9920
-65	0.482	0.703	481.69	107.36	392.99	0.6158	1.9880
-64	0.512	0.705	455.88	108.72	393.56	0.6223	1.9842
-63	0.542	0.707	431.71	110.08	394.12	0.6288	1.9804
-62	0.574	0.708	409.06	111.45	394.68	0.6353	1.9766
-61	0.608	0.710	387.83	112.81	395.24	0.6417	1.9729
-60	0.643	0.712	367.91	114.18	395.79	0.6481	1.9693
-59	0.680	0.714	349.22	115.56	396.35	0.6545	1.9657
-58	0.718	0.716	331.65	116.93	396.90	0.6609	1.9622
-57	0.759	0.717	315.14	118.31	397.44	0.6673	1.9587
-56	0.801	0.719	299.61	119.69	397.99	0.6737	1.9553
-55	0.844	0.721	284.99	121.07	398.53	0.6800	1.9519
-54	0.890	0.723	271.23	122.45	399.07	0.6863	1.9485
-53	0.938	0.735	258.26	123.84	399.61	0.6926	1.9453
-52	0.987	0.737	246.03	125.23	400.14	0.6989	1.9420
-51	1.039	0.738	234.50	126.62	400.68	0.7051	1.9388
-50	1.093	0.730	223.61	128.01	401.21	0.7114	1.9356
-49	1.149	0.732	213.33	129.41	401.73	0.7176	1.9325
-48	1.207	0.734	203.62	130.80	402.26	0.7238	1.9295
-47	1.268	0.736	194.44	132.20	402.78	0.7300	1.9264
-46	1.331	0.738	185.75	133.60	403.30	0.7361	1.9234
-45	1.396	0.740	177.54	135.00	403.81	0.7423	1.9205
-44	1.464	0.742	169.75	136.41	404.32	0.7484	1.9176
-43	1.535	0.744	162.38	137.81	404.83	0.7545	1.9147
-42	1.608	0.746	155.39	139.22	405.34	0.7606	1.9118
-41	1.684	0.748	148.77	140.63	405.84	0.7666	1.9090
-40	1.762	0.750	142.48	142.04	406.34	0.7727	1.9063
-39	1.844	0.752	136.51	143.45	406.84	0.7787	1.9035
-38	1.928	0.754	130.85	144.87	407.33	0.7847	1.9008
-37	2.015	0.757	125.46	146.29	407.82	0.7907	1.8982
-36	2.106	0.759	120.35	147.70	409.31	0.7966	1.8955

（续）

温度/℃	压力/bar①	比体积/(dm³/kg)		比焓/(kJ/kg)		比熵/[kJ/(kg·K)]	
		液态	气态	液态	气态	液态	气态
−35	2.199	0.761	115.48	149.12	408.79	0.8026	1.8929
−34	2.296	0.763	110.85	150.54	409.27	0.8085	1.8904
−33	2.396	0.765	106.45	151.97	409.76	0.8144	1.8878
−32	2.499	0.767	102.25	153.39	410.22	0.8203	1.8853
−31	2.605	0.770	98.25	154.82	410.69	0.8262	1.8828
−30	2.716	0.772	94.45	156.24	411.16	0.8320	1.8804
−29	2.829	0.774	90.82	158.67	411.62	0.8378	1.878
−28	2.947	0.776	87.35	159.10	412.08	0.8436	1.8756
−27	3.068	0.779	84.05	160.54	412.54	0.8494	1.8732
−26	3.193	0.761	80.89	161.97	412.99	0.8552	1.8709
−25	3.321	0.783	77.88	163.41	413.44	0.8610	1.8686
−24	3.454	0.786	75.00	164.84	413.89	0.8667	1.8663
−23	3.591	0.788	72.25	166.28	414.33	0.8724	1.8640
−22	3.732	0.790	69.63	167.72	414.77	0.8781	1.8618
−21	3.877	0.793	67.00	169.17	415.20	0.8838	1.8596
−20	4.026	0.795	64.71	170.61	415.63	0.8895	1.8574
−19	4.179	0.798	62.40	172.06	416.06	0.8952	1.8552
−18	4.338	0.800	60.20	173.51	416.48	0.9008	1.8531
−17	4.500	0.803	58.09	174.96	416.90	0.9064	1.8509
−16	4.667	0.805	56.06	176.41	417.31	0.9120	1.8488
−15	4.839	0.808	54.12	177.86	417.72	0.9176	1.8468
−14	5.016	0.810	52.27	179.32	418.31	0.9232	1.8447
−13	5.197	0.813	50.48	180.78	418.53	0.9288	1.8426
−12	5.384	0.816	48.77	182.24	418.93	0.9343	1.8406
−11	5.575	0.818	47.13	183.71	419.32	0.9398	1.8386
−10	5.772	0.821	45.55	185.17	419.71	0.9454	1.8366
−9	5.974	0.824	44.04	186.64	420.10	0.9509	1.8347
−8	6.181	0.826	42.58	188.11	420.48	0.9564	1.8327
−7	6.394	0.829	41.19	189.59	420.86	0.9618	1.8308
−6	6.612	0.832	39.84	191.07	421.22	0.9673	1.8288
−5	6.836	0.835	38.55	192.55	421.59	0.9728	1.8269
−4	7.065	0.837	37.31	194.03	421.95	0.9782	1.8250
−3	7.300	0.840	36.11	195.52	422.30	0.9837	1.8232
−2	7.541	0.843	34.96	197.01	422.66	0.9891	1.8213
−1	7.788	0.846	38.85	198.50	423.00	0.9945	1.8194

（续）

温度/℃	压力/bar①	比体积/（dm³/kg）		比焓/（kJ/kg）		比熵/［kJ/（kg·K）］	
		液态	气态	液态	气态	液态	气态
0	8.041	0.849	32.78	200.00	423.34	1.0000	1.8176
1	8.300	0.852	31.75	201.50	423.68	1.0054	1.8158
2	8.565	0.855	30.76	203.01	424.01	1.0108	1.8140
3	8.837	0.858	29.81	204.52	424.33	1.0162	1.8121
4	9.115	0.861	28.88	206.04	424.65	1.0216	1.8103
5	9.400	0.865	28.00	207.56	424.96	1.0269	1.8086
6	9.692	0.868	27.14	209.08	425.27	1.0323	1.8068
7	9.990	0.871	26.31	210.62	425.57	1.0377	1.8050
8	10.295	0.874	25.51	212.15	425.87	1.0431	1.8032
9	10.607	0.877	24.74	213.70	426.15	1.0485	1.8015
10	10.926	0.881	24.00	215.24	426.44	1.0539	1.7997
11	11.252	0.884	23.28	216.80	426.71	1.0592	1.7980
12	11.586	0.888	22.58	218.36	426.98	1.0646	1.7962
13	11.927	0.891	21.91	219.93	427.24	1.0700	1.7945
14	12.275	0.895	21.26	221.51	427.49	1.0754	1.7927
15	12.631	0.898	20.63	223.09	427.74	1.0808	1.7910
16	12.995	0.902	20.02	224.68	427.98	1.0862	1.7893
17	13.367	0.905	19.43	226.28	428.21	1.0916	1.7875
18	13.747	0.909	18.86	227.89	428.43	1.0970	1.7858
19	14.134	0.913	18.31	229.51	428.64	1.1025	1.7841
20	14.530	0.917	17.78	231.14	428.85	1.1079	1.7823
21	14.934	0.921	17.26	232.78	429.04	1.1033	1.7806
22	45.347	0.925	16.76	234.43	429.23	1.1088	1.7788
23	15.768	0.929	16.27	236.09	429.40	1.1243	1.7771
24	16.198	0.933	15.80	237.76	429.57	1.1398	1.7753
25	16.637	0.937	15.34	239.44	429.73	1.1353	1.7735
26	17.084	0.941	14.90	241.14	429.87	1.1408	1.7718
27	17.541	0.945	14.47	242.85	430.01	1.1464	1.7700
28	18.007	0.949	14.05	244.57	430.13	1.1520	1.7682
29	18.482	0.954	13.64	246.31	430.24	1.1576	1.7663
30	18.966	0.958	13.25	248.06	430.33	1.1632	1.7645
31	19.460	0.963	12.87	249.83	430.42	1.1689	1.7627
32	19.964	0.968	12.50	251.61	430.49	1.1746	1.7608
33	20.477	0.972	12.13	253.42	430.54	1.1803	1.7589
34	21.000	0.977	11.78	255.24	430.59	1.1864	1.7570

(续)

温度/℃	压力/bar①	比体积/(dm³/kg)		比焓/(kJ/kg)		比熵/[kJ/(kg·K)]	
		液态	气态	液态	气态	液态	气态
35	21.534	0.982	11.44	257.08	430.61	1.1919	1.7551
36	22.077	0.987	11.11	258.94	430.62	1.1978	1.7531
37	22.631	0.992	10.79	260.82	430.61	1.2037	1.7511
38	23.195	0.998	10.47	262.72	430.58	1.2096	1.7491
39	23.770	1.003	10.16	264.65	430.54	1.2156	1.7471
40	24.356	1.008	9.86	266.60	430.47	1.2217	1.7450
41	24.952	1.014	9.57	268.57	430.38	1.2278	1.7428
42	25.559	1.020	9.29	270.57	430.27	1.2339	1.7407
43	26.178	1.026	9.01	272.60	430.14	1.2402	1.7385
44	26.807	1.032	8.74	274.66	429.98	1.2465	1.7362
45	27.448	1.038	8.48	276.75	429.79	1.2528	1.7339
46	28.100	1.045	8.22	278.88	429.58	1.2593	1.7315
47	28.764	1.051	7.97	281.04	429.34	1.2658	1.7291
48	29.440	1.058	7.72	283.23	429.06	1.2725	1.7265
49	30.127	1.065	7.48	285.46	428.75	1.2792	1.7239
50	30.837	1.073	7.25	287.74	428.40	1.2860	1.7213
51	31.538	1.080	7.01	290.06	428.01	1.2929	1.7185
52	32.261	1.088	6.79	292.42	427.58	1.3000	1.7156
53	32.997	1.096	6.57	294.84	427.10	1.3071	1.7126
54	33.744	1.105	6.35	297.31	426.56	1.3144	1.7095
55	34.504	1.114	6.13	299.83	425.97	1.3219	1.7063
56	35.276	1.123	5.92	302.42	425.32	1.3295	1.7029
57	36.061	1.133	5.71	305.07	424.60	1.3373	1.6993
58	36.858	1.144	5.51	307.80	423.79	1.3452	1.6955
59	37.667	1.155	5.30	310.60	422.90	1.3534	1.6915
60	38.489	1.167	5.10	313.50	421.91	1.3618	1.6872
61	39.323	1.180	4.90	316.49	420.79	1.3705	1.6827
62	40.168	1.193	4.69	319.60	419.54	1.3795	1.6777
63	41.026	1.209	4.49	322.83	418.11	1.3888	1.6723
64	41.895	1.225	4.29	326.22	416.48	1.3986	1.6663
65	42.775	1.244	4.08	329.79	414.57	1.4088	1.6595
66	43.666	1.265	3.86	333.59	412.29	1.4197	1.6518
67	44.567	1.291	3.62	337.69	409.44	1.4315	1.6424
68	45.476	1.321	3.36	342.25	405.63	1.4445	1.6303
69	46.392	1.360	3.00	347.66	399.38	1.4600	1.6111
70	47.313	1.415	2.52	353.49	388.45	1.4766	1.5785
71.77	48.933	2.052	2.05	375.94	375.94	1.5410	1.5410

① 1bar = 10⁵Pa。

附表 5　R227 的饱和热力性质表

温度/℃	压力/bar①	比体积/(dm³/kg)		比焓/(kJ/kg)		比熵/[kJ/(kg·K)]	
		液态	气态	液态	气态	液态	气态
-40	0.324	0.634	344.63	157.35	298.37	0.9318	1.4367
-39	0.342	0.635	327.62	158.36	299.02	0.8361	1.4368
-38	0.361	0.635	311.61	159.36	299.66	0.8404	1.4370
-37	0.380	0.636	296.53	160.38	300.31	0.8447	1.4373
-36	0.401	0.636	282.31	161.40	300.96	0.8490	1.4375
-35	0.422	0.637	268.90	162.42	301.61	0.8533	1.4377
-34	0.444	0.637	256.25	163.43	302.25	0.8576	1.4380
-33	0.467	0.638	244.31	164.46	302.90	0.8619	1.4383
-32	0.492	0.639	233.03	165.49	303.55	0.8661	1.4386
-31	0.517	0.639	222.37	166.52	304.20	0.8704	1.4389
-30	0.543	0.640	212.29	167.56	304.85	0.8747	1.4393
-29	0.570	0.641	202.76	168.59	305.51	0.8789	1.4396
-28	0.598	0.641	193.74	169.63	306.15	0.8831	1.4400
-27	0.628	0.642	185.20	170.68	306.80	0.8874	1.4404
-26	0.658	0.643	177.10	171.73	307.45	0.8916	1.4408
-25	0.690	0.644	169.43	172.78	308.10	0.8959	1.4412
-24	0.723	0.645	162.16	173.83	308.75	0.9001	1.4416
-23	0.757	0.645	155.26	174.89	309.40	0.9043	1.4420
-22	0.793	0.646	148.71	175.94	310.15	0.9085	1.4425
-21	0.829	0.647	142.49	177.01	310.70	0.9128	1.4429
-20	0.867	0.648	136.59	178.07	311.35	0.9169	1.4434
-19	0.907	0.649	130.97	179.15	312.01	0.9212	1.4439
-18	0.948	0.650	125.64	180.22	312.66	0.9253	1.4444
-17	0.990	0.651	120.56	181.30	313.31	0.9296	1.4439
-16	1.033	0.652	115.73	182.37	313.96	0.9337	1.4454
-15	1.079	0.653	111.13	183.45	314.61	0.9379	1.4460
-14	1.125	0.654	106.75	184.54	315.26	0.9421	1.4465
-13	1.174	0.655	102.58	185.62	315.91	0.9463	1.4471
-12	1.224	0.656	98.60	186.71	316.56	0.9504	1.4476
-11	1.275	0.657	94.81	187.81	317.21	0.9546	1.4482
-10	1.329	0.659	91.20	188.90	317.86	0.9588	1.4488
-9	1.384	0.660	87.75	189.99	318.50	0.9629	1.4494
-8	1.440	0.661	84.45	191.09	319.15	0.9670	1.4500
-7	1.499	0.662	81.31	192.20	319.80	0.9712	1.4506
-6	1.559	0.663	78.30	193.31	320.45	0.9753	1.4512

（续）

温度/℃	压力/bar①	比体积/(dm³/kg)		比焓/(kJ/kg)		比熵/[kJ/(kg·K)]	
		液态	气态	液态	气态	液态	气态
−5	1.621	0.665	75.43	194.42	321.10	0.9795	1.45
−4	1.686	0.666	72.69	195.52	321.74	0.9836	1.45
−3	1.752	0.667	90.06	196.64	322.39	0.9877	1.45
−2	1.820	0.669	67.55	197.75	323.03	0.9918	1.45
−1	1.890	0.670	65.15	198.88	323.68	0.9959	1.45
0	1.962	0.672	62.84	200.00	324.32	1.0000	1.4551
1	2.036	0.673	60.64	201.13	324.97	1.0041	1.4558
2	2.113	0.675	58.53	202.25	325.61	1.0082	1.4565
3	2.191	0.676	56.51	203.38	326.25	1.0123	1.4572
4	2.272	0.678	54.57	204.51	326.89	1.0163	1.4579
5	2.355	0.679	52.71	205.64	327.53	1.0204	1.4586
6	2.441	0.681	50.92	206.78	328.17	1.0245	1.4593
7	2.528	0.682	49.21	207.92	328.81	1.0285	1.4600
8	2.618	0.684	47.57	209.07	329.45	1.0326	1.4607
9	2.711	0.686	45.99	210.21	330.09	1.0366	1.4615
10	2.806	0.688	44.48	211.35	330.72	1.0406	1.4622
11	2.903	0.689	43.02	212.51	331.36	1.0447	1.4629
12	3.004	0.691	41.62	213.66	331.99	1.0487	1.4637
13	3.106	0.693	40.28	214.82	332.63	1.0527	1.4644
14	3.212	0.695	38.98	215.97	333.26	1.0567	1.4652
15	3.320	0.697	37.74	217.13	333.89	1.0607	1.4659
16	3.430	0.699	36.54	218.29	334.52	1.0647	1.4667
17	3.544	0.700	35.39	219.46	335.15	1.0687	1.4674
18	3.660	0.702	34.28	220.61	335.77	1.0727	1.4682
19	3.779	0.705	33.22	221.79	336.40	1.0767	1.4690
20	3.902	0.707	32.29	222.95	337.02	1.0806	1.4697
21	4.027	0.709	31.20	224.13	337.65	1.0846	1.4705
22	4.155	0.711	30.24	225.31	338.27	1.0886	1.4713
23	4.286	0.713	29.32	226.48	338.89	1.0925	1.4721
24	4.420	0.715	28.43	227.67	339.51	1.0965	1.4728
25	4.558	0.717	27.57	228.84	340.12	1.1004	1.4736
26	4.698	0.720	26.75	230.03	340.74	1.1043	1.4744
27	4.842	0.722	25.95	231.21	341.35	1.1082	1.4752
28	4.989	0.724	25.18	232.40	341.96	1.1122	1.4760
29	5.139	0.727	24.44	233.59	342.57	1.1161	1.4767

（续）

温度/℃	压力/bar①	比体积/(dm³/kg)		比焓/(kJ/kg)		比熵/[kJ/(kg·K)]	
		液态	气态	液态	气态	液态	气态
30	5.293	0.729	23.72	234.79	343.18	1.1200	1.4775
31	5.450	0.732	23.03	235.99	343.79	1.1239	1.4783
32	5.611	0.734	22.36	237.18	344.39	1.1278	1.4791
33	5.775	0.737	21.71	238.38	344.99	1.1317	1.4799
34	5.943	0.739	21.08	239.59	345.59	1.1356	1.4807
35	6.115	0.742	20.48	240.80	346.19	1.1395	1.4815
36	6.290	0.745	19.89	242.00	346.78	1.1433	1.4822
37	6.469	0.747	19.32	243.22	347.38	1.1472	1.4830
38	6.652	0.750	18.77	244.43	349.97	1.1511	1.4838
39	6.838	0.753	18.24	245.64	348.55	1.1549	1.4846
40	7.029	0.756	17.73	246.87	349.14	1.1588	1.4854
41	7.223	0.759	17.23	248.09	349.72	1.1626	1.4861
42	7.421	0.762	16.75	249.31	350.30	1.1665	1.4869
43	7.624	0.765	16.28	250.55	350.88	1.1703	1.4877
44	7.830	0.768	15.83	251.77	351.45	1.1742	1.4884
45	8.041	0.771	15.39	253.01	352.02	1.1780	1.4892
46	8.256	0.774	14.96	254.25	352.59	1.1818	1.4900
47	8.476	0.777	14.55	255.48	353.15	1.1856	1.4907
48	8.699	0.780	14.15	256.73	353.71	1.1895	1.4915
49	8.927	0.784	13.76	257.98	354.27	1.1933	1.4922
50	9.160	0.787	13.38	259.24	354.83	1.1971	1.4929
51	9.397	0.791	13.02	260.48	355.37	1.2020	1.4937
52	9.639	0.794	12.66	261.75	355.92	1.2048	1.4944
53	9.885	0.798	12.31	263.01	356.46	1.2086	1.4951
54	10.136	0.801	11.98	264.28	357.00	1.2124	1.4958
55	10.392	0.805	11.65	265.55	357.53	1.2162	1.4965
56	10.653	0.809	11.34	266.83	358.06	1.2601	1.4972
57	10.919	0.812	11.03	268.10	359.58	1.2239	1.4979
58	11.190	0.816	10.73	269.39	359.10	1.2277	1.4986
59	11.466	0.820	10.44	270.69	359.62	1.2315	1.4993
60	11.747	0.824	10.15	271.98	360.12	1.2354	1.4999
61	12.033	0.828	9.88	273.28	360.63	1.2392	1.5006
62	12.324	0.832	9.61	274.58	361.12	1.2430	1.5012
63	12.621	0.836	9.35	275.90	361.61	1.2469	1.5018
64	12.924	0.841	9.09	277.22	362.10	1.2507	1.5024

（续）

温度/℃	压力/bar[①]	比体积/（dm³/kg）		比焓/（kJ/kg）		比熵/[kJ/（kg·K）]	
		液态	气态	液态	气态	液态	气态
65	13.232	0.845	8.84	278.54	362.57	1.2545	1.5030
66	13.545	0.849	8.60	279.87	363.04	1.2584	1.5036
67	13.864	0.854	8.36	281.21	363.50	1.2623	1.5042
68	14.189	0.858	8.13	282.56	363.96	1.2661	1.5047
69	14.520	0.863	7.91	283.91	364.41	1.2700	1.5052
70	14.857	0.868	7.69	285.27	364.84	1.2739	1.5058
71	15.200	0.873	7.48	286.64	365.27	1.2778	1.5063
72	15.549	0.877	7.27	288.02	365.69	1.2817	1.5067
73	15.904	0.883	7.07	299.40	366.10	1.2856	1.5072
74	16.265	0.888	6.87	290.80	366.50	1.2895	1.5076
75	16.633	0.893	6.67	292.21	366.89	1.2935	1.5080
76	17.008	0.898	6.48	293.63	367.25	1.2975	1.5084
77	17.389	0.904	6.30	295.06	367.63	1.3015	1.5087
78	17.776	0.910	6.11	296.49	367.97	1.3055	1.5090
79	18.171	0.915	5.93	297.95	368.31	1.3095	1.5093
80	18.572	0.921	5.76	299.42	369.63	1.3136	1.5095
81	18.981	0.928	5.59	300.90	368.93	1.3177	1.5097
82	19.397	0.934	5.42	302.41	369.22	1.3218	1.5099
83	19.820	0.941	5.26	303.92	369.48	1.3259	1.5100
84	20.250	0.948	5.09	305.46	369.73	1.3301	1.5101
85	20.688	0.955	4.93	307.01	369.95	1.3344	1.5101
86	21.133	0.962	4.78	308.60	370.15	1.3387	1.5100
87	21.586	0.970	4.62	310.20	370.32	1.3430	1.5099
88	22.047	0.979	4.47	311.83	370.46	1.3474	1.5097
89	22.516	0.988	4.32	313.48	370.56	1.3518	1.5094
90	22.993	0.998	4.17	315.18	370.63	1.3564	1.5091
91	23.479	1.008	4.02	316.92	370.65	1.3611	1.5086
92	23.973	1.020	3.87	318.71	370.63	1.3658	1.5080
93	24.475	1.033	3.73	320.55	370.55	1.3707	1.5072
94	24.987	1.048	3.58	322.47	370.40	1.3758	1.5063
95	25.507	1.066	3.43	324.48	370.17	1.3811	1.5052
96	26.036	1.087	3.28	326.62	379.84	1.3868	1.5038
97	26.574	1.114	3.13	328.93	379.38	1.3929	1.5021
98	27.122	1.151	2.97	331.51	378.75	1.3996	1.5000
99	27.679	1.204	2.80	334.54	367.86	1.4076	1.4971
100	28.246	1.249	2.61	338.52	366.56	1.4181	1.4932

① 1bar = 10⁵Pa。

附表6　R744(CO₂)的饱和热力性质表

温度 /℃	压力 /bar①	比体积/(dm³/kg)		比焓/(kJ/kg)		比熵/[kJ/(kg·K)]	
		液态	气态	液态	气态	液态	气态
−55	5.546	0.8515	0.06808	81.60	430.84	0.5283	2.1293
−54	5.788	0.8542	0.06535	83.64	431.19	0.5376	2.1236
−53	6.038	0.8569	0.06275	85.70	431.54	0.5469	2.1178
−52	6.296	0.8597	0.06028	87.79	431.88	0.5562	2.1122
−51	6.562	0.8624	0.05793	89.89	432.21	0.5656	2.1066
−50	6.836	0.8652	0.05568	92.00	432.53	0.5750	2.1010
−49	7.119	0.8681	0.05355	94.11	432.84	0.5843	2.0955
−48	7.410	0.8710	0.05151	96.23	433.15	0.5936	2.0900
−47	7.710	0.8739	0.04956	98.34	433.44	0.6029	2.0846
−46	8.018	0.8768	0.04771	100.46	433.72	0.6121	2.0792
−45	8.336	0.8798	0.04594	102.57	433.99	0.6212	2.0739
−44	8.663	0.8828	0.04424	104.68	434.25	0.6303	2.0686
−43	9.000	0.8858	0.04263	106.78	434.50	0.6394	2.0633
−42	9.346	0.8889	0.04108	108.88	434.74	0.6483	2.0581
−41	9.701	0.8920	0.03960	110.98	434.97	0.6572	2.0529
−40	10.067	0.8952	0.03819	113.07	435.19	0.6661	2.0477
−39	10.442	0.8984	0.03683	115.15	435.40	0.6749	2.0426
−38	10.828	0.9017	0.03553	117.24	435.59	0.6836	2.0374
−37	11.224	0.9050	0.03429	119.32	435.78	0.6923	2.0324
−36	11.631	0.9083	0.03310	121.36	435.95	0.7007	2.0273
−35	12.048	0.9117	0.03196	123.43	436.11	0.7093	2.0223
−34	12.477	0.9151	0.03086	125.51	436.26	0.7179	2.0172
−33	12.916	0.9186	0.03292	127.59	436.39	0.7264	2.0122
−32	13.367	0.9221	0.02880	129.66	436.51	0.7348	2.0073
−31	13.829	0.9257	0.02783	131.74	436.62	0.7432	2.0023
−30	14.303	0.9293	0.02690	133.83	436.71	0.7516	1.9973
−29	14.788	0.9330	0.02600	135.91	436.79	0.7600	1.9924
−28	15.286	0.9368	0.02514	138.00	736.86	0.7684	1.9875
−27	15.796	0.9406	0.02431	140.10	436.91	0.7767	1.9825
−26	16.318	0.9444	0.02352	142.20	436.95	0.7850	1.9776
−25	16.852①	0.9484	0.02275	144.31	436.97	0.7935	1.9727
−24	17.400	0.9524	0.02201	146.42	436.97	0.8016	1.9378
−23	17.960	0.9564	0.02130	148.55	436.96	0.8099	1.9629
−22	18.533	0.9606	0.02061	150.67	436.94	0.8182	1.9580
−21	19.120	0.9648	0.01995	152.81	436.89	0.8265	1.9531

(续)

温度 /℃	压力 /bar①	比体积/(dm³/kg)		比焓/(kJ/kg)		比熵/[kJ/(kg·K)]	
		液态	气态	液态	气态	液态	气态
−20	19.720	0.9691	0.01932	154.95	436.83	0.8347	1.9482
−19	20.334	0.9734	0.01870	157.10	436.75	0.8430	1.9433
−18	20.961	0.9778	0.01811	159.26	436.65	0.8512	1.9384
−17	21.603	0.9824	0.01754	161.43	436.54	0.8594	1.9334
−16	22.259	0.9870	0.01699	163.61	436.40	0.8677	1.9285
−15	22.929	0.9917	0.01645	165.79	436.25	0.8759	1.9236
−14	23.614	0.9965	0.01594	167.99	436.07	0.8841	1.9186
−13	24.313	1.0014	0.01544	170.19	435.88	0.8923	1.9136
−12	25.028	1.0064	0.01496	172.40	435.66	0.9005	1.9086
−11	25.758	1.0115	0.01450	174.63	435.42	0.9088	1.9036
−10	26.504	1.0167	0.01405	176.86	435.16	0.9170	1.8985
−9	27.265	1.0221	0.01361	179.11	434.87	0.9252	1.8934
−8	28.042	1.0275	0.01319	181.37	434.56	0.9335	1.8883
−7	28.835	1.0331	0.01278	183.64	434.22	0.9417	1.8832
−6	29.644	1.0389	0.01239	185.93	433.86	0.9500	1.8780
−5	30.470	1.0447	0.01201	188.23	433.46	0.9582	1.8728
−4	31.313	1.0508	0.01163	190.55	433.04	0.9665	1.8675
−3	32.173	1.0570	0.01128	192.88	432.59	0.9748	1.8622
−2	33.050	1.0633	0.01093	195.23	432.11	0.9832	1.8568
−1	33.944	1.0699	0.01059	197.61	431.60	0.9916	1.8514
0	34.857	1.0766	0.01026	200.00	431.05	1.0000	1.8459
1	35.787	1.0836	0.00994	202.42	430.47	1.0085	1.8403
2	36.735	1.0908	0.00963	204.86	429.85	1.0170	1.8347
3	37.702	1.0982	0.00933	207.32	429.19	1.0255	1.8290
4	38.688	1.1058	0.00904	209.82	428.49	1.0342	1.8232
5	39.693	1.1137	0.00875	212.34	427.75	1.0428	1.8173
6	40.716	1.1220	0.00847	214.89	426.96	1.0516	1.8113
7	41.760	1.1305	0.00820	217.48	426.13	1.0604	1.8052
8	42.823	1.1393	0.00794	220.11	425.27	1.0698	1.7990
9	43.906	1.1486	0.00768	222.77	424.30	1.0784	1.7925
10	45.010	1.1582	0.00743	225.47	423.30	1.0875	1.7861
11	46.134	1.1683	0.00719	228.21	422.24	1.0967	1.7792
12	47.279	1.1788	0.00695	231.03	421.09	1.1061	1.7726
13	48.446	1.1899	0.00671	233.86	419.90	1.1155	1.7627
14	49.634	1.2015	0.00648	236.74	418.62	1.1251	1.7585

（续）

温度 /℃	压力 /bar①	比体积/(dm³/kg)		比焓/(kJ/kg)		比熵/[kJ/(kg·K)]	
		液态	气态	液态	气态	液态	气态
15	50.844	1.2138	0.00626	239.67	417.26	1.1348	1.7511
16	52.077	1.2269	0.00604	242.70	415.79	1.1447	1.7434
17	53.332	1.2407	0.00582	245.78	414.22	1.1548	1.7354
18	54.611	1.2555	0.00561	247.94	412.54	1.1652	1.7271
19	55.914	1.2714	0.00540	252.19	410.73	1.1757	1.7184
20	57.242	1.2886	0.00579	255.53	408.76	1.1866	1.7093
21	58.594	1.3073	0.00498	258.99	406.63	1.1977	1.6997
22	59.973	1.3277	0.00478	262.59	404.30	1.2093	1.6895
23	61.378	1.3502	0.00457	266.35	401.72	1.2214	1.6785
24	62.812	1.3755	0.00436	270.32	398.86	1.2342	1.6667
25	64.274	1.4042	0.00415	274.56	395.65	1.2477	1.6539
26	65.766	1.4374	0.00395	279.14	391.97	1.2623	1.6395
27	67.289	1.4769	0.00371	284.23	398.64	1.2786	1.6231
28	68.846	1.5259	0.00348	290.02	382.42	1.2971	1.6039
29	70.437	1.5909	0.00321	296.97	375.73	1.3193	1.5799
30	72.065	1.6895	0.00289	306.21	366.06	1.3489	1.5464
31	73.733	1.9686	0.00232	325.75	343.73	1.4123	1.4714
31.1	73.834	2.1551	0.00216	335.68	335.68	1.4449	1.4449

① 1bar = 10⁵Pa。

附表7　R407 的饱和热力性质表

温度/℃	压力/MPa		比体积		比焓/(kJ/kg)		比熵/[kJ/(kg·K)]	
	液相	气相	液相/ (dm³/kg)	气相/ (m³/kg)	液相	气相	液相	气相
-60	0.04362	0.0279	0.699	0.72411	120.1	375.0	0.6721	1.890
-59	0.04615	0.0297	0.700	0.68306	121.4	375.6	0.6780	1.887
-58	0.04879	0.0316	0.702	0.64475	122.7	376.2	0.6839	1.884
-57	0.05155	0.0336	0.703	0.60864	123.9	3476.8	0.6898	1.881
-56	0.0544	0.0357	0.705	0.57537	125.2	377.4	0.6957	1.878
-55	0.05746	0.0379	0.706	0.54407	126.5	378.0	0.7016	1.875
-54	0.06061	0.0402	0.708	0.51467	127.8	378.6	0.7074	1.873
-53	0.0639	0.0426	0.709	0.48733	129.0	379.2	0.7132	1.870
-52	0.06733	0.0451	0.711	0.46168	130.3	379.8	0.7190	1.867
-51	0.07091	0.4777	0.712	0.43764	131.6	380.4	0.7248	1.865

(续)

温度/℃	压力/MPa		比体积		比焓/(kJ/kg)		比熵/[kJ/(kg·K)]	
	液相	气相	液相/(dm³/kg)	气相/(m³/kg)	液相	气相	液相	气相
-50	0.07463	0.0505	0.714	0.41511	132.9	381.0	0.7306	1.862
-49	0.07851	0.0535	0.715	0.39386	134.2	381.6	0.7363	1.859
-48	0.08255	0.0565	0.717	0.37397	135.5	382.2	0.7421	1.857
-47	0.08676	0.0597	0.718	0.35537	136.8	382.8	0.7478	1.854
-46	0.09113	0.0630	0.720	0.33772	138.1	383.4	0.7535	1.852
-45	0.09568	0.0664	0.722	0.32123	139.4	384.0	0.7592	1.850
-44	0.1004	0.07004	0.723	0.30562	140.7	384.6	0.7648	1.847
-43	0.1053	0.07381	0.725	0.29095	142.0	385.2	0.7705	1.845
-42	0.1104	0.07774	0.727	0.27709	143.3	385.8	0.7761	1.843
-41	0.1157	0.08183	0.728	0.26406	144.6	386.4	0.7817	1.840
-40	0.1212	0.0861	0.730	0.25176	145.9	387.0	0.7873	1.838
-39	0.1269	0.0905	0.732	0.24010	147.2	387.6	0.7929	1.836
-38	0.1328	0.0952	0.733	0.22915	148.5	388.2	0.7984	1.834
-37	0.1389	0.1000	0.735	0.21877	149.8	388.8	0.8040	1.832
-36	0.1452	0.1049	0.736	0.20894	151.1	389.3	0.8095	1.830
-35	0.1518	0.1101	0.738	0.19964	152.4	389.9	0.8150	1.828
-34	0.1585	0.1155	0.740	0.19084	153.7	390.5	0.8205	1.826
-33	0.1656	0.1211	0.742	0.18252	155.1	391.1	0.8260	1.824
-32	0.1728	0.1269	0.743	0.17461	156.4	391.7	0.8314	1.822
-31	0.1803	0.1329	0.745	0.16714	157.7	392.2	0.8369	1.820
-30	0.1881	0.1392	0.747	0.16003	159.0	392.8	0.8423	1.818
-29	0.1961	0.1457	0.749	0.15328	160.4	393.4	0.8478	1.816
-28	0.2044	0.1524	0.751	0.14689	161.7	394.0	0.8532	1.815
-27	0.2129	0.1593	0.752	0.14081	163.0	394.5	0.8586	1.813
-26	0.2217	0.1665	0.754	0.13504	164.3	395.1	0.8639	1.811
-25	0.2308	0.1740	0.756	0.12955	165.7	395.7	0.8693	1.809
-24	0.2402	0.1817	0.758	0.12432	167.0	396.2	0.8747	1.808
-23	0.2499	0.1897	0.760	0.11935	168.4	396.8	0.8800	1.806
-22	0.2599	0.1979	0.762	0.11451	169.7	397.3	0.8854	1.805
-21	0.2702	0.2064	0.763	0.11011	171.1	397.9	0.8907	1.803
-20	0.2807	0.2152	0.766	0.10581	172.4	398.4	0.8960	1.801
-19	0.2917	0.2243	0.767	0.10172	173.8	399.0	0.9013	1.800
-18	0.3029	0.2337	0.769	0.09785	175.1	399.5	0.9066	1.798
-17	0.3145	0.2434	0.772	0.09407	176.5	400.1	0.9118	1.797
-16	0.3264	0.2534	0.773	0.09050	177.8	400.6	0.9171	1.795

（续）

温度/℃	压力/MPa		比体积		比焓/（kJ/kg）		比熵/[kJ/（kg·K）]	
	液相	气相	液相/（dm³/kg）	气相/（m³/kg）	液相	气相	液相	气相
-15	0.3386	0.2637	0.776	0.08711	179.2	401.2	0.9224	1.794
-14	0.3512	0.2744	0.778	0.08389	180.6	401.7	0.9276	1.792
-13	0.3641	0.2853	0.779	0.08078	181.9	402.2	0.9328	1.791
-12	0.3774	0.2966	0.782	0.07782	183.3	402.7	0.9381	1.790
-11	0.3911	0.3083	0.784	0.07502	184.7	403.3	0.9433	1.788
-10	0.4052	0.3203	0.786	0.07231	186.1	403.8	0.9485	1.787
-9	0.4196	0.3326	0.788	0.06969	187.4	404.3	0.9537	1.785
-8	0.4344	0.3453	0.791	0.06720	188.8	404.8	0.9588	1.784
-7	0.4497	0.3584	0.792	0.06485	190.2	405.4	0.9640	1.783
-6	0.4653	0.3719	0.795	0.06258	191.6	405.9	0.9692	1.781
-5	0.4813	0.3857	0.797	0.06039	193.0	406.4	0.9743	1.780
-4	0.4977	0.4000	0.799	0.05831	194.4	406.9	0.9795	1.779
-3	0.5146	0.4146	0.801	0.05631	195.8	407.4	0.9846	1.778
-2	0.5319	0.4297	0.804	0.05438	197.2	407.9	0.9898	1.776
-1	0.5496	0.4452	0.806	0.05252	198.6	408.4	0.9949	1.775
0	0.5678	0.4610	0.808	0.05076	200.0	408.9	1.000	1.774
1	0.5865	0.4774	0.811	0.04904	201.4	409.3	1.005	1.773
2	0.6055	0.4941	0.814	0.04742	202.8	409.8	1.010	1.772
3	0.6251	0.5113	0.816	0.04585	204.3	410.3	1.015	1.770
4	0.6451	0.5290	0.818	0.04435	205.7	410.8	1.020	1.769
5	0.6656	0.5471	0.821	0.04290	207.1	411.2	1.025	1.768
6	0.6866	0.5657	0.824	0.04149	208.5	411.7	1.031	1.767
7	0.7081	0.5847	0.826	0.04016	210.0	412.2	1.036	1.766
8	0.7301	0.6043	0.829	0.03887	211.4	412.6	1.041	1.765
9	0.7526	0.6243	0.831	0.03762	212.9	413.1	1.046	1.764
10	0.7756	0.6449	0.834	0.06343	214.3	413.5	1.051	1.762
11	0.7991	0.6659	0.837	0.03527	215.8	414.0	1.056	1.761
12	0.8232	0.6875	0.840	0.03417	217.2	414.4	1.061	1.760
13	0.8478	0.7096	0.842	0.03309	218.7	414.8	1.066	1.759
14	0.8729	0.7323	0.845	0.03206	220.1	415.3	1.071	1.758
15	0.8986	0.7554	0.848	0.03108	221.6	415.7	1.076	1.757
16	0.9249	0.7792	0.851	0.03011	223.1	416.1	1.081	1.756
17	0.9517	0.8035	0.854	0.02979	224.6	416.5	1.086	1.755
18	0.9791	0.8283	0.857	0.02830	226.0	416.9	1.091	1.754
19	1.0070	0.8538	0.860	0.02744	227.5	417.3	1.096	1.753

（续）

温度/℃	压力/MPa		比体积		比焓/（kJ/kg）		比熵/[kJ/（kg·K）]	
	液相	气相	液相/（dm³/kg）	气相/（m³/kg）	液相	气相	液相	气相
20	1.036	0.8798	0.863	0.02660	229.0	417.7	1.101	1.752
21	1.065	0.9065	0.866	0.02580	230.5	418.1	1.106	1.751
22	1.095	0.9337	0.869	0.02503	232.0	418.5	1.111	1.750
23	1.125	0.9616	0.873	0.02428	233.5	418.8	1.116	1.748
24	1.156	0.9901	0.876	0.02355	235.1	419.2	1.121	1.747
25	1.188	1.019	0.879	0.02285	236.6	419.6	1.126	1.746
26	1.220	1.049	0.883	0.02218	238.1	419.9	1.131	1.745
27	1.253	1.079	0.886	0.02152	239.6	420.3	1.136	1.744
28	1.287	1.110	0.890	0.02089	241.2	420.6	1.141	1.743
29	1.321	1.142	0.893	0.02028	242.7	420.9	1.146	1.742
30	1.356	1.175	0.896	0.07969	244.3	421.3	1.151	1.741
31	1.392	1.208	0.900	0.01911	245.8	421.6	1.156	1.740
32	1.428	1.242	0.904	0.01855	247.4	421.9	1.161	1.739
33	1.465	1.276	0.907	0.01802	249.0	422.2	1.166	1.738
34	1.503	1.312	0.912	0.0175	250.5	422.5	1.171	1.737
35	1.541	1.348	0.916	0.01699	252.1	422.8	1.176	1.736
36	1.580	1.384	0.920	0.01650	253.7	423.0	1.181	1.734
37	1.620	1.422	0.923	0.01602	255.3	423.3	1.187	1.733
38	1.661	1.460	0.928	0.01556	256.9	423.5	1.192	1.732
39	1.703	1.499	0.932	0.01512	258.5	423.8	1.197	1.731
40	1.745	1.539	0.936	0.01468	260.1	424.0	1.202	1.730
41	1.788	1.580	0.941	0.01426	261.8	424.2	1.207	1.729
42	1.931	1.621	0.945	0.01385	263.4	424.4	1.212	1.728
43	1.876	1.664	0.951	0.01346	264.1	424.6	1.217	1.726
44	1.921	1.707	0.955	0.01307	266.7	424.8	1.222	1.725
45	1.967	1.751	0.960	0.01270	268.4	425.0	1.227	1.724
46	2.014	1.796	0.932	0.01234	270.1	425.2	1.232	1.723
47	2.062	1.842	0.970	0.01198	271.7	425.3	1.237	1.721
48	2.111	1.888	0.976	0.01164	273.4	425.4	1.242	1.720
49	2.160	1.936	0.980	0.01130	275.1	425.6	1.248	1.719
50	2.210	1.985	0.986	0.01098	276.9	425.7	1.253	1.717
51	2.262	2.034	0.992	0.01066	278.6	425.7	1.258	1.716
52	2.314	2.084	0.998	0.01035	280.3	425.8	1.263	1.715
53	2.367	2.136	1.004	0.01005	282.1	425.9	1.268	1.713
54	2.420	2.188	1.010	0.00977	283.9	425.9	1.274	1.712

（续）

温度/℃	压力/MPa		比体积		比焓/（kJ/kg）		比熵/[kJ/（kg·K）]	
	液相	气相	液相/（dm³/kg）	气相/（m³/kg）	液相	气相	液相	气相
55	2.475	2.242	1.016	0.00948	285.6	425.9	1.279	1.710
56	2.531	2.296	1.023	0.00920	287.4	425.9	1.284	1.709
57	2.587	2.352	1.029	0.00893	289.2	425.9	1.290	1.706
58	2.645	2.408	1.036	0.00837	291.1	425.9	1.295	1.706
59	2.703	2.466	1.044	0.00841	292.9	425.8	1.300	1.704
60	2.763	2.524	1.051	0.00816	294.8	425.7	1.306	1.702
61	2.823	2.584	1.059	0.00797	296.7	425.6	1.311	1.700
62	2.885	2.645	1.067	0.00768	298.6	425.4	1.317	1.698
63	2.947	2.707	1.075	0.00744	300.5	425.3	1.322	1.696
64	3.010	2.770	1.084	0.00721	302.4	425.0	1.328	1.694
65	3.075	2.835	1.093	0.00699	304.4	424.8	1.333	1.692
66	3.140	2.901	1.103	0.00677	306.4	424.5	1.339	1.690
67	3.207	2.968	1.112	0.00655	308.4	424.2	1.345	1.688
68	3.274	3.036	1.123	0.00634	310.4	423.9	1.351	1.686
69	3.343	3.106	1.134	0.00614	312.5	423.5	1.356	1.683
70	3.412	3.177	1.145	0.00593	314.6	423.0	1.362	1.681
71	3.483	3.249	1.158	0.00573	316.8	422.5	1.368	1.678
72	3.554	3.323	1.171	0.00554	319.0	422.0	1.374	1.675
73	3.627	3.398	1.185	0.00534	321.2	421.3	1.381	1.672
74	3.701	3.475	1.199	0.00515	323.5	420.7	1.387	1.669
75	3.776	3.553	1.215	0.00496	325.9	419.9	1.394	1.666
76	3.852	3.634	1.233	0.00477	328.3	419.0	1.400	1.662
77	3.930	3.715	1.252	0.00459	330.8	418.0	1.407	1.658
78	4.008	3.799	1.272	0.00440	333.4	417.0	1.414	1.654
79	4.087	3.885	1.295	0.00422	336.1	415.7	1.422	1.649
80	4.168	3.973	1.321	0.00403	338.9	414.3	1.429	1.644
81	4.249	4.063	1.351	0.00384	341.9	412.7	1.438	1.639
82	4.331	4.155	1.386	0.00364	345.2	410.8	1.446	1.632
83	4.414	4.251	1.429	0.00344	348.8	408.5	1.456	1.625

附表 8　NaCl 水溶液热物理性质

15℃密度	质量分数（%）	凝固温度/℃	溶液温度/℃	比热容/[kJ/（kg·K）]	热导率/[W/（m·K）]	动力粘度/（10⁴N·s/m²）	运动粘度/（10⁵m²/s）	热扩散率/（10⁴m²/h）	普朗特数
1.050	7（7.5）[①]	-4.4	20	3.834	0.593	10.79	1.03	5.31	6.95
			10	3.835	0.576	14.12	1.34	5.16	9.4
			0	3.827	0.559	18.73	1.78	5.02	12.7
			-4	3.818	0.556	21.57	2.06	5.00	14.8

(续)

15℃密度	质量分数(%)	凝固温度/℃	溶液温度/℃	比热容/[kJ/(kg·K)]	热导率/[W/(m·K)]	动力粘度/(10⁴N·s/m²)	运动粘度/(10⁵m²/s)	热扩散率/(10⁴m²/h)	普朗特数
1.080	11 (12.3)	-7.5	20	3.697	0.593	11.47	1.05	5.33	7.2
			10	3.684	0.570	15.20	1.41	5.15	9.9
			0	3.676	0.556	20.20	1.87	5.08	13.4
			-5	3.672	0.549	24.42	2.26	4.98	16.4
			-7.5	3.672	0.545	26.48	2.45	4.96	17.8
1.100	13.6 (15.7)	-9.8	20	3.609	0.593	12.26	1.12	5.40	7.4
			10	3.601	0.568	16.18	1.47	5.15	10.3
			0	3.588	0.554	21.48	1.95	5.07	13.0
			-5	3.584	0.547	26.09	2.37	5.00	17.1
			-9.8	3.580	0.540	34.32	3.13	4.94	22.9
1.120	16.2 (19.3)	-12.2	20	3.534	0.573	13.14	1.20	5.21	8.3
			10	3.525	0.569	17.26	1.57	5.18	10.9
			0	3.513	0.552	22.26	2.02	5.07	15.1
			-5	3.509	0.544	28.34	2.58	5.00	18.6
			-10	3.504	0.535	34.91	3.18	4.93	23.2
			-12.2	3.500	0.533	42.17	3.84	4.90	28.3
1.140	18.8 (23.1)	-15.1	20	3.462	0.582	14.32	1.26	5.32	8.5
			10	3.454	0.566	18.53	1.63	5.17	11.4
			0	3.442	0.555	25.50	2.25	5.05	16.1
			-5	3.433	0.542	31.19	2.74	5.00	19.8
			-10	3.429	0.533	38.74	3.40	4.92	24.8
			-15	3.425	0.525	47.76	4.19	4.86	31.0
1.160	21.2 (26.9)	-18.2	20	3.395	0.579	16.49	1.33	5.27	9.1
			10	3.383	0.563	20.10	1.73	5.17	12.1
			0	3.375	0.547	28.24	2.44	5.03	17.5
			-5	3.366	0.538	34.42	2.96	4.96	21.5
			-10	3.362	0.530	43.05	3.70	4.90	27.1
			-15	3.358	0.522	52.76	4.55	4.85	33.9
			-18	3.354	0.518	60.80	5.24	4.80	39.4
1.175	23.1 (30.1)	-21.2	20	3.345	0.565	16.67	1.42	5.30	9.6
			10	3.337	0.549	21.77	1.84	5.05	13.1
			0	3.324	0.544	30.40	2.59	5.02	18.6
			-5	3.320	0.536	37.46	3.20	4.95	23.3
			-10	3.312	0.528	47.07	4.02	4.89	29.5
			-15	3.308	0.520	57.47	4.90	4.83	36.5
			-21	3.303	0.514	77.47	6.60	4.77	50.0

① 括号中的数值为100kg水中氯化钠质量的公斤数。

附表 9　CaCl 水溶液热物理性质

15℃密度	质量分数(%)	凝固温度/℃	溶液温度/℃	比热容/[kJ/(kg·K)]	热导率/[W/(m·K)]	动力粘度/(10⁴N·s/m²)	运动粘度/(10⁵m²/s)	热扩散率/(10⁴m²/h)	普朗特数
1.080	9.4 (10.4)①	-5.2	20	3.643	0.584	12.36	1.15	5.35	7.75
			10	3.634	0.570	15.49	1.44	5.23	9.88
			0	3.626	0.556	21.57	2.00	5.11	14.1
			-5	3.601	0.549	25.50	2.36	5.08	16.7
1.130	14.7 (17.3)	-10.2	20	3.362	0.576	14.91	1.32	5.46	8.7
			10	3.349	0.563	18.63	1.64	5.35	11.05
			0	3.329	0.549	25.60	2.27	5.26	15.6
			-5	3.316	0.542	30.40	2.70	5.20	18.7
			-10	3.308	0.534	40.60	3.60	5.15	25.3
1.170	18.9 (23.3)	-15.7	20	3.148	0.572	17.95	1.54	5.60	9.9
			10	3.140	0.558	22.36	1.91	5.47	12.6
			0	3.128	0.544	29.91	2.56	5.37	17.2
			-5	3.098	0.537	34.32	2.94	5.34	19.8
			-10	3.086	0.529	46.68	4.00	5.29	27.3
			-15	3.065	0.523	61.49	5.27	5.28	35.9
1.190	20.9 (26.5)	-19.2	20	3.077	0.569	20.01	1.68	5.59	10.9
			10	3.056	0.555	24.52	2.06	5.50	13.6
			0	3.044	0.542	32.75	2.76	5.38	18.5
			-5	3.014	0.535	38.25	3.22	5.35	21.5
			-10	3.014	0.527	50.70	4.25	5.30	28.9
			-15	3.014	0.521	65.90	5.53	5.23	38.2
1.220	23.8 (31.2)	-25.7	20	2.998	0.565	23.54	1.94	5.62	12.5
			10	2.952	0.551	28.73	2.35	5.50	15.4
			0	2.931	0.538	38.15	3.13	5.43	20.8
			-10	2.910	0.523	59.23	4.87	5.32	33.0
			-15	2.910	0.518	75.51	6.20	5.27	42.5
			-20	2.889	0.511	94.73	7.77	5.20	53.9
			-25	2.889	0.504	115.7	9.48	5.15	66.5
1.240	25.7 (34.6)	-31.2	20	2.889	0.562	26.28	2.12	5.66	13.5
			10	2.889	0.548	32.17	2.51	5.50	16.5
			0	2.868	0.535	42.56	3.43	5.43	22.7
			-10	2.847	0.521	66.78	5.40	5.32	36.6
			-15	2.847	0.514	83.65	6.75	5.25	46.3
			-20	2.805	0.508	105.6	8.52	5.26	58.5
			-25	2.805	0.501	129.2	10.40	5.20	72.0
			-30	2.763	0.494	148.1	12.00	5.21	83.0

（续）

15℃密度	质量分数(%)	凝固温度/℃	溶液温度/℃	比热容/[kJ/(kg·K)]	热导率/[W/(m·K)]	动力粘度/(10⁴N·s/m²)	运动粘度/(10⁵m²/s)	热扩散率/(10⁴m²/h)	普朗特数
1.260	27.5 (37.9)	-38.6	20	2.807	0.558	8.32	2.33	5.63	14.9
			10	2.826	0.545	36.09	2.87	5.50	18.4
			0	2.809	0.531	48.05	3.81	5.41	25.3
			-10	2.784	0.519	75.88	5.97	5.33	80.3
			-20	2.763	0.506	118.7	9.45	5.24	65.0
			-25	2.742	0.499	147.1	11.70	5.20	80.7
			-30	2.742	0.492	171.6	13.60	5.12	95.5
			-35	2.721	0.486	215.8	17.10	5.12	120.0
1.270	28.4 (39.7)	-43.6	20	2.805	0.557	31.38	2.47	5.52	15.8
			0	2.780	0.529	51.19	4.02	5.49	26.7
			-10	2.763	0.518	80.22	5.32	5.31	42.7
			-20	2.721	0.505	126.5	10.00	5.25	68.8
			-25	2.721	0.498	159.9	12.60	5.18	87.5
			-30	2.700	0.491	188.3	14.90	5.16	103.5
			-35	2.700	0.484	245.2	19.30	5.10	136.5
			-40	2.680	0.478	304.0	24.0	5.07	171.0
1.280	29.4 (41.6)	-50.1	20	2.805	0.535	34.08	2.65	5.57	17.2
			0	2.755	0.528	54.92	4.30	5.40	28.7
			-10	2.721	0.516	86.30	6.75	5.35	45.4
			-20	2.680	0.504	1.383	10.8	5.28	73.4
			-30	2.659	0.490	211.8	16.6	5.19	115.0
			-40	2.638	0.477	323.6	25.3	5.10	179.0
			-45	2.617	0.470	402.1	31.4	5.06	223.0
			-50	2.617	0.464	490.33	38.3	4.68	235.0
1.286	29.9 (42.7)	-55	20	2.784	0.554	35.11	2.75	5.58	17.8
			0	2.738	0.528	56.88	4.43	5.40	29.5
			-10	2.700	0.515	90.42	7.04	5.34	47.5
			-20	2.680	0.502	144.2	11.23	5.25	77.0
			-30	2.659	0.488	225.5	17.6	5.15	123.0
			-35	2.638	0.483	284.4	22.1	5.10	156.5
			-40	2.638	0.476	353.0	27.5	5.05	196.0
			-45	2.617	0.470	431.5	33.9	5.02	240.0
			-50	2.617	0.463	509.9	39.7	4.96	290.0
			-55	2.596	0.456	647.2	50.2	4.91	368.0

① 括号中的数值为100kg水中氯化钠质量的公斤数。

附录 B 附　图

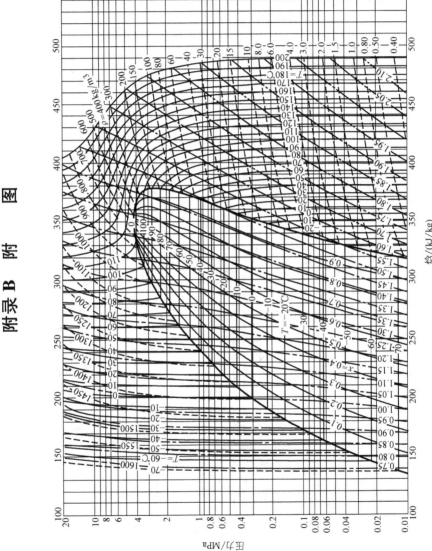

附图 1　氟利昂 R12 压力-焓图

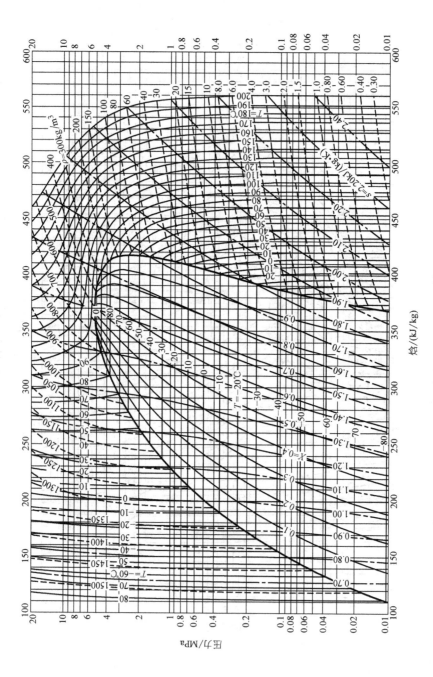

附图 2 氟利昂 R22 压力-焓图

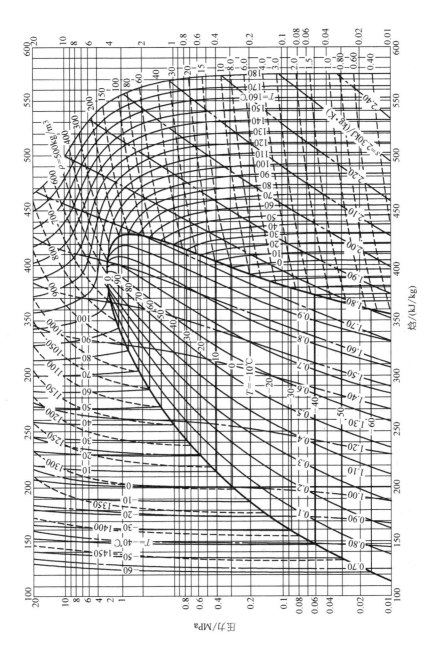

附图 3　氟利昂 R134a 压力-焓图

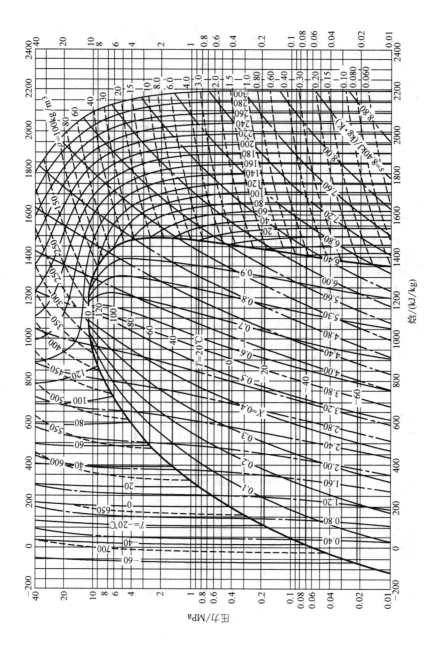

附图 4　氨（R717）压力-焓图

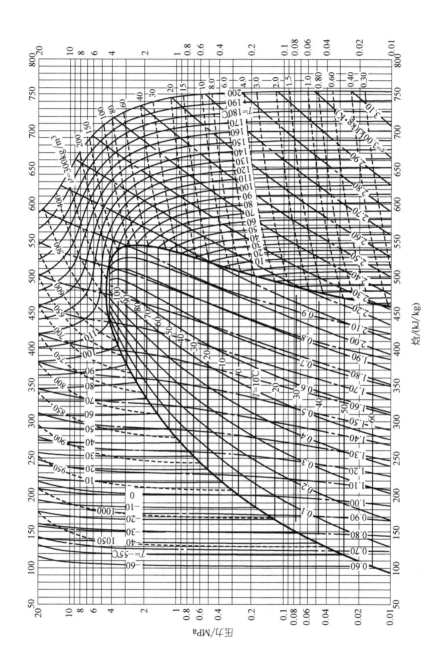

附图 5　氟利昂 R152a 压力-焓图

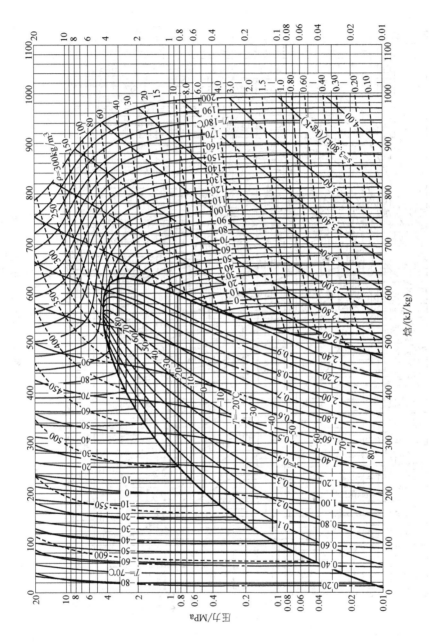

附图 6　氟利昂 R290 压力-焓图

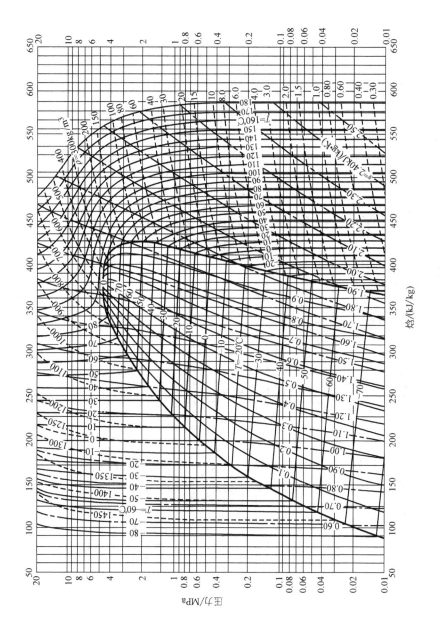

附图 7　氟利昂 R407C 压力-焓图

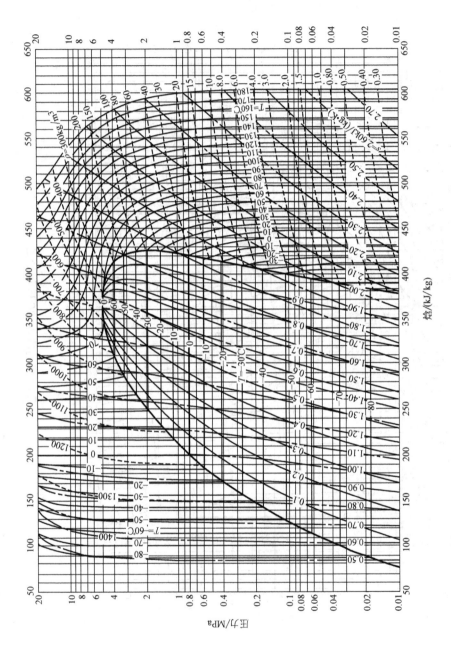

附图 8　氟利昂 R410A 压力-焓图

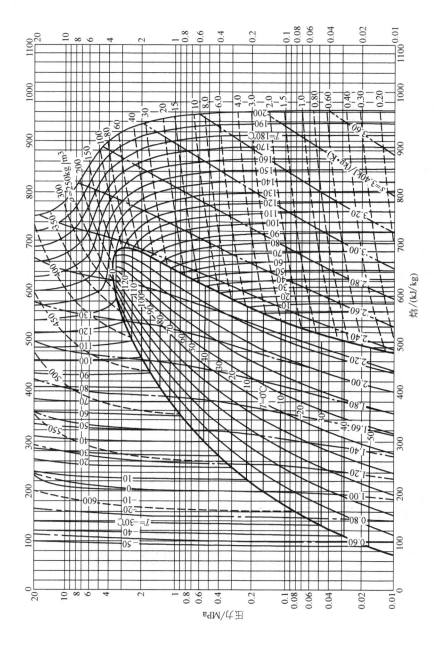

附图 9　氟利昂 R600a 压力-焓图

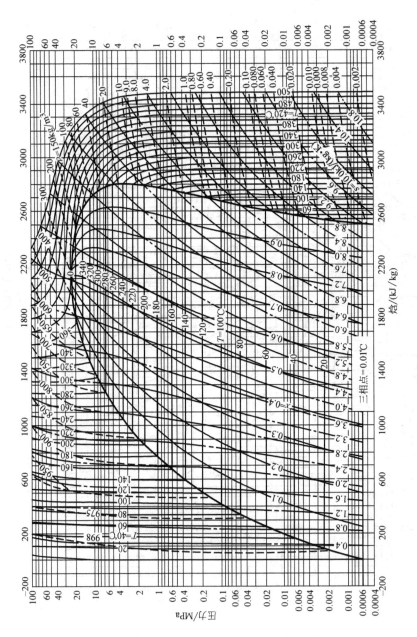

附图 10　水（R718）压力-焓图

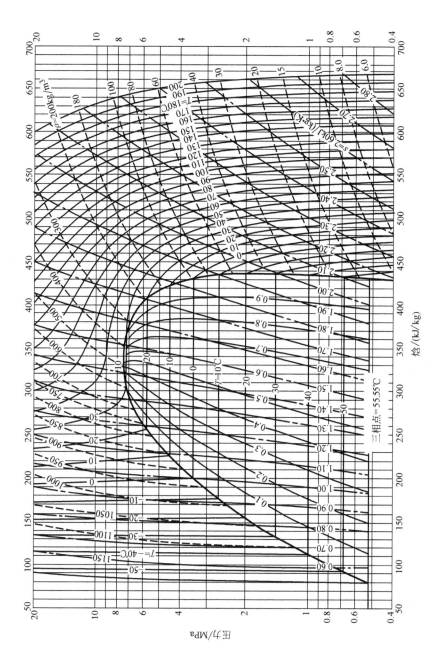

附图 11　二氧化碳（R744）压力-焓图

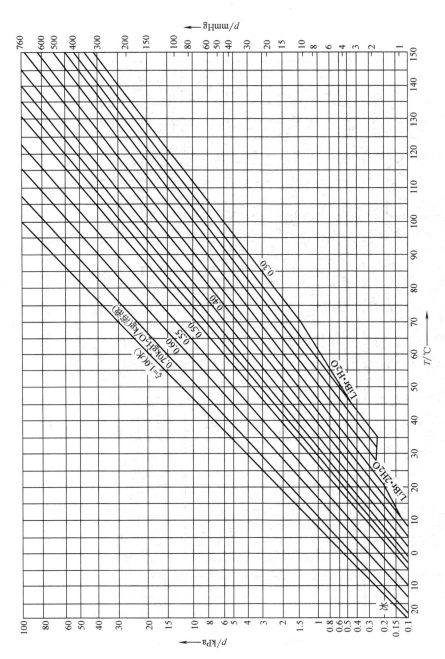

附图 12　溴化锂溶液 p-$1/T$ 图

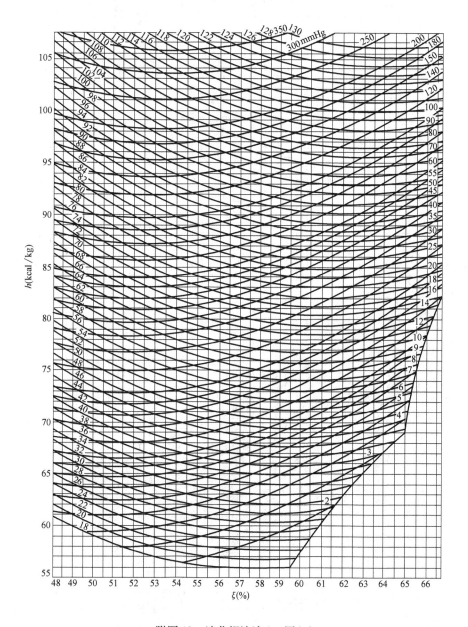

附图 13 溴化锂溶液 h-ξ 图（1）

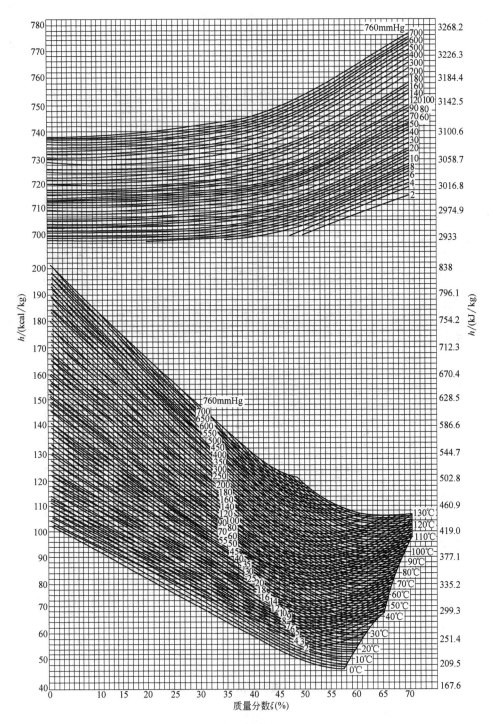

附图 14　溴化锂溶液 h-ξ 图（2）

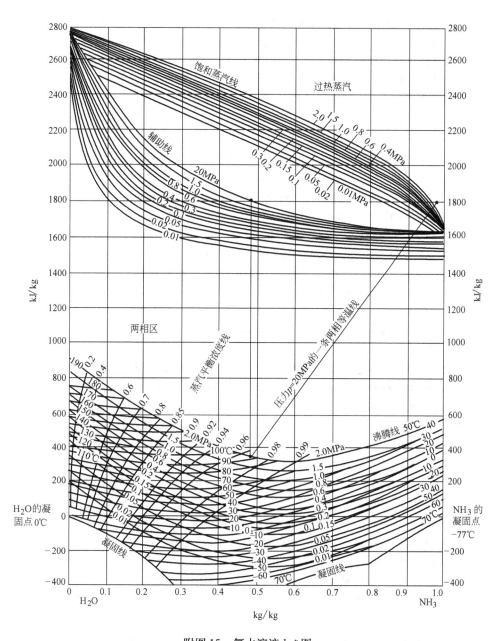

附图15 氨水溶液 h-ξ 图

参 考 文 献

[1] 王如竹，丁国良，等. 制冷空调新技术进展[M]. 上海：上海交通大学出版社，2001.

[2] 王如竹，丁国良，等. 最新制冷空调新技术[M]. 北京：科学出版社，2002.

[3] 刘卫华，等. 制冷空调新技术及进展[M]. 北京：机械工业出版社，2004.

[4] 俞炳丰. 制冷与空调应用新技术[M]. 北京：化学工业出版社，2002.

[5] 蒋能照. 家用中央空调实用技术[M]. 北京：机械工业出版社，2002.

[6] Lorentzen G. Revival of carbon dioxide as a refrigerant[J]. Part 1. H & V Engineer, 1993, 66(721)：9-14.

[7] Lorentzen G. Revival of carbon dioxide as a refrigerant[J]. Part 2. H & V Engineer, 1993, 66(722)：10-12.

[8] Petterson J. An efficient new automobile air conditioning system based CO_2 vapor compression [J]. ASHRAE Transactions, 1994, 100：657-665.

[9] Kohler J, Sonnekalb M, Kaise H et al. CO_2 as refrigerant for bus air conditioning and transport refrigerant[R]. IEA Heat Pump Center/IIR Workshop on CO_2 technology in refrigeration, heat pump and air conditioning system, Norway：Trondheim, 1997.

[10] McEnaney R P, Boewe D E, Yin J. Experimental comparison of mobile A/C systems when operated with transcritical CO_2 versus conventional R134a[J]. Proceeding of the 1998 international Refrigeration Conference at Purdue, Indiana USA：Purdue University West Lafayette, 1998：145-150

[11] Richter M R, Song S M, Yin J M, et al. Transcritical CO_2 heat Pump for Residential Application[J]. Proceedings of 2000 Purdue Natural Working Fluid. 9-16.

[12] Holst H. Test rig for automotive air conditioning compressor[R]. International Conference CFCs, Meeting of IIR Commission. B1, B2, E1, Denmark：Aarhus, 1996.

[13] Douglas M R, Groll E A. Efficiencies of transcritical CO_2 cycles with and without an expansion turbine[J]. Int J Refrig, 1998, 21(7)：577-589.

[14] Quack H, Kraus W E. Carbon dioxide as a refrigerant for railway refrigeration and air conditioning[R]. IIR.

[15] Neksa P, Rekstad H, et al. heat pump water heater：characteristics, system design and experimental results[J]. International Journal of Refrigeration, 1994：172-179.

[16] Heyl P, Kraus W E, Quack H. Expander-compressor for a more efficient use of CO_2 as refrigerant[C]. Proceedings of 2nd IIR-Gustav Lorentzen Conference on Natural Working Fluid-in Norway, Joint Conference of the International Institute of Refrigeration, Section B and E, 1998.

[17] Schmidt E L, Klocker K, Flacke N et al. Applying the transcritical CO_2 process to a drying heat pump[J]. International Journal of Refrigeration, 1998, 21(3)：202-211.

[18] 马一太，王景刚，吕灿仁，等. 超临界流体及超（跨）临界循环的特性研究[J]. 暖通

空调, 2002, 32(1): 101-104.

[19] 丁国良, 黄东平, 张春路. 跨临界循环二氧化碳汽车空调研究进展[J]. 制冷学报, 2000(2): 7-13.

[20] 丁国良. CO_2 制冷技术新发展[J]. 制冷空调与电力机械, 2002(2): 1-6.

[21] 季建刚, 离黎新, 蒋维刚. 跨临界二氧化碳制冷系统研究进展[J]. 机电设备, 2002(4): 23-27.

[22] 查世彤, 马一太, 王景刚, 等. CO_2-NH_3 低温复叠式制冷循环的热力学分析与比较 [J]. 制冷学报, 2002(2): 15-19.

[23] 丁国良, 张春路, 等. 制冷空调装置仿真与优化[M]. 北京: 科学出版社, 2001.

[24] 丁国良, 张春路, 等. 制冷空调装置智能仿真[M]. 北京: 科学出版社, 2002.

[25] 邵双全, 石文星, 李先庭, 等. 变频空调系统调节特性研究[J]. 制冷与空调, 2001(4): 17-20.

[26] 全国勘探设计注册工程师公用设备专业委员会秘书处. 全国勘探设计注册工程师公用设备工程师动力专业考试复习教材[M]. 2 版. 北京: 机械工业出版社, 2007.

[27] William C. Whitman, Wiliam M. Johnson. Refrigeration and conditioning technology: Concepts, Procedures and Troubleshooting techniques [M]. 3th, ed. Delmar Publishers, 1995.

[28] 陆亚俊, 马最良, 姚杨. 空调工程中的制冷技术[M]. 哈尔滨: 哈尔滨工程大学出版社, 2001.

[29] 常鸿寿, 周子成. 制冷离心式压缩机[M]. 北京: 机械工业出版社, 1989.

[30] 西安交通大学头平压缩机教研室. 离心式压缩机原理[M]. 北京: 机械工业出版社, 1978.

[31] 吴业正. 小型制冷装置设计指导[M]. 北京: 机械工业出版社, 1998.

[32] 全国勘探设计注册工程师公用设备专业委员会秘书处. 全国勘探设计注册工程师公用设备工程师暖通空调专业考试复习教材[M]. 2 版. 北京: 机械工业出版社, 2006.

[33] 韩宝琦, 李树林. 制冷空调原理及应用[M]. 北京: 机械工业出版社, 1998.

[34] 缪道平, 吴正业. 制冷压缩机[M]. 北京: 机械工业出版社, 2001.

[35] 东方仿真软件.

[36] 董天禄. 离心式/螺杆式制冷压缩机组及应用[M]. 北京: 机械工业出版社, 2002.

[37] 郑贤德. 制冷原理与装置[M]. 北京: 机械工业出版社, 2000.

[38] 机械工业部冷冻设备标准化技术委员会. 制冷空调技术标准应用手册[M]. 北京: 机械工业出版社, 1998.

[39] 郭庆堂. 实用制冷工程设计手册[M]. 北京: 中国建筑工业出版社, 1994.

[40] 周邦宁. 中央空调设备选型手册[M]. 北京: 机械工业出版社, 2000.

[41] 张祉佑. 制冷空调设备使用维修手册[M]. 北京: 机械工业出版社, 1996.

[42] 姜守忠. 制冷原理[M]. 北京: 中国商业出版社, 2001.

[43] 姜守忠. 制冷原理与设备[M]. 北京: 高等教育出版社, 2005.

[44] 胡松涛. 注册公用设备工程师专业课精讲精练, 暖通空调专业[M]. 北京: 中国电力

出版社，2005.

[45] 龙恩深. 冷热源工程[M]. 重庆：重庆大学出版社，2002.

[46] GB 50072—2001 冷库设计规范[S]. 北京：中国计划出版社，2001.

[47] 陈光明. 制冷与低温原理[M]. 北京：机械工业出版社，2000.

[48] 戴永庆. 溴化锂吸收式制冷空调技术实用手册[M]. 北京：机械工业出版社，2000.

[49] 戴永庆. 溴化锂吸收式制冷技术及应用[M]. 北京：机械工业出版社，1996.

[50] 崔文富. 直燃型溴化锂吸收式制冷工程设计[M]. 北京：中国建筑工业出版社，2000.

[51] 张祉祐. 制冷原理与制冷设备[M]. 2 版. 北京：机械工业出版社，1995.

[52] 吴业正. 制冷原理及设备[M]. 2 版. 西安：西安交通大学出版社，1997.

[53] 湖南工业建筑设计院《冷藏库设计》编写组. 冷藏库设计[M]. 北京：中国建筑工业出版社，1995.

[54] 张早校，冯宵. 制冷与热泵[M]. 北京：机械工业出版社，2000.

[55] 张群力，王晋. 地源和地下水源热泵的研发现状及应用过程中的问题分析[J]. 流体机械，2003(5)：50-54.

[56] 美国制冷空调工程师协会. 地源热泵工程技术指南[M]. 徐伟，译. 北京：中国建筑工业出版社，2001.

[57] 汪训昌. 燃气空调技术发展方向的探讨[M]中国制冷空调暖通年鉴，2004. 59-65.

[58] 陈矣人，周春风，叶瑞芳. 关于地源水环热泵中央空调系统设计的讨论[J]. 建筑热能通风空调，2002(3)：64-66.

[59] 倪真，贾学斌. 水源热泵深井水循环系统的分析与研究[J]. 安装，2003(5)：16-19.

[60] 尤晶，董明，刘德歧. 高温水源热泵在地热供暖中的应用[J]. 节能与环保，2003(10)：37-38.

[61] 李延勋，等. 混合制冷剂高温水源热泵计算机模拟[J]. 工程热物理学报，2002(5)：543-546.

[62] 余延顺，廉乐明. 寒冷地区太阳能—土壤源热泵系统运行方式的探讨[J]. 太阳能学报，2003(2)：111-115.

[63] 曲云霞，等. 太阳能辅助供暖的地源热泵经济性分析[J]. 可再生能源，2003(1)：8-10.

[64] 华泽钊，等. 蓄冷技术及其在空调工程中的应用[M]. 北京：科学出版社，1997.

[65] Lane, A. George. Solar heat Storage：Latent Heat Material[J]. CRC Press Inc. 1983，1；1986，2.

[66] Daniels F，Alberty R A. Physical Chemistry[M]. John Wiley & Sons，1975.

[67] 傅献彩，沈文霞，姚天扬. 物理化学[M]. 4 版. 北京：高等教育出版社，1990.

[68] 姚允斌，等. 物理化学手册[M]. 上海：上海科技出版社，1985.

[69] 方贵银. 蓄冷空调工程使用新技术[M]. 北京：人民邮电出版社，2000.

[70] 严得降，张维君. 空调蓄冷应用技术[M]. 北京：中国建筑出版社，1997.

[71] 丁国良，张春路，赵力. 制冷空调新工质—热物理性质的计算方法与实用图表[M]. 上海：上海交通大学出版社，2003.

[72] 卢士勋. 制冷与空气调节技术——理论基础及工程应用[M]. 上海：上海科学普及出

版社，1992.

[73] 宋炜，赵玉侠，金小明. CFC 制冷剂的替代和 HCFC 类混合制冷剂的研制[J]. 制冷与空调，2001(10)：44-48.

[74] 沈学明. 重新评价氨制冷剂在制冷空调领域的应用[J]. 制冷与空调，2002(3)：22-25.

[75] 刘忠民. R22 制冷剂的替代技术[J]. 制冷与空调，2001(6)：47-54.

[76] 万立波，蒋能照. R502 的长期的四种长期替代制冷剂[J]. 流体机械，1997(12)：57-69.

[77] 林怡辉，王世平. 气体水合物技术的研究动态及发展方向[J]. 江汉石油学院学报，2000(1)：80-82.

[78] 朱瑞琪. 制冷装置自动化[M]. 西安：西安交通大学出版社，1993.

[79] 张子慧. 热工测量与自动控制[M]. 北京：中国建筑工业出版社，1996.

[80] 荣俊昌. 新型电冰箱空调器原理与维修[M]. 北京：高等教育出版社，1999.

[81] 卫宏毅. 制冷空调设备电气与控制[M]. 广州：广东科技出版社，1998.

[82] 张子慧，等. 制冷空调自动控制[M]. 北京：科学出版社，1999.

[83] HG/T 2822—2005. 制冷机用溴化锂溶液[S]. 北京：化学工业出版社，2005.

[84] 贺俊杰，等. 制冷技术[M]. 北京：机械工业出版社，2003.

[85] 李树林，南晓红，冀兆良. 制冷技术[M]. 北京：机械工业出版社，2003.

信息反馈表

尊敬的老师：

　　您好！感谢您多年来对机械工业出版社的支持和厚爱！为了进一步提高我社教材的出版质量，更好地为我国高等教育发展服务，欢迎您对我社的教材多提宝贵意见和建议。另外，如果您在教学中选用了《制冷技术》（解国珍、姜守忠、罗勇主编），欢迎您提出修改建议和意见。索取课件的授课教师，请填写下面的信息，发送邮件即可。

一、基本信息

姓名：＿＿＿＿　性别：＿＿＿＿　职称：＿＿＿＿职务：＿＿＿＿＿＿＿＿＿

邮编：＿＿＿＿　地址：＿＿＿＿＿＿＿＿＿＿＿＿＿＿＿＿＿＿＿＿＿＿＿＿

学校：＿＿＿＿＿＿＿＿＿＿＿＿＿＿＿＿＿＿＿＿

任教课程：＿＿＿＿＿＿＿＿＿　电话：＿＿＿—＿＿＿＿＿＿（H）＿＿＿＿＿＿＿（O）

电子邮件：＿＿＿＿＿＿＿＿＿＿＿＿＿＿＿＿＿＿　手机：＿＿＿＿＿＿＿＿＿

二、您对本书的意见和建议

　　　　（欢迎您指出本书的疏误之处）

三、您对我们的其他意见和建议

请与我们联系：

100037　机械工业出版社·高等教育分社　刘涛　收

Tel：010—8837 9542（O），6899 4030（Fax）

E-mail：ltao929@163.com

http://www.cmpedu.com（机械工业出版社·教材服务网）

http://www.cmpbook.com（机械工业出版社·门户网）

http://www.golden-book.com（中国科技金书网·机械工业出版社旗下网上书店）